21世纪高等学校计算机
基础实用系列教材

U0203028

计算机组成与设计

（第2版）

◎ 王换招 张克旺 陈 妍 编著

清華大學出版社

北京

内 容 简 介

本书系统地介绍计算机的基本组成原理、内部运行机制以及相关设计方法。全书共 7 章,分别为计算机系统概论、指令系统、存储器、总线与输入/输出系统、数据的表示与运算、中央处理器、控制器。

本书在讲述计算机一般原理的基础上,通过硬、软件结合的方式力求达到原理与应用的结合。全书内容由浅入深,理论结合实际。每章最后均附有思考题与习题,便于读者通过思考和练习深入理解原理。

本书可以作为高等院校计算机及相关专业"计算机组成原理"课程的教材,也可供从事计算机工作的工程技术人员参考。

本书封面贴有清华大学出版社防伪标签,无标签者不得销售。

版权所有,侵权必究。举报:010-62782989,beiqinquan@tup.tsinghua.edu.cn。

图书在版编目(CIP)数据

计算机组成与设计/王换招,张克旺,陈妍编著.—2 版.—北京:清华大学出版社,2021.5(2023.8重印)
21 世纪高等学校计算机基础实用系列教材
ISBN 978-7-302-57642-6

Ⅰ. ①计… Ⅱ. ①王… ②张… ③陈… Ⅲ. ①计算机体系结构-高等学校-教材 Ⅳ. ①TP303

中国版本图书馆 CIP 数据核字(2021)第 037435 号

责任编辑:黄 芝 李 燕
封面设计:刘 键
责任校对:焦丽丽
责任印制:宋 林

出版发行:清华大学出版社
   网   址:http://www.tup.com.cn,http://www.wqbook.com
   地   址:北京清华大学学研大厦 A 座   邮 编:100084
   社 总 机:010-83470000   邮 购:010-62786544
   投稿与读者服务:010-62776969,c-service@tup.tsinghua.edu.cn
   质量反馈:010-62772015,zhiliang@tup.tsinghua.edu.cn
   课件下载:http://www.tup.com.cn,010-83470236
印 装 者:三河市铭诚印务有限公司
经 销:全国新华书店
开 本:185mm×260mm   印 张:25.75   字 数:622 千字
版 次:2013 年 8 月第 1 版 2021 年 7 月第 2 版 印 次:2023 年 8 月第 2 次印刷
印 数:1501~2000
定 价:69.80 元

产品编号:083008-01

前　言

国内外有很多关于"计算机组成原理"课程的教材。但是,作为本课程的主讲教师,在选择和使用教材的过程中,发现很多教材都有不尽如人意的地方。一般来说,国外教材的内容紧跟技术潮流更新,细节展开翔实丰富。但是,原理性的内容总结归纳不足,并且由于课程体系的不同,往往在内容涵盖范围上有较大的偏差,不太适合国内教学使用。国内教材的普遍特点是善于归纳总结,重点突出,语言规矩,结构规范,但是内容更新较慢,与新技术、实际应用结合不够紧密。

基于上述原因,编写本书的基本出发点就是设法在国内外教材间找到一个好的契合点,取长补短,力求原理与应用、硬件与软件、经典与流行等方面有机结合,使本书在具有易读、好理解等优势的前提下,更具启发性,能开拓读者的思路并引导读者深入学习更加深层的原理和方法。

"计算机组成原理"作为计算机专业的核心课程,为学生建立完整的计算机系统概念,特别是硬件系统的工作原理、设计方法,以及软件和硬件之间的关系和接口等方面,将会起到非常重要的作用,可为后续课程的学习奠定良好且坚实的专业基础。

本书主要讲授单台计算机的完整硬件系统的基本组成原理与内部运行机制,主要包括计算机硬件的基本组织方法,各部件的基本结构、工作原理以及设计方法。在基本原理和方法讲解的基础上,从计算机程序设计者的视角出发,通过高级语言、汇编语言、机器语言程序等层次,力求使读者深入计算机最低层硬件的功能、结构和运行机制。

改版本书的主要目标有两个:其一,压缩第 1 版的篇幅;其二,引入一些新技术。本版在第 1 版的基础上,主要修改工作包括:①将第 1 版第 3 章主存储器和第 4 章存储系统合并成新版第 3 章存储器,删除了原版中 3.3 节高速主存储器、4.5 节虚拟存储器以及 4.6 节 Pentium 4 系列机的存储器等内容,加强了新型 DRAM 及新型芯片举例等内容;②对第 1 版第 6 章数据表示与运算中许多非主要小节的内容进行了删减,并删除了一些比较简单的例题,使得本部分主干内容更清晰、篇幅适当。

全书共 7 章,其中第 1 章和第 2 章由陈妍改版,第 3 章和第 4 章由张克旺改版,第 5~7 章由王换招改版。

在本书的编写过程中参考了国内外大量相关书籍,从中吸取了大量宝贵经验。在此,作者一并向所有相关专家致以衷心的感谢。

由于作者水平有限,书中难免有不妥之处,谨请专家和读者批评指正。

作　者

2021 年 3 月

目　录

VII

目　录

第 1 章 计算机系统概论

本章从计算机系统的概念入手,主要介绍计算机系统中硬件部分的组成及其基本工作原理,并明确本教材讨论的主要内容。简单介绍计算机系统的性能,为后续各章的深入讨论奠定基础。

1.1 计算机系统简介

1.1.1 计算机系统的组成

现代计算机的用途非常广泛,但就其本质来说,计算机就是按照人们给出的指令执行具体操作来解决各种问题的机器。计算机中的器件、线路和设备是指令的执行实体。描述如何完成一个确定任务的指令序列称为程序,那么计算机就是能够执行各种各样程序的电子设备。

所谓计算机硬件,即组成计算机的各种实际装置的总称,由各类光、电、机等器件或设备的实物组成,例如处理器芯片、内存条以及各类外部设备等。硬件是指令的接收者和执行者,它是人们可以看得见摸得着的有形实体。虽然,计算机硬件只能识别和执行极其简单的低级指令(机器指令),但是,它是软件运行的载体。

所谓计算机软件,即由人们事先编制的具有各类特殊功能的程序和相关数据组成。通常以某种特殊形式存放在存储介质中,运行时以电信号的形式在硬件实体上流动。软件是指令的产生器和发布者。人们只能看到存放软件的载体,例如磁盘、光盘等,软件本体是看不见摸不着的。只有使软件在计算机上运行,计算机才能真正发挥其作用。

计算机完成任务要由硬件和软件两部分共同实现。所以,硬件和软件构成了计算机系统的两个基本要素。硬件是计算机系统的物质基础,软件就好像是计算机系统的灵魂。硬件和软件相辅相成,相互依存,缺一不可。硬件和软件的性能共同决定计算机系统的性能。

计算机的软件通常又可以分为两大类:系统软件和应用软件。

系统软件又称为系统程序,主要用来管理整个计算机系统,监视服务使系统资源得到合理调度,高效运行。系统软件包括标准程序库、语言处理程序(如编辑器、编译器、汇编器)、操作系统、服务程序(如诊断程序、调试程序、连接程序等)、数据库管理系统、网络软件等。

应用软件又称为应用程序,它是用户根据具体任务需要所编制的各种程序,如科学计算程序、数据处理程序、过程控制程序、事务管理程序等。

图 1-1 示意了计算机系统的基本组成。其中,硬件是计算机系统的核心,其外围是系统软件,计算机系统的最外层是应用软件。

图 1-1　计算机系统基本构成

1.1.2　从应用程序透视计算机系统

本节从用户使用计算机的角度，通过一个简单高级语言(C语言)程序从编制到转换成机器代码的过程，简单介绍计算机系统中各类软件的作用。1.3节将对计算机硬件按照功能模块进行划分，然后通过机器码程序在硬件上的运行过程，初步阐述各部分硬件的功能和它们之间的关系。通过这个实例希望读者能对计算机系统有一个整体的认识。

用计算机解决一个实际问题通常包含四个步骤：编程前准备、编制程序、转换程序和运行程序。

1. 编程前准备

在应用计算机解决某种具体科学问题的实际应用中，往往会遇到许多复杂的数学问题，这就要求在编制计算机程序前，先由人工完成一些必要的准备工作。这些工作主要包括建立数学模型和确定计算方法。实际上就是把待解决的问题用数学语言描述出来。

2. 编制程序

程序是为实现特定目标或解决特定问题而用计算机语言编写的命令集合。采用当代计算机解题通常用高级语言(如 C/C++、Java 等)编写程序。

假设已经用某种编辑器(如 EditPlus，UNIX/Linux Vi 等)编写了一个 C 语言源程序 demo-1-1.c，该程序存储于硬盘文件中。源程序如图 1-2 所示。

```
//demo-1-1.c 输入变量初始值，求解某个表达式的值，将结果输出
int i,j,k,m,n; //定义5个整型变量
 main()
 {
     scanf("%d%d%d%d",&i,&j,&m,&n); //从键盘输入4个整数
     k = i+j*m/n; //计算表达式的值k
     printf("%d",k); //在屏幕上显示计算结果
}
```

图 1-2　demo-1-1.c 源程序

3. 转换程序

目前，通用计算机不能直接执行高级语言程序，所以要把高级语言程序翻译成计算机可

执行的机器语言程序。把高级语言程序翻译成机器语言程序有两种方法：解释和编译。解释是一边翻译一边执行，而编译是翻译完后再执行。由于采用解释方法执行程序的效率低，所以大多数高级语言采用编译方法。但是，编译方法并不是一步转换完成的，而是通过编译、汇编和链接三个过程实现的。

编译是从源代码(高级语言)到能直接被计算机或虚拟机执行的目标代码(低级语言或机器语言)的翻译过程。通常，编译器将源程序(如 C 语言程序)转换成一种符号形式的汇编语言程序。汇编语言比高级语言更接近机器语言，但是高级语言程序比汇编语言程序使用更少的代码行，所以编程效率更高。

汇编是把汇编语言程序翻译成与之等价的机器语言程序的过程。汇编器输入汇编语言源程序，输出的目标文件包括机器语言指令、数据和将指令正确放入内存所需的信息。

链接是对每一个独立汇编的机器语言程序的地址进行绑定并分配相对地址，最后把这些机器语言程序与标准库程序"拼接"在一起，产生一个可以在计算机上运行可执行文件。链接的方法有两种：静态链接和动态链接。静态链接是产生的可执行程序可以多次加载执行，其特点是简单易用。但是，当库程序版本提高后必须重新链接，而且由于加载了大量可能不用的库程序代码，浪费了大量的内存空间。动态链接是每当程序运行时才进行链接和加载，并且不同程序可以共享同一个库程序副本。

图 1-3 描述了把 C 语言程序转换成可执行程序的过程。

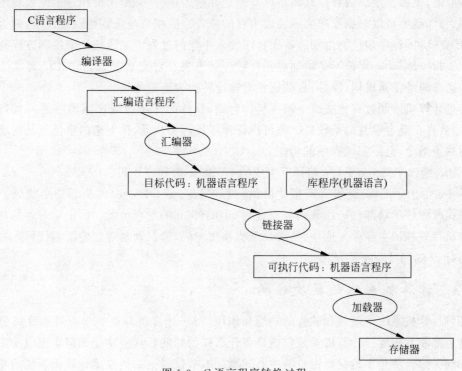

图 1-3 C 语言程序转换过程

图 1-4 给出 demo-1-1.c 的编译、汇编和链接的过程。本书中使用 Visual C++ 6.0 来编译和链接基于 IA-32 指令系统的 C 语言程序。为清晰起见，使用命令行方式进行编译和链接。通过 cl 命令把 C 语言源程序转换成对应的 asm 汇编程序，然后通过 ml 命令把 asm 文

计算机系统概论

第 1 章

件汇编成.obj 目标文件,最后通过 link 程序把.obj 目标文件和相关的库文件一起链接成
.exe 可执行程序。

```
D:\Program Files\Microsoft Visual Studio\UC98\Bin>cl /c /FA demo-1-1.c
Microsoft (R) 32-bit C/C++ Optimizing Compiler Version 12.00.8168 for 80x86
Copyright (C) Microsoft Corp 1984-1998. All rights reserved.

demo-1-1.c

D:\Program Files\Microsoft Visual Studio\UC98\Bin>ml /c /Zi /coff demo-1-1.asm
Microsoft (R) Macro Assembler Version 6.14.8444
Copyright (C) Microsoft Corp 1981-1997.  All rights reserved.

 Assembling: demo-1-1.asm

D:\Program Files\Microsoft Visual Studio\UC98\Bin>link demo-1-1.obj msvcrt.lib
Microsoft (R) Incremental Linker Version 6.00.8168
Copyright (C) Microsoft Corp 1992-1998. All rights reserved.

D:\Program Files\Microsoft Visual Studio\UC98\Bin>
```

图 1-4 C 语言程序的编译、汇编和链接

4. 运行程序

通常,转换后的可执行程序以文件形式存储于磁盘中,用户要运行该程序时,由操作系统中的加载器将可执行程序调入内存并启动运行。

一般地,汇编器生成的目标代码是从 0 地址开始编排的(采用所谓相对地址或者逻辑地址),那么,加载器可以根据程序实际装入主存的位置完成相对地址到绝对地址(也称为物理地址)的变换,即程序定位。由加载器在程序装入主存的过程中完成地址变换的方式称为静态定位。相应地,动态定位不是由加载器在程序装入主存时完成的,而是 CPU 每次访问主存时由动态地址变换机构(硬件)自动把相对地址转换为绝对地址。

若把计算机解题过程比喻成上演一场舞台剧,软件的作用就好比演出前的一系列准备工作,最后真正登台唱戏的是硬件。将可执行程序代码加载后,接下来的事情就是由硬件依次执行每条指令,最终完成程序的功能。

图 1-5 给出了 demo-1-1.c 编译后生成的 IA-32 汇编程序代码。

图 1-6 给出了汇编、链接后产生的可执行程序(demo-1-1.exe)的机器指令代码。假定将该可执行程序的局部代码加载到首地址为 00401000h 的主存单元。图中第一列是各条机器指令所存放在的主存单元地址,第二列是机器指令码,第三列是对应的汇编代码。

运行 demo-1-1.exe 的结果如图 1-7 所示。

1.1.3 计算机系统的层次结构

理解计算机系统中硬件和软件的功能和作用,对于计算机专业的学习者和计算机系统的设计者都非常重要。计算机系统应该具备什么样的功能?这些功能如何实现以及实现的性能如何保障?将是本教材要讨论的核心问题。本节仅讨论如何描述计算机系统的功能。

如果把一台计算机从设计、制造到使用所经历的整个过程定义为计算机的生命周期,参与到这个周期中的人员有很多,不同阶段的参与者在计算机生命周期中所扮演的角色可能不同。这样,他们对计算机的使用方式、性能需求和理解程度就各不相同。比如,用计算机玩游戏的人,他就可能把计算机仅看作一台游戏机;用计算机编制高级语言程序的人,他就

```
TITLE      demo-1-1.c
           .386P
include listing.inc
if @Version gt 510
.model FLAT
else
_TEXT      SEGMENT PARA USE32 PUBLIC 'CODE'
_TEXT      ENDS
_DATA      SEGMENT DWORD USE32 PUBLIC 'DATA'
_DATA      ENDS
CONST      SEGMENT DWORD USE32 PUBLIC 'CONST'
CONST      ENDS
_BSS       SEGMENT DWORD USE32 PUBLIC 'BSS'
_BSS       ENDS
_TLS       SEGMENT DWORD USE32 PUBLIC 'TLS'
_TLS       ENDS
FLAT       GROUP _DATA, CONST, _BSS
           ASSUME  CS: FLAT, DS: FLAT, SS: FLAT
endif
_DATA      SEGMENT
COMM       _i:DWORD
COMM       _j:DWORD
COMM       _k:DWORD
COMM       _m:DWORD
COMM       _n:DWORD
_DATA      ENDS
PUBLIC     _main
EXTRN      _scanf:NEAR
EXTRN      _printf:NEAR
_DATA      SEGMENT
$SG37      DB          '%d%d%d%d', 00H
           ORG $+3
$SG39      DB          '%d', 00H
_DATA      ENDS
_TEXT      SEGMENT
_main      PROC NEAR
; File 200.c
; Line 3
           push       ebp
           mov        ebp, esp
; Line 4
           push       OFFSET FLAT:_n          //压入参数到堆栈中
           push       OFFSET FLAT:_m          //压入参数到堆栈中
           push       OFFSET FLAT:_j          //压入参数到堆栈中
           push       OFFSET FLAT:_i          //压入参数到堆栈中
           push       OFFSET FLAT:$SG37       //压入参数到堆栈中(printf的格式串)
           call       _scanf                  //调用scanf函数
           add        esp, 20                 //参数出栈，5个参数，每个4字节，共20字节
; Line 5
           mov        eax, DWORD PTR _j       //把j的值取到eax寄存器中
           imul       eax, DWORD PTR _m       //j和m做乘法，结果存放到EAX中
           cdq                                //符号扩展，把EAX中的数符号扩展到EDX：EAX
           idiv       DWORD PTR _n            //j和m的乘积除以n，结果到EAX中
           mov        ecx, DWORD PTR _i       //把i装入到ECX中
           add        ecx, eax                // EAX和ECX相加（i和j，m乘积除以n的结果相加）
           mov        DWORD PTR _k, ecx       // 加法结果放到k中
; Line 6
           mov        edx, DWORD PTR _k       //k值存放到EDX中
           push       edx                     //k值压栈
           push       OFFSET FLAT:$SG39       // 格式串地址压栈
           call       _printf                 //调用printf函数
           add        esp, 8                  // k值和格式串地址出栈，两个参数，共8字节
; Line 7
           pop        ebp
           ret        0
_main      ENDP
_TEXT      ENDS
END
```

图 1-5   demo-1-1.asm

5

第
1
章

计算机系统概论

6

```
00401000        55                  push    ebp
00401001        8bec                mov     ebp,esp
00401003        6840304000          push    00403040
00401008        6844304000          push    00403044
0040100d        684c304000          push    0040304c
00401012        6850304000          push    00403050
00401017        6810304000          push    00403010
0040101c        e83b000000          call    0040105c
00401021        83c414              add     esp,14h
00401024        a14c304000          mov     eax,dword ptr [0040304c]
00401029        0faf0544304000      imul    eax,dword ptr [00403044]
00401030        99                  cdq
00401031        f73d40304000        idiv    eax,dword ptr [00403040]
00401037        8b0d50304000        mov     ecx,dword ptr [00403050]
0040103d        03c8                add     ecx,eax
0040103f        890d48304000        mov     dword ptr [00403048],ecx
00401045        8b1548304000        mov     edx,dword ptr [00403048]
0040104b        52                  push    edx
0040104c        681c304000          push    0040301c
00401051        e80c000000          call    00401062
00401056        83c408              add     esp,8
00401059        5d                  pop     ebp
0040105a        c3                  ret
```

图 1-6　demo-1-1.exe

```
D:\Program Files\Microsoft Visual Studio\VC98\Bin>demo-1-1
1 2 3 4
2
```

图 1-7　demo-1-1.exe 运行结果

把计算机看作一台能识别和执行高级语言语句的机器；计算机系统结构设计人员,他认为计算机是满足某种性能的硬软件组合体。为了更好地理解计算机系统的组成和功能,通常用层次结构来描述一个完整的计算机系统。各层次的使用者不同,他们所看到的计算机功能属性也不同。

　　由硬件和软件共同组成的计算机系统,按照功能可以划分成如图 1-8 所示的多级层次结构。

　　图 1-8 中每一级各对应一种机器,其作用和组成如图 1-9 所示。这里所谓的"机器"只对一定的观察者(或使用者)而存在。机器的功能由广义语言来描述,它能对该语言提供解释手段,如同一个解释器,然后作用在信息处理或者控制对象上。对于某一层次的观察者来说,他只是通过该层次的语言理解计算机的功能,并通过该语言使用计算机,不必了解机器内部如何工作来实现其功能以及各层机器之间的关系等细节。但实际上,每层机器的实现都需要其下所有层次的支持,可以认为上层机器功能是通过调用底层机器提供的服务来实现的。另外,每层机器除了使用者以外还有本层功能的设计者,包括广义语言设计者和解释器设计者。设计者关注应该为这层机器提供哪些功能以及所提供功能的性能。

　　图 1-8 中的第零级机器由硬件或者固件实现,第一级由硬件或软件实现,第二级至第五级机器由软件实现。我们称由软件实现的机器为虚拟机器,以区别于由硬件或固件实现的实际机器。

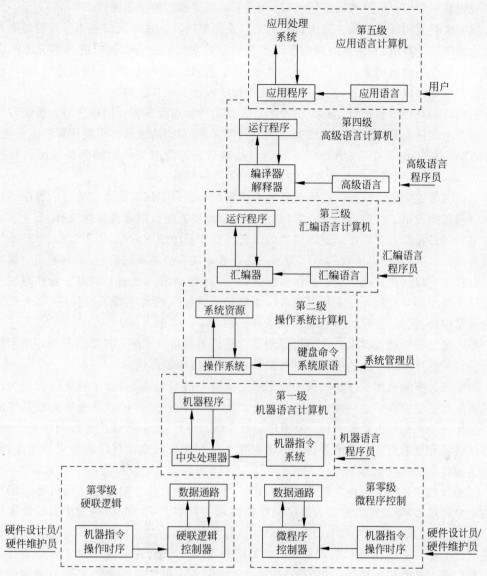

图 1-8　计算机系统层次结构

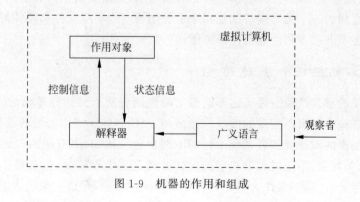

图 1-9　机器的作用和组成

8

我们从一般用户最熟悉的上层机器开始,了解每层机器的功能属性。

第五级是应用语言机器。这级机器的语言是应用语言。这种语言使非计算机专业人员也能直接使用计算机,只需在终端用键盘或其他方式发出服务请求就能进入第五级的应用处理系统。应用语言通常就是一个用户界面,这个界面通过运行应用程序而产生,用户通过使用这个界面完成具体事务,但应用程序的执行依赖于下面各层的支持。

第四级是高级语言机器。这级机器的语言就是各种高级语言。用这些语言所编写的程序一般要由编译器翻译到第三级或第二级上的语言,个别的高级语言也用解释的方法实现。1.1.2节阐述的demo-1-1.c程序的编译、汇编、链接的过程就是从第四级机器语言转换到第三级、第二级直到第一级的过程,运行程序由第零级机器完成。

第三级是汇编语言机器。这级机器的语言是汇编语言。用汇编语言编写的程序经过汇编和链接转换成第二级或第一级语言,然后再由零级机器进行解释或直接执行。

第二级是操作系统机器。这级机器的语言是操作系统级的命令,用于运行、维护系统和管理资源。另外,这层以函数的形式为第三层或者第四层提供系统调用,第三层用户编写汇编语言程序可以使用这些函数。操作系统级命令部分由操作系统进行解释。操作系统是运行在第一级上的解释程序。系统调用可以是高级语言程序或者汇编语言程序,与上层程序一起经过编译、汇编、链接转换为第一级语言。

第一级是机器语言机器。这级机器的语言是该机的指令系统。机器语言程序员用指令系统编写的程序由第零级的微程序进行解释,或者直接由硬件执行。

第零级是实际机器。计算机的功能实际上由这一级机器实现,以上各级仅仅是为这一级机器执行提供指令。这一级机器根据指令产生操作命令,硬件接收命令后完成具体的操作。操作命令产生的方法有两种:微程序和硬布线。这样,这一级就产生并列的两个机器:微程序机器和硬联机器。这两个机器的区别在于微程序机器由微程序解释机器指令,硬联机器由硬件直接执行机器指令。

描述软件和硬件有两种常用的模式:其一,探究硬件或软件的深层运行机制以揭示更多的信息;其二,掩盖底层细节为高层提供较简单的模型。采用分层的方法描述计算机系统,使得计算机系统的底层细节暂时不可见,也称为抽象的方法,它是设计高度复杂的计算机系统的基本技巧。比如C语言程序员就处于第四级,这类程序员仅需要了解C语言本身的特性以及操作系统所提供的相关函数,可以不清楚特定机器的汇编指令、操作系统管理功能的具体实现、机器指令的特性以及计算机如何执行每条机器指令等底层细节。

抽象层次之间的一个关键接口就是指令系统结构——底层软件和硬件的接口。这个抽象的接口使很多不同成本和性能的计算机能运行相同的软件。

1.1.4 计算机组成和系统结构

计算机系统的层次结构主要描述不同层次的使用者所看到的计算机的功能,这种抽象的方法对使用者掩盖了机器实现的细节。然而,各层的具体实现由每层的设计者来承担,这样也就有不同层次的设计者或者系统设计的不同角色。比如,第五层的设计者就是各类应用系统开发者,第四层、第三层和第二层的设计者就是系统程序员(包括操作系统、编译器、汇编程序等开发者)。第一层作为软件和硬件之间的过渡层,形成抽象层次之间的一个关键接口,称为指令系统结构(简称系统结构)。这个层次功能由计算机系统结构设计者完成。

第零层主要完成硬件逻辑结构设计和实现。所以,计算机层次结构的最低两层衍生出三个主要的研究领域:计算机系统结构、计算机组成和计算机实现。

计算机系统结构(Computer Architecture)作为一门学科,主要研究软件和硬件的功能分配,以及确定软件和硬件的界面。由于它的研究对象是第一层机器,所以它主要描述机器语言程序员看到的计算机属性,即指令系统和操作空间(寄存器和存储器属性)。例如,比较流行的体系结构有 x86、IA-32、IA-64、MIPS 32、MIPS 64 等。

计算机组成(Computer Organization)研究硬件系统各组成部分的内部构造和相互联系,实现机器指令级的各种功能和特性。其目标是以最合理的方式将各种设备和部件连接构成计算机,以达到最优的性价比,从而实现确定的系统结构。计算机组成是计算机系统结构的逻辑实现,包括机器级内部数据通路和控制单元的组成以及逻辑设计等。

计算机实现(Computer Implementation)是对计算机组成的物理实现。研究各部件的物理结构、机器制造技术和工艺等。它着眼于器件技术和微组装技术。主要研究内容包括处理器、存储器等器件的物理结构,器件的集成度和速度;设计器件、模块、插件、底版的划分与连接;电源、冷却及装配技术、制造工艺及技术、信号传输技术等。

三者之间的关系可以通过一些简单例子来解释。例如,确定指令系统是计算机系统结构的研究内容;指令操作的逻辑实现是计算机组成研究的范畴;指令具体执行的电路、器件设计及装配技术是计算机实现要完成的任务。更具体地,针对乘法指令来说,指令系统中是否设置乘法指令是由系统结构设计者确定;用高速乘法器还是加法器和移位器实现由组成设计者来确定;器件的类型、数量及组装技术的确定是实现者的工作。同样,对于主存储器设计,确定主存容量与编址方式由系统结构设计者完成;确定主存逻辑结构和速度是组成设计者的任务;选定器件、电路设计以及组装技术由实现人员完成。

计算机体系结构并不指定底层硬件如何实现。对于一个计算机体系结构往往会有不同的组成和实现。例如,Intel 公司和 AMD 公司销售不同的处理器都属于相同的 IA-32 体系结构。相同体系结构的计算机可以运行相同的程序,但是它们可能使用不同的底层硬件实现,以达到价格、性能和功耗等方面的折中。所谓系列机就是指由一个厂家生产的具有相同体系结构,但具有不同组成和实现的一系列不同型号的机器。例如,IBM 370 系列机有370/115、125、135、145、158、168 等从低速到高速的各种型号,还有 x86 系列机、MIPS 系列机等。

一种系统结构可以有多种组成。同样,一种组成可以有多种物理实现。系列机从程序设计者看具有相同的机器属性,因此按这个属性编制的机器语言程序及编译程序都能通用于各档机器。所以各档机器是软件兼容的,即同一个软件可以不加修改地运行于系统结构相同的各档机器,并获得相同的结果,差别仅在于不同的运行时间。系列机的软件兼容分为向上兼容、向下兼容、向前兼容和向后兼容四种。向上(下)兼容是指为某档机器编制的程序,可以不加修改就能运行于比它高(低)档的机器。向前(后)兼容是指为某个时期投入市场的某种型号机器编制的程序,可以不加修改就能运行于在它之前(后)投入市场的机器。这样,对系列机的软件向下和向前兼容可以不做要求,向上兼容在某种情况下也可能做不到(如在低档机器上增加面向事务处理的指令),但向后兼容却是肯定要做到的。

把不同厂家生产的具有相同体系结构的计算机称为兼容机。例如,IBM PC 兼容机是指与 IBM PC 兼容的其他个人计算机。

计算机系统概论

计算机体系结构研究计算机系统中软、硬件的界面,即研究哪些功能由软件完成,哪些功能由硬件完成。实际上,软件和硬件在逻辑上是等效的。也就是说,除了最基本的功能必须由硬件实现之外,由硬件实现的功能原理上也可以通过软件模拟来实现。同样,由软件实现的功能原理上也可以由硬件或者固件(将软件存储在只读存储器中)实现。但是,软件和硬件在性能上是不等效的。因此,对于计算机系统软、硬件功能分配应保证在满足应用的前提下,充分利用硬件和器件技术的发展,使系统达到较高的性能价格比。

计算机组成的任务就是在计算机系统结构确定分配给硬件子系统的功能及其概念结构之后,研究各组成部分的内部构造和相互联系,以实现机器指令级的各种功能和特性。即按照期望的性能价格比,最佳、最合理地把各种设备和部件组成计算机,以实现所确定的计算机系统结构。

1.2 计算机系统的发展与应用

1.2.1 计算机系统发展概况

作为20世纪改变人类生活的重大科技发明,计算机经历了一个漫长的发展过程。在这个过程中,应用需求、新型器件及其制造工艺、硬件结构、软件技术以及体系结构等都对计算机的发展产生了巨大的影响和促进。

1. 应用需求促进计算机的产生和发展

当今,计算机已经成为人类日常生活以及各行各业生产中必不可少的工具,其作用范围已经远远超出计算工具的范畴。但是,早期人类发明计算机的目的就是为了解决复杂的计算问题。

世界上第一台电子计算机于1946年诞生于美国的宾夕法尼亚大学。第二次世界大战期间,美国军方为了解决大量的军用数据的计算难题,成立了由宾夕法尼亚大学的约翰·莫奇利(John Mauchly)和普雷斯伯·埃克特(Presper Eckert)领导的研究小组,开始研制世界上第一台电子计算机。经过三年的紧张工作,第一台电子计算机——电子数字积分计算机(Electronic Numerical Integrator and Computer,ENIAC)终于在1946年2月14日问世。它的诞生为人类开辟了一个崭新的信息时代,使人类社会发生了巨大的变化。

随着人类社会的不断发展演变,人们对计算机的要求也随之发生了变化。从单纯的计算需求到生产控制、商务处理以至网络化需求,这些实际应用的需求推动着计算机的不断发展。纵观计算机的发展历史,应用需求对计算机发展的促进作用体现在以下几个方面。在处理范围上,从纯数字到文字、从整数到浮点数、从单精度到高精度;在存储容量上,从小容量到大容量、从单一存储部件到由多种存储介质构成的存储系统;从运算速度上,从低速到高速、从串行到并行;在体积方面,从巨型、大型、中型、小型,以致微型计算机不断涌现,甚至出现嵌入式系统、掌上计算机;在实现手段上,从电子管、晶体管到超大规模集成电路;在系统结构上,从CISC到RISC。在价格上,从个人无法拥有到个人普及。这些变化都是由于应用的驱动而产生的。

2. 器件性能和制造工艺对早期计算机发展起到重要作用

电子计算机问世前的计算机可以称为机械计算机,它是纯机械设备或者由继电器建造的计算机。在 1946 年第一台电子计算机 ENIAC 诞生后,人类社会进入了一个崭新的电子计算和信息化时代。计算机硬件早期的发展受电子开关器件的影响极大,为此,传统上人们以元器件的更新作为计算机技术进步和划分时代的主要标志。

1) 第一代:电子管计算机(20 世纪 40 年代中期到 20 世纪 50 年代末期)

第一代计算机的标志是以电子管作为主要逻辑元件,同时以延迟线或磁鼓作为存储器,以定点运算为主要处理操作。

1946 年诞生的首台电子计算机 ENIAC,由大约 18 000 个真空管、7200 个二极管、70 000 个电阻、10 000 个电容、1500 继电器和 6000 多个开关组成。重量达 30t,占地面积 170m^2,运行时耗电 150kW,成本约 45 万美元。有 20 个能存放 10 位十进制数的寄存器,加法运算的速度约 5000 次/s。但它奠定了电子计算机的基础。

1945 年,ENIAC 的顾问、数学家冯·诺依曼(John von Neumann)在为一台新的计算机——电子离散变量计算机(Electronic Discrete Variable Automatic Computer,EDVAC)制定的计划中,首次提出了存储程序的思想,即程序编制好后与原始数据一起存放到存储器中,运行时启动程序,计算机就可以自动地依次取出并执行程序中的指令序列,在不需要人的干预下快速执行任务。存储程序思想的提出宣告了现代计算机结构思想的诞生。以英国剑桥大学威尔克斯(Maurice Vincent Wilkes)为首的研究小组采用存储程序思想,于 1949 年研制出了世界上第一台存储程序计算机——电子延迟存储自动计算机(Electronic Delay Storage Automatic Calculator,EDSAC)。

第一代计算机的特点:运算速度为每秒几千次至几万次,体积庞大,成本很高,可靠性较低。但在此期间,形成了计算机的基本体系,确定了程序设计的基本方法,数据处理机开始得到应用。

2) 第二代:晶体管计算机(20 世纪 50 年代后期到 20 世纪 60 年代中期)

1948 年贝尔实验室发明了晶体管,它具有体积小、功耗低以及载流子高速运行的特点。在计算机制造中晶体管迅速替代了电子管,引发了计算机发展史上的重大变革。

1961 年 DEC 公司推出了晶体管计算机 PDP-1,字长 18 位,内存 4KB,执行速度约每秒 200 000 条指令,成本约 120 000 美元。1964 年 IBM 推出了 IBM 700/7000 系列机,与电子管 701 机相比,其主存容量从 2KB 增加到 32KB;存储周期从 30μs 下降到 1.4μs;指令条数从 24 条增加到 185 条;运算速度从每秒上万次提高到每秒 50 万次。1964 年 CDC 推出了 6600、7600 和 Cray-1。

这一代计算机除了逻辑元件采用晶体管以外,其内存采用磁芯存储器,外存采用磁鼓与磁带存储器,实现了浮点运算。并在系统结构方面提出了变址、中断、I/O 处理器等新概念。这个时期计算机软件也得到了发展,出现了多种高级语言及其编译程序。

第二代计算机的特点:运算速度提高到几万次至几十万次,可靠性提高,体积缩小,成本降低。在此期间,工业控制机开始得到应用。

尽管用晶体管代替电子管已经使电子计算机的面貌焕然一新,但是随着对计算机性能越来越高的追求,新的计算机所包含的晶体管个数已从一万个左右骤增到数十万个,人们需要把晶体管、电阻、电容等分离元件都焊接在电路板上,再由电路板通过导线连接形成一台计算机。其复杂的工艺不仅严重影响制造计算机的生产效率,更严重的是由几十万个元件产生几百万个焊点导致计算机工作的可靠性不高。

3) 第三代:集成电路计算机(20 世纪 60 年代中期到 20 世纪 70 年代中后期)

1958 年德州仪器公司的罗伯特·诺伊斯(Robert Noyce)发明了在单个硅片上可集成几十个晶体管,使得研制比晶体管计算机体积更小、容量更大、速度更快、功耗更低、价格更便宜、可靠性更高的计算机成为可能。

1964 年 IBM 推出了世界上第一台集成电路计算机 System/360 系列。之后,系列机的概念很快流行起来。几年之内,大多数计算机公司就都推出了价格和性能各异的系列机。DEC 也于 1965 年推出了 8 位 PDP-8 系列机,于 1970 年推出了 16 位 PDP-11 系列机。CDC 于 1964 年推出的 CDC6600,以及随后的 CDC7600 和 CDC STAR-100 都属于超级计算机。

第三代计算机的特点:可靠性进一步提高,体积进一步缩小,成本进一步下降,运算速度提高到几十万次至几百万次。在此期间形成机型多样化、生产系列化、使用系统化,小型计算机开始出现。

4) 第四代:超大规模集成电路计算机(20 世纪 70 年代后期开始)

20 世纪 70 年代初,微电子技术飞速发展而产生的大规模集成电路和微处理器给计算机工业注入了新鲜血液。其后,大规模(LSI)和超大规模(VLSI)集成电路成为计算机的主要器件,其集成度从单片几千个晶体管到单片上千万个晶体管。半导体集成电路的集成度越来越高,速度也越来越快。其发展遵循摩尔定律:由于硅技术的不断改进,每 18 个月,集成度将翻一番,速度将提高一倍,而其价格将降低一半。戈登·摩尔(Golden Moore)是 Intel 公司的创始人之一,摩尔定律是 1965 年美国《电子》杂志的总编辑在采访摩尔先生时他对半导体芯片工业发展前景的预测。实践证明,摩尔定律的预测是基本准确的。

随着超大规模集成电路与微处理器技术的长足进步和现代科学技术对提高计算能力的强烈要求,并行处理技术的研究与应用以及众多巨型机的产生也成为这一时期计算机发展的特点。1976 年,Cray 公司推出的 Cray-1 向量巨型机,运算速度达每秒 1.6 亿次浮点运算。巨型机采用成百上千个高性能处理器组成大规模并行处理系统,其峰值速度已达到每秒几千亿或万亿次,这种并行处理技术成为 20 世纪 90 年代巨型机发展的主流。

第四代计算机的另一个重要特点是计算机网络的发展与广泛应用。由于计算机技术与通信技术的高速发展与密切结合,掀起了网络热潮,大量的计算机接入不同规模的网络中,然后通过 Internet 与世界各地的计算机相连,大大扩展和加速了信息的流通,增强了社会的协调与合作能力,使计算机的应用方式也由个人计算方式向网络化方向发展。

3. 硬件和软件技术相互促进共同发展

硬件和软件是形成一个完整计算机系统的两个组成部分,两者的关系主要体现在以下几个方面。

1) 硬件和软件相互依存

硬件是软件赖以工作的物质基础,软件的正常工作是硬件发挥作用的唯一途径。所以,从计算机发展历史来看,软件的发展通常滞后于硬件,随着计算机硬件性能的不断提升,逐渐产生了各类软件。计算机系统必须要配备完善的软件系统才能正常工作,且充分发挥其硬件的各种功能。硬件的性能往往只有通过软件在其上运行才得以体现。计算机系统性能是硬件和软件性能的总和。系列机的出现使软件兼容成为可能,促使软件不断发展。

2) 硬件和软件在逻辑上是等价的

随着计算机技术的发展,在许多情况下,计算机的某些功能既可以由硬件实现,也可以由软件实现。因此,硬件与软件在一定意义上说没有绝对严格的界面。除了最基本的器件和电路外,任何由硬件实现的操作都可以通过软件来完成。比如,加减法运算必须由硬件实现,而乘除法运算可以由硬件直接实现,还可以通过运行一段程序来实现。反过来,任何由软件实现的操作都可以直接由硬件来完成。所以说硬件就是固化的软件。

软硬件交界面的划分也不是一成不变的。随着超大规模集成电路技术的不断发展,一部分软件功能由硬件实现。例如,目前操作系统已实现了部分固化(把软件永恒地存储于只读存储器中,称为固件)。

但是,决定某个特定功能是由硬件实现还是软件实现,取决于当时的成本、速度、可靠性和预期修改的频率等因素。也就是说,对于某个特定的功能用硬件或者软件都可以实现,但是由硬件或者软件实现后所能达到的计算机系统的性能是有差异的。即所谓软件和硬件具有逻辑等价性。

从计算机系统层次结构上看,上层虚拟机随着各类软件的出现而逐渐形成。但是,若用硬件直接实现上层机器的功能,那就由虚拟机器变成了实际机器了,比如高级语言计算机。但是,这种硬件上移的方法不适合在通用计算机中采用,而是专用计算机所采用的方法。

3) 硬件和软件协同发展

计算机软件随着硬件技术的迅速发展而发展,而软件的发展与完善又反过来促进硬件的更新,两者密切地交织发展、相互促进。摩尔定律揭示了计算机硬件性能受半导体技术影响的规律,其实这个规律不仅适应于硬件,同样也驱动着软件技术的发展。由于硬件性能的不断改进和提高,软件也必须为适应硬件的发展而不断修改和创新。否则,计算机系统的总体性能与硬件性能的提升不相匹配。为此,微软公司总裁比尔·盖茨总是告诫他的员工:微软离破产永远只差 18 个月。

4. 现代计算机的发展主要是体系结构的变革

20 世纪 80 年代初推出了新的计算机系统结构 RISC(Reduced Instruction Set Computer,精简指令集计算机)。基于 RISC 的计算机设计者把注意力放在两个关键技术上:指令级并行性的开发(从最初的流水线到后来的多指令流)和高速缓存的使用(从最初简单的形式到后来的复杂组织和优化方式)。20 世纪 80 年代中期之后微处理器的性能增长迅速,其主要原因是,在 20 世纪 80 年代中期以前,微处理器的性能提高主要依赖工艺技术,以平均每年 25% 的速度提高。此后,微处理器的性能以每年 50% 以上速度持续增长,这主要得益于先进的系统结构设计思想。

计算机以令人难以置信的速度发展带来了双重效果。一方面,极大地增强和完善了计算机的功能。现代最高性能的微处理器对很多应用程序的处理效果远远超过了十年前的巨型计算机。另一方面,以微处理器为基础的计算机在整个计算机设计领域占据了统治地位,工作站和 PC 已经成为计算机工业的主要产品。小型机已经被由微处理器构成的服务器所取代。大型计算机也被由微处理器组成的多处理器系统所取代,甚至巨型计算机也可以由多个微处理器构成。

MIPS(Microprocessor without Interlocked Pipeline Stages,无内部互锁流水线级的微处理器)是最早出现的商业化 RISC 体系结构 CPU 系列之一,它是 20 世纪 80 年代初由美国斯坦福大学的约翰·亨尼斯(John L. Hennessy)教授领导的研究小组研制出来的,并于1984 年创建了 MIPS 计算机公司。1986 年推出了 R2000 处理器,1988 年推出了 R3000 处理器,1991 年推出了第一款 64 位商用微处理器 R4000。1992 年 SGI 公司收购了 MIPS 计算机公司,陆续推出 R8000、R10000 和 R12000 等处理器。1998 年 MIPS 又从 SGI 脱离出来,成立了 MIPS 技术公司(MTI)。新公司致力于构建用作片上系统(SoC)内核 CPU。1999 年 MIPS 技术公司发布了 MIPS 32 和 MIPS 64 架构标准,之后发布了 32 位 4KB、64 位 5KB、32 位 24KB 和 34KB 的处理器内核。

1.2.2　计算机应用分类

当今,计算机已经深入到人类生产和生活的方方面面,可以说无处不在。特别是无线传感网的出现,计算机已经可以存在于人类无法涉及的领域或区域。比如,在人类无法到达的原始森林、海洋、沙漠或者地震灾区等部署无线传感网后,便可实现环境信息的实时采集、处理和传输。这里,首先简单介绍一下传统的计算机分类方式,然后按照当今计算机的应用领域阐述计算机的分类。

传统的计算机分类方式有很多种。按照信息表示形式和信息处理方式,可以将计算机分为数字计算机(digital computer)、模拟计算机(analogue computer)和混合计算机(hybrid computer)。数字计算机以 0 和 1 表示的二进制数字表示和处理数据,数据是不连续的离散数字,具有运算速度快、准确、存储量大等优点,适合于科学计算、信息处理、过程控制和人工智能等的应用领域。模拟计算机表示和处理的数据是连续的模拟量。模拟量以电信号的幅值来模拟数值或某个物理量的大小,如电压、电流、温度等都是模拟量。模拟计算机解题速度快,适合求解高阶微分方程,在模拟计算和控制系统中应用较多。混合计算机是把模拟计算机与数字计算机联合在一起,可以进行数字信息和模拟物理量处理的计算机系统,主要适用于一些实时性要求严格的复杂系统仿真。

按照不同的用途,可以将计算机分为通用计算机(general purpose computer)和专用计算机(special purpose computer)。通用计算机适用于一般科学运算、学术研究、工程设计和数据处理等广泛应用领域,具有功能多、配置全、用途广、通用性强的特点。市场上销售的计算机多属于通用计算机。专用计算机是为了适应某种特殊需要而设计的计算机,通常在增强某些特定功能的同时,忽略了一些次要要求,所以专用计算机能高速度、高效率地解决特定问题,具有功能单纯、使用面窄甚至专机专用的特点。模拟计算机通常都是专用计算机,在军事控制系统中被广泛使用,如飞机的自动驾驶仪和坦克上的兵器控制计算机。本书内容主要介绍通用数字计算机,平常所用的绝大多数计算机都属于该类计算机。

按照运算速度、存储容量、功能强弱以及软硬件配套规模等不同,又可以将计算机分为巨型机、大中型机、小型机、微型机、工作站与服务器等。通常,它们的体积也会有所不同。但是,随着现代科学技术的发展,体积大小已经不能成为划分计算机类型的依据。前几年的大型机,在功能上也许只相当于今天的中型机或者小型机。

从手机、智能家电到个人计算机,再到大型超级计算机,都使用了共同的硬件技术。但是,由于不同的应用有不同的设计需求,所以在使用核心硬件技术的方式上会有所不同。宽泛地说,现代计算机主要出现在以下三类应用中。

桌面计算机可以说是尽人皆知的计算资源,以个人计算机为典型代表。桌面计算机强调以较小的代价为单一用户提供较高的性能。应用于个人操作环境下的各类场合,例如家庭、办公室等。通常用来执行或开发第三方软件,又称商业软件包。台式计算机是最大的计算机市场之一,很多计算机技术的革新都是由这一类计算机推动的。

服务器是以往主机(mainframe)、小型计算机(minicomputer)、巨型计算机(supercomputer)的现代形式,通常只能通过网络来访问。最初服务器用来承担大负载任务,例如某个科学或工程应用中的复杂应用或者处理多个小任务,如同构建大型的 Web 服务器一样。这些应用通常是基于其他软件,例如数据库、模拟系统等,但通常会为了特定的功能而调整或者定制。制造服务器所用的基本技术与台式计算机相同,但通常要求服务器在扩展性、计算能力和输入/输出能力方面具有较高优势。随着应用领域的不同,服务器的性能可以用多种方式来衡量。通常,可靠性在服务器中占据十分重要的地位。

嵌入式计算机是应用最广泛的一类计算机,其性能及应用领域跨幅最大。嵌入式计算机包括洗衣机、汽车中的微处理器,手机、个人数字助理(PDA)中的计算机,视频游戏机、数字电视中的计算机以及控制现代飞机及货船的处理器网络等。嵌入式计算被用来完成单一的或一组相关的应用,它通常与相关应用集成在一起作为一个整体系统使用。因此,尽管存在着大量的嵌入式计算机,大部分用户可能并未意识到自己正在使用计算机。嵌入式应用通常只有一个特定的应用需求,即在严格控制成本和功耗的前提下,实现最低限度的功能和性能要求。

1.3 计算机硬件的组成

1.3.1 冯·诺依曼计算机的特点

1946 年,冯·诺依曼及其同事在普林斯顿高等研究院(the Institute for Advance Study at Princeton,IAS)开始设计存储程序计算机,该机被命名为 IAS 计算机。由于种种原因,IAS 计算机直到 1951 年才完成。IAS 计算机的特点可归结如下。

(1) 计算机由运算器、控制器、存储器、输入设备和输出设备五大部件组成。

(2) 指令和数据均用二进制形式表示。

(3) 指令和数据以同等地位存放于存储器内,并可按地址访问。

(4) 指令由操作码和地址码组成,操作码表示指令的操作性质,地址码指出操作数的来源。

(5) 指令在存储器内按顺序存放。通常,指令是顺序执行的,也可以根据运算结果或某种设定条件改变指令执行顺序。

(6) 机器以运算器为中心,输入/输出设备与存储器间的数据传送通过运算器完成。

以运算器为中心的冯·诺依曼计算机组成如图 1-10 所示。其中,控制器通过解释指令向其他各部件发出控制信号,这些部件在控制器的统一指挥下,相互协作地逐条执行指令,完成数据输入、处理、存储及输出等任务。

存储程序思想的重要意义在于,计算机能够根据人们预定的安排,自动地进行数据的快速计算和加工处理。人们预定的安排是通过一连串指令(操作者的命令)来表达的,这个指令序列就称

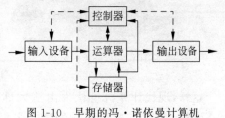

图 1-10 早期的冯·诺依曼计算机组成框图

为程序。一条指令规定计算机执行一个基本操作。一个程序规定计算机完成一个完整的任务。将编好的程序送入存储器,然后启动计算机工作,计算机无须操作人员干预,能自动逐条取出指令和执行指令。

1.3.2 计算机硬件的基本组成

与冯·诺依曼等人当时提出的计算机结构相比,现代的计算机结构虽然已经发生了重大变化,但就其结构原理来说,占主流地位的仍然是以存储程序为基础的冯·诺依曼计算机。一台计算机的硬件从原理上由五个基本部分组成:存储器、运算器、控制器、输入设备和输出设备。这种组织方式不依赖于硬件技术。

(1) 存储器。存放程序和数据。

(2) 运算器。完成算术运算和逻辑运算,并将运算结果暂存于运算器内。

(3) 控制器。通过发出各种控制命令,控制程序和数据的输入、运行以及处理运算结果。

(4) 输入设备。将人们熟悉的信息形式转换为机器能识别的信息形式,常见的有键盘、鼠标等。

(5) 输出设备。将机器运算结果转换为人们熟悉的信息形式,如打印机输出、显示器输出等。

计算机的五大部件在控制器的统一指挥下,有条不紊自动地工作。由于运算器和控制器在逻辑关系和电路结构上联系十分紧密,尤其在大规模集成电路制作工艺出现后,这两大部件往往集成在同一个芯片上,因此,通常将它们合起来统称为中央处理器(Central Processing Unit,CPU)。把输入设备与输出设备简称为I/O设备(Input/Output equipment)。

图 1-11 是一个典型的台式计算机图片。从直观上看,台式计算机由键盘、鼠标、显示器以及机箱组成。实际上,键盘和鼠标属于输入设备;显示器属于输出设备。

机箱内部包含了更多的硬件,主要包括主板、硬盘、电源等,如图 1-12 所示。主板又由三个部分组成:CPU、内存和I/O总线扩展槽。

图 1-11　台式计算机

图 1-12　台式计算机机箱内部

这样,现代计算机可认为由三大部分组成:CPU、主存储器(Main Memory,MM)和I/O设备,如图 1-13 所示。CPU 与主存储器合起来称为主机,I/O 设备又称为外部设备。主存储器是存储系统中的一类,可以直接与CPU交换信息,用来存放正在执行的程序和数据。另一类存储器称为辅助存储器,简称辅存或外存,其功能是存储大量的程序和数据。算术逻辑单元(Arithmetic Logic Unit,ALU)简称算逻部件,用来完成算术运算和逻辑运算。控制器用来解释存储器中的指令,并发出各种操作命令来控制指令执行。ALU 和控制器是 CPU 的核心部件。I/O 设备也受控制器控制,用来完成相应的输入、输出操作。可见,计算机有条不紊地自动工作都是在控制器统一指挥下完成的。CPU 内各部件可以通过片内总线相连,各大部件可以通过系统总线互连,构成完整的计算机硬件子系统。

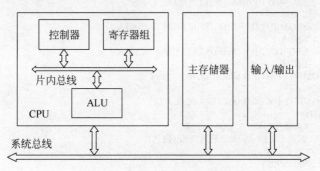

图 1-13　现代计算机的组成框图

1.3.3　从程序运行透视计算机组成

下面以 demo-1-2.c 程序为例,通过简单地分析程序的执行过程,使读者初步了解计算机的基本组成,以及各组成部分的基本工作原理和相互协作方法。为了简化起见,demo-1-2.c 是一个非常简单的表达式计算的 C 语言程序,它不涉及输入/输出操作,仅完成主存读写和 ALU 操作。demo-1-2.c 代码如图 1-14 所示。

```
//demo-1-2.c对整型变量赋初值,并计算表达式值。
#include "stdio.h"
int i,j,k,m,n;
main() {
    i = 1;
    j = 2;
    m = 3;
    n = 4;
    k = i+j*m/n;
}
```

图 1-14　demo-1-2.c

编译 demo-1-2.c 后形成的 IA-32 汇编程序(demo-1-2.asm),代码如图 1-15 所示。

汇编、链接后生成的机器指令代码(demo-1-2.exe)以及加载到主存中的地址(首地址是00401010)如图 1-16 所示。

为了使读者能够理解该程序中各条指令的执行过程,首先介绍一下 IA-32 的指令格式。IA-32 指令格式如下:

指令前缀	操作码	寻址方式	偏移量	立即数

```
TITLE       demo-1-2.c
      .386P
include listing.inc
if @Version gt 510
.model FLAT
else
_TEXT     SEGMENT PARA USE32 PUBLIC 'CODE'
_TEXT     ENDS
_DATA     SEGMENT DWORD USE32 PUBLIC 'DATA'
_DATA     ENDS
CONST     SEGMENT DWORD USE32 PUBLIC 'CONST'
CONST     ENDS
_BSSSEGMENT DWORD USE32 PUBLIC 'BSS'
_BSSENDS
_TLSSEGMENT DWORD USE32 PUBLIC 'TLS'
_TLSENDS
FLAT      GROUP _DATA, CONST, _BSS
     ASSUME  CS: FLAT, DS: FLAT, SS: FLAT
endif
_DATA     SEGMENT
COMM      _i:DWORD
COMM      _j:DWORD
COMM      _k:DWORD
COMM      _m:DWORD
COMM      _n:DWORD
_DATA     ENDS
PUBLIC    _main
_TEXT     SEGMENT
_main     PROC NEAR
; File 300.c
; Line 3
     push ebp
     mov  ebp, esp
; Line 4
     mov  DWORD PTR _i, 1              ; 对i赋值为1
; Line 5
     mov  DWORD PTR _j, 2              ; 对j赋值为2
; Line 6
     mov  DWORD PTR _m, 3              ; 对m赋值为3
; Line 7
     mov  DWORD PTR _n, 4              ; 对n赋值为4
; Line 8
     mov  eax, DWORD PTR _j            ; 把j的值传送到eax寄存器中
     imul eax, DWORD PTR _m            ; 把eax寄存器和m相乘，结果放在eax中
     cdq                              ; 把eax中的结果扩展到edx：eax中
     idiv DWORD PTR _n                 ; 把edx:eax中的64位数除以n，商将放在eax中
     mov  ecx, DWORD PTR _i            ; 把i的值传送到ecx寄存器中
     add  ecx, eax                     ; 把eax和ecx的值相加，放置在ecx中
     mov  DWORD PTR _k, ecx            ; 把ecx的值赋值给k
; Line 9
     pop  ebp
     ret  0
_main     ENDP
_TEXT     ENDS
END
```

图 1-15   demo-1-2.asm

```
00401010    55                    push    ebp
00401011    8bec                  mov     ebp,esp
00401013    c7051c40400001000000  mov     dword ptr [0040401c],1
0040101d    c70518404000020000000 mov     dword ptr [00404018],2
00401027    c70510404000030000000 mov     dword ptr [00404010],3
00401031    c70500404000040000000 mov     dword ptr [00404000],4
0040103b    a118404000            mov     eax,dword ptr [00404018]
00401040    0faf0510404000        imul    eax,dword ptr [(00404010)]
00401047    99                    cdq
00401048    f73d00404000          idiv    eax,dword ptr [00404000]
0040104e    8b0d1c404000          mov     ecx,dword ptr [0040401c]
00401054    03c8                  add     ecx,eax
00401056    890d14404000          mov     dword ptr [00404014],ecx
0040105c    5d                    pop     ebp
0040105d    c3                    ret
```

图 1-16   demo-1-2.exe

指令前缀：可选项，最多可以有 4 个前缀，分别是锁前缀与重复前缀、段跨越前缀、操作大小和地址长度前缀，每个前缀占用 1 字节。

操作码：1～2 字节，另外 3 位操作码还可以放在寻址方式字段。

寻址方式：如果需要，由 ModR/M 字节和 SIB 字节组成。

偏移量：有些寻址方式需要在 ModR/M 字节或者 SIB 字节之后紧跟一个偏移量，这个偏移量可以是 1、2 或者 4 字节。

立即数：如果指令中有立即数作为操作数，在指令最后可以用 1、2 或者 4 字节的立即数。

ModR/M 字节包括三部分：①Mod 域，2 位，表示寻址方式；②Reg/Opcode 域，3 位，指定一个寄存器号或者操作码的另外 3 位；③R/M 域，3 位，与 Mod 域合起来可以指定 8 个寄存器或者 24 种寻址方式。

特定编码的 ModR/M 字节需要第二个寻址字节，即 SIB(Scale-Index-Base)字节。具体来讲，base-plus-index 和 scale-plus-index 等 32 位寻址模式需要 SIB 字节。SIB 字节也包括三个部分：①Scale 域，2 位，指定 scale 因子；②Index 域，3 位，指定索引寄存器号；③Base 域，3 位，指定基址寄存器号。

在 IA-32 指令系统中，操作码和指令之间有一个映射关系，可以根据指令的操作码查指令集表得到指令的具体情况。下面就前面出现过的指令 add ecx,eax(机器码 03c8H)为例说明汇编指令和机器码之间的映射关系。该指令的操作码是 03H，寻址方式码是 c8H。根据查表规则，应该取 0 行、3 列来查表(03H 的高 4 位为行，低 4 位为列)，查到的内容是 ADD[Gv,Ev]。表示此指令有两个操作数，目标操作数是一个通用寄存器，源操作数需要用 ModR/M 来指示。ModR/M 字节为 11001000B，即寄存器编码为 001(Reg/Opcode)，另外一个操作数寻址方式为 11(Mod)，寄存器编码为 000(R/M)。通过查指令集表可知目标操作数是 ecx 寄存器，而源操作数通过查表可知是 eax。因此，03c8H 机器码所对应的汇编指令是 add ecx,eax。有趣的是，我们同样可以得到机器码 01c1H 所对应的汇编指令仍然是 add ecx,eax，有兴趣的读者可以自己查表验证。

假设计算机硬件的基本组成如图 1-17 所示。我们先简单了解一下各功能部件的基本组成。

计算机系统概论

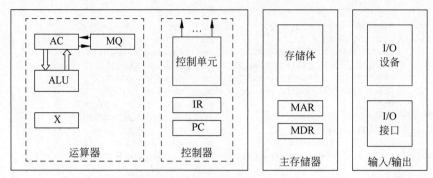

图 1-17　细化的计算机组成框图

1. 输入/输出

I/O 子系统完成人-机交互功能,它包括各种 I/O 设备及其相应的接口。每一种 I/O 设备都通过 I/O 接口与主机相连。I/O 设备接收控制器发来的各种控制命令,并完成相应的输入/输出操作。例如,键盘(输入设备)由键盘接口电路与主机相连;打印机(输出设备)由打印机接口电路与主机相连。

2. 主存储器

主存储器(简称主存)是计算机的主要工作存储器,存放正在运行的程序和数据。主存包括存储体、各种逻辑部件及控制电路等。存储体由许多存储单元组成,每个存储单元又包含若干存储元件(或称存储基元、存储元),每个存储元件能存放一位二进制代码"0"或"1"。可见,一个存储单元可存储一串二进制代码,将这串二进制代码称为一个存储字,这串二进制代码的位数称为存储字长。存储字长可以是 8 位、16 位、32 位或者 64 位等。一个存储字可代表一条机器指令、一个数值或者一串字符。

计算机对于主存的访问方式包括读操作(取)和写操作(存),读/写操作都是以存储单元为最小访问单位。通常,计算机为每个主存单元分配了特定的地址(编号),并且位置相邻的存储单元分配了连续的单元地址。主存的这种存取方式称为按地址访问方式,这样的存储器被称为按地址访问的存储器。存储器的这种工作性质对计算机的组成和操作是十分有利的。例如,人们只要将事先编好的程序按顺序存入主存各个单元,当运行程序时,先给出该程序在主存的首地址,然后采用程序计数器(PC)加 1 的方法,自动形成下一条指令所在存储单元的地址,机器便可以自动地完成整个程序的执行。又如,由于数据和指令都存放在存储体内各自所占用的不同单元中,因此,当需要反复使用某个数据或者某条指令时,只要指出其相应的单元地址即可,而不必占用更多的存储单元重复存放同一个数据或者同一条指令,大大提高了存储器的空间利用率。

为了能够实现按地址访问以及与 CPU 工作速度相匹配,主存中还必须配置两个寄存器 MAR 和 MDR。存储器地址寄存器(Memory Address Register,MAR)用来存放要访问的存储单元地址,其位数与存储单元的个数有关(如 MAR 为 10 位,则存储体最多只能有 2^{10} = 1024 个存储单元。通常,为了方便,把 1024 记为 1K)。存储器数据寄存器(Memory Data Register,MDR)用来存放从存储体某单元取出的代码或者准备向某存储单元存入的代码(指令或者数据),其位数与存储字长相等。当然,要想完成一个存或取操作,控制器还得向主存发送相应的控制信号,如读命令、写命令和地址译码驱动信号等。随着硬件技术的发展,主存都制作成了大规模集成电路的芯片,而将 MAR 和 MDR 集成在 CPU 芯片中。

早期计算机的存储字长一般和机器的指令字长与数据字长相等,故访问一次主存便可存取一条指令或一个数据。随着计算机应用范围的不断扩大、解题精度的不断提高,往往要求指令字长是可变的,数据字长也要求可变。为了适应指令和数据字长的可变性,其长度不由存储字长来确定,通常用字节个数来表示。1 字节(Byte)由 8 位(bit)二进制代码组成。例如,4 字节数据就是 32 位二进制代码;2 字节构成的指令字长是 16 位二进制代码。当然,此时存储字长、指令字长、数据字长三者可以各不相同,但它们必须是字节的整数倍。

3. 控制器

控制器是计算机的指挥中心,由它发出各种控制命令指挥各部件自动、协调地工作。就计算机的本质而言,它的全部工作就是执行机器指令。执行指令的全过程都是在控制器的控制下完成的。首先控制器要命令存储器读出一条指令,称为取指过程(或取指阶段)。接着,它要对这条指令进行分析,指出该指令要完成什么操作,并按寻址特征指明操作数的地址,称为分析过程(或分析阶段)。最后根据操作数所在的地址以及指令的操作码完成某种操作,称为执行过程(或执行阶段)。以上就是通常所说的完成一条指令操作的取指、分析和执行三个阶段。

控制器由程序计数器(Program Counter,PC)、指令寄存器(Instruction Register,IR)以及控制单元(Control Unit,CU)组成。PC 用来存放当前欲执行的指令在主存单元的地址,它与主存的 MAR 之间有一条直接通路,且具有自动加 1 的功能,即可自动形成下一条指令的地址。IR 用来存放当前正在执行的指令代码,内容来自主存的 MDR。IR 中的操作码送至 CU 进行指令分析,获知当前指令需要完成的操作,并发出各种操作控制命令,用以控制相应执行部件完成指定的操作。

4. 运算器

运算器的作用是进行数据加工处理。在计算机中的基本数据类型包括数值型数据(定点数和浮点数)、字符型数据(字符和字符串)、逻辑型数据。所以,计算机中对数据的基本操作包括算术运算、逻辑运算、字符处理。运算器的核心部件是算术逻辑运算单元(ALU),除此之外,运算器中还包含一些寄存器,用来暂存参与运算的数据以及运算结果。当然,ALU 的操作选择以及寄存器选择由控制器发来的控制信号决定。

以定点数的算术运算为例,简单了解一下 ALU 的功能和寄存器的作用。对于定点数的算术运算,ALU 一般具有加法、减法、乘法和除法四则运算操作。通常,运算器中至少包含三个寄存器(现代计算机内往往设有通用寄存器组):累加器 ACC(Accumulator)、乘商寄存器 MQ(Multiplier-Quotient Register)、操作数寄存器 X。不同计算机中运算器的结构是不同的。下面以图 1-17 给出的简单运算器结构为例,分析四则运算中寄存器和 ALU 的基本操作过程。

为了简化描述语言,通常采用一种所谓的寄存器传输语言来描述指令的操作流程。寄存器传输语言中用符号名称表示寄存器或者主存单元,比如 ACC、MQ、X、M(主存单元)等;用寄存器或者主存单元的符号名称加上括号表示寄存器或者主存单元中存放的内容,比如[ACC]、[MQ]、[X]、[M]等。

1)加法

假设加法操作对应的汇编指令为:

ADD M

该指令的操作可以描述为：

X ←[M]
ACC ←[ACC] + [X]

将[ACC]作为被加数，从主存中取出存放在 M 号单元内的数据[M]作为加数，送至运算器的 X 寄存器，然后将被加数[ACC]与加数[X]相加，结果(和)保留在 ACC 中。

2) 减法

假设减法操作对应的汇编指令为：

SUB M

该指令的操作过程可以描述为：

X ←[M]
ACC ←[ACC] – [X]

将[ACC]作为被减数，从主存中出取存放在 M 号单元内的数据[M]作为减数，送至运算器的 X 寄存器，然后将被减数[ACC]与减数[X]相减，结果(差)保留在 ACC 中。

3) 乘法

假设乘法操作对应的汇编指令为：

MUL M

该指令的操作过程可以描述为：

MQ ←[M]
X ←[ACC]
ACC ←0
ACC//MQ ←[X] × [MQ]

即将[ACC]作为被乘数，从主存中取出存放在 M 号单元内的数据[M]作为乘数，送入乘商寄存器 MQ，再把被乘数送入 X 寄存器，并将 ACC 清"0"，然后[X]和[MQ]相乘，结果(积)的高位保留在 ACC 中，低位保留在 MQ 中。ACC//MQ 表示 ACC 和 MQ 内容拼接形成双倍字长的乘积。

4) 除法

假设除法操作对应的汇编指令为：

DIV M

该指令的操作过程可以描述为：

X ←[M]
MQ_ACC ←[ACC] ÷ [X]

将[ACC]作为被除数，从主存中取出存放在 M 号单元内的数据[M]作为除数，送至运算器的 X 寄存器，然后将被除数[ACC]与除数[X]相除，结果的商保留在 MQ 中，余数保留在 ACC。

下面结合图 1-16 分析 demo-1-2.c 形成的可执行代码的运行过程。

按照冯·诺依曼存储程序的原理,计算机在执行程序之前,首先将要执行的程序和相关数据放入主存储器中。启动程序后,CPU 根据当前程序指针(PC)将指令从主存取出并分析和执行,然后再取出下一条指令并分析、执行,如此循环直到程序结束。计算机执行程序的过程就是不断地取出指令、分析指令和执行指令的过程,并将计算结果存入指令指定的存储部件或者由输出设备输出。

显然,从机器指令的地址来看,该程序被加载到了主存地址 00401010h(32 位地址)开始的连续单元中。从程序中对主存数据的访问情况来看,程序中的变量 i、j、k、m、n 被分配的主存单元地址分别为 0040401c、00404018、00404014、00404010、00404000,数据长度均为 4 字节。若这些主存单元的初始状态为:

```
00404000: 00 00 00 00 00 00 00 00 00 00 00 00 00 00 00 00
00404010: 00 00 00 00 00 00 00 00 00 00 00 00 00 00 00 00
```

当启动该程序执行时,程序计数器 PC=00401010h。先完成对 ebp 的进栈保存操作,并把 esp 的值保存在 ebp 中。此时 PC=00401013h,用 PC 值作为主存地址读取主存单元的内容,将第 1 条(前面两条指令对堆栈操作,从本条指令开始程序实质性操作,因此这里计第 1 条指令)机器指令代码"c7 05 1c 40 40 00 01 00 00 00"(对应的汇编指令为 mov dword ptr [0040401c],1)读到指令寄存器 IR,该指令对变量 i 对应的主存单元赋初值 1。所以,执行该条指令后:

```
00404000: 00 00 00 00 00 00 00 00 00 00 00 00 00 00 00 00
00404010: 00 00 00 00 00 00 00 00 00 00 00 00 01 00 00 00
PC = 0040101dh
```

将第 2 条机器指令代码"c7 05 18 40 40 00 02 00 00 00"(对应的汇编指令为 mov dword ptr [00404018],2)读到指令寄存器 IR,该指令对变量 j 对应的主存单元赋初值 2。执行该条指令后:

```
00404000: 00 00 00 00 00 00 00 00 00 00 00 00 00 00 00 00
00404010: 00 00 00 00 00 00 00 00 02 00 00 00 01 00 00 00
PC = 00401027h
```

将第 3 条机器指令代码"c7 05 10 40 40 00 03 00 00 00"(对应的汇编指令为 mov dword ptr [00404010],3)读到指令寄存器 IR,该指令对变量 m 对应的主存单元赋初值 3。执行该条指令后:

```
00404000: 00 00 00 00 00 00 00 00 00 00 00 00 00 00 00 00
00404010: 03 00 00 00 00 00 00 00 02 00 00 00 01 00 00 00
PC = 00401031h
```

将第 4 条机器指令代码"c7 05 00 40 40 00 04 00 00 00"(对应的汇编指令为 mov dword ptr [00404000],4)读到指令寄存器 IR,该指令对变量 n 对应的主存单元赋初值 4。执行该条指令后:

```
00404000: 04 00 00 00 00 00 00 00 00 00 00 00 00 00 00 00
00404010: 03 00 00 00 00 00 00 00 02 00 00 00 01 00 00 00
```

计算机系统概论

PC = 0040103bh

将第 5 条机器指令代码"a1 18 40 40 00"(对应的汇编指令为 mov eax,[00404018])读到指令寄存器 IR,该指令将变量 j 对应的主存单元内容读到寄存器 EAX 中。执行该条指令后:

EAX = 00000002h
PC = 00401040h

将第 6 条机器指令代码"0f af 05 10 40 40 00"(对应的汇编指令为 imul eax,dword ptr [00404010])读到指令寄存器 IR,该指令将 EAX 内容与变量 m 对应的主存单元内容相乘,乘积放在 EAX 中。执行该条指令后:

EAX = 00000006h
PC = 00401047h

将第 7 条机器指令代码"99"(对应的汇编指令为 cdq)读到指令寄存器 IR,该指令将 EAX 中的带符号数扩展到 64 位(EDX,EAX)。执行该条指令后:

EAX = 00000006h   EDX = 00000000h
PC = 00401048h

将第 8 条机器指令代码"f7 3d 00 40 40 00"(对应的汇编指令为 idiv eax,dword ptr [00404000])读到指令寄存器 IR,该指令将[EDX,EAX]中内容除以变量 n 对应的主存单元内容,商放在 EAX 中,余数放在 EDX 中。执行该条指令后:

EAX = 00000001h   EDX = 00000002h
PC = 0040104eh

将第 9 条机器指令代码"8b 0d 1c 40 40 00"(对应的汇编指令为 mov ecx,dword ptr [0040401c])读到指令寄存器 IR,该指令将变量 i 对应的主存单元内容读到寄存器 ECX 中。执行该条指令后:

EAX = 00000001h   ECX = 00000001h   EDX = 00000002h
PC = 00401054h

将第 10 条机器指令代码"03 C8"(对应的汇编指令为 add ecx,eax)读到指令寄存器 IR,该指令将 ECX 内容与 EAX 内容相加,结果放在 ECX 中。执行该条指令后:

EAX = 00000001h   ECX = 00000002h   EDX = 00000002h
PC = 00401056h

将第 11 条机器指令代码"89 0d 14 40 40 00"(对应的汇编指令为 mov dword ptr [_k (00404014)],ecx)读到指令寄存器 IR,该指令将 ECX 内容存入变量 k 对应的主存单元中。执行该条指令后:

00404000: 04 00 00 00 00 00 00 00 00 00 00 00 00 00 00 00
00404010: 03 00 00 00 02 00 00 00 02 00 00 00 01 00 00 00
PC = 0040105ch

到此,demo-1-2.exe 程序的主体部分执行完毕。

1.4　计算机系统的性能

这里仅简单介绍计算机系统的性能,计算机硬件各部件的具体性能将在后续各章中介绍。

1.4.1　性能的定义

产品性能是指产品具有适合用户要求的物理、化学或技术性能,如强度、化学成分、纯度、功率、转速等。一般所说的产品性能包含产品的功能和质量两个方面。功能是构成竞争力的首要要素,用户购买某个产品首先是购买它的功能,也就是实现其所需要的某种行为的能力。质量是指产品能实现其功能的程度和在使用期内功能的保持性,即质量是实现功能的程度和持久性的度量。

一个计算机系统的性能只能通过各类软件在硬件系统上运行而得以体现。在计算机满足一般功能特性的前提下,性能高低通常以时间特性(或者称为速度特性)作为基本衡量标准。时间特性也有不同的考察角度,体现性能的不同侧面。比如,在两台不同类型的台式计算机上运行同一个程序,可以说先完成的那个台式计算机比另一台快。如果是在数据计算中心运行大量用户提交的多个作业,可以说完成作业数最多的那台计算机速度快。对于单机用户来讲,最关心的则是如何才能减少响应时间(或者称为执行时间),即从提交作业直到作业完成所花费的时间。而对于数据计算中心的管理人员来说,关心的则是如何才能提高吞吐率,即一定时间内所完成的工作量。因此,不同的应用场景对计算机系统所采用的性能评价机制是不同的。

1.4.2　影响性能的因素

可以通过分析单个程序在计算机上的执行过程来理解程序的执行时间,继而理解影响计算机系统性能的因素。一个程序的执行时间可能包括磁盘存取时间、内存存取时间、CPU 处理时间、I/O 操作时间,以及操作系统为运行这个程序而执行的管理程序的时间开销等。这些时间归根到底取决于程序中包含的指令条数(包括执行操作系统相关指令)和每条指令的执行时间。可执行程序包含的机器指令条数又由几个方面决定:程序设计语言、编译器以及指令系统功能。而单个指令执行时间,即指令周期指从内存中取出并执行该条指令所用的全部时间,它取决于硬件结构和各部件的性能。

一个完整的计算机系统是由硬件子系统和软件子系统所构成。硬件子系统性能和软件子系统性能共同决定一台计算机系统的性能。而硬件性能的好坏对于整个计算机系统性能起着非常关键的作用。硬件各部件都有性能评价指标,提高这些指标都有利于提高计算机系统的综合性能。也就是说,通过提高这些指标均有利于提高计算机系统的时间特性。本章给出一般计算机用户比较关注的硬件性能指标,更多详细的性能指标将在后续各章中讨论。

计算机硬件的技术指标主要包括机器字长、运算速度、内存容量和外存容量等。

1. 机器字长

机器字长是指 CPU 一次能处理的二进制数据的最大位数。通常与 CPU 内寄存器的位数有关。相关概念还有,存储字长指一个存储单元可存放的二进制代码的位数。指令字长指一条机器指令包含的二进制代码的位数。

字节(Byte)是计算机中表示数据长度的另一种单位,一个标准字节被规定为 8 位二进制代码。通常,机器字长、存储字长和指令字长的关系是:存储字长等于机器字长,通常取字节的 2^n 倍($n=0,1,2,\cdots$),例如,常见的机器字长有 8 位、16 位、32 位、64 位等,分别称为 8 位机、16 位机、32 位机、64 位机等。而指令字长通常取字节的整数倍。例如,单字节指令、双字节指令、三字节指令等。

通常,机器字长越长,数据表示范围越大,精度越高,运算速度也越快;若机器字长较短,而处理的数据位数较长时,就需要多次处理才能完成,这样势必影响机器的运算速度。但是,机器字长与数据通路宽度以及寄存器位数、ALU 位数和存储单元长度等有关,所以机器字长越长,对硬件的需求量就越多,机器的造价也就越高。

Pentium、Pentium Pro、Pentium Ⅱ、Pentium Ⅲ、Pentium 4 是 32 位处理器,Pentium D、Pentium E 以及后续酷睿系列都是 64 位处理器。MIPS I(R2000、R3000 等)是 32 位处理器,1990 年后的 MIPS 处理器(R4000、R6000 等)都是 64 位处理器。

2. 运算速度

运算速度是衡量计算机系统性能的一项重要指标,其他很多指标最终可能也仅仅是为这一指标服务的。比如,机器字长、存储容量以及总线速度等指标的提高最终体现在程序执行速度的提高。

程序运行速度可以通过程序运行时间来测量,对于完成同样功能的程序,执行时间越短,其系统性能越高。一个由 n 条指令构成的程序的执行时间(以秒为单位)可以用下面的公式描述:

$$\text{程序执行时间} = \sum_{i=1}^{n}(\text{时钟周期数} / \text{指令}_i) \times \text{秒} / \text{时钟周期} \tag{1-1}$$

从式(1-1)可知,缩短程序执行时间有三条途径:

1)减少程序中包含的指令条数

这取决于 CPU 的体系结构。CISC 体系结构包含比较复杂的指令,可以在一条指令中完成更多的功能。所以,程序比较精简。RISC 体系结构指令系统规模小,指令功能简单,所以程序比较长。

2)减少指令所需要的时钟周期数

这与数据通路的构造有关,数据通路的路径越长,所需要的时钟周期数就越多。通常,用 CPI(Cycles Per Instruction)描述平均执行一条指令所需要的时钟周期数,它是吞吐率的倒数。这里的吞吐率是指每个时钟周期内执行的指令条数,用 IPC(Instruction Per Cycle)表示。

3)减少时钟周期所需要的时间

时钟周期长度由处理器数据通路上的关键逻辑路径决定。逻辑和电路的设计也在很大程度上影响着时钟周期。例如,先行进位加法器的速度比行波进位加法器速度更快;制造工艺的进步使得晶体管速度每 4~6 年提高一倍,这样处理器的速度也会随之提高。

通常所说的计算机运算速度是指每秒钟所能执行的平均指令条数,一般用每秒百万条指令数来描述,单位为 MIPS(Million Instruction Per Second)。同一台计算机,执行不同的运算所需时间可能不同,因而对运算速度的描述常采用不同的方法。

微型计算机一般采用主频来描述运算速度,例如 Pentium/133 的主频为 133MHz,Pentium Ⅱ/800 的主频为 800MHz,Pentium 4/1.5G 的主频为 1.5GHz。i5-9600KF 的主频为 4.6GHz,i7-9900KF 的主频为 5.0GHz。

一般说来,主频越高,运算速度就越快。由于计算机运算的多样性和复杂性,运算速度无绝对精确的量化描述方法。

对于浮点运算来说,通常用每秒浮点运算次数(Floating Point Operation Per Second,FLOPS)或者每秒浮点运算百万次数(Million Floating Point Operation Per Second,MFLOPS)来描述。

3. 内存容量

内存是 CPU 可以直接访问的存储器,将正在执行的程序和需要处理的数据存放在内存中。现代计算机的内存包含主存储器和高速缓冲存储器(cache)两个部分。

主存容量的大小,一方面反映了计算机即时存储信息的能力。随着操作系统的升级,应用软件的不断丰富及其功能的不断扩展,人们对计算机主存容量的需求也不断提高。运行 Windows 95 或 Windows 98 操作系统至少需要 16MB 的主存容量,Windows XP 需要 128MB 以上的主存容量,Windows 10 至少需要 4GB 的主存容量。主存容量越大,系统功能就越强大,能处理的数据量就越庞大。另一方面,主存容量的提升使得大量的程序和数据能同时调入主存,这样 CPU 就可以不间断地访问到需要的指令和数据,而不需要从外存调入,程序的执行速度就快。因此,主存容量的提高有利于提高计算机执行程序的速度。

主存容量是指主存中可存放的二进制代码的总数。具体表示方法与主存的编址方式有关。主存编址方式有两种:按字编址和按字节编址。

按字编址时,主存容量=存储单元个数×存储字长,单位为字(W)或者位(b)。例如,64K×32 位。注意:采用按字编址方式时,主存以字为单位操作,则存储容量由两数相乘表示,但若用乘开后总位数表示主存容量就是错误的,因为这不符合主存操作的特点,没有实际意义。

按字节编址时,存储容量就等于存储字节数,单位为字节(B)。

现代计算机中为了缩小主存与 CPU 之间的速度差异增设了高速缓冲存储器(简称高速缓存),它的作用就是加速 CPU 访存的速度。高速缓存容量比主存小得多,但速度接近 CPU 的速度。高速缓存的容量越大,CPU 访问存储器时命中高速缓存的概率就越大,CPU 执行程序的速度就越快。

当前,台式计算机的主存容量已达到了 4GB 以上。高速缓存通常由两级构成:第一级位于 CPU 内;第二级放在主板上。

4. 外存容量

外部存储器(简称外存)容量通常是指硬盘容量,即硬盘能存储的二进制信息总量,一般以字节(B)为单位。外存容量越大,可存储的信息就越多,可安装的应用软件就越丰富。目前,台式计算机的硬盘容量在 1TB 以上。

5. 总线传输率

总线传输率通常指单位时间内系统总线上的数据传输量,也称为总线带宽,常用 MB/s 作单位。一般可表示为:总线带宽=总线工作频率×总线宽度(字节数)。现代计算机使用

计算机系统概论

标准总线,不同总线标准具有不同的数据传输速率。例如,PCI 总线可采用 33MHz 或者 66MHz 的时钟频率,总线宽度为 32 位或者 64 位,所以 PCI 总线的数据传输率从 132MB/s (33MHz 时钟频率,32 位数据通路)可升级到 528MB/s(66MHz 时钟频率,64 位数据通路)。PCIe 总线采用多通道并行传输技术,数据传输率可达 4GB/s。

以上只是计算机系统的一些主要性能指标。除了上述这些指标外,计算机还有一些其他指标,例如所配置外围设备的性能指标以及所配置系统软件的情况等。另外,各项指标之间也不是彼此孤立的,在实际应用时,应该把它们综合起来考虑,而且还要遵循"性能价格比"的原则。

1.5   本书主要内容及组织结构

从计算机系统的层次结构看,本书涵盖的范围主要集中在最低两层,这两层的主要功能就是机器指令系统的逻辑实现。具体地讲,就是了解计算机如何表示、存储和执行指令系统中的每一条指令。为此,首先要了解机器指令系统,包括指令功能、指令格式,处理的操作数等,所以指令系统也是本书的研究范畴。另外,指令的执行涉及计算机硬件的所有部件,了解各部件的内部逻辑以及部件间的相互关联,才能很好地理解指令的执行过程。

同样,从计算机系统的层次结构看,本书的学习者可以定位于第一级的观察者,其任务是深入理解系统结构设计者提供的指令系统结构,学习计算机硬件实现指令系统的原理和方法。但是,为了使读者饶有兴趣地阅读本书,同时可以将本书内容与相关课程内容有机地关联起来,本书从组织形式上并不限于阅读者仅作为第一级的观察者,很多情况下要求读者作为更高层的观察者,理解相关层间的支持与被支持的关系。本书也非常关注底层硬件性能对上层乃至对整个计算机系统的影响。

本书主要讲解单台计算机的完整硬件系统的基本组成原理与内部运行机制。"单台计算机"是指非多机系统或者非多处理机结构的计算机。"基本组成"意味着不一定是最高性能、最合理的组成,而是最基础且必要的组成部分。"完整硬件系统"指计算机整机的全部硬功能部件。"计算机组成"是指计算机内部的逻辑组成和逻辑实现,各部件间的连接、通信、控制方式,以及信息的流动方式。

本书整体结构如下。

第 1 章   计算机系统概论。介绍计算机系统的层次结构,以及其应用和发展概况,阐述计算机硬件的基本组成以及各部件的基本功能。

第 2 章   指令系统。指令系统是软硬件的交界面,所以本书从指令系统入手,介绍指令系统设计的基本方法,主要包括指令功能、指令格式以及寻址方式。

第 3 章   存储器。主存储器作为计算机的基本存储部件,介绍其分类、组成、工作原理以及扩展方法。在介绍存储系统相关组成和概念的基础上,分别介绍相联存储器、Cache 和辅助存储器的组成和工作原理。

第 4 章   总线与输入/输出系统。系统总线作为计算机各大部件之间公共数据通路,介绍其组成和管理方法。输入/输出作为计算机和用户沟通的桥梁,介绍输入/输出子系统的组成及其控制方式。

第 5 章   数据的表示与运算。介绍各类数据表示方法、基本运算方法以及运算器的基本实现方法。

第 6 章　中央处理器。中央处理器由运算器和控制器组成,本章在介绍 CPU 基本组成的基础上,分别介绍单周期 CPU、多周期 CPU 以及流水 CPU 结构中数据通路的构建方法。

第 7 章　控制器。控制器作为计算机的指挥中心,按照不同设计方法介绍控制器的组成以及控制信号的产生方法。

思考题与习题

1. 在计算机发展过程中,有哪些事件可认为是具有转折点和里程碑意义的? 电子计算机的飞速发展,什么因素起着主要推动作用?

2. 说明高级语言、汇编语言、机器语言三者的差别和联系。

3. 软、硬件之间的界面是确定不变的吗? 软、硬件在功能设计上有何种关系存在?

4. 如何理解硬、软件逻辑等价性?

5. 冯·诺依曼计算机的特点是什么?

6. 讨论将程序和数据存放在同一存储器中的优缺点。

7. 在存储程序中,CPU 正在执行的程序所包含的指令和数据均以二进制形式存储于主存储器,CPU 需要区分指令和数据吗? 为什么? CPU 如何区分?

8. 在存储程序中,指令在主存储器中按顺序存放,其优点是什么?

9. 有时候软件优化可以很大程度上提高计算机系统的性能。假设一个 CPU 执行一条乘法运算指令需要 10ns,减法指令需要 1ns。请问:

(1) 执行 $d=a\times b-a\times c$ 需要花费 CPU 多少时间?

(2) 如何优化计算使执行时间减少?

第 2 章　　指 令 系 统

本章从指令系统发展中衍生出的两种计算机体系结构 CISC 和 RISC 入手,简单介绍两种指令系统的特点。围绕指令系统功能、指令格式和寻址方式等内容,介绍指令系统的设计方法以及设计时应考虑的各种因素。结合后续章节的学习,希望读者能理解指令系统与硬件结构、系统性能之间的密切关系。

2.1　指令系统概述

指令系统是指一台计算机所具有的全部机器指令的集合,它反映了该机所拥有的基本功能。从第 1 章给出的计算机系统层次结构图 1-8 中可以看出,指令系统是软件和硬件的接口或者交界面,所以指令系统的设计是计算机体系结构设计者的任务,指令系统的逻辑实现才是计算机组成设计者的主要任务。但是,实现指令系统首先要了解指令系统设计的结果。所以,本章的目标就是充分理解指令系统,为后续各章进行指令系统逻辑实现做好准备。

在计算机系统设计过程中,硬件设计人员采用各种手段实现指令系统;而软件设计人员则使用指令系统编制各种各样的系统软件和应用软件,用这些软件来填补指令系统与人们习惯的使用方式之间的语义差距。因此,指令系统是硬件设计者对计算机硬件功能的具体描述,也是软件设计者操作计算机硬件的唯一入口。即指令系统是计算机软件设计者和硬件设计者之间沟通的桥梁。

在计算机系统设计过程中,指令系统的设计非常关键。设计指令系统首先要确定计算机系统中的一些基本操作由硬件实现还是由软件实现,若由硬件实现就在指令系统中为该操作设置一条专用的指令;若由软件实现指令系统中就不必为该操作设置指令,而是程序设计时通过编制一段由一串指令组成的子程序实现该操作。然后,具体确定指令系统的指令格式、操作数类型以及对操作数的访问方式等。

从计算机系统的层次结构来说,计算机的指令有宏指令、机器指令和微指令之分。宏指令是由若干条机器指令组成的软件指令,它属于软件。微指令是微程序级的命令,它属于硬件。机器指令(通常简称为指令)介于微指令与宏指令之间,每条指令可完成一个独立的操作,如一个算术运算或一次数据传送操作等。

指令系统是计算机硬件的语言系统,也被称为机器语言。任何软件最终均被转换为机器语言程序,这样的程序才能被计算机硬件执行。为了使指令系统中的每条指令都可以在计算机上执行,计算机硬件相应地就具有执行这些指令的逻辑线路,所以指令系统表征了计算机硬件的基本功能。另外,指令系统的格式与功能不仅直接影响机器的硬件结构,也直接影响软件的结构和复杂度，以至于影响机器的适用范围。指令系统与计算机系统的性能和复杂程度等密切相关，它是设计一台计算机的起始点和基本依据。

指令系统是中央处理器设计的基础，指令格式很大程度上影响 CPU 的组织结构。通常，指令由操作码和地址码两个字段组成。操作码字段规定由硬件实现的具体操作。指令系统中的基本算术/逻辑操作直接由 ALU 执行，复杂操作（如乘除法、浮点运算等）可以由专用协处理器实现。地址码字段及其相关的寻址方式对 CPU 结构也有着显著的影响，并决定寄存器的数目和类型。因此，CPU 结构应根据应用目标和计算机性能的要求，通过仔细考虑指令系统结构来设计。

通常，用指令系统结构（Instruction Set Architecture，ISA）一词来描述汇编语言程序员和编译器开发者所看到的机器属性。具体地说，ISA 包括指令系统功能、数据类型、寄存器结构、内存组织、寻址方式、中断和 I/O 处理方式。

2.2 指令系统的发展

2.2.1 指令系统演变过程

在计算机的产生和发展过程中，指令系统随着计算机硬件技术和软件技术的发展而不断发展，指令系统的发展更体现了计算机体系结构的发展。

纵观计算机的发展历史，指令系统经历了从简单到复杂，然后又从复杂到简单的螺旋式演变过程。促进指令系统从简单到复杂发展过程的主要因素有器件性能和集成电路技术，特别是应用需求促使软件技术发展，以及存储器件和存储体系的发展。然而，促使指令系统从复杂到简单演变的主要因素是性能需求和体系结构的变革。

早在 20 世纪五六十年代，计算机大多数由分立元件的电子管或晶体管组成，其体积庞大，价格昂贵，耗电量巨大。所以，计算机的硬件结构比较简单，所支持的指令系统也只有定点加减法、逻辑运算、数据传送和转移等十几至几十条最基本的指令，而且寻址方式简单，使用非常困难。

到 20 世纪 60 年代中期，随着集成电路的出现，计算机的功耗、体积、价格等不断下降，硬件功能不断增强，指令系统也越来越丰富。指令系统中增加了乘除法运算、浮点运算、十进制运算、字符串处理等指令，指令数目多达 100～200 条，寻址方式也趋多样化，使用灵活性提高。

20 世纪 60 年代后期到 70 年代中期，虽然用半导体存储器代替了磁芯存储器，外部存储器使用磁盘。但是，一方面，存储器技术仍不发达，存储器价格贵且速度慢，CPU 中寄存器少；另一方面，操作系统进一步完善，高级语言数量增多。开始出现系列计算机，同一系列的各机种有共同的指令系统而且新推出机种的指令系统一定包含所有旧机种的全部指令，旧机种上运行的各种软件可以不加任何修改便可在新机种上运行（即软件向后兼容），大大地降低了软件的开发费用，如 IBM360、370 系列。

20 世纪 70 年代末期，随着集成电路和超大规模集成电路的出现与发展，计算机硬件成本不断下降，软件成本不断提高。为了给高级语言提供更多的支持，指令系统中增设了各种各样复杂的和面向高级语言的指令，使得指令系统变得更加复杂和完备，寻址方式也更加多样化,能直接处理的数据类型更多,指令数目可达 300～500 条。为了区别,人们把按这种传统方法设计的计算机系统称为复杂指令系统计算机(Complex Set Instruction Computer,CISC)。

x86 是 Intel 为其第一块 16 位处理器(Intel 8086)专门开发的指令系统,其后 Intel 公司所生产的处理器(8088、80286、80386、80486)仍然继续使用 x86 指令系统,所以这些 CPU 仍然属于 x86 系列。推出 80486 处理器之后,Intel 不再以 x86 命名,而以较正式的 IA(Intel Architecture)命名处理器体系结构,IA-32 和 IA-64 分别代表 Intel 的 32 位和 64 位处理器体系结构。Pentium 4 处理器也沿用了 IA-32 体系结构。

20 世纪 70 年代中期,计算机设计者逐渐认识到,日趋庞大的指令系统不但使计算机的研制周期变长,而且增加了调试和维护的难度,其结果还可能降低计算机系统的性能。计算机体系结构设计的先驱者们尝试从另一条途径来支持高级语言及适应 VLSI 技术特点。1975 年 IBM 公司 John Cocke 博士提出了精简指令系统的设想。1979 年美国加州大学伯克利分校 Patterson 教授领导的研究组,首次提出了 RISC(Reduced Instruction Set Computer,精简指令系统计算机)这一术语,并先后研制了 RISC-Ⅰ 和 RISC-Ⅱ。1981 年在美国斯坦福大学 Hennessy 教授领导下的研究小组,研制了 MIPS RISC,为 RISC 的诞生与发展起到了很大的作用。

MIPS 计算机指令系统经过从通用处理器指令系统 MIPS Ⅰ、MIPS Ⅱ、MIPS Ⅲ、MIPS Ⅳ 到 MIPS Ⅴ,到嵌入式指令系统 MIPS 16、MIPS 32 到 MIPS 64 的发展已经十分成熟。在设计理念上 MIPS 计算机强调软硬件协同提高性能,同时简化硬件设计。中国龙芯 2 和前代产品都采用了 64 位 MIPS 指令系统。

由于软件向后兼容的问题,虽然 RISC 技术在性能上占据优势,但 RISC 的市场占有率并未超出 CISC。并且,Intel 处理器在其 CISC 结构中也采用了 RISC 思想。从 80486 开始,Intel CPU 中就包含有 RISC 核。但是,这种混合方案不如纯 RISC 方案速度快,但它却能在软件向后兼容的前提下发挥极具竞争力的整体性能。

2.2.2 CISC 与 RISC 指令系统特点

从 CISC 的发展过程可以看出,其指令系统发展有以下主要特征。

(1) 由于访问主存的速度明显低于访问 CPU 寄存器的速度,为了减少读取指令引起的大量主存访问,用一条功能复杂的新指令取代原先需一串指令完成的功能,即软件硬化。

(2) 当高级语言取代汇编语言后,增加新的复杂指令以及复杂的寻址方式来支持高级语言程序的高效实现。

(3) 系列机软件要求向上兼容和向后兼容,使得指令系统不断扩大。

但 CISC 存在的主要问题有:

(1) 指令系统庞大,指令功能复杂,指令格式和寻址方式多样性,导致编译程序复杂,程序编译速度慢,特别是难以用编译优化技术生成高效的目标代码程序。

(2) 大多数指令功能复杂,且各种指令都可访问存储器,使得绝大多数指令需要多个机器周期才能完成。

(3) 为了实现复杂的指令系统,通常采用微程序控制技术(参见第 7 章)设计控制器,由微程序解释执行机器指令,也影响了指令的执行速度。

（4）各种指令的使用频度相差悬殊，仅有约 20% 的指令使用频度比较高，这些指令占据了 80% 的 CPU 时间。换句话说，有 80% 的指令只在 20% 的 CPU 运行时间内才被用到，即大量不经常使用的指令导致计算机硬件非常复杂，使得计算机研制周期变长，难以调试和维护且可靠性差。

IA-32 作为 CISC 体系结构的典型代表，衍生出了很多 Intel 的 32 位微处理器，本书各章将以 Pentium 4 微处理器作为 CISC CPU 的实例。

Pentium 4 具有非固定长度的指令格式，191 条指令，9 种寻址方式。但是，在每个时钟周期能执行两条指令，因此它具有 CISC 和 RISC 两者的特性。不过它具有的 CISC 特性更多一些，因此被看成为一个 CISC 结构的处理器。

人们原以为拥有庞大指令系统的计算机可以提高计算机系统的性能，殊不知日趋庞杂的指令系统不但不容易实现，而且还可能降低计算机系统的性能。而且，日趋庞大的指令系统使计算机硬件的研制周期变长，且运行速度慢、可靠性差、难以调试和维护。

精简指令系统的主要思想是只包含那些使用频率高的少量指令，并提供一些必要的指令以支持高级语言。RISC 技术已经成为当代计算机设计的基础技术之一，它是一种计算机体系结构的设计思想，是近代计算机体系结构发展史中的一个里程碑。

RISC 并不是简单地简化指令系统，而是通过简化指令使计算机的结构更加简单合理，从而提高运算速度。

计算机执行程序所需要的时间 P 可用式（2-1）表示：

$$P = I \cdot \text{CPI} \cdot T \tag{2-1}$$

其中，I 是机器指令条数；CPI 是执行每条指令所需的平均机器周期（时钟周期）数；T 是每个机器周期的时间。

由于 RISC 指令比较简单，原 CISC 中比较复杂的指令在这里用子程序代替，因此 RISC 中的 I 值要比 CISC 大 20%～40%。但是，早期 RISC 大多数指令用一个机器周期实现，所以 CPI 的值要比 CISC 小得多。同时，因为 RISC 结构简单，所以完成一个操作所经过的数据通路较短（参见第 7 章），使得 T 值也大为减少。随着 RISC 硬件结构的改进，RISC 可以在一个机器周期内完成一条以上指令，甚至可以达到数条指令。

RISC 是继承 CISC 的成功经验并克服 CISC 缺点的基础上产生并发展起来的，大部分 RISC 具有以下特点。

（1）优先选取使用频率较高的简单指令，避免复杂指令。

（2）指令长度固定，指令格式种类少，寻址方式种类少。指令之间各字段的划分比较一致，各字段的功能也比较规整。

（3）只有取数/存数指令（Load/Store）访问存储器，完成数据在寄存器和存储器之间的传送工作。其余指令的操作都在寄存器之间进行。

（4）CPU 中通用寄存器数量相当多。算术逻辑运算指令的操作数都在通用寄存器中存取。

（5）CPU 采用流水线结构（参见第 6 章），大部分指令可以在一个机器周期（时钟周期）内完成。

（6）控制单元设计以硬布线控制逻辑为主，不用或少用微程序控制。

（7）采用编译优化技术，以减少程序执行时间。

MIPS 32 作为 RISC 体系结构的典型代表,广泛应用于大多数 1999 年之后设计的 MIPS CPU 中。所以,本书各章将以 MIPS 32 作为 RISC 指令系统的范例。由于 MIPS 指令操作必须符合流水线的要求,所以对指令系统有很多限制。比如,由于指令必须在一个时钟周期内完成,所以限制寄存器写回阶段只允许一个值存储到寄存器堆,这样 MIPS 指令只能修改一个寄存器的值。由于堆栈操作不适合流水线,所以没有专门的堆栈。因为完成乘除法运算比其他运算时间长,所以乘除法器没有与主流水线集成,处理器单独发出一条乘法或除法指令,可以与其他普通指令并行执行。

2.3 指令系统的功能

设计指令系统的核心问题是确定指令功能、指令格式和寻址方式,三者间相互关联、彼此影响。

2.3.1 指令系统的设计原则

如果把计算机系统所要实现的任务分解成一个个基本功能,那么在这些基本功能中,实际上只有极少数几种基本功能必须用指令(硬件)来实现,而绝大多数功能既可以用硬件实现,也可以用一段子程序实现(软件)。计算机体系结构设计者在决定哪些基本功能用指令来实现时,主要考虑三个方面的因素:速度、价格和灵活性。用指令实现的特点是速度快,但成本高、灵活性差;而用软件子程序实现的特点是速度慢,但成本低、灵活性好。

设计指令系统时,对其功能和性能的要求包括完整性、规整性、高效性和兼容性。但从指令系统的发展过程和追求目标可以看出,CISC 和 RISC 在指令系统具体设计中遵循的原则有所差异。

完整性是指令系统的功能需求,它要求通用计算机应具备完善的指令功能。在 CISC 指令系统设计中通常会充分体现其完整性,目标是用汇编语言编写各种程序时,指令系统能直接提供足够的基本操作,而不必用软件子程序来实现。因此,CISC 追求指令系统丰富、功能齐全、使用方便。实际上,一台计算机中最基本、必不可少的指令是不多的,许多指令都可以用最基本的指令编程来实现。比如,乘/除法运算指令、浮点运算指令既可直接用硬件来实现,也可以用加减法运算指令编写的程序来实现。RISC 指令系统设计并不强调指令系统的完整性。

规整性是硬件设计(如 VLSI 技术)和软件设计(如编译程序等)的需要,指所有运算部件都能等同地访问所有数据存储单元(如主存储器、通用寄存器和堆栈)。规整性具体体现指令系统的对称性、匀齐性以及指令格式和数据格式的一致性。对称性指在指令系统中可以同等方式对待所有寄存器和存储器单元,所有指令都可以使用各种寻址方式;匀齐性是指一种操作性质的指令可以支持各种数据类型,比如算术运算指令可支持字节、字、双字整数的运算,以及十进制数运算和单、双精度浮点数运算等;指令格式和数据格式的一致性是指指令长度和数据长度应存在一定的关系,以方便存取和处理,例如指令长度和数据长度通常是字节的整数倍。CISC 和 RISC 指令系统设计时,对于规整性的要求必须有所选择,具体可以参考下节讲到的 IA-32 和 MIPS 32 实例。

高效性是指利用该指令系统所编写的程序能够高效率地运行。高效率主要表现在程序占据存储空间小且执行速度快。通常，CISC 设计是通过完善指令系统功能，从而减小程序中指令的条数来提高程序运行效率；而 RISC 设计中更强调降低每条指令的执行时间。

兼容性是计算机系统的生命力之所在。系列机各机种之间具有相同的基本结构和共同的基本指令系统，因而指令系统是兼容的，即各机种上基本软件可以通用。但由于不同机种推出的时间不同，在结构和性能上有所差异，做到所有软件都完全兼容是不可能的，通常只能做到"向上兼容"或"向后兼容"。

在任何指令系统设计中，能做到同时满足上述四个方面的要求是相当困难的，但是它们可以作为指导性原则，以便设计出更加合理的指令系统。

2.3.2 数据类型

1. 操作数类型

在计算机系统中，涉及的数据类型很多，有文件、图、表、树、阵列、队列、链表、栈、向量、串、实数、整数、布尔数、字符等。指令系统设计者（体系结构设计者）要研究的内容之一，就是确定在所有这些数据类型中，哪些用硬件实现，哪些用软件实现，以及它们的实现方法。通常，数据类型是指面向应用或者软件所处理的各种数据结构。而数据表示是指机器硬件能够直接识别、指令能够直接操作的那些数据结构。所以，数据类型和数据表示也是硬件和软件的主要交界面之一。通常，数据表示是数据类型中最常用、也是相对比较简单，用硬件实现相对比较容易的几种，如定点数（整数或小数）、逻辑数（布尔数）、浮点数（实数）、十进制数、字符、字符串等。

在本章中，用操作数指代机器指令中的数据，即硬件可以直接识别和处理的数据。常见的操作数类型有地址、数字、字符、逻辑数等。当然，机器硬件均用二进制符号表示和处理这些不同类型的操作数，但由于不同类型操作数的表示方法和处理规则不同（参见第 6 章），所以，指令中必须指出操作数的类型以便硬件来区分。通常，操作数的类型可以通过操作码的编码来指定（参见 2.4 节和 2.5 节）。

确定指令系统中支持哪些操作数类型的基本原则如下。

（1）有利于缩短程序的运行时间。

（2）有利于减少 CPU 与主存储器之间的通信量。

（3）数据表示应具有通用性和较高利用率。

指令中常见的操作数类型有以下几种。

1）地址

地址就是操作数或指令被存放在数据存储设备中的位置编码，CPU 通过地址来访问存储设备的特定单元。计算机系统中可以寻址的主要数据存储设备有通用寄存器、主存储器和 I/O 设备。地址实际上可以看作一种特殊的操作数，指令中可以直接给出地址，更多情况下要通过计算才能得到地址（参见 2.5 节寻址方式）。地址可以被认为是一个无符号整数，它作为特殊的操作数类型本章后面还会继续讨论。

2）数字

数字型数据是计算机处理的最基本操作数类型。计算机中常用的数字类型有定点数和浮点数等。相关表示方法及运算规则将在第 6 章中讨论。

3）字符

文本或者字符串也是常见的数据类型。由于计算机在处理信息过程中不能以简单的字符形式直接存储和传送，因此普遍采用数字化编码，比如 ASCII 码就是一种最常用的字符编码。当然，还有一些其他的字符编码，如 EBCDIC 码（Extended Binary Coded Decimal Inter-change Code），又称扩展 BCD 交换码，在此不做详述。

4）逻辑数

计算机除了可以完成算术运算外，还可以完成逻辑运算，此时 n 个 0 和 1 的组合不是被看作算术数字，而是被看作逻辑数，这 n 个数位之间可以没有任何关系。例如，在 ASCII 码中的 0110101，它表示十进制数 5，若要将它转换为 NBCD 码（Natural Binary Coded Decimal，也称作 8421 码），只需通过它与逻辑数 0001111 完成逻辑与运算，提取低 4 位编码，即可获得 0101。此外，有时希望存储一个布尔类型的数据，它们的每一位都代表真（1）或假（0），这时 n 个 0 和 1 组合的数就都被看作逻辑数。

例如，IA-32 指令系统支持的操作数类型有逻辑数、有符号数、无符号数、压缩和非压缩的 BCD 码、地址指针、位串、字符串以及浮点数等。表 2-1 列出了 IA-32 支持的数据类型。

表 2-1 IA-32 数据类型

C 名称	IA-32 名称	长度/B	汇编符号
long long	dword	8	dd
int	word	4	dw
short	word	4	dw
char	byte	1	db
float	float	4	dd
double	qword	8	dq
*	tbyte	10	dt

* 汇编语言中的某些类型，在 C 语言中并没有对应的类型。

又例如，MIPS 32 数据包括有（无）符号整数类型、浮点数据类型以及逻辑数、字符和字符串等。表 2-2 列出了 MIPS 32 的数据类型。

表 2-2 MIPS 32 数据类型

C 名称	MIPS 名称	长度/B	汇编符号
long long	dword	8	l
int	word	4	w
long			
short	halfword	2	h
char	byte	1	b
float	float	4	s
double	double	8	d

MIPS 32 中存数/取数指令分别有字节、半字和字操作数指令。但所有的算术和逻辑运算操作都针对 32 位数值，没有字节或半字运算指令。

值得注意的是，对于字节或者半字数据加载到寄存器时，数据值载入到 32 位寄存器的低位部分,高位要进行扩展。对于有符号数扩展时,高位用符号位(字节数据的第 7 位,半字节数据的第 15 位)来填充;对于无符号数扩展时,高位用"0"来填充。

2. 地址空间

编址方式是指对各种数据存储设备的访问单元的编码方法。在计算机系统中,需要编址的设备主要有 CPU 中的通用寄存器、主存储器和输入/输出设备等。堆栈虽然也是一种存储设备,但是它不需要编址。还有一些特殊的寄存器,如变址寄存器、处理机状态字寄存器等,由于它们使用的场合很特殊,这里不再介绍。由于通用寄存器、主存储器和输入/输出设备这三种数据存储设备的工作速度、容量等性能差别很大,所以它们的编址方式也不相同。

地址编码方法首先要考虑这三类存储设备是采用统一编址还是独立编址。也就是说,计算机系统中仅有一个地址空间,还是有多个地址空间。

1) 三个地址空间

对通用寄存器、主存储器和输入/输出设备这三种存储设备分别进行独立编址。

通用寄存器的数量相对较少,因此地址码的长度很短。主存储器容量相对很大,因此所需要的地址码长度就很长。存储器的编址单位还分为按字编址、按字节编址和按位编址三种方式。由于各种输入/输出设备本身差别很大,因此,所要求的编址方式也很不相同。例如,有的设备只需要一个地址码,而有的设备需要几个甚至十几个地址码,并且不同设备被编址的信息的长度也不相同。

由于三种存储设备所采用的寻址技术差别也比较大,因此对它们分别进行编址是很自然的选择。在许多机器中都采用三个地址空间,例如 Intel 微处理器系列。

目前,RISC 处理器通常有 32 个以上的通用寄存器,有些处理器中通用寄存器的数目已经达到几千个。为了简化指令系统且缩短指令周期,一般规定所有的运算、移位和测试等操作只能在通用寄存器上进行,只有访问(读/写)操作可以在三类存储设备中进行。在许多 CISC 中,所有操作都能在三类存储设备上进行,因此其指令系统比较复杂。

2) 两个地址空间

对通用寄存器进行独立编址,而主存储器和输入/输出设备统一编址。

通常,在主存和输入/输出设备共用地址空间的高端划出一部分编码用作输入/输出设备的地址。主存储器与输入/输出设备统一编址能够简化指令系统,因为在指令系统中不必另外设置输入/输出指令,所有能够访问主存储器的指令都能访问输入/输出设备,这是设置两个地址空间的主要优点。采用输入/输出设备与主存储器统一编址后,由于所有访问主存储器的指令都要通过地址译码来判断是否访问输入/输出设备,所以影响指令的执行速度。

对于 CISC 处理器,除了有专门读/写主存储器的指令外,还有许多运算指令也能访问主存储器,包括一些功能复杂的运算指令。然而,访问输入/输出设备的指令通常要求比较简单,其寻址方式一般为单一的直接寻址方式,因此,对于输入/输出设备来说,许多复杂的运算指令根本用不上。

对于 RISC 处理器,只有专门的 Load/Store 指令能够访问主存储器,一般的运算指令不能访问主存储器。所有运算操作都必须在寄存器中进行,即使是很简单的运算操作也要先把操作数读到寄存器中,然后在 ALU 中进行运算,最后再把运算结果写回到主存储器中。而访问输入/输出设备的指令通常只要求进行简单的操作,其寻址方式也是单一的直接寻址方式,因此,在 RISC 处理机中,把输入/输出设备与主存储器统一编址对于程序设计是不利的。

3）一个地址空间

所有存储设备统一编址。通常,地址空间的最低端是通用寄存器,最高端是输入/输出设备,中间的绝大多数地址分配给主存储器。采用这种方式时,地址编码最长,但是所有能够访问寄存器的指令,也能访问主存储器以及输入/输出设备。

4）无地址空间

无地址空间也称为隐含编址方式。

在堆栈计算机中,运算指令是不需要地址的,有关设备（包括寄存器、主存储器和输入/输出设备等）不需要进行编址。

另外,在一般处理器中,一些特殊的寄存器如指令和数据的缓冲寄存器等,是不需要编址的,这些寄存器对于程序员是不可见的。

下面以 Pentium 4 和 MIPS 计算机为例,了解一下主存和寄存器的基本组织。

对于 32 位的 Pentium 4 和 MIPS 计算机来说,主存地址也是 32 位,并且按字节编址,所以主存最大容量为 4GB。主存地址空间布局与操作系统紧密相关,Windows 将主存空间分成两个部分:2GB 用户区域占低端地址部分(0x00000000～0x7fffffff);2GB 操作系统区域占高端地址部分(0x80000000～0xffffffff)。

Pentium 4 中的基本寄存器组织如图 2-1 所示,8086/8088 中的寄存器主要有数据寄存器 AX、BX、CX、DX,变址寄存器 SI、DI 以及指针 SP、BP、IP,段寄存器 CS、DS、ES、SS,还有标志寄存器 FLAGS。这些都是 16 位寄存器,并且 AX、BX、CX、DX 这四个数据寄存器的高 8 位和低 8 位还可以单独使用,即程序员还可以使用 8 个 8 位寄存器 AH、AL、BH、BL、CH、CL、DH、DL。

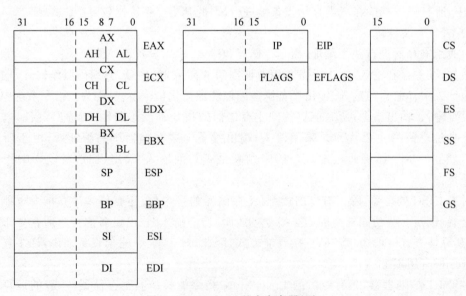

图 2-1 Pentium 4 基本寄存器组织

Pentium 4 中对寄存器结构进行了扩展,把所有的数据寄存器、指针变址寄存器和程序状态字寄存器都扩展到了 32 位,因此,数据寄存器是 EAX、EBX、ECX、EDX,变址及指针寄存器为 ESI、EDI、ESP、EBP、EIP,标志寄存器扩展为 EFLAGS。而段寄存器 CS、DS、ES、SS 保持不变,但是增加了两个段寄存器 FS 和 GS。同时,为了支持保护方式还引入了另外一些控制和管理寄存器,其中 CR0~CR3 为四个控制寄存器,GDTR、IDTR 和 LDTR 为系统地址寄存器,TR 为任务状态段寄存器。当然,在 Pentium 4 中,8086/8088 中的那些 16 位和 8 位数据寄存器还可以继续使用。

CR0 是很重要的一个控制寄存器。CR0 中的位 0(用 PE 表示),位 31(用 PG 表示)被称为保护控制位。PE=0,CPU 运行于实模式;PE=1 则 CPU 运行于保护模式。PG 负责分页机制,PG=0 时禁用分页,此时线性地址就是物理地址;PG=1 时启用分页,此时线性地址需要经过分页管理机制映射成物理地址。

CR0 中的位 1 到位 4,分别表示为 MP、EM、TS 和 ET,称为算术存在位、模拟位、任务切换位和扩展类型位,主要负责控制浮点协处理器的操作。

其他 GDTR、LDTR、IDTR 和 TR 中,base 一般指基地址,limit 指段限或者其他尺寸上的限制,attributes 一般指一些属性位。

32 位 MIPS 计算机提供了 32 个 32 位通用寄存器,寄存器编号占 5 位,各寄存器的名称、编号和功能见表 2-3。

表 2-3   MIPS 通用寄存器

寄存器编号	助记符	用　　途
0	zero	总是返回 0
1	at	(汇编暂存寄存器)为汇编保留
2,3	v0,v1	子程序返回值
4~7	a0~a3	(参数)子程序的前几个参数
8~15	t0~t7	(暂存器)子程序使用时不需要存储和恢复
24,25	t8,t9	
16~23	s0~s7	子程序寄存器变量。改变这些寄存器值的子程序必须存储旧的值,并在退出前恢复,对调用程序来说值不变
26,27	k0,k1	为中断/陷进处理器保留,程序员也可以改变
28	gp	全局指针,某些实时系统用来为(某些)static 和 extem 变量提供简单的访问方式
29	sp	堆栈指针
30	s8/fp	第 9 个寄存器变量。子程序用它作为帧指针(frame pointer)
31	ra	子程序返回地址

寄存器的汇编表示可以使用名称(例如,$s1、$t0、$sp),也可以使用编号($0~$31)。

在通用寄存器之外,MIPS 为整数乘除法提供了两个专用寄存器 Hi 和 Lo,程序员无须在指令中显式给出。用 32 位的 Hi 和 Lo 可实现 64 位寄存器,在乘法运算时,Hi 和 Lo 联合用来存放 64 位乘积;在除法运算时,最终的余数存放在 Hi 中,商在 Lo 中。

另外,MIPS 还提供了 32 个 32 位的单精度浮点寄存器,用汇编符号 $f0~$f31 表示。

它们可配对成 16 个 64 位浮点寄存器,用来表示 64 位双精度浮点数。

3. 编址方式

在第 1 章中曾讲到,现代计算机系统中,为了支持广泛的应用类型,并为程序员提供更大的方便性,计算机硬件可以支持指令按照不同长度访问存储设备中的数据,比如可以按字、半字和字节。这样,指令访问存储设备的最小单位就不一定是一个字了。把能访问的最小数据位数构成一个编址单位,目前,常用的编址单位有字和字节。

1) 按字编址

按字编址是最容易实现的一种编址方式,因为每个编址单位与设备的访问单位一致,即每个编址单位所包含的信息量(二进制位数)与访问一次设备(指读或写一次寄存器、主存储器和输入/输出设备等)所获得的信息量是相同的。早期的大多数机器都采用这种编址方式,目前,仍有许多机器采用按字编址方式。

若指令字长和数据字长都等于机器字长,那么在主存储器采用字编址的机器中,每取完一条指令,程序计数器(PC)自动加 1;连续访问数据时,每从主存储器里读/写完一个数据,数据指针自动加 1 或减 1,例如变址寻址方式中的变址寄存器(参见 2.5 节)。这种控制方式实现起来很简单。它的主要缺点是对非数值计算提供支持不足,需要设置专门的字节操作指令、位操作指令等,在这些指令中要有专门的字段指出操作数的字节编号或位的编号。存放不同类型数据时,存储空间的利用率会受到影响。

2) 按字节编址

目前使用最普遍的编址单位是字节,这是为了适应非数值计算的需要,因为字节编址方式能够使编址单位与信息的基本单位(一个字节)相一致,例如字符用一字节的 ASCII 码表示。然而,通常计算机主存储器的字长是字节的整数倍,当前计算机都在 4 倍以上,有的甚至高达几十倍。由于编址长度(字节)与机器字长不一致,即每个编址单位所包含的信息量(一个字节)与访问一次存储器所获得的信息量(通常是一个字)不同,从而就产生了数据如何在存储器里存放的问题。

按字节编址的存储器既有字节地址,也有字地址。也就是说,在按字节编址的机器中,CPU 既可以以字节为单位访问主存,也可以以字为单位访问。通常,字地址编码是不连续的,字地址 $=n \times$ 字长/8$(n=0,1,2,\cdots)$。例如,字长为 32 位,那么字地址依次为 0、4、8、12、…。比如,32 位 MIPS 机器中,字长为 32 位,按字节编址,地址编码为 32 位,所以,按字节寻址空间为 $2^{32}=4GB$;而按字寻址空间为 $2^{30}=1\ GW$。

(1) 字节编址顺序问题。多个字节存放在同一个主存字单元中,有两种编址顺序:低字节低地址(小端方式),如图 2-2(a)所示;高字节低地址(大端方式),如图 2-2(b)所示。

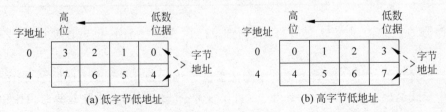

图 2-2　字节编址顺序

Pentium 4 使用小端方式；有些 MIPS 处理器使用大端方式，另一些使用小端方式。

(2) 不同字长数据存放的边界问题。程序中可能涉及不同类型的数据，这些不同字长的数据在主存中混合存放，其存放的方式有两种：边界对齐和边界不对齐。

对于边界对齐方式，规定了字节、半字、单字或者双字存放的起始位置。其优点是无论访问一个字节、一个半字或一个单字都可以在一个存储周期内完成，读写数据的控制简单。但缺点是可能造成存储器空间的浪费。

图 2-3 所示为按照边界对齐且低字节低地址方式存放不同数据类型后存储器的使用状况。假设机器字长为 32 位，规定半字长数据按偶地址对齐存放，单字长数据按 4 倍字节地址对齐存放。

字地址
0
4
8
12
16
字节(地址1)
字节(地址0)
字(地址4)
半字(地址10)
字节(地址8)
双字(地址12)

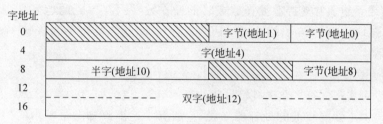

图 2-3　边界对齐的数据存放

边界不对齐方式是一种不浪费存储器空间的存储方式，不同长度的数据一个紧接着上一个存放。但这种数据存放方式存在两个主要问题：一是除了访问一个字节之外，由于一个双字、一个单字或一个半字都有可能跨越两个字单元存放，所以访问一个双字、一个单字或一个半字时都有可能需要花费两个存储周期的时间，这使存储器的访问速度降低了一半。另一个问题是存储器的读写控制比较复杂。图 2-4 给出了按照边界不对齐且低字节低地址方式存放不同数据类型后存储器的使用状况。

字地址
0
4
8
12
16
字(地址0)
字(地址6)
字节(地址5)
字节(地址4)
半字(地址10)
字(地址8)
双字(地址12)

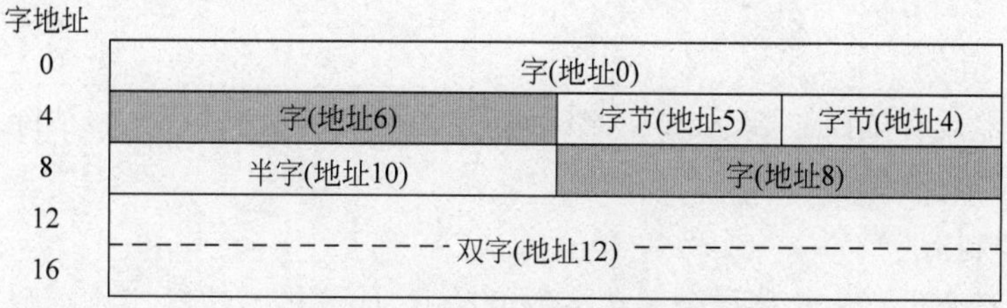

图 2-4　边界不对齐的数据存放

通常，按字节编址的机器硬件支持边界不对齐方式，为了保证程序执行速度，软件可以选择采用对齐或不对齐方式。

Pentium 4 为了获得灵活的数据结构和有效地使用主存，半字不需要在偶数字节地址上对齐，字也不需要在 4 倍字节地址上对齐，双字不需要在 8 倍字节地址上对齐。然而，MIPS 处理器对于数据的对齐方式有着严格的要求。对于指令字长均为 32 位的 MIPS 处理器，指令地址要与 4 倍字节地址对齐；对于超过一个字节的数据必须按规则对齐，即半字的边界要与偶数字节地址对齐，字的边界要与 4 倍字节地址对齐，双字的边界要与 8 倍字节地址对齐。采用这种对齐方式可以简化硬件判断、控制部分的设计，节省芯片空间，也有利于加快程序运行速度。

2.3.3 操作类型

按照指令的操作功能可以将其分为五类：数据传送指令、数据运算指令、程序控制指令、输入/输出指令和其他类指令。

1. 数据传送指令

数据传送指令的功能是在寄存器之间、主存单元之间以及寄存器和主存单元之间传送数据。通常包括数据源到目的之间的传送、对存储器读(LOAD)和写(STORE)、交换源和目的的内容、堆栈的进栈和出栈也是数据传送指令。

2. 数据运算指令

CISC 指令系统通常支持源操作数或目的操作数在内存单元的运算类指令。而 RISC 只有存数(load)和取数(store)指令可以访问内存单元,运算类指令的源操作数和目的操作数都在寄存器中。

1) 算术运算指令

这类指令可实现无符号数和有符号数的算术运算,包括加、减、乘、除、增 1、减 1、取负数(即求补)等。对于性能较低的处理器来说,一般算术运算只支持最基本的二进制加减、比较、求补等;高档处理器还能支持浮点运算和十进制运算等。

2) 逻辑运算指令

这类指令可实现对逻辑数的与、或、非和异或等逻辑运算。

3) 移位指令

为了支持软件实现乘、除法运算,以及加快加、减、乘、除法的运算速度,指令系统中还具有移位运算指令。移位指令可分为算术移位、逻辑移位和循环移位三种指令。算术移位和逻辑移位指令可以分别替代对有符号数和无符号数乘以 2^n(左移 n 位)或整除以 2^n(右移 n 位)的运算。

4) 位操作指令

有些处理器具有位操作指令,如位测试(测试指定位的值)、位清除(清除指定的位)、位求反(对指定位求反)等。

3. 程序控制指令

程序控制指令也称为转移指令。在多数情况下,计算机是按顺序执行程序中的每条指令,但有时需要改变这种顺序,此时可采用转移类指令来完成。转移指令按其转移特征又可分为无条件转移、条件转移、过程调用与返回、陷阱(Trap)等几种。

1) 无条件转移

无条件转移不受任何条件约束,可直接把程序转移到某一条需要执行指令。

2) 条件转移

条件转移是根据当前指令的执行结果来决定是否需要转移:若条件满足,则转移;若条件不满足,则继续按顺序执行。一般机器都能提供一些条件码,这些条件码是某些操作的结果。例如,零标志位(Z),结果为 0,Z=1;负标志位(N),结果为负,N=1;溢出标志位(V),结果有溢出,V=1;进位标志位(C),最高位有进位或者借位,C=1;奇偶标志位(P),结果为偶数,P=1,等等。

3）调用与返回

在编写程序时,有些具有特定功能的程序段会被反复使用。为避免重复编写,可将这些程序段设定为独立子程序,当需要执行某子程序时,只需用子程序调用指令即可。此外,计算机系统还提供了通用子程序,如申请资源、读/写文件、控制外设等。需要时均可由用户直接调用,不必重新编写。通常调用指令包括过程调用、系统调用和子程序调用等。它可实现从一个程序转移到另一个程序的操作。调用指令(CALL)一般与返回指令(RETURN)配合使用。CALL 用于从当前的程序位置转至子程序的入口;RETURN 用于子程序执行完后重新返回到原程序的断点。

注意,子程序可以在多处被调用,且子程序调用可以出现在子程序中,即允许子程序嵌套;每个 CALL 指令都对应一条 RETURN 指令。

由于可以在程序多处调用子程序,因此,CPU 必须记住返回地址,使子程序能够准确地返回。返回地址可存放在以下三处:①寄存器内,机器内设有专用寄存器,专门用于存放返回地址,但这种方式难以支持子程序嵌套;②子程序的入口单元内,即将返回地址存入子程序的第一单元,然后转到第二单元开始执行子程序,这种方式可以支持子程序嵌套,但无法支持子程序的递归调用(即子程序调用它本身);③堆栈栈顶,现代计算机都设有堆栈,调用子程序时(CALL)将返回地址压入堆栈,子程序返回时(RETURN),可自动从栈顶内取出相应的返回地址。

4）陷阱与陷阱指令

所谓陷阱(Trap)就是程序运行过程中发生的意外事故,例如电源电压不稳定、存储器校验出错、输入/输出设备故障、用户使用了未被定义的指令、除法中除数为 0、运算结果溢出等种种意外事件,致使程序不能正常运行。此刻必须及时采取措施,否则将影响整个系统的运行。因此,一旦出现意外事故,计算机就发出陷阱信号,暂停当前程序的执行,转入故障处理程序进行相应的故障处理。计算机的陷阱指令一般不提供给用户直接使用,而作为隐指令(即指令系统中不提供的指令),在出现意外故障时,由 CPU 自动产生并执行。也有的机器设置供用户使用的陷阱指令或访管指令,利用它完成系统调用和程序请求。例如,IA-32 的软中断指令 INT type(type 是 8 位常数,表示中断类型),其实就是直接提供给用户使用的陷阱指令,用来完成系统调用。

4. 输入/输出指令

对于输入/输出(I/O)设备单独编址的计算机而言,通常设有 I/O 指令,它完成从 I/O 接口中的寄存器读入一个数据到 CPU 的寄存器内,或将数据从 CPU 的寄存器输出至 I/O 接口的寄存器中。

5. 其他

其他包括等待指令、停机指令、空操作指令、开中断指令、关中断指令、置条件码指令等。为了适应计算机在信息管理、数据处理及办公自动化等领域的应用,有的计算机还设有非数值处理指令,如字符串传送、字符串比较、字符串查询及字符串转换等。在多用户、多任务的计算机系统中,还设有特权指令,这类指令只能在操作系统或其他系统软件中使用,一般用户是不能使用的。在有些大型或巨型机中,还设有向量指令,可对整个向量或矩阵进行求和、求积运算。在多处理器系统中还配有专门的多处理机指令。

2.3.4 指令系统实例

1. IA-32 指令类型

IA-32 操作可以归为五大类,表 2-4 列出了 IA-32 的基本指令类型及常用汇编指令示例。

(1) 数据传送指令,包括 move、push 和 pop。

(2) 算术和逻辑运算指令,包括判断、整数和小数算术运算。

(3) 程序转移指令,包括条件分支、无条件跳转、调用和返回。

(4) 字符串指令,包括字符串传送和字符串比较。

(5) 处理机控制指令,置/清标志位、无操作和停机指令。

表 2-4　IA-32 基本操作类型

操作类型	指令名称	汇编指令示例	语　义	注　释
数据传送	常规数据传送	mov eax,[1000]	eax←(M[1000])	从存储器取字
	堆栈数据传送	push eax	M[(esp)−4]←(eax)	把一个字压入堆栈
	地址数据传送	lea bx,[1000]	bx←1000	将源操作数偏移地址送目的操作数
	标志寄存器操作	pushf	M[(esp)−4]←(flag)	标志寄存器进栈
	累加器传送	in al,dx		从 dx 端口输入一个字节到 al 寄存器
算述逻辑运算	算术运算	add ecx,eax	ecx←(eax)+(ecx)	eax 和 ecx 相加,结果放 ecx
	逻辑运算	xor eax,eax	eax←(eax)xor(eax)	eax 和 eax 相异或,结果放 eax 中,实质上就是 eax 清 0
	比较	cmp eax,ecx	(eax)−(ecx)	eax 减 ecx,不送结果但影响标志位
	移位	shl eax,cl	eax←(eax) $* 2^{(cl)}$	eax 逻辑左移 cl 位,即 eax 乘以 2 的 cl 次方
控制流指令	条件跳转	jz L1	if(zf==1)goto L1	若 zf 标志位为 1,则跳转到 L1
	无条件跳转	jmp L1	goto L1	无条件跳转到 L1
	函数调用	call routine_1	goto routine_1	调用子程序 routine_1
	函数返回	ret		从子程序返回
	循环控制	loop		
字符串指令	串复制	movsb	M[(di)]←(M[(si)]) si←(si)±1;di←(di)±1	从 si 所指单元向 di 所指向单元复制一个字节,并按 df 对 si,di 值进行增/减
	串比较	cmpsb	(M[(si)])−(M[(di)]) si←(si)±1;di←(di)±1	比较 si 和 di 所指单元内容,并按 df 对 si,di 值进行增/减
	串查找	scasb	(al)−(M[(di)]);di←(di)±1	比较 al 和 di 所指单元内容,并按 df 对 si,di 值进行增/减
	串存储	stosb	M[(di)]←(al);di←(di)±1	将 al 值送至 di 所指单元,并按 df 对 si,di 值进行增/减

操作类型	指令名称	汇编指令示例	语　义	注　释
处理机控制指令	清 cf 标志位	clc	flags.cf←0	清 cf 标志位
	清 df 标志位	cld	flags.df←0	清 df 标志位
	清 if 标志位	cli	flags.if←0	清 if 标志位
	空操作	nop		空操作
	停机	hlt		停机

注意：在汇编指令语义描述中，采用了寄存器传送语言(RTL)。其主要的描述形式是，目的←源。其中，"(寄存器名)"表示寄存器的内容，"M[地址]"表示"地址"所指的主存单元，"(M[地址])"表示内存单元的内容，"flags.cf"表示 FLAGS 寄存器的 CF 位。

2. MIPS 32 指令类型

MIPS 32 主要有以下几种指令类型，表 2-5 给出了一些常用指令类型及其汇编指令示例。

(1) 存数/取数指令。

(2) 寄存器间数据传送指令。

(3) 算术/逻辑运算指令。

(4) 程序转移指令。

(5) 协处理器 0 处理指令，用于 CPU 控制。

(6) 用户模式下访问底层硬件指令。

表 2-5　MIPS 32 基本操作类型

操作类型	指令名称	汇编指令示例	语　义	注　释
存数/取数	取字	lw $s1,100($s2)	s1←(M[(s2)+100])	字从存储器到寄存器
	存字	sw $s1,100($s2)	M[(s2)+100]←(s1)	字从寄存器到存储器
	取半字(无符号数)	lhu $s1,100($s2)	s1←(M[(s2)+100])	半字从存储器到寄存器
	存半字	sh $s1,100($s2)	M[(s2)+100]←(s1)	半字从寄存器到存储器
	取字节(无符号数)	lhu $s1,100($s2)	s1←(M[(s2)+100])	字节从存储器到寄存器
	存字节	sb $s1,100($s2)	M[(s2)+100]=(s1)	字节从寄存器到存储器
	取高 16 位立即数	lub $s1,100	s1←100×2^{16}	常数写入寄存器高 16 位
算术运算	加	add $s1,$s2,$s3	s1←(s2)+(s3)	三个操作数；结果判溢出
	减	sub $s1,$s2,$s3	s1←(s2)−(s3)	三个操作数；结果判溢出
	立即数加	addi $s1,$s2,100	s1←(s2)+100	与常数相加；结果判溢出
	无符号数加	addu $s1,$s2,$s3	s1←(s2)+(s3)	三个操作数；结果不判溢出
	无符号立即数加	addiu $s1,$s2,100	s1←(s2)+100	与常数相加；结果不判溢出
逻辑运算	与	and $s1,$s2,$s3	s1←(s2)&(s3)	三个操作数；按位与
	或	or $s1,$s2,$s3	s1←(s2)|(s3)	三个操作数；按位或
	异或	nor $s1,$s2,$s3	s1←~((s2)&(s3))	三个操作数；按位异或
	立即数与	andi $s1,$s2,100	s1←(s2)&100	与常数按位与
	立即数或	ori $s1,$s2,100	s1←(s2)|100	与常数按位或
	逻辑左移	sll $s1,$s2,8	s1←(s2)<<8	按常数左移
	逻辑右移	srl $s1,$s2,8	s1←(s2)>>8	按常数右移

操作类型	指令名称	汇编指令示例	语　义	注　释
条件转移	相等转移	beq $s1,$s2,10	If(s1)==(s2)goto(PC)+4+10	相等,相对 PC 转移
	不等转移	bne $s1,$s2,10	If(s1)!=(s2)goto(PC)+4+10	不相等,相对 PC 转移
	小于置1	slt $s1,$s2,$s3	If(s2)<(s3)s1←1;else s1←0	小于,置寄存器为1
	小于立即数置1	slti $s1,$s2,10	If(s2)<10 s1←1;else s1←0	小于常数,置寄存器为1
无条件转移	跳转	j 200	goto 200	程序跳转至目的地址
	跳转至寄存器所指地址	jr $ra	goto(ra)	用于 switch 语句及过程调用返回

2.3.5　通过程序透视 CISC 和 RISC

下面首先给出一个 C 语言源程序,然后分别用 Pentium 4 和 32 位 MIPS 编译器进行编译,给出编译后的汇编程序。我们可以直观地看到 CISC 和 RISC 在指令级的差异,至于性能上的差异这里不做分析。C 语言源程序 demo-2-1.c 如图 2-5 所示。

```
#include "stdio.h"
void main()
{
    int i,j;
    int k;
    i = 1;
    j = 2;
    k = i+j*2;
}
```

图 2-5　demo-2-1.c 程序

注意,这个例子中变量 i、j、k 不是全局量,而是定义在函数 main 中的局部变量。通常,高级语言定义的局部变量都分配在堆栈(stack)区。

demo-2-1.c 编译后生成的 IA-32 汇编代码如图 2-6 所示。对变量 i、j 和 k 的访问都使用基指针 ebp,它们分别存储在(ebp)-4、(ebp)-8、(ebp)-12 单元中。

```
mov  dword ptr [ebp-4],1        ; 把1赋值给i变量所在单元
mov  dword ptr [ebp-8],2        ; 把2赋值给j变量所在单元
mov  eax,dword ptr [ebp-8]      ; 把j的值赋给eax寄存器
mov  ecx,dword ptr [ebp-4]      ; 把i的值赋给ecx寄存器
lea  edx,[ecx+eax*2]           ; 把eax值乘2加上ecx的值赋给edx
mov  dword ptr [ebp-0cH],edx    ; 把edx的值赋给k所在单元
```

图 2-6　demo-2-1.c 编译后生成的 IA-32 汇编代码

demo-2-1.c 编译后生成的 MIPS 32 汇编代码如图 2-7 所示。变量 i、j、k 分别存储在($sp)+12、($sp)+8 和($sp)+4 三个单元中。

显然,同样的一个简单的 C 语言程序,编译后得到的 IA-32 汇编程序和 MIPS 汇编程序有较大差别。明显的差别是,IA-32 汇编程序指令条数少于 MIPS 32 汇编程序。这是因为 IA-32 提供了丰富的指令功能,其中包括像 lea 这样的复杂指令;而 MIPS 32 指令系统比较简单,比如,它没有堆栈指令(push/pop),入栈操作由 sw 和 addiu 两条指令实现,出栈操作由 lw 和 addiu 两条指令实现。

```
addiu  $29, $29, -16          ; $sp ←($sp)-16
ori    $24, $0, 1             ; $24 ←1
sw     $24, 12($29)           ; M[($sp)+12]←($24)
ori    $24, $0, 2             ; $24 ←2
sw     $24, 8($29)            ; M[($sp)+8] ← $24
lw     $24, 12($29)           ; $24← (M[($sp)+12])
lw     $15, 8($29)            ; $15← (M[($sp)+8])
sll    $15, $15, 1            ; $15 ← ($15) x2
addu   $24, $24, $15          ; $24← ($24)+($15)
sw     $24, 4($29)            ; M[($sp)+4] ← ($24)
addiu  $29, $29, 16           ; $sp ← ($sp) +16
```

图 2-7　demo-2-1.c 编译后生成的 MIPS 32 汇编代码

2.4　指　令　格　式

指令格式即指令的二进制表示形式。指令格式既决定着程序员从开发软件的角度所看到的计算机的功能,也决定着计算机结构设计者从实现指令系统和设计控制器的角度所看到的计算机的内部结构。

2.4.1　指令的组成

机器指令就是程序员向计算机硬件发出的命令,所以,它要准确地描述程序员的意图,包括要让计算机执行何种操作,参与此操作的数据类型以及数据放置在哪里。另外,还要明确执行完该条指令后,接下来执行哪条指令。

指令格式是用二进制代码表示的指令字结构形式。操作码和地址码是指令的两个重要的组成部分。机器指令的基本格式如下所示:

操作码(OP_Code)	地址码(Addr_Code)

操作码字段给出指令的操作性质,即指令要完成的功能。地址码字段指出操作数的地址,即指令操作对象所在的位置,或者下一条指令在主存储器中的地址。操作码决定着计算机在软件中的功能特性,而地址码对计算机硬件的结构起着主要作用。

设计一套好的指令格式,不仅让程序设计人员使用起来很方便,硬件实现起来也比较容易,而且能够节省程序存储空间。指令格式设计的主要目标有两个:一是节省程序的存储空间;二是指令格式要尽量规整,以减少硬件译码的复杂程度。指令格式与机器字长、最大存储器容量和存储器访问方式、计算机硬件结构的复杂程度和追求的运算性能等都有关系。

1. 操作码

操作码通常需要提供以下两部分信息。

(1) 指令的操作类型,如运算操作(加、减、乘、除等)、数据传送、移位、转移、输入/输出操作等。

(2) 所用操作数的类型。目前在大多数计算机中,数据存储设备(如寄存器、主存储器和 I/O 设备等)里存放的是纯数据,而对这些数据的类型(如定点数、浮点数、字符、字符串、逻辑数等)、进位制(如二进制、十进制、十六进制等)、字长(如字、半字、双字、字节等)等的解释要通过指令中的操作码来进行。

2. 地址码

当某一道程序正在计算机中运行时,它的可执行映像以及初始数据都存放在主存储器中。程序执行过程中的中间结果数据可以存放在寄存器或者主存储器,程序执行过程中可能会访问 I/O 设备。也就是说,指令中涉及的地址包括寄存器地址、主存单元地址以及 I/O 设备地址。下面以寄存器和主存储器为例说明地址码与 CPU 结构、指令格式的关系。

指令中地址码的形式实际上取决于 CPU 结构,也是对指令系统结构进行分类的主要依据。随着计算机硬、软件技术的不断发展,出现了堆栈型、累加器型和通用寄存器型三种 CPU 结构,对应地把指令系统结构也分为堆栈结构、累加器结构和通用寄存器结构。对于不同类型的指令系统结构,其操作数的位置、个数以及操作数的给出方式(显式或隐式)也有所不同。显式给出是用指令字中的操作数字段给出,隐式给出则是使用事先约定好的存放位置。图 2-8 给出了四种指令系统结构中操作数的来源和去向,其中灰色块表示源操作数,黑色块表示结果。在累加器结构中,AC 既是源操作数,也是结果。

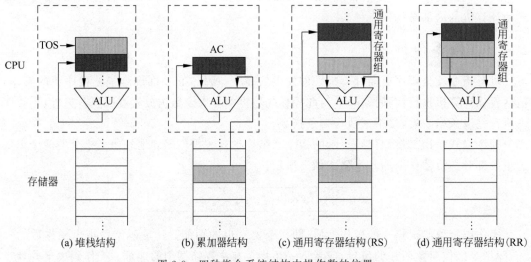

图 2-8　四种指令系统结构中操作数的位置

在如图 2-8(a)所示的堆栈结构中,操作数都是隐式的,即源操作数来自堆栈的栈顶和次栈顶,运算后把结果写入栈顶(注意栈顶位置变了)。在这种结构中,只能通过 push/pop 指令访问存储器。在如图 2-8(b)所示的累加器结构中,一个源操作数是隐式的,即累加器,另一个源操作数来自存储器单元,运算结果送回累加器。在通用寄存器结构中,所有操作数都显式给出,它们或者是一个源操作数来自通用寄存器组,另一个来自存储单元(RS 型),如图 2-8(c)所示;或者都来自通用寄存器组(RR 型),如图 2-8(d)所示。后两种结构中结果都写入通用寄存器组。

在堆栈型和累加器型的计算机中,指令字比较短,程序占用的存储空间比较小。但是,堆栈型计算机不能随机地访问堆栈,难以生成有效的代码,而且对栈顶的访问是个瓶颈。在累加器型的计算机中,由于只有一个中间结果暂存器(即累加器),所以程序需要频繁地访问存储器。

早期的大多数计算机都是采用堆栈结构或累加器结构。但是,自 20 世纪 80 年代初开始,大多数计算机都陆续采用了通用寄存器结构,其主要原因是通用寄存器结构在灵活性和性能方面有明显的优势。

还可以根据 ALU 指令的操作数的特征对通用寄存器型指令系统结构进行进一步细分。ALU 指令最多可以涉及三个操作数:两个源操作数(一元运算操作仅一个源操作数)和一个目的(结果)操作数。现代计算机中存储器操作数的个数可以是 0 个、1 个或者 2 个,0 个表示没有存储器操作数。这样,可以将通用寄存器型指令系统结构进一步细分为三种类型:寄存器-寄存器型(RR 型)、寄存器-存储器型(RS 型)和存储器-存储器型(SS 型)。其中,在现代计算机中已不再采用 SS 型结构。这三种通用寄存器型指令系统结构的优缺点见表 2-6。表中 (m,n) 表示指令的 n 个操作数中有 m 个存储器操作数。当然,这里的优缺点是相对而言的,而且与所采用的编译器以及实现策略有关。一般来说,指令格式和指令字长越单一,编译器的工作就越简单,因为编译器所能做的选择更少。如果指令格式和指令字长具有多样性,则可以有效地减少目标代码的大小。但是这种多样性也可能会增加编译器和 CPU 实现的难度。另外,CPU 中寄存器的个数也会影响指令的字长。

表 2-6 常见的三种通用寄存器型指令系统结构比较

指令系统结构类型	优 点	缺 点
寄存器-寄存器型 (RR 型) (0,2)或(0,3)	指令字长固定,指令结构简洁,是一种简单的代码生成模型,各种指令的执行时钟周期数相近	与指令中含存储器操作数的指令系统结构相比,指令条数多,目标代码不够紧凑,因而程序占用的空间比较大
寄存器-存储器型 (RS 型) (1,2)或(1,3)	可以在 ALU 指令中直接对存储器操作数进行引用,而不必先用 load 指令进行加载。容易对指令进行编码,目标代码比较紧凑	由于有一个操作数的内容将被破坏,所以指令中的两个操作数不对称。在一条指令中同时对寄存器操作数和存储器操作数进行编码,又可能限制指令能够表示的寄存器个数。指令的执行时钟周期数因操作数的来源(寄存器或存储器)不同而差别较大
存储器-存储器型 (SS 型) (2,2)或(3,3)	目标代码最紧凑,不需要设置寄存器来保存变量	指令字长变化很大,特别是三操作数指令。而且每条指令完成的工作也差别很大。对存储器的频繁访问会使存储器成为瓶颈。这种类型的指令系统结构已不再使用

还有一个问题是指令中设置几个地址码。指令系统包含许多不同类型的指令,比如一元操作和二元操作。一元操作涉及一个源操作数和一个目的操作数;二元操作涉及三个操作数:两个源操作数和一个目的(结果)操作数。每一个操作数可以定位在存储器或寄存器中。在一个二元操作指令中,正常情况下要求显式地指定两个源地址以读取两个源操作数以及一个目的地址以存放结果。这样便定义了三地址指令格式,其中所有三个地址都是独立的并且在指令中显式给出。然而,由于指令字长度的限制,在指令格式设计时可以有更加灵活的方法,比如可以通过将目标操作数地址与其中一个源操作数地址合并,这样指令中就只需要给出两个地址码。

综合各种不同功能的指令,按照指令中地址字段的个数可将指令分为:三地址指令、二地址指令、一地址指令和零地址指令。

1) 三地址指令

完整地给出二元操作指令中的三个操作数的地址码,其指令格式如下:

OP_Code	A1	A2	A3

其中,由 A1、A2、A3 分别指出三个操作数在数据存储设备中的地址。该指令通常可以完成 A3←(A1)OP(A2)的操作,A1、A2 称为源操作数地址,A3 称为目的操作数地址。

其特点是指令执行后两个源操作数内容保持不变,还可以供其他指令使用。但是指令字长较长,难以支持 SS 型指令。

2) 二地址指令

一元操作指令中最多给出两个地址码(一个源操作数地址,一个目的操作数地址)。对于二元操作指令,二地址指令是在三地址指令格式的基础上,使两个源地址之一和目的地址结合起来,而留下另一个源地址在指令格式中保持独立。二地址指令格式有两种选型,这取决于哪一个源地址与目的地址结合。其指令格式如下:

OP_Code	A1	A2

其中,由 A1、A2 分别指出两个操作数在数据存储设备中的地址。该指令通常可以完成 A1←(A1)OP (A2)的操作,A1 既是源操作数地址也是目的操作数地址;A2 为另一个源操作数地址。

二地址指令和三地址指令能够完成同样的数据处理操作。二地址指令的优势是通过减少一个地址码字段,可以减少指令字长度;或者,通过增加地址码字段位数,提高可寻址的范围;或者,为操作码字段扩展提供支持(参考 2.4.3 节)。但是,二地址指令执行后一个源操作数(比如 A1 的内容)由于被结果替代而不复存在,影响了程序的灵活性。三地址和二地址指令格式都与基于通用寄存器组的 CPU 组织相对应。

3) 一地址指令

在二地址指令格式基础上,如果将源操作数或者目的操作数设定到一个专用寄存器(通常为累加器 ACC)中,便形成了一地址指令格式。支持一地址指令格式的计算机结构称为基于累加器结构。其指令格式如下:

OP_Code	A

其中,由 A 指出操作数在数据存储设备中的地址。该指令通常可以完成 ACC←(ACC)OP (A)的操作。

相对于二地址指令,一地址指令的字长进一步缩短。但是,执行该指令的前提是一个操作数已经存放在了特定的位置,如 ACC 中,这一条件可能需要增加一条指令实现。

对于程序转移类指令,A 给出下一条指令在主存储器中的地址相关信息。

4) 零地址指令

如果省略二地址指令格式中的两个地址码字段,使它们都变成隐含的,便得到零地址指令格式。其指令格式如下:

OP_Code

通常,零地址指令的所有源操作数和目的操作数都内含在一个堆栈中,由两个栈顶单元提供两个源操作数,并且结果(目的操作数)也存放在栈顶。一条二元操作指令从堆栈弹出两个栈顶单元的内容,执行该操作,然后将结果推入新的栈顶中。支持零地址指令格式的计算机称为堆栈机。

零地址指令也包括空操作(NOP)、停机(HLT)这类只有操作码的指令。也包括隐含的单操作数指令,通常操作数隐含在 ACC 中或堆栈栈顶。例如,子程序返回、中断返回等指令形式上是零地址指令,其操作数的地址隐含在堆栈指针 SP 中(有关堆栈操作参见 2.5.1 节中的堆栈寻址方式)。

地址码个数选择的标准有两个:一是程序所占的存储量尽可能小,即程序中所有指令的长度的总和尽可能短;二是程序的执行速度尽可能快,即程序在执行过程中访问主存储器的信息(包括指令和数据)量的总和尽可能短。

在 CISC 中,一个指令系统中指令字的长度和指令中的地址结构并不是单一的,往往采用多种格式混合使用,这样可以增强指令的功能。而 RISC 中除了专门的存储器访问指令(load/store)是 RS 型,其他指令均为 RR 型,地址格式相对比较单一。

【例 2.1】 假设有四种不同结构的计算机,它们的指令系统分别采用 0、1、2、3 地址指令格式,请编写程序计算 X＝(A＋B×C)/(D－E×F),并以此对四种指令格式进行比较。四种机器可使用的汇编指令见表 2-7。

表 2-7 四种机器可使用的汇编指令

零地址指令	一地址指令	二地址指令	三地址指令
PUSH M	LOAD M	MOV(X←Y)	MOV(X←Y)
POP M	STORE M	ADD(X←X＋Y)	ADD(X←Y＋Z)
ADD	ADD M	SUB(X←X－Y)	SUB(X←Y－Z)
SUB	SUB M	MUL(X←X * Y)	MUL(X←Y * Z)
MUL	MUL M	DIV(X←X/Y)	DIV(X←Y/Z)
DIV	DIV M		

其中,零地址和一地址指令中的 M 表示主存单元地址;二地址指令和三地址指令格式的机器是 RS 型通用寄存器结构,指令中的 X、Y 和 Z 表示寄存器地址或主存单元地址。

解:用四种指令编制的程序如下(假设运算后保留原始数据)。

(1) 零地址	(2) 一地址	(3) 二地址	(四) 三地址
PUSH F	LOAD E	MOV(Z←E)	MUL(Z←E * F)
PUSH E	MUL F	MUL(Z←Z * F)	SUB(Y←D－Z)
MUL	STORE G	MOV(Y←D)	MUL(Z←B * C)
PUSH D	LOAD D	SUB(Y←Y－Z)	ADD(X←A＋Z)
SUB	SUB G	MOV(X←B)	DIV(X←X/Y)
PUSH C	STORE G	MUL(X←X * C)	END
PUSH B	LOAD B	ADD(X←X＋A)	
MUL	MUL C	DIV(X←X/Y)	
PUSH A	ADD A	END	
ADD	DIV G		
DIV	END		
END			

从上述四段程序可以看出,指令中地址码个数越多,所编制的程序的指令条数就越少,编程也就越方便。但是,指令中地址码个数多,导致访存次数增多,指令执行速度慢。因此,不同地址机制的指令其优缺点是互补的,CISC 指令系统中基本上兼具各种地址格式的指令。

2.4.2　指令字长

一条指令中包含的二进制码位数称为指令字长。指令字长取决于操作码的长度、地址码的长度和地址码的个数。

不同机器的指令字长是不相同的。指令字长也是随着计算机软、硬件技术的发展而不断变化的。早期的计算机指令字长、机器字长和存储字长均相等,称为单字长指令,因此访问某个存储单元,便可取出一条完整的指令或一个完整的数据。这种机器的指令字长是固定的,控制方式比较简单。随着计算机的发展,存储器容量增大,要求处理的数据类型增多,指令系统功能丰富,计算机的指令字长也发生了很大的变化。一台机器的指令系统可以采用位数不相同的指令,即指令字长是可变的,如单字长指令、多字长指令以及半字长指令。控制这类指令读取的电路比较复杂,而且多字长指令要多次访问存储器才能取出一条完整的指令,因此降低了指令的执行速度。多种指令字长并存是 CISC 指令系统的特点,其目标是提供功能丰富、数据类型和寻址方式多样的指令系统。RISC 指令寻址方式少,指令字长固定(通常选取单字长指令),指令格式种类少。

指令字长选取的基本原则有两个:一是指令字长尽可能短,以节省存储空间;二是指令中各信息位利用率尽可能高,可以有效压缩指令字长。

综上所述,常见指令结构有两种:第一种是等长指令字结构,指令系统中所有指令字长均相等,通常取指令字长等于机器字长,其特点是指令读取和分析的硬件结构简单。第二种是变长指令字结构,各种指令长度不等,比如半字长、单字长、双字长等,其特点是结构灵活,能充分利用指令信息位,但指令读取控制及分析的逻辑复杂。

IA-32 采用变长指令字结构,指令字长是字节的整数倍,可以取 1～16 字节。MIPS 32 采用单字长的等长指令字结构,指令字长为 32 位。

2.4.3　操作码扩展技术

为了表示不同功能的指令,指令格式中为每一条指令都要安排一个唯一的操作码。操作码字段位数选取原则是能够表示指令系统中的全部指令。

操作码的长度可以是固定的,即定长操作码;也可以是不固定的,即变长操作码。

在定长操作码结构的指令系统中,所有指令的操作码位数相同,并将操作码集中安排在指令字的一个固定的字段中。这种结构规整给硬件设计带来方便,指令译码结构简单,译码时间短。但是,浪费了许多信息位。计算机发展早期这种结构广泛用于字长较长的大中型计算机和超级计算机。RISC 也普遍采用这种结构。

在变长操作码结构的指令系统中,各种指令的操作码位数不一致,并且操作码可以分散在指令字的不同字段中。这种结构会增加指令译码和分析的难度,使控制器的设计复杂。但是,可以通过操作码扩展技术,充分利用指令信息位,有效地压缩操作码的平均长度。广泛用于字长较短的小型和微型计算机。例如,IA-32 操作码字段长度可变。

操作码扩展的基本思想：当采用定长指令字格式，且多种地址码结构混合使用时，可利用地址码个数较少的指令空出的地址码字段，来增加操作码的位数。

为了便于实现分级译码，一般采用等长扩展法，例如操作码按 4 位、8 位、12 位，即每次加长 4 位的扩展方法，记作 4-8-12 扩展法，还有 3-6-9 扩展法等。当然，也可以根据具体需要，采用每次扩展的位数不等的不等长扩展法。

对于等长扩展法，根据采用不同的扩展标志还可以有多种不同的扩展方法。例如，对于 4-8-12 扩展法，有采用保留一个码点标志的 15/15/15/… 扩展法，采用每次保留一个标志位的 8/64/512/… 扩展法等。当然，也可以根据不同的需要，每次采用不同的扩展标志。对于 4-8-12 等长扩展法中的 15/15/15/… 扩展法和 8/64/512/… 扩展法，操作码的具体编码方法如图 2-9 所示。假设指令字长 16 位，地址码字段 4 位，支持三地址、二地址、一地址和零地址指令形式。

(a) 等长15/15/15/16扩展法

OP_Code	A1	A2	A3	说明
0000				4位操作码的三地址指令共15条
0001				
…				
1110				
OP_Code		A1	A2	
1111	0000			8位操作码的二地址指令共15条
1111	0001			
…	…			
1111	1110			
OP_Code			A	
1111	1111	0000		12位操作码的一地址指令共15条
1111	1111	0001		
…	…	…		
1111	1111	1110		
OP_Code				
1111	1111	1111	0000	16位操作码的零地址指令共16条
1111	1111	1111	0001	
…	…	…	…	
1111	1111	1111	1111	

(b) 等长8/64/512/8192扩展法

OP_Code	A1	A2	A3	说明
0000				4位操作码的三地址指令共8条
0001				
…				
0111				
OP_Code		A1	A2	
1000	0000			8位操作码的二地址指令共64条
1001	0001			
…	…			
1111	0111			
OP_Code			A	
1000	1000	0000		12位操作码的一地址指令共512条
1001	1001	0001		
…	…	…		
1111	1111	0111		
OP_Code				
1000	1000	1000	0000	16位操作码的零地址指令共8192条
1001	1001	1001	0001	
…	…	…	…	
1111	1111	1111	1111	

图 2-9　操作码的等长扩展编码法

在设计操作码时，具体采用哪种扩展编码方法，要根据所设计系统中各种指令出现的概率分布情况来决定。无论采用哪一种扩展编码方法，衡量的标准是要看这种编码方法的操作码平均长度是否最短，或信息的冗余量是否最小。

另外，也可以根据所设计计算机系统的具体情况，采用不等长扩展编码方法，例如采用 4-6-10 扩展法。根据所设计系统中各种指令出现的概率分布情况，可以有很多种编码方法，例如 15/3/16，8/31/16，8/30/32，等等。

在采用扩展操作码技术分配指令编码时，扩展的基本方法是在所设计的指令系统中，选定一种操作码位数最少的指令格式作为基本格式，然后在这种基本格式的基础上进行操作码编码的扩展。为便于硬件译码结构的实现，编码分配应尽量做到有序、有规律。特别是扩展标志码的选择，应尽量采用特征较强的编码，比如全'1'编码等。另外，应在某类指令的编码全部安排完后，再考虑安排扩展标志码，以避免漏排或重码等不必要的混乱。

【例 2.2】 某机器指令字长为 24 位,具有二地址、一地址和零地址三类指令形式,每个地址码用 8 位表示。问:

(1) 若操作码字段固定为 8 位,现已设计出 m 条二地址指令,n 条零地址指令,则最多还能设计出多少条一地址指令?

(2) 若改为基本操作码字段为 8 位,采用操作码扩展技术,重做(1)题。

(3) 在(2)的情况下,当二地址指令条数取最大值,且在此基础上一地址指令条数也取最大值时,试计算这三类指令允许拥有的最多指令条数各是多少?

解:据题意,该机器二地址指令格式如图 2-10 所示。

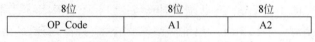

图 2-10   三地址指令格式

(1) 由于指令操作码字段位数固定,所以是定长操作码指令格式,所有指令操作码均为 8 位。设一地址指令有 h 条,则三种指令条数间的函数关系为:$h = 2^8 - m - n$。

(2) 如果采用操作码扩展技术,则在表示一地址、零地址指令时,可利用空闲的地址码字段扩展操作码。此时三种指令条数间的函数关系变为:

$$h = (2^8 - m) \times 2^8 - \lceil n/2^8 \rceil$$

这一关系式的含义为:8 位基本操作码构成的 2^8 种编码中,除用来表示 m 条二地址指令之外,需安排 $2^8 - m$ 种编码作为一地址指令的操作码扩展标志。$\lceil n/2^8 \rceil$ 这一项代表零地址指令所需的扩展标志码的个数。

(3) 当 m 最大时,$m_{\max} = 2^8 - 1 = 255$ 条。

在此基础上,一地址指令条数最大值为:

$$h_{\max} = (2^8 - 255) \times 2^8 - 1 = 255 \text{ 条}$$

在此基础上,零地址指令条数最多可达:

$$n_{\max} = 2^8 = 256 \text{ 条}$$

2.4.4 指令格式举例

1. IA-32 指令格式

IA-32 指令字长度是可变的,从 1 字节到 16 字节,还可以带前缀,指令格式如图 2-11 所示。这种非固定长度的指令格式是典型的 CISC 结构特征。

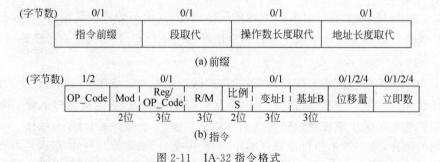

图 2-11   IA-32 指令格式

前缀是可选项,其作用是对其后的指令本身进行显式约定。四个前缀各占 1 个字节(不选时即 0 字节),其中四部分说明如下:

指令前缀:包括 LOCK(锁定)前缀和重复前缀。LOCK 前缀用于多 CPU 环境中对共享存储器的排他性访问。重复前缀用于字符串的重复操作,以获得比软件循环方法更快的速度。

段取代前缀:根据指令的定义和程序的上下文,一条指令所使用的段寄存器名称可以不出现在指令格式中,这称为段默认规则。当要求一条指令不按默认规则使用某个段寄存器时,必须以段取代前缀明确指明此段寄存器。

操作数长度取代前缀和地址长度取代前缀:在实地址模式下,操作数和地址的默认长度是 16 位;在保护模式下,由段描述符中的特定位来确定操作数和地址的默认长度是 16 位还是 32 位。当一条指令不采用默认的操作数或地址长度时,可分别或同时使用这两类前缀予以显式指明。

指令本身由操作码字段、Mod～R/M 字段、SIB 字段、位移量字段、立即数字段组成。除操作码字段外,其他四个字段都是可选字段。

Mod～R/M 字段规定了存储器操作数的寻址方式,给出了寄存器操作数的寄存器地址号。除少数预先规定寻址方式的指令外,绝大多数指令都包含这个字段。

SIB 字段由比例系数 S、变址寄存器号 I、基址寄存器号 B 组成。利用该字段,可和 Mod～R/M 字段一起,对操作数来源进行完整的说明。显然,IA-32 采用 RS 型指令,指令格式中只有一个存储器操作数。

2. MIPS 32 指令格式

MIPS 32 采用 32 位定长指令格式,操作码字段也是固定长度,没有专门的寻址方式字段,由指令格式确定各操作数的寻址方式。

MIPS 32 指令主要有 3 种基本指令格式,如图 2-12 所示。表 2-8 给出了一些汇编指令对应的机器指令,机器指令是用二进制代码表示的指令,但为了阅读方便起见,表中给出的机器指令分段用十进制编码表示。

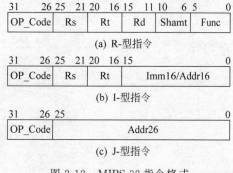

图 2-12 MIPS 32 指令格式

R-型指令是 RR 型指令,其操作码 OP_code 为"000000",操作类型由 Func 字段指定。若是双操作数运算类指令,则 Rs 和 Rt 的内容分别作为第一和第二源操作数,结果送 Rd;若是移位指令,则对 Rt 的内容进行移位,结果送 Rd,移位位数由 Shamt 字段给出。R-型指令的寻址方式只有一种,就是寄存器寻址。

I-型指令是立即数型指令,具体操作由操作码 OP_code 指定。若是双操作数运算类指令,则将 Rs 的内容和立即数分别作为第一和第二源操作数,结果送 Rt。若是 load/store 指令,则将 Rs 的内容和立即数符号扩展后的内容相加作为存储单元地址,load 指令将内存单元内容送 Rt,store 指令将 Rt 内容送内存单元。若是条件转移(分支)指令,则对 Rs 和 Rt

内容进行指定的运算,根据运算的结果,决定是否转移到目标地址处执行,转移的目标地址通过相对寻址方式得到,即将 PC 的内容和立即数符号扩展后的内容相加得到。I-型指令的寻址方式有四种,就是寄存器寻址、立即数寻址、相对寻址、基址或变址寻址。

J-型指令主要是无条件跳转指令,由操作码 OP_code 指定跳转类型。指令中给出的是 26 位直接地址,只要将当前 PC 的高 4 位拼接上 26 位直接地址,最后添加两个'0'就可以得到 32 位的跳转目标地址。

表 2-8　MIPS 32 指令格式示例

汇编指令示例	指令类型	机器指令(用十进制代码表示)				
lw　$s1,100($s2)	I	35	18	17	100	
sw　$s1,100($s2)	I	43	18	17	100	
add　$s1,$s2,$s3	R	0	18	19	17	0	32
addu　$s1,$s2,$s3	R	0	18	19	17	0	33
sub　$s1,$s2,$s3	R	0	18	19	17	0	34
and　$s1,$s2,$s3	R	0	18	19	17	0	36
or　$s1,$s2,$s3	R	0	18	19	17	0	37
nor　$s1,$s2,$s3	R	0	18	19	17	0	39
andi　$s1,$s2,100	I	12	18	17	100	
sll　$s1,$s2,8	R	0	0	18	17	8	0
srl　$s1,$s2,8	R	0	0	18	17	8	2
beq　$s1,$s2,10	I	4	18	17	10	
bne　$s1,$s2,10	I	5	18	17	10	
slt　$s1,$s2,$s3	R	0	18	19	17	0	42
j　200	J	2	200			
jr　$ra	R	0	31	0	0	0	8
指令格式	字段长度	6	5	5	5	5	6
	R	OP	rs	rt	rd	shamt	funct
	I	OP	rs	rt	立即数/地址		
	J	OP	直接地址			

2.5　寻址方式

2.5.1　寻址方式类型

运算类指令执行过程中需要源操作数,并且运算结果要存放到目的地。另外,一条指令执行完后还要确定接下来执行哪条指令。获得源操作数、目的操作数以及下一条指令所在存储设备中具体位置的方法称为寻址方式。寻址方式与硬件结构紧密相关,而且直接影响指令格式和指令功能,也影响程序设计的方便程度。

数据存储设备可以是通用寄存器、主存储器或者 I/O 设备。对于 I/O 设备的访问可以类似于对主存的访问,或者采取专门的访问方式。本节仅以通用寄存器和主存为例,并且主存储器和通用寄存器分别采用独立的地址空间。由于计算机中通用寄存器的数量相对很少,所以,通常主存地址空间远大于通用寄存器地址空间,即主存单元地址编码位数远大于通用寄存器的编码位数。

主存储器既可以用来存放数据,又可以用来存放指令。因此,当某个操作数或者某条指令存放在某个存储单元时,这个存储单元的编号就是该操作数或指令在存储器中的地址。

寻址方式分为两类,即指令寻址方式和数据寻址方式。在介绍具体寻址方式之前,先澄清几个与地址相关的概念。形式地址也称符号地址,通常指由指令中显式给出的地址。有效地址也称逻辑地址,有效地址通常指在本程序中的相对地址,可以根据形式地址通过某种变换得到,变换规则由具体的寻址方式来确定。即有效地址(Effective Address,EA)是由寻址方式和形式地址共同来确定的。

1. 指令寻址

指令寻址就是确定下一条将要执行的指令所在主存单元地址的方法。由于指令执行的轨迹有顺序和跳跃两种,所以指令寻址方式也分为顺序寻址和跳跃寻址两类。

顺序寻址通常不需要在指令中显示地给出下一条指令地址的信息,而是通过程序计数器 PC(Program Counter)"加1",自动形成下一条指令的地址。注意,这里的"加1"并非真正的加1,实际上应该是加 n(n 为整数),n 值取决于当前指令字长。例如,如果当前指令是单字长指令,则就是通过 PC+1 获得下一条指令的地址;如果当前指令是双字长指令,则就是通过 PC+2 获得下一条指令的地址。当然,PC 的初始值通常由操作系统的加载程序设定,即设定为该程序第一条指令在主存单元的地址。

跳跃寻址实际上是由转移类指令给出下一条指令的地址信息(寻址方式和形式地址),转移指令可以采用类似数据寻址的多种寻址方式。所以,下面主要介绍常用的数据寻址方式。

2. 数据寻址

数据寻址方式种类较多。通常,在地址码字段中设置一个寻址方式子字段(或称寻址特征字段)指出具体的寻址方式,另一个子字段给出形式地址,如图 2-13 示意了一种一地址指令格式。一条指令中可能包含多个操作数,比如 1~2 个源操作数和 1 个目的操作数,各操作数的寻址方式可以不同。

不同寻址方式对硬、软件设计有一定程度的影响。这里,我们主要关注以下几个方面:有效地址形成方法、适用场合、寻址空间、访问数据的速度以及对程序设计的灵活性。

数据寻址方式可分为基本寻址方式和复合寻址方式。基本寻址方式可以根据数据所在的位置不同分为四大类:立即寻址、寄存器寻址、存储器寻址和堆栈寻址。除了这些基本寻址方式外,为了支持更灵活的程序设计,很多机器都支持复合寻址,即将两种以上的基本寻址方式结合起来使用。

1) 立即寻址

所谓立即寻址方式就是操作数直接在指令的地址码字段给出。立即寻址的特点是操作数本身设在指令字中,即形式地址 I 不是操作数的地址,而是操作数本身,又称为立即数。通常,立即数用补码形式表示。如图 2-14 示意了立即寻址的一地址指令格式,其中'♯'表示立即寻址特征。

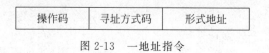

图 2-13　一地址指令

图 2-14　立即寻址

这种寻址方式只能用于源操作数寻址,通常的作用是给寄存器赋初值,或者立即数作为常数参与运算。这种寻址方式的优点在于只要取出指令,便可立即获得操作数,在执行阶段不必再次访问存储器,所以指令执行速度快。显然,I 的位数限制了这类指令所能表示的立即数的范围,通常,数据的长度不能太长,并且大量使用立即数寻址方式会使程序的通用性下降。

IA-32 中采用立即寻址方式可以给寄存器或内存单元赋初值,立即数也可以参与运算。例如,mov eax,100(对应的机器指令码为 0xB8 64 00 00 00)。MIPS 32 中的 I-型指令就是采用立即寻址方式,例如,在指令 andi $s1,$s2,100(对应的机器指令码参见表 2-8)中,立即数 100 提供一个源操作数。

2) 寄存器寻址

源操作数或者目的操作数都可以使用这种寻址方式。它是指源操作数已经在通用寄存器中,或者操作结果要存回通用寄存器中。地址码字段的形式地址部分给出通用寄存器编号 Ri,即 EA=Ri。图 2-15 示意了一个二地址指令格式,其中源操作数采用立即寻址方式,目的操作数采用寄存器寻址方式,Ŕ 表示寄存器寻址特征,Ri 为寄存器编号。

OP_Code	Ŕ	Ri	#	I

图 2-15   寄存器寻址

例如,IA-32 指令 mov eax,100(对应的机器码为 0xB8 64 00 00 00)中目的操作数采用寄存器寻址方式;MIPS 32 指令 add $s1,$s2,$s3(对应的机器指令码参见表 2-8)中三个操作数都采用寄存器寻址方式。

由于操作数不在主存中,故寄存器寻址方式为获得操作数无须访问内存,指令执行时间短。由于形式地址字段只需指明寄存器编号(其位数远小于主存单元地址位数),故指令字长较短,节省了存储空间。这种寻址方式在所有的 RISC 及大部分的 CISC 中得到广泛应,目前的处理器中通常都有几十个、几百个甚至几千个通用寄存器。

3) 存储器寻址

由于冯·诺依曼计算机的特点是程序和数据(初始数据)都存储在存储器中,所以几乎所有计算机的指令系统中都支持这类寻址方式。RISC 和 CISC 寻址方式的最大区别就在于对这类寻址方式的支持程度。通常,RISC 指令系统中只有取数(load)/存数(store)指令采用存储器寻址,而 CISC 为了程序设计的方便性,通常提供多种存储器寻址方式。

这类寻址方式根据有效地址的不同形成方法,又分为直接寻址、存储器间接寻址、寄存器间接寻址、偏移寻址以及段寻址。这些寻址方式也可以用于跳跃执行的指令寻址。对于不同的存储器寻址方式来说,它们的适用场合和寻址范围都不太相同,并且对指令执行速度也有不同程度的影响。

(1) 直接寻址。

指令中地址码字段给出的形式地址 A 就是操作数或者下一条指令的有效地址,即 EA=A。图 2-16 示意了直接寻址的一地址指令格式,其中 Å 表示直接寻址特征。

OP	Å	A

图 2-16   直接寻址

例如,IA-32 汇编指令 mov eax,[100](对应的机

器指令码为 0x A1 64 00 00 00)中,源操作数采用直接寻址方式。MIPS 32 中的跳转指令采用一地址的直接寻址方式。例如,j 200(对应的机器指令码参见表 2-8)。该机器指令操作码 6 位,地址码 26 位。由于 MIPS 32 指令字长均为 32 位,并且指令地址都是以 4 字节对齐的,即最低 2 位地址均为"00",这样就可以省略这两位,形式上的 26 位地址其有效地址实际为 28 位。执行跳转指令时,新的 PC 值由当前 PC 值的最高 4 位拼接上这 28 位有效地址形成,即 $PC = PC[31\sim28] \| (addr26) \times 4$。

直接寻址方式的特点:由于指令中直接给出操作数地址而不需要经过某种变换,所以获得有效地址比较简单;在指令执行期间,为了访问该操作数需要访问一次内存。它的缺点在于指令字长限制了形式地址字段的位数,所以操作数或者指令的可寻址范围通常比较小。

(2) 间接寻址(存储器间接寻址)。

间接寻址方式在指令中给出的形式地址 A 不是操作数,也不是操作数地址,而是操作数地址的地址,必须经过两次或两次以上访问主存的操作才能得到操作数(或指令)。间接寻址可以只进行一次(称为一次间接),也可以连续进行多次(称为多次间接)。

多数计算机采用一次间接寻址方式,这种间接寻址方式只要用指令中给出的地址码去访问主存,就能得到操作数的有效地址,即 EA = (A),这里,用"(A)"表示地址 A 对应的内存单元内容。图 2-17 示意了间接寻址的一地址指令格式和访问主存的情况,其中 Ä 表示间接寻址特征。

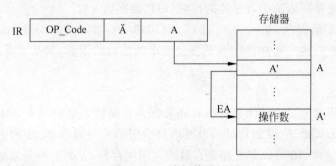

图 2-17　一次间接寻址

采用多级间接寻址时,第一次间接寻址标志由指令给出,以后各次的间接寻址标志要由紧接着访问主存所取出来的地址码给出,如果取出的地址码的间接寻址标志位(通常用最高位)为 1,则表示要用除去标志位后的部分作为地址码继续访问主存,直至取出来的地址码的间接寻址标志位为 0 时为止,这时,除去间接寻址标志位之后的地址码即为有效地址。比如,两次间接寻址方式的有效地址 EA = ((A))。

采用间接寻址方式时,指令中给出的形式地址码的长度可以很短,但寻址范围可以很大,其寻址范围取决于主存字长 m(通常等于机器字长 n)。比如,一次间接寻址的最大寻址范围是 2^m 字,两次间接寻址的最大寻址范围是 2^{m-1}。

相对于直接寻址方式,间接寻址可以对程序设计提供很好的灵活性。比如,当指令访问不同主存单元的数据时,可以通过改变形式地址对应的主存单元的内容,而不必改变指令本身。但是,由于间接寻址获得操作要多次访问主存,所以影响指令的执行速度。

IA-32 指令系统中提供了段内间接转移指令和段间间接转移指令,例如 jmp word ptr

[100](对应的机器指令码为 0x 66 ff 25 64 00 00 00),其操作是从主存地址为 DS：100 单元取出一个字,把该字作为有效地址置于 IP(PC)中实现程序转移。

MIPS 机器受流水线结构的限制,其指令系统不支持间接寻址方式。

（3）寄存器间接寻址。

寄存器间接寻址与存储器间接寻址的区别在于形式地址给出的是通用寄存器的编号 Ri。对于寄存器间接寻址,有效地址就是寄存器中的内容,即 EA＝(Ri)。图 2-18 示意了寄存器间接寻址的一地址指令格式和访问主存的情况,其中 Ř 表示寄存器间接寻址特征。

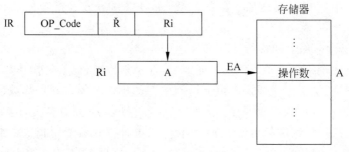

图 2-18 寄存器间接寻址

相对于存储器间接寻址,寄存器间接寻址指令中需要表示的地址码的长度更短。寄存器间接寻址的寻址范围取决于寄存器的位数（即机器字长 n）。

例如,IA-32 汇编指令 mov eax,［ebx］（对应的机器指令码为 0x8B 03)中,源操作数采用寄存器间接寻址方式。同样,MIPS 机器受流水线结构的限制,其指令系统也不支持寄存器间接寻址方式。

（4）偏移寻址。

偏移寻址从形式上可以认为是直接寻址和寄存器间接寻址的结合。也就是说,偏移寻址方式既要给出形式地址 A(偏移量),也要指出引用哪一个寄存器 Ri 的内容实现偏移,即 EA＝(Ri)＋A。这里,Ri 可以是专用寄存器或通用寄存器,A 是有符号整数（通常用补码表示）。图 2-19 示意了偏移寻址的一地址指令格式和访问主存的情况,其中 Õ 表示某种偏移寻址特征。

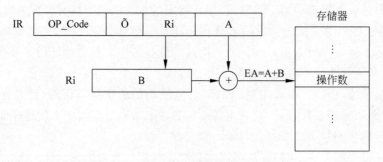

图 2-19 偏移寻址

常用的偏移寻址方式有相对寻址、变址寻址和基址寻址。

相对寻址引用专门的程序计数器 PC,即 EA＝(PC)＋A。指令中只需要给出偏移量 A，所以地址码字段较短。相对寻址的范围取决于偏移量 A 的位数 k，即寻址范围在 $(PC)-2^{k-1}\sim(PC)+2^{k-1}-1$ 之间(有关补码表示范围请参考第 5 章)。相对寻址既可以用于操作数寻址，也可以用于指令寻址。该寻址方式的特点是只要操作数或下一条指令与当前指令的相对距离不变，无论程序存放在主存中哪段区域都可以正确执行，有利于程序在内存中浮动。或者说，采用相对寻址可以编写与位置无关的代码。

例如，IA-32 汇编程序及其对应的机器码如图 2-20 所示。其中，jne L 指令使用的就是相对寻址方式，对应机器码中 75 是操作码，FB 是跳转的相对偏移(补码)，因为是往低地址跳转，所以是负数。由于执行到 jne L 指令时，PC 值已经指向下一条指令，因此实际跳转的偏移量是 −5(向前 5 字节)，换算成补码就是 FB。

```
       ...                  ...
       B8 64 00 00 00       mov   eax, 100
L:     83 F8 00             cmp   eax,0
       75 FB                jne   L
       ...                  ...
```

图 2-20　相对寻址指令示例

MIPS 32 条件转移指令采用相对寻址方式，指令中给出的偏移量是 16 位的有符号数，同样由于指令地址均以 4 字节对齐，所以实际的偏移量为 18 位，即转移范围为 2^{18}B＝256KB。例如，beq $s0，$s1，10(对应的机器指令码参见表 2-8)。

变址寻址引用一个变址寄存器，这个寄存器可以是一个专用的寄存器或者通用寄存器中的一个。若采用专用的变址寄存器 Rx，地址字段中就不需要指出该寄存器(默认)，EA＝(Rx)＋A；若采用通用寄存器，则地址字段要给出寄存器的编号 Ri，EA＝(Ri)＋A。

变址寻址通常用于对数组处理或字符串操作，这样变址寄存器中存放地址的修改量(变址值)，而形式地址 A 给出基本地址值(起始地址，用无符号整数表示)，操作数地址的变化由变址值增、减量完成。典型的变址寻址，其变址值的增、减量由硬件自动完成，即变址寻址完成后，变址寄存器的内容将自动进行调整，即 Rx＝(Rx)＋Δ。并且，变址寻址的地址范围由变址寄存器的位数 n 决定。

例如，图 2-21 给出了一段 IA-32 汇编程序，采用变址寻址方式实现字符串复制。该程序将 string1 定义的字符串“HelloWorld”复制到 string2。在用 repz movsb 指令复制字符时，源操作数和目的操作数均采用变址寻址方式，源变址寄存器为 esi，目的变址寄存器为 edi，esi 和 edi 的值自动修改。

```
string1 db "HelloWorld"
string2 db 10 dup (?)
...
cld                         ; flags.df=0
mov esi,offset string1      ; esi指向字符串string1的首地址
mov edi,offset string2      ; edi指向string2的首地址
mov ecx,10                  ; 设置计数器初值为10
repz movsb                  ; 将源字符串（由esi指定）复制到目的字符串（由edi指定）
```

图 2-21　编址寻址指令示例

基址寻址引用一个基址寄存器 Rb，基址寄存器也可以是专用的或者通用的，EA＝(Rb)＋A。基址寻址通常用于实现操作系统对用户程序的动态定位(参见 2.5.1 节)。这样，基址寄存器中存放的是基本地址值(基地址)，一旦由系统设定后一般用户不能改变，程序中指令或数据的改变由不同的偏移量 A(正向偏移或者负向偏移，即 A 为带符号整数)完成。

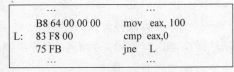

虽然基址寻址与变址寻址硬件的实现方法完全相同,但它们在程序中的作用通常是不同的。变址寻址支持用循环程序对数组或字符串进行运算,而基址寻址支持把程序的逻辑地址变换成主存的物理地址,以实现程序的动态定位。它们的共同目标是不必修改程序中指令,而达到修改地址码的目的。

MIPS 32 中的 load/store 指令采用类似基址寻址方式,指令中指定一个基址寄存器(32位)和一个 16 位的偏移量(有符号数),对 16 位偏移量进行 32 位符号扩展(参见第 6 章)后与基址寄存器内容相加得到有效地址。例如,MIPS32 指令 lw $s1,100($s2)(对应的机器指令码参见表 2-7)中,指定 s2 为基址寄存器,100(十进制)为偏移量。

(5) 段寻址。

段寻址实际上是基址寻址的一种特例,用于地址长度超过机器字长的场合,在微型计算机中广泛采用。其基本思想是将主存空间在逻辑上划分成若干段,一个程序可以占用多个段。对于指令或者操作数的访问需要指出其所在的段以及在段内的偏移量。与机器字长相等的段地址和段内偏移量错位相加,以获得更长的存储器地址。其中,段地址存放在专用的段地址寄存器 Rs 中,整个段寻址过程由硬件自动完成,因此对用户是透明的。采用段寻址的机器中,段寻址是一个必需的附加寻址过程,即段寻址方式中的段内偏移量就是其他寻址方式形成的有效地址 EA,段寻址后形成的地址就是实际的主存单元地址,即物理地址。

例如,Pentium 4 实模式下,存储器物理地址=段基址$\times 2^4$+段内位移量,对于数据段,存储器物理地址=(EDS)$\times 16$+EA。图 2-22 示意了物理地址的形成方法。

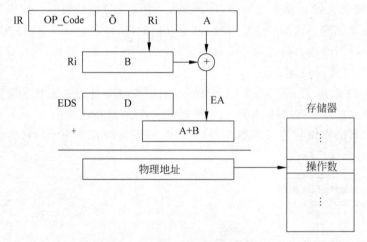

图 2-22　物理地址的形成方法

4) 堆栈寻址

堆栈是一种存储装置,依据"先进后出(FILO)"的原则存储数据。有寄存器堆栈(硬堆栈)和存储器堆栈(软堆栈),目前通常使用存储器堆栈。存储器堆栈是在主存中开辟一块区域,该区域一端固定,称为栈底;另一端浮动,称为栈顶。栈顶是数据唯一的出入口。堆栈指针(SP,Stack Pointer)始终指向栈顶。

栈底与栈顶的地址有两种设定方法:栈底设在堆栈区域的低地址端,栈顶设在高地址端,堆栈向上生长;栈底设在堆栈区域的高地址端,栈顶设在低地址端,堆栈向下生长。

存储器堆栈主要有两种实现方法:一种是 SP 指向栈顶的一个空单元;另一种是 SP 指

向栈顶的一个非空单元。

（1）SP 指向栈顶空单元。

当堆栈为空时，栈底和栈顶为同一单元，如图 2-23(a)所示。入栈时将数据存入栈顶，并将 SP 指向栈顶空单元，如图 2-23(b)所示。

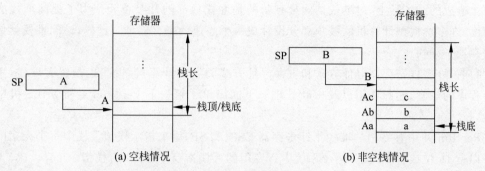

图 2-23　SP 指向栈顶空单元

入栈（PUSH）时硬件完成的具体操作包括：

$$(SP) \leftarrow 数据$$

$$SP \leftarrow (SP) + 1（向上生长），或者 SP \leftarrow (SP) - 1（向下生长）$$

出栈（POP）时硬件完成的具体操作包括：

$$SP \leftarrow (SP) - 1（向上生长），或者 SP \leftarrow (SP) + 1（向下生长）$$

$$[(SP)] 出栈$$

（2）SP 指向栈顶非空单元。

当堆栈为空时，栈底和栈顶为同一单元，如图 2-24(a)所示。入栈时将数据存入栈顶，并将 SP 指向栈顶非空单元，如图 2-24(b)所示。

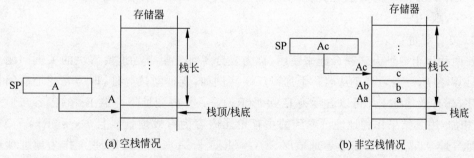

图 2-24　SP 指向栈顶非空单元

入栈（PUSH）时硬件完成的具体操作包括：

$$SP \leftarrow (SP) + 1（向上生长），或者 SP \leftarrow (SP) - 1（向下生长）$$

$$(SP) \leftarrow 数据$$

出栈（POP）时硬件完成的具体操作包括：

$$[(SP)] 出栈$$

$$SP \leftarrow (SP) - 1（向上生长），或者 SP \leftarrow (SP) + 1（向下生长）$$

从 20 世纪 60 年代开始，出现了一批以堆栈寻址方式为主的堆栈型计算机。这类计算机系统与上面提到的以寄存器寻址方式和主存寻址方式为主的计算机系统相比,在一定程度上缩小了高级语言与机器语言的差距。由于堆栈指令不需要地址码,指令的长度很短,虽然程序本身的条数没有减少,但程序的总存储量要缩小许多。

堆栈型计算机的主要缺点是运算速度比较低,这是由于堆栈与处理器之间的信息传送量很大造成的。实际上,对堆栈访问最频繁的是堆栈顶部的几个单元。为了提高堆栈的工作速度,许多堆栈型计算机的栈顶部分设计成一个高速的寄存器堆。这样,访问堆栈就像访问寄存器一样快速。

目前,许多以寄存器寻址方式和主存寻址方式为主的计算机系统,也设置有堆栈,用以支持程序的嵌套、递归调用以及中断处理。下面简单了解一下 Pentium 4 和 MIPS 机中的堆栈。

Pentium 4 中有专门的堆栈指针寄存器 ESP(和 SP)用来指示栈顶。栈中每个元素的长度可以是 16 位或者 32 位。指令系统中有专门的入栈指令 push 和出栈指令 pop。出/入堆栈的操作数长度由 push 或者 pop 指令中操作数的大小决定。push 或者 pop 操作后堆栈指针 ESP 自动根据入栈或者出栈的操作数的大小进行调整。堆栈向下生长,每入栈一个 32 位的操作数,则 ESP←(ESP)−4;每出栈一个 32 操作数,则 ESP←(ESP)+4。

Pentium 4 指令系统中还支持特殊的堆栈操作指令,比如 pushf/popf、pusha/popa、pushad/popad。pushf 是把程序状态字入栈,而 popf 是从堆栈中弹出程序状态字。pusha 是把所有 8 个 16 位通用寄存器(AX、CX、BX、DX、SP、BP、SI、DI)内容入栈,popa 对应地进行出栈。pushad 把 8 个 32 位通用寄存器(EAX、ECX、EDX、EBX、ESP、EBP、ESI、EDI)的内容入栈,popad 对应地进行出栈。

MIPS 中也设有一个专门的栈顶指针寄存器 SP,栈中每个元素的长度为 32 位,没有专门的入栈指令和出栈指令。入栈、出栈操作用 sw/lw 指令实现,因而不能自动进行栈指针调整,需用 addi 指令调整 SP 的值。堆栈向下生长,每入栈一个字,则 SP←(SP)−4;每出栈一个字,则 SP←(SP)+4。

5) 复合寻址

将两种以上寻址方式联合起来使用,称为复合寻址。复合寻址要解决的关键问题是地址的计算顺序,一般习惯于从名称上加以反映。例如,变址间接寻址,即为先变址后间接寻址顺序,其有效地址 EA 可以表示为 EA=[(Rx)+A](将变址寄存器 Rx 的内容与形式地址 A 相加,用其结果作为地址读取到的主存单元内容为有效地址),且 Rx=(Rx)+Δ。间接变址寻址,即先间接后变址寻址顺序,EA=(Rx)+(A)(用形式地址 A 作为地址读取主存单元的内容,将其与变址寄存器 Rx 的内容相加,其结果为有效地址),且 Rx=(Rx)+Δ。

以上寻址方式的介绍都是原理性的,不涉及具体机器。这些寻址方式在各种实际机器中实现时有许多变通的命名和规则,在使用时应遵循实际机器汇编语言的具体规定。

【例 2.3】 某计算机字长为 16 位,主存地址空间大小为 128KB,按字编址,采用字长指令格式,指令各字段定义如图 2-25 所示。

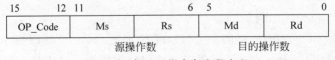

图 2-25 例 2.3 指令各字段定义

转移指令采用相对寻址方式,相对偏移是用补码表示,寻址方式定义如表 2-9 所示。

表 2-9 寻址方式定义

Ms/Md	寻址方式	助记符	含义
000B	寄存器直接	Rn	操作数＝(Rn)
001B	寄存器间接	(Rn)	操作数＝((Rn))
010B	寄存器间接、自增	(Rn)＋	操作数＝((Rn)),Rn←(Rn)+1
011B	相对	D(Rn)	转移目标地址＝(PC)+(Rn)

注:(X)表示存储器 X 或寄存器 X 的内容。

请回答下列问题:

(1) 该指令系统最多可有多少条指令？该计算机最多有多少个通用寄存器？存储器地址寄存器(MAR)和存储器数据寄存器(MDR)至少各需多少位？

(2) 转移指令的目标地址范围是多少？

(3) 若操作码 0010B 表示加法操作(助记符为 add),寄存器 R4 和 R5 的编号分别为 100B 和 101B,R4 的内容为 1234H,R5 的内容为 5678H,地址 1234H 中的内容为 5678H,地址 5678H 中的内容为 1234H,则汇编语言为 add(R4),(R5)＋(逗号前为源操作数,逗号后为目的操作数)对应的机器码是什么(用十六进制表示)？该指令执行后,哪些寄存器和存储单元的内容会改变？改变后的内容是什么？(2010 年全国硕士研究生入学考试计算机统考试题)

解:

首先,题目本身对主存容量的描述不严谨。因为主存按字编址时,不应该以字节作为容量的单位。

本题考点是指令系统设计,注意操作码位数与指令条数的关系,形式地址位数与寄存器个数的关系,机器字长与 MDR 的关系,存储容量与 MAR 的关系。注意补码计算的偏移地址。

(1) 该指令系统操作码为 4 位,最多可有 2^4＝16 条指令;

该机指令格式中寄存器地址字段 Rs、Rd 均为 3 位,最多可有 8 个通用寄存器;

计算机字长为 16 位,则存储器数据寄存器(MDR)至少需 16 位;

主存地址空间 128KB＝2^{17}B,但按字编址,则存储器地址寄存器(MAR)至少需 16 位。

(2) 转移指令采用相对寻址方式,相对偏移是用补码表示,且存放在 Rn 中(见寻址方式定义表),由于寄存器 Rn 的位数等于机器字长 16 位,则转移指令的目标地址范围是:
$-2^{15} \sim +(2^{15}-1)$,即$-32768 \sim +32767$。

(3) 汇编语言为 add(R4),(R5)＋的指令对应的机器码是 2315H(0010 001 100 010 101B)。

源操作数(R4)表示寄存器间接寻址:

源操作数＝((R4))＝(1234H)＝5678H

目的操作数(R5)＋表示寄存器间接、自增寻址:

目的操作数＝((R5))＝(5678H)＝1234H

(R5)＝(R5)+1＝5678H+1＝5679H

和

$$=5678H+1234H=68ACH$$

因此该指令执行后,寄存器 R5 和存储单元 5678H 的内容会改变,改变后 R5 的内容是 5679H,存储单元 5678H 的内容为 68ACH。

2.5.2 程序定位方式

为了把一个程序交给处理器运行,必须先把这个程序的指令和数据装入到主存储器的一个或几个区域中。在一般情况下,程序所分配到的主存物理地址空间与程序本身的逻辑地址空间是不相同的,因此,必须要把指令和数据的逻辑地址(相对地址)转换成主存储器的物理地址(绝对地址),这一转换过程称为程序的定位。所谓定位方式就是指程序中指令和数据的主存物理地址的确定时间和实现方式。

程序需要定位的主要原因有以下几个:

(1) 程序的独立性。随着计算机应用范围的扩大,要解决的问题越来越复杂。程序员希望摆脱麻烦的存储器分配问题,而把主要精力用于研究算法。在高级语言及其他各种面向应用的符号语言出现之后,程序员只要用符号命令、数据说明及各种输入/输出说明来编写程序,即完全用符号名称来访问信息。在这种情况下,当编译器对源程序进行编译时,也不必考虑主存储器的实际地址,只要把目标模块安排在从"0 地址"开始的地址空间中。以后,每当需要运行这个程序时,由操作系统根据当时主存储器的实际使用情况,决定程序在主存的物理地址。

(2) 程序的模块化设计。在设计一个较大的应用程序时,通常要把它分解成几个相对独立的部分,各个部分分别独立地编写程序,并分别进行编译。这样,一个程序将由几个独立的模块组成,这些模块可以在程序执行之前,甚至推迟到程序执行过程中需要时才装配链接起来。在这种情况下,编译程序在对某段程序进行编译时,无法知道其他模块占用主存空间的情况,甚至不知道整个程序是由哪几个模块组成的,只有在程序装入主存时,或在实际运行时才能确定指令和数据在主存的物理地址。

(3) 有些程序本身很大,大于分配给它的主存物理空间,因此,要求当程序的一部分装入主存后就能够开始运行,并且在运行过程中,根据需要再装入程序的其他部分。这就要求系统能够在程序运行过程中,动态地确定指令和数据在主存的物理地址。

(4) 许多应用问题涉及表、队列、堆栈等数据结构,这些数据结构在程序运行过程中,其大小往往是变化的,因此,要根据程序的实际运行情况,动态地分配主存储器的物理地址。

根据程序中指令和数据在主存中物理地址的确定时间,定位方式可分为三种:直接定位、静态定位和动态定位。在程序装入主存储器之前,程序中的指令和数据在主存中的物理地址就已经确定了,这种方式称为直接定位方式。在程序装入主存储器的过程中,进行地址变换确定指令和数据在主存中的物理地址,称为静态定位方式。在程序执行过程中,当访问到相应的指令或数据时才进行地址变换,确定指令和数据在主存中的物理地址,称为动态定位方式。相对于直接定位方式来说,静态定位和动态定位方式涉及两次定位,第一次是编制程序时在逻辑地址空间上的定位,第二次是加载时或执行时在物理地址空间上的定位,所以也称第二次定位为重定位。

下面在简单说明程序逻辑地址及主存物理地址的基本概念后,分别介绍上述这三种定位方式。

在高级语言、汇编语言等符号语言出现之后,程序员可以直接用符号指令、数据说明、输入/输出操作说明来编写程序,这种程序称为源程序。在源程序中,用符号名称表示地址,即程序员实际上是在一个符号名称空间内编写程序的,如图 2-26(a)所示。当编译器对源程序进行编译时,将符号元素转换成由指令和数据组成的目标程序,并把符号地址转换成存储器的地址。

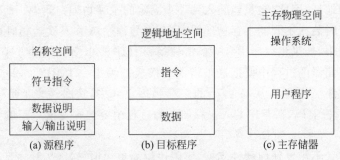

图 2-26　逻辑地址与物理地址

对于早期的计算机系统,在编译源程序时,就已经可以确定程序在主存储器中将要存放的实际位置,因此,能够把指令和数据的符号地址直接编译成主存储器的物理地址。但是,对目前的大多数计算机系统而言,编译程序在对一个源程序或源程序段进行编译时,还不能确定程序在主存储器中将要存放的实际位置,因此,各个源程序或程序段都从自己的“0 地址”开始分配地址空间,这种地址称为逻辑地址或相对地址,如图 2-26(b)所示。

通常,在一台计算机系统中只有一个主存储器,其地址按照一维线性编码,这个主存储器的地址称为物理地址或绝对地址,如图 2-26(c)所示。

总之,逻辑地址是指相对于本程序或本程序段的相对地址,而物理地址是程序在主存储器中使用的实际地址。逻辑地址的集合称为逻辑地址空间,主存物理地址的集合称为主存物理地址空间。

1. 直接定位方式

采用直接定位方式的前提条件是,程序员在编写汇编程序时,或编译器(或汇编器)在对源程序进行编译时,就已经确切知道该程序应该使用的主存物理空间,因此,可以直接使用实际的主存物理地址来编写程序或编译程序。即使在多道程序环境下,也可以保证所使用的主存物理地址不相互重叠。

在单任务系统中,一个程序一旦开始运行,在其整个执行过程中,计算机的全部资源均由它所独占,因此,采用直接定位方式是可行的。

在多任务或多用户系统中,可以把整个主存物理空间划分为若干个固定且大小相同的分区,并为每个任务分配相应的分区。因此,对程序员或汇编器而言,主存储器的可用物理空间是已知的,能够在程序装入主存之前确定指令和数据的物理地址。

如果程序比较大,其存储容量超过了分配给该程序的主存物理空间,这时可以把整个程序分割成若干个既有联系又相对独立的程序段,在程序运行过程中逐段调入相应的主存物理空间,这种技术称为“覆盖”。

2. 静态定位方式

静态定位是由加载程序来完成地址变换的。它要求被加载程序本身是可以重定位的,即那些要修改地址的指令和数据要具有某种标识。静态定位要求程序在运行之前,在装入主存储器的过程中集中一次完成地址变换,把那些带有标识的指令和数据所引用的逻辑地址全部变换成主存储器的物理地址。程序一旦进入主存储器之后,就不能再在主存储器中移动了。

直接定位方式由于程序在装入主存储器之前,所有指令和数据的地址都已经是唯一确定了的主存物理地址,因此,它只能装入到一个固定的主存物理空间中。而静态定位方式允许程序每次运行时装入不同的主存物理空间中,例如程序 A 在某次运行时被装入从 n 开始的主存物理空间中,如果该程序中有一条汇编指令 JMP 100(直接寻址方式)对应的机器码,在程序装入主存储器的过程中要把这条指令变换成汇编指令 JMP $100+n$ 对应的机器码。若下次运行时程序 A 被装入从 m 开始的主存物理空间中,这时逻辑地址空间中的同一条指令 JMP 100 的机器码,在程序装入主存储器的过程中要把它变换成汇编指令 JMP $100+m$ 的机器码。

静态定位方式不需要任何硬件支持,实现比较简单。但是,因为程序是在执行之前一次装入主存储器中的,在执行期间程序不能在主存储器中移动,所以对提高主存储器的利用率不利。当程序所需要的存储容量超过了分配给它的主存物理空间,则必须采用覆盖技术。多个用户不能共享已经存放在主存储器中的同一个程序,如果几个用户要使用同一个程序,则每个用户必须在各自的主存空间中存放一个程序副本。

3. 动态定位方式

动态定位是在程序执行过程中进行地址变换的。采用动态定位方式必须有硬件支持,它通常采用基址寻址方式把程序的逻辑地址转换成主存的物理地址。一种简单的实现方法是,程序在装入主存储器时,指令和数据的地址不做任何修改,只把主存的起始地址存入与该程序相对应的基址寄存器中。在程序执行时,用地址加法器将指令中的逻辑地址(在寻址方式中称有效地址)与已经存放在基址寄存器中的程序起始地址(在寻址方式中称基地址)相加,就能形成主存的物理地址。实际上,并不是所有指令中的地址码都是要修改的。例如,那些采用相对寻址方式的指令地址码不需要修改,为此必须在指令中给予指明,指出本指令中主存地址码是否需要加基地址。

动态定位方式实质上是把静态定位方式中用装入程序实现的对指令地址的修改,改用硬件的地址加法器和基址寄存器来实现。由于程序是在实际执行时,由硬件形成主存物理地址的,因此,在程序开始执行之前,不一定要把整个程序都调入主存中,而且一个程序可以被分配在多个不连续的主存物理空间内,从而可以使用较小的主存分配单位,以提高主存储器的利用率。几个程序可以共享存放在主存中的同一个程序段,而不必在主存中存放多个副本,这是前两种定位方式无法实现的。并且,动态定位方式可以支持虚拟存储器,为用户提供一个比实际主存储器的物理空间大得多的逻辑地址空间。

Pentium 4 跟其之前的 intel CPU 一样,都采用了静态定位方式。为简化起见,以实模式下的重定位为例来说明。在实模式下的汇编程序中,如果程序中有数据段,则通常会有如图 2-27 所示的程序结构。

```
data segment
    …
data ends
code segment
    …
    mov ax, data
    mov ds, ax
    …
code ends
```

图 2-27 Pentium 4 实模式下程序定位

该程序段中，mov ax,data 和 mov ds,ax 的作用是把 data 数据段的段地址赋值给 DS 段寄存器。汇编器在汇编时，并不知道这个程序装入内存运行时，data 数据段会被装入段地址。因此，采用静态重定位方式的具体实现方法：汇编时识别需要重定位的指令，在生成的 exe 文件头中标注这些需要重定位的地点（文件偏移），操作系统装入该 exe 程序时，读取 exe 文件头中的重定位表，根据装入的具体段地址重写这些重定位项。该程序段中，mov ax,data 就是需要重定位的指令，具体重定位项就是 data 的值。在 exe 文件中，mov ax,data 对应机器码中的 data 值没有意义。假如操作系统装入该程序时，给 data 数据段分配的段地址是 1000，则 mov ax,data 就被修改为 mov ax,1000 对应的机器码，即完成了静态定位。

显然，16 位代码下只有涉及段操作的指令才需要重定位。而在 32 位代码下涉及直接寻址的指令都是需要重定位的。有兴趣的读者可以参考相关的资料，这里不再详述。

思考题与习题

1. 对 CPU 中的寄存器、主存储器以及 I/O 设备采用同一编址或者独立编址，对指令系统设计有哪些影响？

2. 请描述主存储器按字节编址方式的特点，并分析主存储器数据存放采用边界对齐和边界不对齐方式的优缺点。

3. 请说明在指令格式设计时，分别采用等长指令字结构和变长指令字结构的优缺点。

4. 一般来说，CISC 比 RISC 的指令复杂，因此可以用较少的指令完成相同的任务。然而，由于指令的复杂，一条 CISC 指令需要花费比 RISC 更多的时间来完成。假设一个任务需要 P 条 CISC 指令或者 $2P$ 条 RISC 指令，完成每条 CISC 指令花费 $8T$ ns，每条 RISC 指令花费 $2T$ ns。在此假设下，哪一种指令系统性能更好？

5. ASCII 码是 7 位，如果设计主存单元字长为 31 位，指令字长为 12 位，是否合理？为什么？

6. 在某些计算机中，子程序调用是以下述方法实现的：转子指令将返回地址（即主程序中该指令的下一条指令地址）存入子程序的第一单元，然后转到第二个单元开始执行子程序。

（1）请设计一条相应的从子程序返回主程序的汇编指令，要求用寄存器传输语言描述该指令的功能；

（2）这种情况下，在主、子程序之间如何传递参数？

（3）上述调用方法是否可用于子程序嵌套？为什么？

（4）上述调用方法是否可用于子程序多重嵌套时的递归调用（即某个子程序调用它本身）？为什么？

7. 设某指令系统基本指令格式如下图示。图中，指令总字长 12 位，其中 OP 表示操作码字段，占 3 位；Di(i=1、2、3)表示地址码字段，每个分别占 3 位。请利用扩展操作码法，试提出一种编码方案使该指令系统有 5 条三地址指令，8 条二地址指令，120 条单地址指令，60 条零地址指令。要求具体分配每条指令的操作码编码。

3	3	3	3
OP_Code	D1	D2	D3

11　　9 8　　　6 5　　　3 2　　　0

第
2
章

指令系统

8. 某 32 位计算机,CPU 中有 32 个通用寄存器,主存容量为 4GB。指令字长等于机器字长,若该机指令系统可完成 138 种操作,操作码位数固定,且具有立即寻址、直接寻址、间接寻址、寄存器间接寻址、变址寻址、基址寻址和相对寻址 7 种方式,试回答(要求答案中数据分别用 2 的幂形式表示):

(1) 画出一地址指令格式,并指出各字段的作用;

(2) 该指令立即数的范围;

(3) 直接寻址的最大范围;

(4) 一次间接寻址和多次间接寻址的寻址范围;

(5) 寄存器间接寻址的范围;

(6) 分别采用专用寄存器和通用寄存器作为变址寄存器时,变址寻址的位移量范围;

(7) 分别采用专用寄存器和通用寄存器作为基址寄存器时,基址寻址的位移量范围;

(8) 相对寻址的位移量。

9. 某 16 位机,采用单字长单地址指令格式,其中形式地址码字段占 7 位。若基址寄存器的内容为 2000H,变址寄存器的内容为 23A0H,当前正在执行的指令所在地址为 2B00H,该指令的形式地址码部分是 3FH。请回答下列问题:

(1) 在变址寻址、基址寻址和相对寻址三种情况下,访存有效地址分别是多少?

(2) 设变址寻址用于取数指令,相对寻址用于转移指令,存储器内存放的相关内容如下表,问从存储器中取出的数据以及转移地址分别是什么?

地址	内容
003FH	2300H
2000H	2400H
203FH	2500H
23A0H	2700H
23DFH	2800H
2B00H	063FH
2B3FH	2600H

(3) 若采用直接寻址,请写出从存储器中取出的数据。

10. 某计算机字长 16 位,主存按字编址,采用单字长单地址指令格式,指令的一般格式如下所示:

OP_Code	I	X	D
操作码	间址位	基址寄存器号	形式地址

用户程序中某条指令 K 格式如下:

0	1	3	401

主存某几个单元的内容如下:(参数均为十进制表示)

地 址	内 容
⋮	⋮
4016	3528
⋮	⋮
4300	2053
⋮	⋮
4416	1764
4417	4300
⋮	⋮

若 3 号基址寄存器内容是 4016,试用先基址后间址(一次)的复合寻址方式,求指令 K 的操作数 P。

11. 某计算机字长 16 位,主存按字编址,采用单字长单地址指令格式,其格式如下所示:

15	10 9	8 7	0
OP	X	D	

OP:操作码;D:形式地址;

X:寻址方式码;X=00:直接寻址;

　　　　　　　X=01:用变址寄存器 X1 变址;

　　　　　　　X=10:用变址寄存器 X2 变址;

　　　　　　　X=11:相对寻址;

若执行指令时,机器状态如下:

(PC)=1548H,(X1)=036AH,(X2)=46B2H。

请分别确定下列指令的有效地址 EA。

① 3056H　　　② 42A0H　　　③ 1347H　　　④ 4598H　　　⑤ 67CEH

12. 某 8 位计算机,其指令格式如下图所示:

7	4	3	2	0
OP		I	D	

其中,OP 为操作码;I 为间址特征位,只允许一次间址;D 为形式地址。假设主存储器部分单元内容如下:

地 址	内 容
00H	9DH
01H	04H
02H	A4H
03H	5EH
04H	15H
05H	76H
06H	B8H
07H	23H

指出下列指令的有效地址：

① A7H   ② DFH   ③ B2H   ④ CEH

13. 某计算机字长 16 位,主存按字编址,采用单字长单地址指令格式,指令各字段定义如下：

15 12	11 9	8 6	5 0
OP	M	Rn	A
4	3	3	6

其中,OP 为操作码；M 为寻址方式码；Rn 为通用寄存器编号；A 为形式地址。

寻址方式码定义如下：

M	寻址方式	有效地址表达式
000B	一次间接	EA=(A)
001B	寄存器间接	EA=(Rn)
010B	变址	EA=(Rn)+A,Rn←(Rn)+1
011B	相对	EA=(PC)+A

注：有效地址表达式中(X)表示存储器地址 X 或寄存器 X 的内容；指令中 Rn 字段和 A 字段是否使用视寻址方式而定；位移量用补码表示。

请回答下列问题：

(1) 该指令系统最多可有多少条指令？该计算机最多有多少个通用寄存器？

(2) 上表中各种寻址方式的寻址范围多大(不包括相对寻址)？相对寻址的浮动范围多大？

(3) 设开始取指令时,对应寄存器和主存相关单元的内容如下图,图中的数字均为十六进制表示,请写出指令 0627H 和 3559H 的操作数各为多少？分别单独执行这两条指令后相关寄存器的内容各是多少？

PC	2000H
R0	0627H
R5	0400H
R7	3559H

主存地址	主存内容
19H	0100H
27H	4000H
400H	1000H
401H	3559H
419H	0123H
41AH	0627H
1FE7H	1234H
1FE8H	5678H
2018H	0FF00H
2028H	0000H

14. 某机字长 16 位,主存容量为 1MB 字,采用单字长指令格式,共有 50 条指令,采用立即寻址、直接寻址、间接等寻址方式。CPU 中有 PC、IR、MAR、MDR 等专用寄存器和 4 个通用寄存器。问：

(1) 指令格式如何安排？

(2) 立即寻址的数据范围是多大？

(3) 为使指令能寻址到主存的任一单元,可采取什么措施？

(4) 能否增加其他寻址方式？

15. 设某机字长 32 位,CPU 中有 16 个 32 位的通用寄存器,主存按字编址,设计一种能容纳 64 种操作的指令系统,存储器寻址可提供 8 种方式,采用通用寄存器作变址寄存器,若取指令字长与机器字长相等,请安排 RS 型指令的格式,并回答下述问题:

(1) 如果采用直接寻址方式,指令可寻址的最大存储空间是多少？

(2) 如果采用一次间接寻址方式,指令可寻址的最大存储空间是多少？

(3) 如果采用变址寻址,指令可寻址的最大存储空间又是多少？

16. 对于一个按字节寻址的存储器,存储字长 32 位。请问:

(1) 第 42 个字的字节地址是什么？

(2) 单字长数据 0xFF223344 按照大端或小端方式存储在第 42 个字中,画出数据在主存中放置的示意图,并标出与每个字节数据对应的字节地址。

17. 在某 32 位计算机中,存储器按字节编址,采用小端方式存放数据。假设 C 语言编译器规定 int 型和 short 型长度分别为 32 位和 16 位,并且数据按边界对齐存储。某 C 语言程序段如下:

```
struct{
        char x;
        short y;
        int z;
    } data;
    data.x = '0';
    data.y = 1026;
    data.z = 258;
```

若程序加载时,将 data 分配在以 0x0A000012 为首地址的主存区域内,请画图示意该主存区域中存放的数据值及对应的地址编码,要求用十六进制表示。

18. 根据对 PC 相对寻址的理解,解释汇编器在下面 MIPS 32 代码序列中直接实现分支指令时可能会出现什么问题,请说明汇编器如何重写该代码序列来解决这些问题。

```
here: beq $ s0, $ s2, there
        …
there: add $ s0, $ s0, $ s0
```

第3章 存 储 器

冯·诺依曼计算机结构是以存储器为中心的。存储器用于存放程序以及与程序相关的数据。各类存储器以及管理存储器的软硬件构成了计算机的存储系统。主存储器是存储系统的核心,它用来存储计算机运行期间所需要的程序和数据,CPU 可以直接对其进行控制和访问。在现代计算机系统中,CPU 和主存储器间的速度差异已经成为整个计算机系统速度提升的主要瓶颈;同时,主存储器在容量上也难以满足程序和数据的存储要求。由于位价格、集成度等因素的限制,主存储器在速度和价格上短期内很难有较大程度的改善,因此现代计算机系统一般通过将多种不同性能的存储器构成层次化存储系统的方法来改善存储系统的性能。

本章主要内容包括:

(1) 存储器分类与存储系统的层次结构;

(2) 相联存储器原理;

(3) 高速缓冲存储器原理与设计;

(4) 辅助存储器组成与工作原理。

3.1 主存储器概述

3.1.1 存储器的分类

存储器是计算机系统中的记忆设备,用来存放程序和数据。在存储器中存放信息的基本单位是二进制位,用于存放二进制位的基本器件(或电路)被称为存储元或者存储元件,构成存储元的物理器件需要具有两种明显区分的物理状态,用来分别表示二进制位的"1"和"0"。

存储器按照在计算机系统中的作用、构成存储元的器件以及存取方式等的不同,有多种分类方法,目前常用的有以下三种分类方法。

1. 按在计算机系统中的作用分类

1) 内部存储器

内部存储器(简称内存)是一种可以和 CPU 直接交换信息的存储器。内存主要包括高速缓冲存储器(Cache)和主存储器(简称主存)。主存用来存放 CPU 当前正在执行的程序和数据;高速缓冲存储器位于 CPU 和主存之间,用于解决主存与 CPU 之间的速度差异,存放正在执行的部分程序和数据。由于高速缓冲存储器的内容是主存部分内容的副本,所以内存的容量只由主存储器的容量来决定,与 Cache 的大小无关。

2）外部存储器

外部存储器也被称为辅助存储器（简称外存或辅存），一般用来存储大量的、暂时不运行的程序和数据，以及一些需要永久性保存的信息。外存不能直接被 CPU 访问，它的数据需要被调入内存后才能被 CPU 访问。可以认为，外部存储器是内部存储器的后援存储器。

3）离线存储器

离线存储器又被称为备份存储器，主要用于对在线存储数据进行备份。

4）控制存储器

控制存储器也称为微程序存储器，它用于在微程序控制的计算机系统中存放微程序。控制存储器位于 CPU 的内部。

2. 按存储介质分类

1）半导体存储器

半导体存储器是一种以半导体电路作为存储介质的存储器，现代的半导体存储器普遍采用大规模集成电路工艺制成芯片。按照制造工艺的不同又可将半导体存储器分为 MOS（金属氧化物）型存储器和双极型存储器两大类。MOS 型存储器具有集成度高、功耗低、价格便宜等特点，但存取速度较慢；双极型存储器具有存取速度快、集成度较低、功耗较大、成本较高等特点。传统的半导体存储器存储的信息会因为断电而丢失，即具有电易失性。近年来出现的使用非电易失性材料制成的半导体存储器不会因断电而丢失信息，即具有非电易失性。半导体存储器主要用作内部存储器。

2）磁表面存储器

磁表面存储器是在金属或塑料基体的表面上涂一层磁性材料作为记录介质，工作时磁层随载磁体高速运转，用磁头在磁层上进行读/写操作。根据磁体形状的不同，又可分为磁盘存储器和磁带存储器。其主要特点为容量大、价格低、存取速度慢。磁盘常被用作辅助存储器，磁带则常被用作离线存储器。

3）光盘存储器

光盘存储器用磁光材料作为存储介质，利用激光进行信息的存取。光盘具有存储容量大、存取方便、位价格低和易于保存等优点。按照是否可以写入光盘可分为只读式、一次写入式和可改写式三种；按照所采用的激光类型不同，还可分为 CD 光盘、DVD 光盘、BD 光盘等。

3. 按存取方式分类

1）随机存储器

随机存储器（Random Access Memory，RAM）中任何存储单元的内容都能被随机存取，且存取时间与存储单元的物理位置无关。RAM 又可分为动态 RAM（DRAM，Dynamic RAM）和静态 RAM（SRAM，Static RAM）两种。其中，DRAM 中存储的信息若长时间不被访问会发生变化，因此需要定时对其进行刷新来维持信息的稳定；SRAM 在加电情况下所存储的信息能够稳定保持。

2）只读存储器

只读存储器（Read-Only Memory，ROM）采用的存取方式也是随机存取，但 ROM 在正常工作时，只能读不能写，写入操作需要通过特殊的手段完成。ROM 的最大特点：非易失性和高可靠性。ROM 常被作为主存储器的一部分，用来存放系统程序和各种固件。按照写入方式不同 ROM 又可分为：可编程 ROM(Programmable ROM,PROM)可进行一次性编程；可擦除可编程 ROM(Erasable Programmable ROM,EPROM)可借助于紫外线或者其他方式多次擦除和编程；电可擦除可编程 ROM(Electrically Erasable Programmable ROM,EEPROM)的工作原理与 EPROM 类似,区别在于擦除过程中不需要借助与紫外线等其他方式。闪速存储器(Flash memory)具有 EEPROM 的特点,但擦除和读写速度比 EEPROM 快得多。

3) 顺序存取存储器

顺序存取存储器(Sequential Access Memory,SAM)中信息的读/写顺序完全按照其在存储介质上的顺序进行。在顺序存取存储器中,信息的存取时间与信息所在的物理位置有关。由于读/写操作只能顺序地按数据所在物理位置进行查找,所以这种存储器的平均存取速度比较慢。磁带是典型的顺序存储器。

4) 直接存取存储器

直接存取存储器(Direct Access Memory,DAM)的工作原理与 SAM 类似,其读/写操作分两步进行：首先快速定位到信息所在的一个小区域,然后在此小区域内按照顺序对信息进行准确定位。这种存储器的存取特性及速度介于 RAM 和 SAM 之间,也被称为半顺序存取存储器。磁盘存储器和光盘存储器是典型的直接存取存储器。

5) 相联存储器

前面的四种存储器都是按地址访问的存储器,相联存储器(Associative Memory,AM)是按照存储单元中存放的全部或部分内容进行访问的存储器,因此也被称为按内容访问存储器(Content Addressed Memory,CAM)。相联存储器主要应用于需要快速检索的场合。

目前,主存储器主要采用半导体器件作为存储介质,3.2 节将重点介绍半导体主存储器。下面首先介绍一下半导体存储器的分类。

1. 按制造工艺分类

(1) 双极型存储器,由 TTL 晶体管逻辑电路构成。该类存储器件的工作速度快,与CPU 处在同一数量级,但集成度低、功耗大、位价格高,常被用作高速缓冲存储器。

(2) 金属氧化物半导体存储器,即 MOS 型存储器。这类存储器有多种制造工艺,如NMOS、HMOS、CMOS、CHMOS 等,可用来制造多种半导体存储器件,如 SRAM、DRAM、EPROM 等。MOS 型存储器的集成度高、功耗低、位价格低,但速度比双极型慢。计算机系统中的主存储器主要由 MOS 型存储器构成。

2. 按信息的可保存性分类

(1) 电易失型半导体存储器。这类存储器断电后数据会丢失,大多数 RAM 都属于这种类型。

(2) 非电易失型半导体存储器。这类存储器断电后数据仍保存,各种 ROM 都属于这种类型,也有少数 RAM 是非电易失型的。

通常,主存由 ROM 和 RAM 两部分组成。ROM 中存储的内容只能读不能写,并且断电后信息仍保留,一般用于存放系统程序；RAM 可读可写,但断电后信息会丢失,主要用于存储正在运行的用户程序、数据以及系统程序运行中的临时信息。RAM 和 ROM 共享主存的地址空间,ROM 占据较小的主存地址空间,而 RAM 占据了绝大多数的主存地址空间。

RAM 存储器按照其工作机理不同又可细分为静态随机存储器、动态随机存储器和非易失性随机存储器。

1) 静态随机存储器(SRAM)

SRAM 的存储电路由 MOS 管触发器构成,用触发器的导通和截止状态来表示信息"0"或"1"。SRAM 的特点是速度快、信息稳定,不需要刷新电路,使用方便灵活。但由于它所用 MOS 管数量较多,其集成度低、功耗较大、成本也高。在计算机系统中,SRAM 常用作小容量的高速缓冲存储器。

2) 动态随机存储器(DRAM)

动态随机存储器 DRAM 的存储电路是利用 MOS 管的栅极分布电容的充放电来保存信息。例如,充电后表示"1",放电后表示"0"。DRAM 的特点是集成度高、功耗低、价格便宜,但由于电容存在漏电现象,电容电荷会因为漏电而逐渐丢失,因此必须定时对 DRAM 进行充电(称为刷新)。在计算机系统中,主存储器主要由 DRAM 构成。

3) 非易失性随机存储器(NVRAM)

非易失性随机存储器 NVRAM(Non Volatile RAM)的存储电路由 SRAM 和 EEPROM 共同构成。在正常运行时 NVRAM 与 SRAM 的功能相同,可以随机读写。但在掉电或电源发生故障的瞬间,它可以立即把 SRAM 中的信息保存到 EEPROM 中,使信息得到自动保护。NVRAM 多用于掉电保护来保存存储系统中的重要信息。

随着集成电路技术的不断发展,半导体存储器也得到迅速发展,不断涌现出新型存储器芯片。动态 RAM 有快速页模式 DRAM(Fast Page Mode DRAM,FPM DRAM)、扩充数据输出 RAM(extended data output RAM,EDORAM)、同步 DRAM(Synchronous DRAM,SDRAM)、双倍速率同步 DRAM(Double Data Rate SDRAM,DDR SDRAM)。

3.1.2　存储系统的层次结构

冯·诺依曼计算机是以存储器为中心的结构,存储器的性能是影响计算机系统整体性能的主要因素之一。计算机对存储器的基本要求是速度快、容量大和价格低,但是这三个要求是相互矛盾的。一般来说,存储器的速度越快,位价格就越高;存储器的容量越大,速度就不可能很快。

为了解决容量、速度和价格三者之间的矛盾,通常把各种不同存储容量、不同存取速度和位价格的存储器,按一定的结构组织起来,形成一个多层次的存储系统。图 3-1 描述了这种存储系统的基本框架。

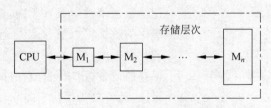

图 3-1　多层次存储系统

图 3-1 所示的多层次存储系统由 n 个不同类型的存储器构成,这些存储器越靠近 CPU,速度越快、容量越小、位价格越高。计算机存储管理的目标就是将这 n 个存储器对 CPU 呈现一个逻辑整体,并且整个存储系统在速度上接近 M_1,容量上接近 M_n,位价格上也

接近 M_n。信息在这种层次化的存储系统中进行存储时需要满足以下两个基本原则。

（1）包含性原则。指在上层存储器中（靠近 CPU 的层次被称为上层）所存放的内容一定是其下层存储器内容的一部分。也就是说，上层存储器 M_i 存储的信息是其下层存储器 M_{i+1} 部分内容的副本。

（2）一致性原则。由于同一信息在多个存储器层次中都存有副本，因此当含有该信息的最上层存储器中的内容被修改后，也必须修改该信息保存在其他下层存储器的所有副本，以保持信息的一致性。

从图 3-1 中可以看出，CPU 直接访问的是存储器 M_1，但 M_1 的容量非常小根本无法保证 CPU 需要的全部信息都能找到（称为"命中"）。最坏情况下，CPU 需要访问的数据保存在距离 CPU 最远的存储器 M_n 中。在多层次的存储系统中命中率是一个重要的性能指标，命中率常用 H_i 来表示，H_i 表示在存储器 M_i 中找到被访问信息的概率。为了保证 CPU 对 M_1 有足够高的命中率，需要把程序和数据按其使用的急迫性和频繁程度，合理地调入不同层次的存储器中，这个调度过程由计算机硬件和软件自动地统一管理。调度的基本原则是把 CPU 最近一段时间内需要访问的信息存储在距离 CPU 较近的存储器中，而把那些暂时不使用的信息保存在远离 CPU 的存储器中。

很明显，如果命中率太低或调度工作太频繁，层次存储系统也就失去了意义。程序访问的局部性原理保证了命中率能满足 CPU 的基本要求。程序运行的局部性原理主要表现在以下两个方面。

（1）时间局部性。在一小段时间内，最近被 CPU 访问过的程序和数据很可能再次被访问。例如，对于程序中的循环结构，会被重复执行多次。

（2）空间局部性。一段时间内被 CPU 访问的指令和数据往往集中在一小片存储区域内。例如，程序中对数组的操作，数组元素集中存放在存储器的连续单元内。并且，指令大多情况下是按顺序执行的，据统计顺序指令和转移指令在程序中的比率大约为 5∶1。

在现代计算机的多层次存储系统中，存储器的层次结构如图 3-2 所示。

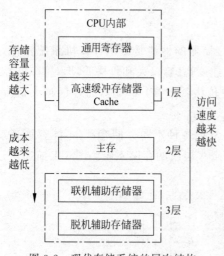

图 3-2　现代存储系统的层次结构

在图 3-2 所示的层次结构中，最上层的通用寄存器组通常被集成在 CPU 芯片内部，保存在寄存器中的数据可以直接参与运算器的操作。最下层的脱机辅助存储器一般为磁带、光盘、U 盘等大容量存储设备，用于保存短时间内不会访问的数据和程序，通常是为了进行备份使用。为了提高主存储器的访问速度和存储容量，存储器的层次结构中最重要的是以下两个层次。

（1）高速缓冲存储器（Cache）。设计这个层次的目的是提高存储系统的访问速度。Cache 层次使得 CPU 在对主存进行访问时，速度可以接近 Cache 的速度，容量可以达到主存的容量。高速存储器和主存之间的管理任务主要由硬件实现，所以这个层次对于系统程序和用户程序来说都是透明的。随着大规模集成电路技术的发展，Cache 通常被设计为多级结构,最靠近 CPU 的为 L1 级 Cache,依次增大,绝大多数 Cache 集成在 CPU 芯片内部。

(2) 虚拟存储器(联机辅助存储器)。设计这个层次的目的是提高存储系统的容量。虚拟存储技术使得用户在使用存储系统时,可以获得接近于辅存的容量,而访问速度上接近于主存。虚拟存储器由软件和硬件相结合实现,虚拟存储器需要由系统程序(操作系统)来进行管理,但它对应用程序员是透明的。因本书篇幅有限,将不再展开讨论,读者可以参考《操作系统》相关内容。

多层次存储系统虽然提高了存储器的性能,但是由于数据由原来存放在单一存储器中,变为下层存储器中的部分副本被保存在上层存储器中。这种存储器的层次结构也带来了以下问题需要解决。

(1) 按照多层次存储系统的包含性原则,处于上层存储器的信息一定被包含在各个下层存储器中,即上层存储器中的全部信息是下层存储器中所存部分信息中的副本。那么,下层存储器中的哪些数据的副本是需要保存在上层存储器中的? 这些数据又被保存在上层存储器的什么位置,即要解决上层副本所在单元地址与下层地址的对应关系的问题,即地址映射问题。

(2) 按照多层次存储系统的一致性原则,存放在不同存储器中的同一数据,在不同存储器中要保持相同的值。那么如何保证不同层次存储器中存放数据的一致性? 特别是在执行写操作时,需要将数据同时写到哪些层次的存储器,即数据一致性问题。

(3) CPU 访存时给出的是主存单元地址,这个地址如何转换为在不同层次存储器中的地址,即地址变换问题。

(4) 当某层存储器已经存满数据,又有新数据要装入时,应将哪些数据替换出去,即替换策略问题。

以上这些问题将在 3.4 节进行详细介绍。

3.2 主 存 储 器

本节将介绍常见的半导体存储器的存储元基本工作原理,存储元构成存储体的方法及主存储器与 CPU 的连接方法等。

3.2.1 主存储器的基本组成

主存由存储单元构成的存储体和一组控制电路组成,如图 3-3 所示。主存主要由以下功能部件组成。

(1) 存储体。存储体也被称为存储矩阵或存储阵列,它是存储单元的集合,用来存储二进制信息。但是,为了提高访问效率,主存与计算机系统中的其他部件进行数据交换(写入和读出操作)时,并不是以二进制位为单位进行的,而是采用并行传输方式。即将若干个存储元组成一个存储单元,存储单元中的所有(或者部分)二进制位作为一个整体被写入或者读出,所以每个存储单元具有独立的地址。通常,存储单元的位数(即存储字长)是字节的整数倍。一个存储器的存储体就是由很多这样的存储单元所构成。

(2) 寻址系统。由驱动器、译码器和 MAR 组成。地址译码器接收到来自 MAR 的 n 位地址后进行译码,经过译码和驱动后形成 2^n 个地址选择信号,每次选中一个存储单元,对所

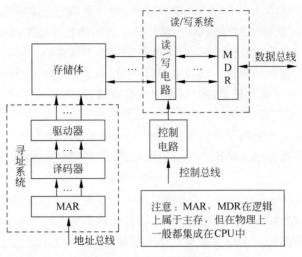

图 3-3　主存的基本结构

选中的存储单元进行读操作或者写操作。每条译码线都需要与它控制的所有存储单元相联,其负载很大,驱动器就是为了提高译码线驱动负载的能力而增加的。地址译码线的输出接到驱动器的输入端,由驱动器的输出端连接译码线所控制的所有存储单元。

(3) 读/写系统。由读写电路和 MDR 组成。MDR 用来缓存 CPU 送来的数据,或从存储单元中读出的数据。读写电路接收到 CPU 的读/写(R/W)控制信号后,产生存储器内部的读写控制信号,将指定地址单元的信息从存储体读出,再送到 MDR 供 CPU 使用,或将来自 CPU 并已经存入 MDR 的信息写入存储体的指定存储单元中。

(4) 控制电路。控制电路根据 CPU 发来的读/写命令,产生存储器各部件的时序控制信号。

下面分别以主存的读操作和写操作为例,示意性地说明主存各个功能部件是如何协同工作的。

在进行读操作时,CPU 首先在地址总线上给出要访问的存储单元的地址;主存的寻址系统对该地址进行译码,并通过驱动器选中指定的存储单元;随后,CPU 在控制总线上发出"读"命令;最后,主存的读/写电路将存储单元中存放的数据发送到数据总线上,并通过数据总线送到 CPU。

在进行写操作时,CPU 首先在地址总线上给出要访问的存储单元的地址;主存的寻址系统对该地址进行译码,并通过驱动器选中指定的存储单元;与此同时,CPU 将需要写入的数据发送到数据总线上;最后,CPU 在控制总线上发出"写"命令,这样通过读写电路就可以将数据总线上的数据写入指定的存储单元中。

存储器芯片的容量一般使用 $M \times N$ 位的方式来表示。其中,N 表示存储器芯片中每个存储单元的字长(通常被称为片字长),这些存储单元是最小可寻址的单位;M 表示存储单元的个数。一般存储器芯片的片字长为 k 位,k 一般取 1、4、8、16…,每个存储单元由存储体中的 k 位组成。

在主存的寻址系统中,译码器进行地址译码的方式主要有线选法和重合法两种,如图 3-4 所示。

（1）线选法（单译码结构）。图 3-4(a)给出了一个采用线选法的 1K×8 位的存储器芯片逻辑结构，采用 1024×8 位的存储矩阵。采用线选法译码方式的译码结果将直接选中一个存储单元的所有位。例如，图 3-4(a)中芯片地址信号为 $\log_2^{1024}=10$ 位，如果采用线选法，需要完成 10 条地址线到 $2^{10}=1024$ 个存储单元的译码，并且每根译码线需要一套驱动电路才能保证对每个存储单元的驱动，这样就需要 1024 套驱动电路。

这种译码方式的特点是译码结构简单、速度快；但器件用量大，当存储器容量较大时，成本过高。因此，仅适合于高速小容量存储器。

（2）重合法（双译码结构）。图 3-4(b)给出了一个采用重合法的 1K×1 位的存储器芯片逻辑结构，采用 32×32 位的存储矩阵。重合法译码方式将地址码分成行地址（X 向）和

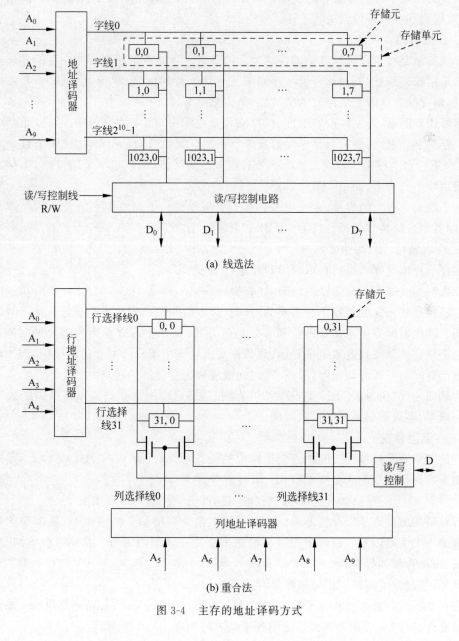

(a) 线选法

(b) 重合法

图 3-4   主存的地址译码方式

列地址(Y 向)两组,分别由行地址译码器和列地址译码器进行译码,行、列译码的重合点即为所选中的存储元,这些存储元构成芯片的一个存储单元。例如,图 3-4(b)中地址线宽度为 10 位,如果采用重合法,行、列地址各 5 位,行、列译码器都只需要完成 5 条地址线到 $2^5=32$ 个存储单元的译码,每个方向译码器的输出线各需要一套驱动电路,共需要 32+32=64 套。

与线选法相比,重合法可以减少译码输出线的根数,并且器件用量也相应减少,可以有效降低存储器的成本,因此得到了广泛使用。

3.2.2 主存储器的性能指标

主存的性能主要从容量和速度两个方面进行评价,主要性能指标包括存储容量、存取时间、存储周期和存储器带宽。

1. 存储容量

存储容量是指主存可以容纳的存储单元的总数。存储容量的表示与主存的寻址方式相关。若采用按字编址,则存储容量=存储单元个数×存储字长,单位是位(b);若采用按字节编址,则存储容量等于所存放的字节数,单位是字节(B)。

需要注意的是,若主存按字编址时,存储容量通常书写为两数相乘的形式,即存储单元个数×存储字长(位),表示主存单元数及单元长度。例如,1024×16 位,这两个数乘开写成 16384 位不符合主存操作特点。由于字节长度固定为 8 位,所以按字节编址时,主存容量可以直接用字节数表示,如 1024B。

为了能表示更大的容量,常采用 K、M、G、T 等单位。下面以用字节表示的存储容量为例,说明各单位的换算关系。$1KB=2^{10}B$,$1MB=2^{20}B$,$1GB=2^{30}B$,$1TB=2^{40}B$。

2. 存取速度(读/写速度)

主存的存取速度通常用存取时间和存取周期表示。

存取时间又被称为存储器的访问时间(Memory Access Time,MAT),指启动一次存储器读(或写)操作到完成该操作所需要的时间。存取时间按照操作类型可分为读出时间和写入时间。读出时间是指从存储器收到有效地址开始,到产生有效输出所需要的时间;写入时间是指从存储器收到有效地址开始,到数据写入被选中单元所需要的时间。通常,取存储器的读出时间与写入时间相等,故读/写时间被统称为存储器的存取时间。

存取周期(Memory Cycle Time,MCT)是指连续启动两次存储器操作所需的最小时间间隔。通常,存取周期略大于存取时间。

3. 存储器带宽

存储器带宽是指单位时间内存储器存取的信息量,单位为 W/s、B/s 或 b/s。存储器带宽是衡量数据传输率的重要技术指标。其计算公式为:

$$存储器带宽 = 每个存取周期可访问位数 / 存取周期$$

存储器带宽决定了以存储器为中心的计算机系统获得信息的速度,它是改善计算机系统瓶颈的一个关键因素。通常采用以下措施来提高存储器的带宽:缩短存取周期、增加存储字长、增加存储体等方式。

此外,还经常采用以下指标来评价存储器的性能。

(1)可靠性。通常用平均无故障时间(Mean Time Between Failures,MTBF)来衡量主存的可靠性,MTBF 表示两次故障之间的平均时间间隔。

（2）功耗与集成度。功耗反映了存储器件耗电多少；集成度标识单个存储芯片的存储容量。一般期望功耗小、集成度高，但两者往往是矛盾的，必须进行折中。

（3）性能价格比。性能主要包括存储容量、存储周期、存取时间和可靠性等。价格包括存储芯片和外围电路的成本。通常希望性能和价格之比越高越好。

3.2.3　SRAM

简单地说，静态随机存储器（SRAM）中"静态"的含义是指只要保持电源供电，SRAM就能稳定地保存数据。构成 SRAM 的存储元实质上是一个双稳态的触发器。

1. SRAM 存储元

存储器中把能够存储一位二进制信息的电路称为存储元，它是构成存储器的基础和核心。SRAM 的基本特征是使用一个双稳态触发器作为存储元。加电时，存储元将保持记忆的二进制位，直到再次写入，读出操作不会影响所存储的信息；断电时，存储的信息丢失。图 3-5 给出了一个由六个 MOS 晶体管组成的 SRAM 存储元电路。

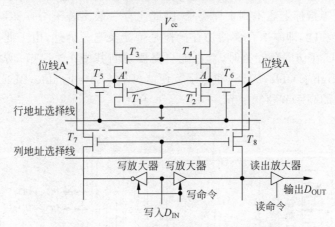

图 3-5　六个 MOS 晶体管组成的 SRAM 存储元

在图 3-5 中，T_1、T_2 是工作晶体管，T_3、T_4 是负载晶体管，T_5、T_6 受行地址选择信号控制，这六个 MOS 晶体管共同构成了一个双稳态触发器，即一个存储元。T_7、T_8 受列地址选择信号控制，分别与位线 A' 和 A 相连，它们并不包含在基本存储元电路内，而是为芯片内同一列各个存储元所共用。

1）信息保持

当 T_1 截止时，A' 点为高电位，此时 T_2 导通，而 A 点的低电位又使得 T_1 截止，因此这是一个稳定状态。同样，当 T_1 导通时，A 点为高电位，此时 T_2 截止，而 A 点的高电位又使得 T_1 导通，这也是一个稳定状态。这种电路有两种稳定状态，并且 A 点和 A' 点电位始终是相反的，因此这个电路可以表示一位二进制的 0 或 1。例如，A 点高电位时表示"1"，A 点低电位时表示"0"。

2）信息读出

读出时，地址译码后使得被选中存储元的行、列地址选择信号均为有效，这样 T_5、T_6、T_7、T_8 均导通。假设存储元原来存储的信息是"1"（A 点为高电平），A 点高电平通过 T_6 到达位线 A，又通过 T_8 后作为读出放大器的输入信号，在读命令的作用下，将"1"信号读出。

同样,假设存储元原来存储的信息是"0"(A 点为低电平),A 点低电平通过 T_6 到达位线 A,又通过 T_8 后作为读出放大器的输入信号,在读命令的作用下,将"0"信号读出。

3) 信息写入

写入时,地址译码后使得被选中存储元的行、列地址选择信号均为有效,这样 T_5、T_6、T_7、T_8 均导通。不论存储元原来的状态如何,只要将写入代码送至 D_{IN} 数据输入端,在写命令有效时,经两个写放大器,使两端输出为相反电平。这样,A 点和 A′点电平完全相反,可以将欲写入的信息写到该存储元中。如欲写入"1",即 $D_{IN}=1$,经两个写放大器使位线 A 为高电平,位线 A' 为低电平,结果使 A 点为高,A′点为低,即写入了"1"信息。同样的方法可以写入"0"信息。

2. SRAM 芯片举例

图 3-6 给出了赛普拉斯公司的 CY7C1011CV33 SRAM 芯片的逻辑结构,该芯片存储容量为 128K×16 位。数据线 $I/O_0 \sim I/O_{15}$,片使能(Chip Enable)$\overline{CE}$、输出使能(Output Enable)$\overline{OE}$、写使能(Write Enable)$\overline{WE}$ 共同控制数据的输入/输出。由于单个存储器芯片通常在容量、字长等指标上达不到主存要求,因此主存一般由若干个存储器芯片共同组成,$\overline{CE}$ 信号完成片选功能,即本次存储器访问操作是否涉及它。另外,由于此芯片字长为 2 字节(16 位),而 CPU 在访问存储器时,有可能只需要访问其中 1 个字节,所以芯片设置了高字节使能(Byte High Enable,BHE)和低字节使能(Byte Low Enable,BLE)信号,分别用于访问 16 位数据中的高字节和低字节。

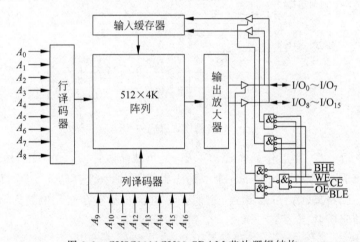

图 3-6　CY7C1011CV33 SRAM 芯片逻辑结构

当 $\overline{CE}$ 和 $\overline{WE}$ 均为低电平时,$\overline{BHE}$ 和 $\overline{BLE}$ 分别控制高低字节的输入三态门打开,来自数据线的数据被写入存储器。当 $\overline{CE}$ 和 $\overline{OE}$ 均为低电平时,$\overline{BHE}$ 和 $\overline{BLE}$ 分别控制高低字节的输出三态门打开,存储器中的数据输出到数据线。

描述 SRAM 芯片的外特性常用逻辑符号框图,在框图的内部标明芯片的型号、容量、引端名等,在框图的外部标明芯片的引脚线、信号名等。引端名是芯片引脚的逻辑定义,由厂家给出;信号名为引脚上所加信号的名称,两者不一定一样。引脚线包括电气引脚和逻辑引脚,例如电源线和地线这样的电气引脚一般在框图中被省略,逻辑引脚包括数据线、地址线和控制线。图 3-7 给出了 CY7C1011CV33 SRAM 芯片的逻辑符号图和实际引脚图。

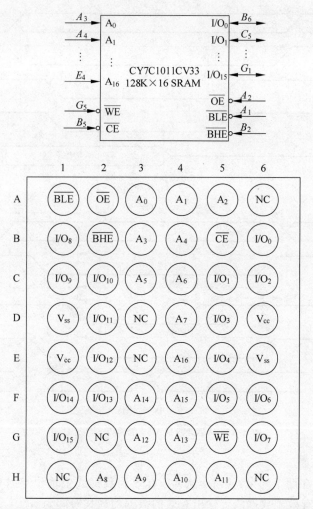

图 3-7　CY7C1011CV33 SRAM 芯片逻辑符号图和实际引脚图

3. SRAM 的读/写时序

将某存储器芯片用于一个计算机系统时,存储器在读写过程中各类信号之间的时序关系非常重要,它决定该存储器芯片是否可以满足计算机系统对时间性的要求,以及与其他部件间的配合关系。对于确定的存储器芯片来说,其读写周期的时序关系是确定的。通常可以查阅芯片技术手册获得详细且精确的时序图。这里通过 SRAM 芯片实例,希望读者理解其读写过程中的基本时间配合关系。

图 3-8 示意性地给出了 CY7C1011CV33 SRAM 的读周期和写周期时序图。其中,D_{OUT}和 D_{IN} 分别表示数据线 $I/O_0 \sim I/O_{15}$ 上的读出数据和写入数据。

图 3-8(a)给出了 CY7C1011CV33 读周期时序。下面按照地址线、控制线和数据线三组信号线有效的先后顺序说明其读过程。

首先,CPU 在地址总线上发出有效地址,并且通过 $\overline{CE}$ 选中该芯片(有关 $\overline{CE}$ 信号的产生方法参见 3.2.7 节),此时存储器通过译码电路进行地址译码,并选中相应存储单元;经过一段时间后,CPU 发出 $\overline{OE}$ 信号,依据 $\overline{BHE}$、$\overline{BLE}$ 信号是否有效,经过一段延迟后输出相

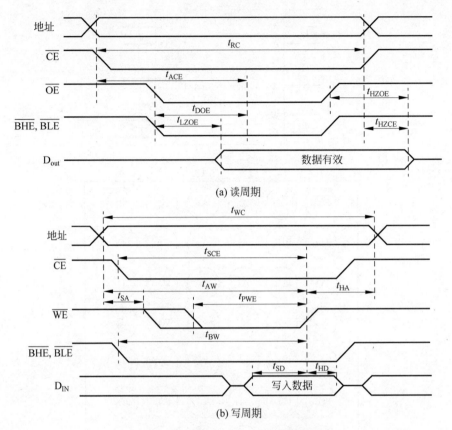

(a) 读周期

(b) 写周期

图 3-8　CY7C1011CV33 的读/写周期时序

应的高低字节。

　　读出过程中存在两个约束：第一，从 $\overline{\text{CE}}$ 有效到数据线上输出有效数据的最长时间为 t_{ACE}；第二，从 $\overline{\text{OE}}$ 有效到数据线上输出有效的数据的最长时间为 t_{DOE}。从表 3-1 看，t_{ACE} 最小值为 10ns，因此，在应用此存储芯片时，若 CPU 发出 $\overline{\text{CE}}$ 到读取数据之间的间隔小于 10ns，则可能无法读取到有效数据。CPU 在读取到有效数据后，要撤销 $\overline{\text{CE}}$、$\overline{\text{OE}}$ 信号。

　　撤销过程中也存在两个约束：第一，从撤销 $\overline{\text{CE}}$ 到存储芯片在数据线上撤销有效数据的时间为 t_{HZCE}；第二，从撤销 $\overline{\text{OE}}$ 到存储芯片在数据线上撤销有效数据的时间为 t_{HZOE}。在数据撤销前这段时间内，数据线仍然保持着上次读出的数据，即可以认为数据线被"占用"。从 $\overline{\text{CE}}$ 有效到 $\overline{\text{CE}}$ 撤销这段时间为存储芯片的读出时间 t_{RC}，t_{HZCE} 是存储器的恢复时间。

　　在具体实现访存逻辑中，只要不违反以上述约束，均可以实现正确的读操作。比如，可以使 $\overline{\text{CE}}$ 和 $\overline{\text{OE}}$ 同时有效，然后在 t_{ACE} 时间之后读取数据。

　　图 3-8(b) 给出了 CY7C1011CV33 的写入周期时序，下面同样按照地址线、控制线和数据线三组信号线有效的时序说明其写入过程。

　　首先，CPU 在地址线上发出有效地址，然后发出片使能信号 $\overline{\text{CE}}$ 和写命令 $\overline{\text{WE}}$ 进行存储器写操作。要求写命令 $\overline{\text{WE}}$ 比有效地址信号晚最少 t_{SA} 时间。为保证写入成功，$\overline{\text{WE}}$、$\overline{\text{CE}}$ 和地址信号的最小保持时间分别为 t_{PWE}、t_{SCE} 和 t_{AW}。写入数据要在 $\overline{\text{WE}}$ 失效前 t_{SD} 时间出现在数据线上，并在 $\overline{\text{WE}}$ 失效后保持一段时间 t_{HD}，以保证数据的可靠写入。在 $\overline{\text{WE}}$ 失

效后,有效地址还需要保持 t_{HA} 时间。在写操作过程中,从本次地址有效到下次地址有效的时间间隔被定义为写周期时间,在图 3-8(b)中记为 t_{WC}。

表 3-1 列出了 CY7C1011CV33 读周期和写周期的主要时间参数及其指标所示,表中每项时间参数指标只有最长或者最短的时间。

表 3-1 CY7C1011CV33 读/写周期时间参数

参数	描　述	最小值	最小值	单位
读周期				
t_{RC}	读周期时间	10	—	ns
t_{ACE}	从 $\overline{CE}$ 有效到读出数据有效时间	—	10	ns
t_{DOE}	从 $\overline{OE}$ 有效到读出数据稳定时间	—	6	ns
t_{LZOE}	从 $\overline{OE}$ 有效到读出数据有效时间	0	—	ns
t_{HZOE}	从 $\overline{OE}$ 无效到读出数据无效时间	—	5	ns
t_{HZCE}	从地址无效读出数据无效时间	—	5	ns
写周期				
t_{WC}	写周期时间	10	—	ns
t_{SCE}	从 $\overline{CE}$ 有效到写数据结束时间	7	—	ns
t_{AW}	从地址有效到写数据结束时间	7	—	ns
t_{HA}	写数据结束后地址保持时间	0	—	ns
t_{SA}	从地址有效到写开始时间	0	—	ns
t_{PWE}	$\overline{WE}$ 脉冲宽度	7	—	ns
t_{SD}	从数据有效到写数据结束时间	5	—	ns
t_{HD}	写数据结束后数据保持时间	0	—	ns
t_{BW}	从字节使能到写数据结束时间	7	—	ns

3.2.4　DRAM

1. DRAM 存储元

DRAM 存储元是由 MOS 晶体管和电容组成的基本电路,常见的有三管式和单管式两种,如图 3-9 所示。无论单管式 DRAM 还是三管式 DRAM 存储元都是通过电容存储电荷来记录二进制信息的"0"和"1"。例如,通常假设电容存有足够多的电荷时表示"1",而无电荷时表示"0"。但是由于漏电的存在,电容上的电荷通常只能维持一段时间,即保存在电容上的电荷会慢慢地泄漏,为此必须定时为电容补充电荷,这个过程通常称作为刷新。这也是 DRAM 被称为动态存储器的原因。

图 3-9 给出了单管式和三管式 DRAM 存储元的基本电路。

图 3-9(a)所示的三管式 DRAM 存储元中 T_1、T_2 和 T_3 为工作管,T_4 为预充电管。

三管式 DRAM 存储元在进行读操作时,首先对 T_4 置充电信号,使得读数据线为高电平 V_{DD};然后由读选择线高电平使 T_2 导通。如果存储元存储的是"1",即 T_1 的极间电容 C_g 有足够电荷,则 T_1 导通。由于 T_1 和 T_2 导通接地,使得读数据线为低电平(读出"0");如果存储元存储的是"0",即 C_g 的极间电容无电荷,则 T_1 不导通,读数据线维持高电平(读

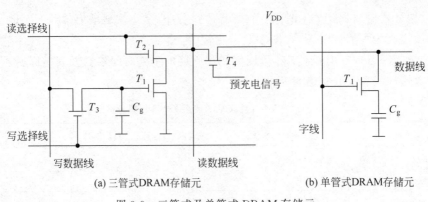

(a) 三管式DRAM存储元　　　　　　　(b) 单管式DRAM存储元

图 3-9　三管式及单管式 DRAM 存储元

出"1")。可看出,读出数据与原存信息反向,因此还需要增加反向电路来保证读出数据与存储数据一致。

　　三管式 DRAM 存储元在进行写操作时,首先在写数据线上加上要写入的数据信号,然后在写选择线上加高电位,这样 T_3 导通,C_g 随写入信号进行充电或者放电操作,从而达到写入"1"或者"0"的目的。

　　为了提高系统的集成度,将三管式存储元电路简化成如图 3-9(b)所示的单管电路。读出时,字线上的高电平使 T_1 导通,若 C_g 有电荷,经 T_1 晶体管在数据线上产生电流,视为读出"1"。若 C_g 上无电荷,则数据线上无电流,视为读出"0"。

　　单管式 DRAM 存储元在执行写操作时,字线为高电平,T_1 导通。若数据线为高电平(写入"1"),则对 C_g 进行充电操作;若数据线为低电平(写入"0"),则对 C_g 进行放电操作。由此达到写入"1"和"0"的目的。

　　对 DRAM 存储器来说,由于在执行读操作后,被读单元的内容会被清"0",因此读出操作是一种破坏性读出,在读出后必须进行再生操作。所谓再生,简单地说就是把刚读出的内容立即写回去。这要求读出放大器必须同时是再生放大器,一般利用双稳态结构,在读出过程中建立起稳态,然后该稳态再自动写回存储元。DRAM 存储器的这种特性,也影响了 DRAM 存储器的工作效率。

2. DRAM 刷新

　　DRAM 存储元中的电容会因为电荷泄漏而引起 DRAM 所存信息的衰减,如果不及时进行补充,就会造成存储元的信息丢失。因此,必须定期对电容补充电荷,这种充电操作被称为刷新操作。把 DRAM 存储器能维持信息的最长时间称为最大刷新间隔,一般为 2ms、8ms、64ms 等。

　　由于在进行读操作时,DRAM 会进行再生操作,因此刷新就可以采用"读"的方法进行,即对存储元进行读操作,通过读操作时进行的再生操作对电容进行重新充电。需要注意的是,此时数据并不输出到数据线上。一次刷新操作所需要的时间相当于一次读操作时间,称为刷新周期。为了提高刷新效率,刷新操作通常是按存储矩阵的行进行的,刷新时只需送出行地址和刷新信号,这样同一行的所有存储元都被选中进行刷新操作。刷新时的行地址不需要外部提供,DRAM 芯片的内部有一个刷新计数器(也被称为行地址生成器),用于产生刷新时所需要的行地址。

　　为了保证 DRAM 存储器的正常工作,必须在其最大刷新间隔内对所有存储元安排一次刷新。刷新是按行进行的,安排存储体中各行的刷新时间的策略,被称作刷新方式。常见的刷新方式有集中式、分散式和异步式三种。

1) 集中式刷新

集中式刷新是指将全部存储单元的刷新操作集中在一段时间内完成。这样,在整个最大刷新时间间隔中,前一部分用于正常的存储器读、写和保持操作,后一部分用于对所有存储单元的刷新操作。在进行集中刷新操作时,由于对存储体逐行进行刷新,因此不能进行正常的存储器读、写操作,故被称为访问存储器的"死时间",或访存"死区"。由于"死时间"的存在,极大地影响了系统的执行效率,目前很少使用这种刷新方式。

假设 64K×1DRAM 芯片,若存储体为 256×256 矩阵,最大刷新间隔为 2ms,存取周期为 $0.5\mu s$。2ms 内共包含 4000 个存取周期,对 256 行集中刷新共需 256 个存取周期($128\mu s$),其余的 3744 个存取周期用来进行存储器的正常读、写或保持操作。

2) 分散式刷新

分散式刷新是指将刷新操作分散到每个存取周期内完成,即每个存取周期的前半段用于读、写或保持信息,后半段用于刷新操作。分散式刷新虽然不存在"死时间",但是由于将每个存取周期都扩大一倍,存在时间上的浪费,因此也很少采用。

上述 64K×1DRAM 芯片,采用分散式刷新时,相当于将存取周期由 $0.5\mu s$ 增加到 $1\mu s$,在最大刷新间隔 2ms 内共安排了 2000 次刷新。

3) 异步式刷新

异步式刷新是前两种方式的结合,它将所有行的刷新操作平均分配在最大刷新间隔时间内,使得在一个最大刷新间隔内,每一行会且只会被刷新一次。这样既可克服了"死时间"问题,又充分利用了最大刷新间隔。

上述 64K×1DRAM 芯片,采用异步式刷新时,每隔 $2000\mu s \div 256 = 7.8\mu s$ 刷新一行。

除了以上三种方法外,还有一些其他策略来安排刷新的时机。例如,将 DRAM 的刷新安排在 CPU 对指令的译码阶段,由于这个阶段 CPU 不访问存储器,所以这种方案既不会加长存取周期,也不会出现"死时间",从而可以提高系统的工作效率。

3. DRAM 存储器芯片举例

由于 DRAM 芯片集成度高,所以容量一般比较大,这导致了地址引脚数的大幅度增加,这对芯片的集成又带来了困难。为此,DRAM 芯片通常将地址分为行地址和列地址两部分,行地址和列地址分时使用同一组地址引脚,这样可以将地址引脚的数量减少为原来的一半。为了保证行、列地址的正确输入,又引入了行地址选通信号($\overline{RAS}$)和列地址选通信号($\overline{CAS}$)。这还意味着 DRAM 芯片每增加一根地址引脚,相当于行、列地址各增加一位(共增加了两位地址),使片容量扩大 4 倍。

同时,为了进一步减少引脚的数量,DRAM 芯片通常还省略了 $\overline{CE}$ 引脚,将片选功能由 $\overline{RAS}$ 引脚兼任,即 $\overline{RAS}$ 信号与片选译码信号复合使用。

图 3-10(a)给出了一个典型的 DRAM 存储器的内部结构,图 3-10(b)则给出了一个 DRAM 存储器芯片的逻辑符号图。在进行芯片封装时,除了需要行列选择信号 $\overline{RAS}$ 和 $\overline{CAS}$ 外,写允许信号 $\overline{WE}$ 用来说明是写操作还是读操作。

下面以 KM44C16000B 芯片为例说明 DRAM 芯片的内部结构,如图 3-11 所示。KM44C16000B 是 16M×4 位的 DRAM 芯片,存储阵列为 8K(行)×8K(列),采用重合法译码结构,行地址 13 位,列地址 11 位。该芯片的存取时间为 45～60ns,工作时最大功耗为

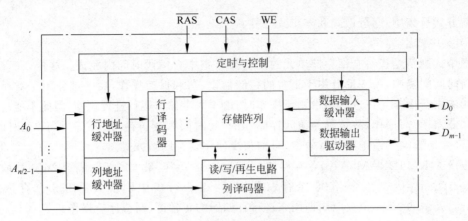

(a) DRAM芯片的内部结构

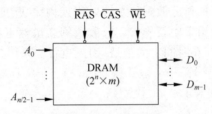

(b) DRAM芯片的逻辑符号图

图 3-10　DRAM 存储器芯片及内部结构与逻辑符号图

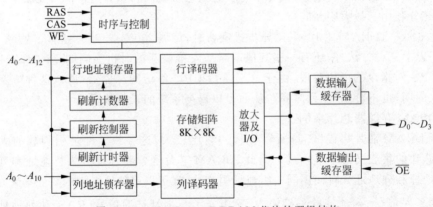

图 3-11　KM44C16000B DRAM 芯片的逻辑结构

550mW,最大刷新间隔为 64ms。图中刷新计时器、刷新控制器、刷新计数器等逻辑部件是为了实现芯片内部自刷新功能设置的,具体原理参见 3.2.7 节 DRAM 控制器部分。

4. DRAM 的读写时序

下面以 KM44C16000B 为例说明 DRAM 的读、写和刷新周期时序。

1) 读周期

图 3-12(a)给出了 KM44C16000B 读周期时序。为了有效锁存行、列地址,行地址应先于列地址有效,并保持一段时间。首先在 $A_{12} \sim A_0$ 引脚上提供行地址,在 t_{ASR} 时间后行地址选通信号 $\overline{RAS}$ 有效,行地址被锁存。然后在 $A_{10} \sim A_0$ 引脚上提供列地址,在 t_{ASC} 时间后列地址选通信号 $\overline{CAS}$ 有效,列地址被锁存。此时,行地址和列地址共同选中一个存储单元。输出使能信号 $\overline{OE}$ 有效,表示 CPU 开始读操作。在 $\overline{CAS}$ 有效 t_{CAC} 时间后,数据线 D_{OUT} 开

始输出数据。如果从读周期开始（$\overline{\text{RAS}}$ 有效）计算，数据在 t_{RAC} 后输出。为了保证数据可靠读出，$\overline{\text{RAS}}$ 有效的时间 t_{RAS} 应满足一定的宽度。$\overline{\text{OE}}$ 无效后，数据还可能保持 t_{OEZ} 时间。t_{RC} 两次连续存储器操作的间隔时间，即读/写周期。

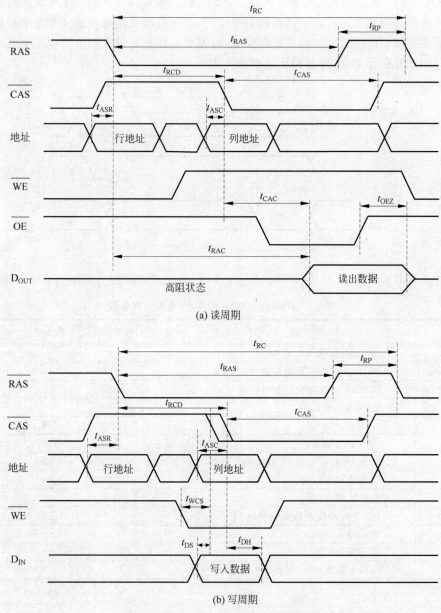

(a) 读周期

(b) 写周期

图 3-12　KM44C16000B 的读/写周期时序

2) 写周期

图 3-12(b)给出了 KM44C16000B 的写周期时序。与读周期类似，首先在 $A_{12} \sim A_0$ 引脚上提供行地址，并在 t_{ASR} 时间后行地址选通信号 $\overline{\text{RAS}}$ 有效。然后，写信号 $\overline{\text{WE}}$ 应在 $\overline{\text{CAS}}$ 有效前 t_{WCS} 时间有效。随后，在 $A_{10} \sim A_0$ 引脚上提供列地址，在 t_{ASC} 时间后列地址选通信号 $\overline{\text{CAS}}$ 有效。写入数据信号 D_{IN} 在 $\overline{\text{CAS}}$ 有效的下降沿被写入。要求写入数据信号应在

$\overline{\text{CAS}}$ 有效 t_{DS} 前有效,且在 $\overline{\text{CAS}}$ 有效后维持 t_{DH}。同样,为了保证数据可靠写入,RAS 有效的时间 t_{RAS} 应满足一定的宽度。

3) 刷新周期

KM44C16000B 提供了三种刷新方式,图 3-13 给出采用唯 $\overline{\text{RAS}}$ 有效时刷新周期时序,这是一种外部强制刷新方式。在进行刷新操作时,芯片只接收从地址总线上发来的行地址,由行地址在存储矩阵中选中一行所有存储元,将其中所保存的信息输出到读出放大器,经放大后再写回到原存储元,实现存储元的刷新操作。

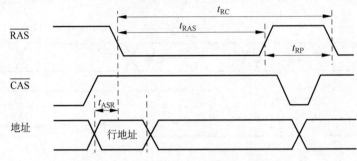

图 3-13 KM44C16000B 刷新周期时序

表 3-2 列出了 KM44C16000B 读周期、写周期和刷新周期的主要时间参数及其指标。

表 3-2 KM44C16000B 的读/写周期时序参数

参数	描 述	最小值	最小值	单位
t_{RC}	读/写周期时间	90	—	ns
t_{RAC}	从 $\overline{\text{RAS}}$ 有效到数据有效时间	—	50	ns
t_{CAC}	从 $\overline{\text{CAS}}$ 有效到数据有效时间	—	13	ns
t_{RP}	$\overline{\text{RAS}}$ 预充电时间	30	—	ns
t_{RAS}	$\overline{\text{RAS}}$ 脉冲宽度	50	10K	ns
t_{CAS}	$\overline{\text{CAS}}$ 脉冲宽度	13	10K	ns
t_{RCD}	从 $\overline{\text{RAS}}$ 有效到 $\overline{\text{CAS}}$ 有效的延迟时间	20	37	ns
t_{ASR}	行地址建立时间	0	—	ns
t_{ASC}	列地址建立时间	0	—	ns
t_{OEZ}	OE 无效后读出数据保持时间	0	13	ns
t_{DS}	数据建立时间	0	—	ns
t_{DH}	数据保持时间	10	—	ns
t_{WCS}	写命令建立时间	0	—	ns

3.2.5 新型 DRAM 存储器

目前,DRAM 存储器的应用比 SRAM 要广泛得多。其原因如下:

(1)在同样大小的芯片中,DRAM 的集成度远高于 SRAM。例如,DRAM 的基本存储元电路为一个 MOS 晶体管,一般 SRAM 的基本存储元电路为 4~6 个 MOS 晶体管。

(2)DRAM 存储器芯片的行、列地址引脚分时复用,不仅减少了芯片引脚数量,封装尺寸也减少了。

（3）DRAM 芯片的功耗比 SRAM 小。

（4）相同容量的 DRAM 芯片价格比 SRAM 便宜。当采用同一档次的实现技术时，DRAM 的容量是 SRAM 容量的 4～8 倍，SRAM 的存取周期比 DRAM 的存取周期快 8～16 倍，但价格也贵 8～16 倍。

随着 DRAM 容量不断扩大，速度不断提高，计算机中主存储器主要采用 DRAM 芯片。但是，DRAM 也有以下主要缺点：

（1）由于使用动态元件（电容），因此它的速度比 SRAM 低。

（2）由于再生和刷新需配置再生电路，功率消耗比 SRAM 高。

近些年，出现了很多新型的 DRAM 存储器，这些存储器主要通过提高时钟频率和带宽等方法来缩短存储周期、提高存储速度。下面介绍几种常见的 DRAM 技术。

1. FPM DRAM（FAST PAGE MODE DRAM，快速页面模式 DRAM）

从前面的介绍我们知道，CPU 对传统 DRAM 中一个存储单元的访问，必须送出行地址和列地址各一次才能完成。FRM DRAM 以多个字节为单位进行突发式数据读写，但要求多字节必须位于同一行（也称为同一页），这种访问方式被称为快速页面模式。即如果 CPU 需要访问若干存储单元，且它们的地址属于同一行，则在第一次输出行地址后连续输出列地址，而不必多次输出行地址。FPM DRAM 读操作基本时序如图 3-14 所示。

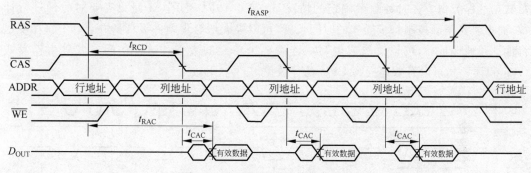

图 3-14　FPM DRAM 读操作时序

FPM DRAM 实现技术基于程序的局部性原理。由于大多数程序按照指令在主存中存放的顺序执行，并且数据在主存中的地址往往也是连续的。输出行地址后连续输出列地址就能得到所需要的后续指令或数据。因此，FPM DRAM 能提高主存的访问效率。

2. EDO DRAM（Extended Data Out DRAM，扩展数据输出 DRAM）

CPU 对 FPM DRAM 存储器访问时，上一次数据读取过程整体完毕后才能进行下一个数据的读取。EDO 存取模式与 FPM 基本类似，其主要区别在于存储器在数据线输出数据的同时，CPU 可以同时在地址线发送下次访问的地址，从而缩短列地址的间隔时间。即当前数据还有效时，下一个数据的列地址已经送到了地址总线上。这种按照流水线方式进行读操作的能力，可以提供比 FPM DRAM 更快的数据流，从而提高计算机工作效率。EDO DRAM 读操作基本时序如图 3-15 所示。

3. SDRAM（Synchronous DRAM，同步 DRAM）

传统的 DRAM 与 CPU 之间采用异步方式交换数据。"异步"是指由于存储器的速度较慢，存储器与 CPU 不采用同一个时钟信号进行同步。CPU 发出地址及控制信号后，需要

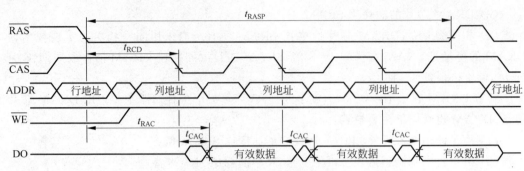

图 3-15　EDO DRAM 读操作时序

等待约定的延迟时间来确定存储器完成了读/写操作。在这等待时间内 CPU 处于空闲状态,效率较低。随着存储器技术的发展,出现了存储器操作与 CPU 时钟信号同步的 DRAM 存储器,即 SDRAM。"同步"是指存储器的操作时序与系统时钟相配合,由系统时钟来控制存储器的读写操作。SDRAM 在时钟上升沿接收读写命令和地址以及读写数据,即所有存储器操作均由时钟上升沿同步。

图 3-16 所示为 SDRAM 读写时序。CPU 在第 1 个时钟上升沿和第 4 个时钟上升沿分别发送行地址和列地址,经过两个时钟的延迟后,在第 6 个时钟上升沿就可以读取数据。其写数据过程类似。在时钟频率确定的情况下,CPU 访问 SDRAM 时只需要对时钟进行计数,而不需要精确控制每步操作的时间长度,可以极大地简化硬件设计。并且,CPU 在发送行地址和列地址后,可以读取或者写入连续 4 个单元的数据。这种访问方式称为猝发式(Burst)读/写,可以有效地提高 CPU 访存效率。

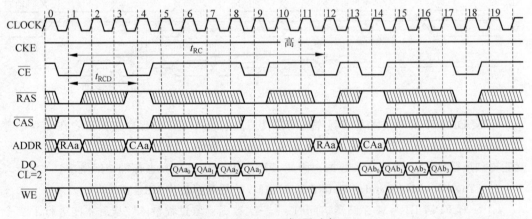

图 3-16　SDRAM 读/写时序

由于 DDR SDRAM(Double Data Rate SDRAM,双数据传输率同步 DRAM,简称 DDR)的出现,早期的 SDRAM 又被称为单数据速率 SDRAM。DDR 存储器中存储体的位宽是存储器外部位宽的 2 倍,称为 2 倍预存取。采用更先进的同步电路,使得存储器操作既由时钟上升沿同步,也由时钟下降沿同步。因此,DDR 本质上不需要提高存储器内部时钟频率,就能加倍提高 SDRAM 的访问速度。

图 3-17 为 DDR MT46V128M8 存储器芯片的内部逻辑结构。该芯片存储器容量为 128M×8 位,存储体由 4 个模块构成。为实现 2 倍预存取能力,每个模块位宽为 16 位。

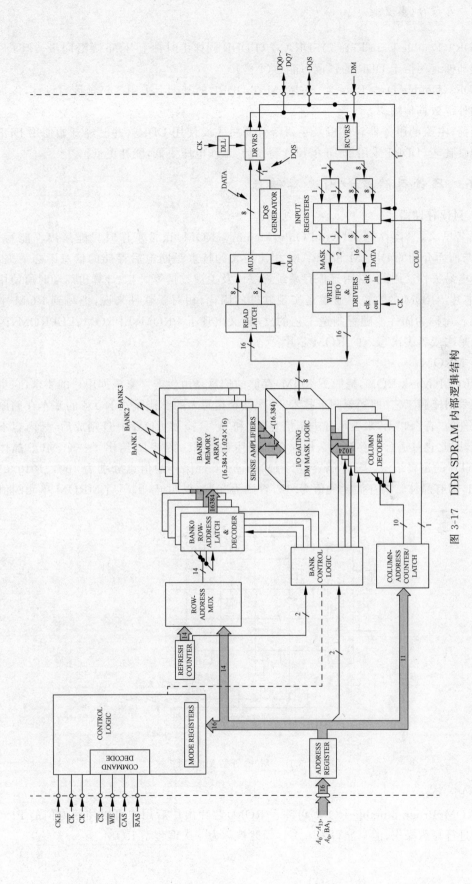

图 3-17 DDR SDRAM 内部逻辑结构

DDR2(Double Data Rate 2)SDRAM 与 DDR 同样由时钟上升/下降沿同步。但 DDR2 存储器却拥有两倍于 DDR 的预读写能力(4 倍)。

DDR3(Double Data Rate 3) SDRAM 在 DDR2 的基础上采用 8 倍预读写设计,以提供更高的外部数据传输率。

当前,主流的服务器、PC 以及手机等计算机主要使用 DDR3,并已经开始使用 DDR4。与 DDR3 比较,DDR4 采用了 16 倍预读写设计,工作电压更低,能耗更低。

3.2.6 只读存储器和闪速存储器

1. 只读存储器

顾名思义,只读存储器(Read-Only Memory,ROM)正常工作时只能读出不能写入。ROM 与前面介绍的 DRAM 和 SRAM 相比最大的特点是断电后存储的信息不会消失,即具有非电易失性。因此,常用于保存系统程序以及关键数据等,例如计算机启动时所使用的 BIOS 芯片。ROM 的主要用途就是实现软件的固化,相对于软件来说,把写到 ROM 中的程序及芯片称为固件。随着制造工艺的发展,又出现了 PROM、EPROM、EEPROM、闪存等可以单次或者多次写入的 ROM 芯片。

1) MROM

MROM(Mask ROM,掩膜式 ROM)存储的信息是由生产厂家根据用户的要求,在生产过程中采用掩膜工艺(即光刻图形技术)一次性直接写入的。掩膜式 ROM 的基本存储原理是用元件的"有"和"无"来表示二进制信息"0"和"1"。掩膜 ROM 一旦制成后,其内容不能再改写,因此它只适合于存储永久性保存的程序和数据。图 3-18 给出了一个 MOS 晶体管型 MROM 的逻辑结构。其存储容量为 16×1 位,4 行保存的信息分别为 1001、1010、0101 和 0101,即有晶体管的存储元的值为"1",否则为"0"。很明显,出厂后 MROM 单元的值不能修改。

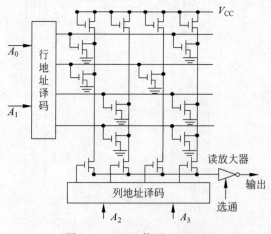

图 3-18　MOS 管型 MROM

2) PROM

PROM(Programmable ROM,可编程 ROM)芯片出厂后用户可以使用专门的 PROM 写入器进行写入操作,但只能写入一次。因此被称为一次编程型 ROM。

PROM 有两种工艺：熔丝式和反向二极管式。熔丝式 PROM 根据存储单元中熔丝的断开与接通来表示"1"和"0"。出厂时所有熔丝接通，表示内容全部为"0"，当需要写入"1"时，通过大电流将熔丝烧断。反向二极管型 PROM 根据存储单元中二极管的导通和断开来表示"1"和"0"。出厂时在每个存储位的行和列交点处有一个正向和一个反向二极管，由于反向二极管不导通，表示内容全部为"0"。当需要写入"1"时，在相应行和列加较高电压，将反向二极管永久击穿，由于行列交点只剩下一个正向二极管而导通，表示写入"1"。由于这两种 PROM 都是破坏性写入，因此写入后不能进行擦除和再次写入，即 PROM 只能写入一次。图 3-19 给出了一个双极型熔丝式 PROM 的单元电路。

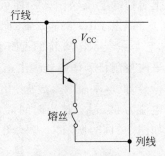

图 3-19　双极型熔丝式 PROM 的单元电路

3) EPROM

EPROM（Erasable Programmable ROM，擦除可编程 ROM）是一种可多次写入的 ROM。对 EPROM 写入信息要使用专用编程器来完成，它能进行多次擦除和再写入操作。图 3-20 给出了一个 N 型沟道浮动栅 MOS（FAMOS）型 EPROM 存储元示意图。

出厂时所有 FAMOS 晶体管浮栅都不带电荷，表示全存"1"；写"0"时，在源极 S 和漏极 D 间加正向高电压时，栅极获得电荷，使源极 S 和漏极 D 之间导通。当源漏极高压去除后，由于栅极被绝缘层包围，电荷无处泄漏，故 FAMOS 晶体管一直保持导通或者截止，使存入信息能够长期保持下去。

EPROM 芯片的上方有一个石英玻璃窗口，当需要改写时，将它放到紫外线灯光下照射 15～20min 使栅极放电，便可擦除信息。擦除信息后所有存储元恢复到初始状态（全"1"），此时可通过编程器写入新的内容。

EPROM 采用 MOS 工艺，由于需要长时间紫外线照射进行擦除，因此速度比较慢。擦除后，芯片内的信息会全部丢失，因此使用不够灵活。

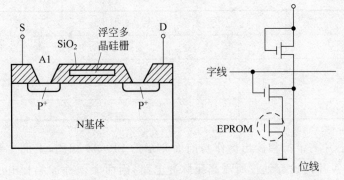

图 3-20　N 型沟道浮动栅 MOS 电路

4) EEPROM

EEPROM（Electrically Erasable Programmable ROM，电擦除可编程 ROM，也被称为 E^2PROM）是一种电可擦除可编程 ROM。它的编程原理与 EPROM 类似，但采用电擦除技术来实现数据的擦除。EEPROM 可以以字或数据块为单位进行擦除和改写操作，但可重写的次数通常是有限制的。

EEPROM 的读写操作与 SRAM 类似,可进行按位或字节的随机读写,但又能在掉电时不丢失所保存的信息,并且 EEPROM 的改写不需要使用专用的编程器,只需在指定的引脚加上合适的电压(如+5V)即可进行在线擦除和改写,使用起来更加方便灵活。

下面以 Intel 2864A EEPROM 芯片为例介绍。2864A 芯片的外特征如图 3-21(a)所示,它是一个 8K×8 位的 EEPROM,有 13 根地址线和 8 根数据线,$\overline{CE}$ 为片使能信号线,低电平时控制行列译码器输出;$\overline{OE}$ 为输出使能控制信号,低电平时表示读数据;$\overline{WE}$ 为写控制信号,低电平表示写数据。Intel 2864A 采用单一+5V 供电,最大工作电流为 160mA,维持电流为 60mA。读出时间最大为 250ns,写入时间约为 16ms。Intel 2864A 的内部逻辑结构如图 3-21(b)所示。

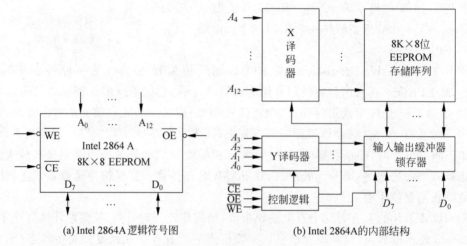

(a) Intel 2864A逻辑符号图　　(b) Intel 2864A的内部结构

图 3-21　Intel 2864A 存储芯片

Intel 2864A 有 3 种常用工作方式见表 3-3。

表 3-3　2864A 工作方式选择

方式	控制引脚			
	$\overline{CE}$	$\overline{OE}$	$\overline{WE}$	$I/O_0 \sim I/O_7$
读出	L	L	H	数据输出
写入	L	H	L	数据输入
不工作	H	X	X	高阻

EEPROM 芯片的维持和读出操作与前面介绍的 SRAM 相同,下面主要介绍的 2864A 写入操作。2864A 片内设有编程所需高压脉冲电路,因而无须外加编程电压和写入脉冲即可工作,并且 2864A 在写一个字节的数据之前,会自动将要写入单元进行擦除,因此无须专门的擦除操作。2864A 的写操作有两种方式:字节写入和页写入。字节写入很少使用,这里主要介绍页写入方式。2864A 内部有 16 字节的页缓存器,这样 8K×8 位的存储空间被分为 512 页,每页 16 字节。地址的高 9 位($A_4 \sim A_{12}$)用来确定页面,低 4 位($A_0 \sim A_3$)用来确定页中的字节。图 3-22 给出了 Intel 2864A 页写入操作的时序。

从图 3-22 中可以看出,2864A 利用 $\overline{WE}$ 脉冲进行写入控制,在它的下降沿时给出页内

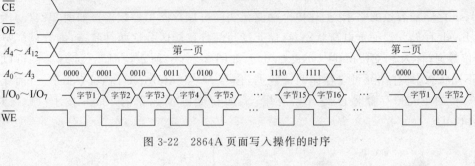

图 3-22　2864A 页面写入操作的时序

字节的地址,在它的上升沿时页缓存器锁存数据总线的内容。这个写入页缓存器的过程是重复地执行,直到写完一页 16 字节为止。在上述写入过程中,高 9 位地址 $A_4 \sim A_{12}$ 保持不变,以保证本次的页写入过程是对同一页进行的。

2. 闪速存储器

闪速存储器(Flash memory,简称 Flash 存储器或闪存)是近年来发展非常快的一种新型半导体存储器,与 EEPROM 类似,也是一种电擦写型 ROM。与 EEPROM 相比主要优点包括速度快、成本低、容量大、低功耗、可在联机状态下进行电擦除和改写。因此又被称为快擦型电可擦除可编程 ROM。目前被广泛应用于 U 盘、存储卡等移动存储设备中。

图 3-23 是一个闪速存储器的存储元,每个存储元由单个 FAMOS 晶体管组成。相对于 EPROM 存储元,FAMOS 中多了一个控制栅,用于控制浮栅充放电。

闪速存储器有三个基本操作:擦除操作、编程操作和读取操作。如图 3-23(a)所示,当控制栅加足够负电压时,浮栅中电荷泄漏,源极与漏极之间不导通,存储元存储二进制位"1"。如图 3-23(b)所示,当控制栅加足够正电压时,浮栅获得电荷,源极与漏极之间导通,存储元存储二进制位"0"。Flash 在擦除后,所有存储元的内容都为"1",写入过程实际上就是对需要写入"0"的存储元浮栅充电。在控制栅不加电压的情况下,浮栅中电荷状态可以长期保持。读取操作根据源极和漏极是否导通,来判别读出的是"1"还是"0",如图 3-23(c)所示。

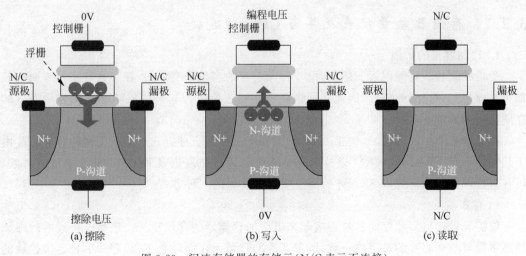

图 3-23　闪速存储器的存储元(N/C 表示不连接)

早期 Flash 每个存储元只能存储一位数据,随着 Flash 技术的日趋成熟,以及电子设备对 Flash 存储器容量的需求,上述单个存储元实际可以存储多位数据。如图 3-24(a)所示为传统 Flash 存储元浮栅上电荷状态,存储元读写部件仅能区分这两种状态,即存储元只能存储一位数据,称为 SLC(Single Level Cell)。如图 3-24(b)所示,存储元读写部件可以区分4 种不同状态,即存储元可以存储两位数据,称为 MLC(Multiple Level Cell)。目前能够存储更多位的 Flash 存储器已经开始应用,例如存储三位数据的 Flash 技术 TLC(Triple Level Cell)。

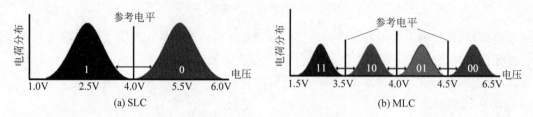

图 3-24　Flash 存储元浮栅电荷状态示意图

本章前几节介绍的各种半导体存储器根据其不同的物理特性,通常被用于计算机系统中的不同存储部件,表 3-4 给出了这些半导体存储器的一些典型应用。

表 3-4　几种半导体存储器的典型应用

半导体存储器	典型应用
SRAM	高速缓存存储器 Cache
DRAM	主存中的用户程序
ROM	主存中的系统程序、微程序控制存储器
PROM	用户自编程序,用于工业控制机或电器中
EPROM	用户编写并可修改的程序或产品试制阶段的试统程序
EEPROM	IC 卡上存储信息
Flash Memory	固态硬盘、各种存储卡、U 盘

3.2.7　存储器容量扩展及其与 CPU 的连接

1. 存储容量的扩展

受集成度和功耗等因素的限制,单片存储芯片的容量是有限的,在字数和字长方面可能都很难满足实际应用的需要,因此必须将多个存储芯片组合起来构成满足实际容量需求的存储器。

存储容量的扩展,通常有位扩展、字扩展和字位扩展三种方式。不同类型的存储芯片由于其特性不同,SRAM、DRAM 以及 ROM 芯片在进行扩展以及和 CPU 进行连接的时候,还各有特点。下面首先以 SRAM 为例说明容量扩展的三种方式。

1) 位扩展

位扩展是指将多片存储芯片连接起来以增加存储器的存储字长。进行位扩展后的存储器总字数与单个芯片的总字数一致,所需芯片的数量=存储器总字长/芯片字长。位扩展的基本方法是将各个存储器芯片的地址线、片使能线、读写控制线分别按同名端并连起来,每个芯片的数据线分别引出作为整个存储器的数据线的一部分。图 3-25 给出了一个用 8 片 1K×1 位的 SRAM 芯片组成一个 1K×8 位存储器的例子。将 1K×1 位的 SRAM 芯片的地址线 $A_0 \sim A_9$、片使能线 $\overline{CE}$ 和读写控制线 $\overline{WE}$ 分别并联连在一起,每个 1K×1 位的芯片的数据线作为存储器数据线 $D_0 \sim D_7$ 中的 1 位。

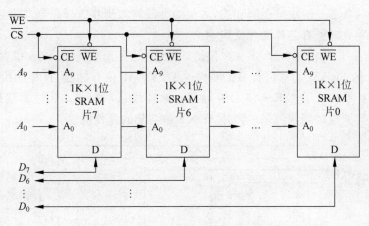

图 3-25 SRAM 存储器位扩展逻辑图

2) 字扩展

字扩展是将多片存储芯片连在一起以扩充存储器的字数。进行字扩展后的存储器字长与单个芯片的字长一致,所需芯片的数量＝存储器总容量/芯片容量。字扩展方式通常是将各个存储器芯片的数据线、读写控制线分别并连起来;存储器地址线分为高位和低位两部分,低位地址线直接与各芯片的地址引脚相连,高位地址线输入到片选译码器产生各芯片的片使能信号线。图 3-26 给出了一个用 8 片 8K×8 位的 SRAM 芯片组成一个 64K×8 位的存储器的例子。将 8K×8 位的 SRAM 芯片的数据线 $D_0 \sim D_7$ 和读写控制线 $\overline{WE}$ 分别并连在一起;地址线 $A_0 \sim A_{12}$ 与各芯片的地址引脚对应相连,地址线 $A_{13} \sim A_{15}$ 经过 3-8 译码器产生的片使能信号与每个芯片的片使能引脚相连。

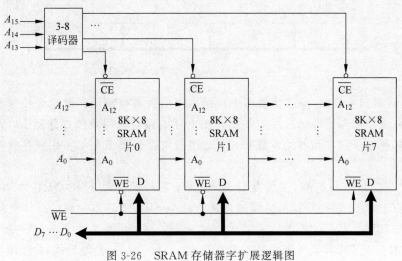

图 3-26 SRAM 存储器字扩展逻辑图

3) 字位扩展

字位扩展是指既增加存储字数,又增加存储字长。所需芯片的数量＝存储器总容量×存储器总字长÷芯片容量÷芯片字长。字扩展方式通常是将各个存储器芯片的读写控制线并连在一起;数据线沿位方向同名端并连引出;存储器地址线分为高位和低位两部分,低位地址线直接与各芯片的地址引脚相连,高位地址线输入到片选译码器产生片选信号,每根片选信号连接字方向所有芯片的片使能端。

图 3-27 给出了一个用 8 片 8K×8 位的 SRAM 芯片组成 32K×16 位存储器的例子。每两片 8K×8 的 SRAM 芯片进行位扩展构成了 8K×16 位存储器,这样四组 8K×16 位存储器再进行字扩展构成了 32K×16 位存储器。地址线 A_{14} 和 A_{13} 经过片选译码器产生的四个片选信号分别连接到四组每组两片 8K×8 位芯片的片使能端。

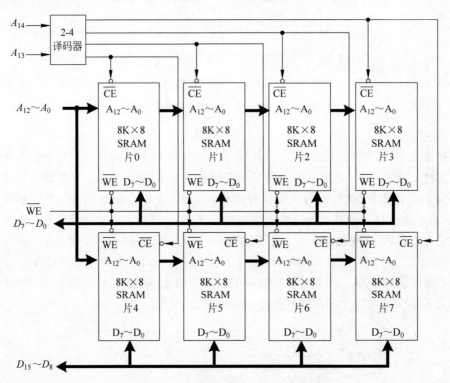

图 3-27　SRAM 存储器字位扩展逻辑图

在设计计算机主存时,除了需要考虑存储芯片的数量要满足存储单元位数和主存总容量的要求外,还需要考虑存储芯片的类型。在主存中通常选用只读存储器 ROM 芯片来存放系统程序、标准子程序和各类常数等;而选用随机存储器 RAM 芯片来存放用户的程序和数据。

上面介绍的存储器扩展,主要是针对 SRAM 芯片的。对于 ROM 芯片,它通常没有 $\overline{WE}$ 引脚(EEPROM 除外),其他引脚的连接方法与 SRAM 基本一致。具体连接方法可参见图 3-29 中 ROM 芯片的连接。

对于 DRAM 芯片容量扩展的基本方法与 SRAM 一致,但是地址线、片使能信号线等的连接还需要进行特殊处理,主要区别如下。

（1）DRAM 芯片地址引脚通常采用多路复用技术，片地址分行地址和列地址分时输入。这种技术的采用要求 DRAM 地址线通过地址多路选择器与总线连通，地址多路选择器一般由动态存储控制器（DRAMC）提供。DRAMC 的组成及工作原理将在下面详细介绍。

（2）DRAM 为减少引脚数所采取的另一个常用措施是不设片使能引脚。当采用字扩展技术时，通常将片使能信号与行地址选通信号复合后通过 $\overline{RAS}$ 引脚输入芯片，因为 DRAM 芯片是由 RAS 信号启动工作的，RAS 信号无效时，芯片内部既不会产生行时钟，也不会产生列时钟。DRAM 片选译码原理与 SRAM 基本相同，但 DRAMC 芯片通常提供一定的片选功能，此种情况下可不再专设片选译码器。

（3）DRAM 需要在刷新地址计数、刷新定时等外围电路的支持下，才能正确完成刷新操作，这些外围功能通常也由 DRAMC 芯片提供（具有自动刷新功能的 DRAM 芯片中含有刷新地址计数器）。

图 3-28 给出了 16 个 256K×8 位 DRAM 芯片（内部采用 8 体结构）构成 1M×32 位存储器的芯片扩展示意图。图中地址多路选择器负责将片地址分行地址和列地址两部分分时输入，并且还负责在刷新时提供刷新的行地址。片选译码器负责产生 $\overline{RAS_0}$ 到 $\overline{RAS_3}$ 四组片选信号，选择 256K×32 位组中的一组芯片。

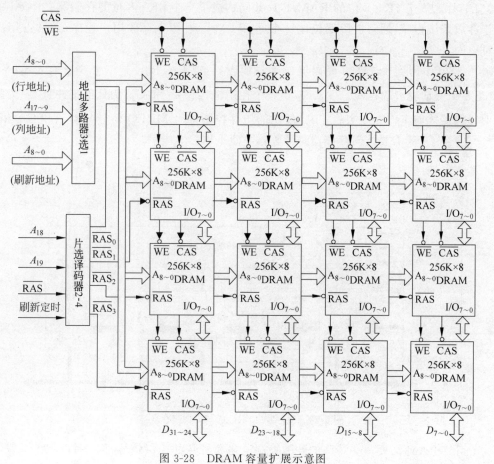

图 3-28　DRAM 容量扩展示意图

2. 存储器与系统总线的连接

存储芯片与系统总线在进行连接时,主要涉及地址线、数据线和控制线的连接。

(1) 数据线的连接。存储器的数据线位数必须和系统总线的数据线位数一致,并进行逐位连接。通过位扩展形成的存储器,扩展后的位数也必须与系统总线数据线的位数一致。

(2) 地址线的连接。单片存储器的地址线与系统总线的地址线一一对应。对于经过字扩展形成的存储器,系统总线地址线数比单个存储芯片的地址线数多,这时系统总线地址线的低位与存储芯片的地址线相连,而高位通常用于形成存储芯片的片使能信号,也可直接作为片使能信号等。

(3) 控制线的连接。与存储器相关的控制线主要是读写控制线,通常总线的读写控制线直接与存储芯片的读写控制端相连,一般情况下高电平为读,低电平为写。也有些系统总线的读写控制线是分开的。

在 CPU 与存储芯片相连时,CPU 发出的地址的高位通常被送到译码器以产生片选信号;地址线的低位送到存储芯片用于进行地址选择。CPU 的访存控制信号 $\overline{\text{MREQ}}$ 信号有效时译码器才能产生有效的片使能信号,CPU 使用 $\overline{\text{MREQ}}$ 信号来区分访存和访问 I/O 操作。

图 3-29 给出了一个存储器通过系统总线与 CPU 连接的例子。由两个 1K×8 位的 ROM 芯片和 6 个 1K×8 位的 RAM 芯片共同构成了一个 8K×8 位的存储器。ROM 一般用于存放系统程序,通常占用低位地址空间,RAM 一般用于存放用户程序,通常占用高位地址空间。

图 3-29 中用到了 74138 译码器(3-8 译码器),其中 A、B、C 是三个变量输入端,Y_0 到 Y_7 是 8 个变量输出端;$\overline{G_{2A}}$、$\overline{G_{2B}}$、G_1 是三个控制端,当 $\overline{G_{2A}}$ 和 $\overline{G_{2B}}$ 为低电平并且 G_1 为高电平时译码器才能工作。图中将 CPU 发出的访存控制信号 $\overline{\text{MREQ}}$ 信号与 $\overline{G_{2A}}$ 和 $\overline{G_{2B}}$ 相连,这样只有当 CPU 需要访问存储器时译码器才能工作。

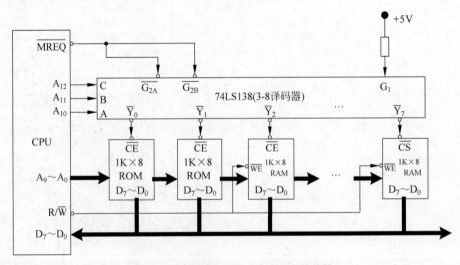

图 3-29　SRAM 和 ROM 与 CPU 的连接

由于 DRAM 需要一些特殊的外围控制电路和特殊的控制信号,因此 DRAM 一般不直接与 CPU 相连,而是通过 DRAM 控制器(简称 DRAMC)与 CPU 相连,如图 3-30 所示。

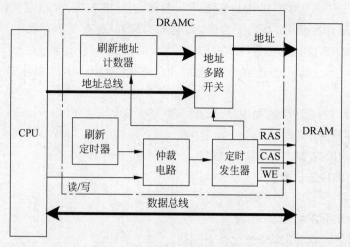

图 3-30　DRAM 与 CPU 的连接

DRAMC 在 CPU 和 DRAM 之间用于完成地址转换、产生控制信号、控制刷新等操作。图 3-30 中的虚线框内为 DRAMC 的基本逻辑框图。从图可以看出,DRAMC 主要包括以下五大组成部分。

(1) 刷新地址计数器:刷新时向 DRAM 提供刷新行地址,并自动顺序计数到下一行地址。

(2) 地址多路选择器:在行、列、刷新地址三者间选一路送给 DRAM。

(3) 刷新定时器:根据所选用的刷新定时方式控制刷新时间,当需要刷新时及时发出刷新请求信号。

(4) 仲裁电路:在 CPU(I/O)访存请求、刷新请求中裁决出一种执行访存操作。

(5) 定时发生器:产生一系列 DRAM 工作时所需的时间控制信号($\overline{RAS}$、$\overline{CAS}$、$\overline{WE}$ 等)。

另外,在将存储器芯片连接到 CPU 时,除了要考虑存储器芯片的类型(ROM、RAM 等)和数量。还需要考虑时序的配合问题、速度匹配问题、负载能力等问题。CPU 与存储器芯片的时序配合问题是两者在进行连接时的难点问题之一。

【例 3.1】　某 16 位微型计算机地址码为 20 位,若使用 8K×4 位的 DRAM 芯片组成模块板结构的存储器,问:

(1) 该机所允许的最大主存空间是多少?

(2) 若每个模块板为 64K×8 位,共需几个模块板?每个模块板内共有几片 RAM 芯片?

(3) CPU 如何选择各模块板?

解:

(1) 2^{20}=1M,则该机所允许的最大主存空间是 1M×16 位。

(2) 模块板总数=1M×16/64K×8=32 块;

板内片数=64K×8 位/8K×4 位=8×2=16 片。

(3) CPU 通过最高 5 位地址译码选板,次高 4 位地址译码选片。地址格式分配如下:

19　　16	15　　13	12　　　　　　　　　　0
板地址	片地址	片内地址

【例 3.2】 设 CPU 共有 16 根地址线,8 根数据线,并用 $\overline{\text{MREQ}}$(低电平有效)做访存控制信号,R/$\overline{\text{W}}$ 作读写命令信号(高电平为读,低电平为写)。现有下列存储芯片:ROM(2K×8位,4K×4位,8K×8位),RAM(1K×4位,2K×8位,4K×8位),及 74138 译码器和其他门电路(门电路自定)。试从上述规格中选用合适芯片,画出 CPU 和存储芯片的连接图。要求:

(1) 最小 4K 地址为系统程序区,4096~16383 地址范围为用户程序区。

(2) 指出选用的存储芯片类型及数量。

(3) 详细画出片选逻辑。

解:

(1) 地址空间分配如图 3-31 所示。

(2) 在进行芯片选择时,应注意以下问题。

- 当采用字扩展和位扩展所用芯片一样多时,选位扩展。这是因为:字扩展需设计片选译码,而位扩展只需将数据线按位引出即可。例如,本题如果选用 2K×8 ROM,片选要采用二级译码,实现比较麻烦。

- 当需要 RAM、ROM 等多种芯片混用时,应尽量选容量等外特性较为一致的芯片,以便于简化连线。

- 应尽可能地避免使用二级译码,以使设计简练。但要注意,在需要二级译码时如果不使用,会使选片产生二义性。

基于以上原则,需选择 2 片 4K×4 位 ROM 和 3 片 4K×8 位 RAM 芯片。

(3) CPU 和存储器连接逻辑及片选逻辑如图 3-32 所示。

0~4095	4KB(ROM)
4096~8191	4KB(SRAM)
8192~12 287	4KB(SRAM)
12 288~16 383	4KB(SRAM)
...	...
65 535	

图 3-31　地址空间分配

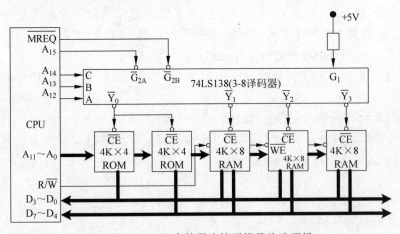

图 3-32　CPU 和存储器连接逻辑及片选逻辑

3.2.8　微处理器与存储器连接举例

为了能与存储器相连并保证其正常工作,微处理器都会提供一些控制信号来控制存储器的工作。对于存储器来说，一方面需要对 CPU 通过地址总线送来的地址进行译码；另一方面，也需要将 CPU 发出的控制信号与存储芯片的控制引脚相连。本节将举例示意性说明微处理器与存储器芯片的连接。

16 位的微处理器 8086(80286)的地址总线宽度为 20 位，数据总线的宽度为 16 位，采用按字节编址的方式。8086 CPU 的存储器采用两个存储体结构，即把 1MB 的主存空间分成两个 512KB 的存储体，如图 3-33 所示。在图中只画出了主要的信号线。两个存储体中一个存储体的地址全部为偶数，被称为偶(低字节)存储体；另一个存储体的地址全部为奇数，被称为奇(高字节)存储体。偶存储体与低 8 位数据总线($D_7 \sim D_0$)相连；奇存储体与高 8 位数据总线相连($D_{15} \sim D_8$)。通过地址线($A_{19} \sim A_1$)和存储体选择信号线(BHE 和 A_0)可以灵活地实现各种寻址方式下的数据传输，见表 3-5 所示。

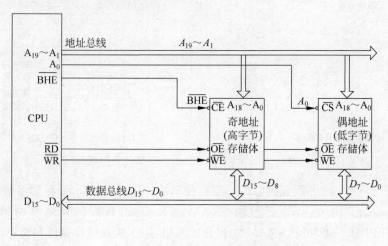

图 3-33　16 位(8086)存储器的组织

表 3-5　8086 存储体的选择

$\overline{\text{BHE}}$	A_0	含　义
0	0	全字传输(两个存储体同时被选中)
0	1	在数据总线的高 8 位上进行字节传输(选中奇地址存储体)
1	0	在数据总线的低 8 位上进行字节传输(选中偶地址存储体)
1	1	备用

例如，当 $\overline{\text{BHE}}$ 和 A_0 同时为 0 时(读操作)，地址总线 $A_{19} \sim A_1$ 给出的 19 位地址同时选中奇、偶存储体中的两个存储单元，偶存储体中存储单元的数据送到数据总线 $D_7 \sim D_0$，奇存储体中存储单元的数据送到数据总线 $D_{15} \sim D_8$，此时共有两字节的数据送出。而当 $\overline{\text{BHE}}$ 为 0，A_0 为 1 时(读操作)，地址总线 $A_{19} \sim A_1$ 给出的 19 位地址仅选中奇存储体中的一个存储单元，该存储单元的数据送到数据总线 $D_{15} \sim D_8$，此时仅有一字节的数据送出。

在 8086 中，对于字及双字的存储，会把低字节放到低位地址，高字节依次放到后续字节中；并且最小的字节地址是该字或者双字的地址。对于 8086，如果一个字是边界对齐的，即其低字节在偶存储体，高字节在奇存储体，则在一个存储周期可完成该字的存取。如果一个字的边界不对齐，即其高字节在偶存储体，低字节在偶存储体，则需要两个存储周期才能完成该字的存取,并且此时字中两个字节的顺序是颠倒的,CPU 会自动完成两个字节的对换。

图 3-34 给出了针对不同存储体的寻址情况。图 3-34(a)和(b)是 CPU 按字节读取存储器的示意图,CPU 可以用偶地址或奇地址访问存储器中的字节单元。图 3-34(c)是 CPU 用偶地址读取存储器的字单元,这种情况下仅需要一次存储器读操作和一次数据总线传送就可以完成一个字数据的访问。图 3-34(d)是 CPU 用奇地址读取存储器的字单元,这是字边界不对齐的情况,所以需要两次存储器读操作和两次数据总线传送才能完成一个字数据的访问。

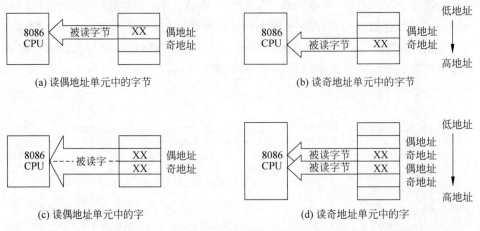

图 3-34　8086 CPU 从存储器读字节和字的情况

下面给出了一个 8086 微处理器的小型存储系统。图 3-35 所示的存储系统的存储容量为 $64K \times 16$ 位,由 16 个 $8K \times 8$ 位的 SRAM 芯片组成,构成的存储器的地址范围为:00000H~1FFFFH。这 16 个 SRAM 芯片分成两组,用于构成偶存储体和奇存储体。A_0 用

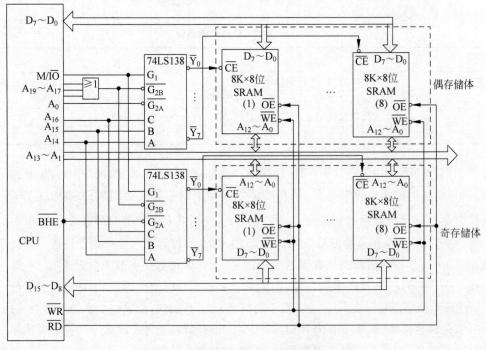

图 3-35　8086 微处理器与存储器的连接

于选择偶存储体,$\overline{\text{BHE}}$ 用于选择奇存储体,偶存储体的数据线与地址总线的 $D_0 \sim D_7$ 相连,奇存储体的数据线与地址总线的 $D_8 \sim D_{15}$ 相连。地址总线中的 $A_1 \sim A_{13}$ 与每个芯片的地址线相连,地址线 $A_{14} \sim A_{19}$ 与两个 74LS138 译码器的控制端相连。CPU 发出的读信号 $\overline{\text{RD}}$ 和写信号 $\overline{\text{WR}}$ 分别与芯片的 $\overline{\text{CE}}$ 与 $\overline{\text{WE}}$ 相连。

3.3 相联存储器

3.3.1 相联访问的思想

上节介绍的 ROM 和 RAM 都是按地址访问的,而相联存储器(Associative Memory,AM)是按照存储单元中存放的全部或部分内容进行访问的存储器,因此也被称为按内容访问存储器(Content Addressed Memory,CAM)。

相联存储器在进行写操作时,采用按地址访问的方式。在进行读操作时,除了可以按地址进行访问外,还可以按内容访问,即将 CPU 给出的关键字(存储单元信息的全部或部分内容)和存储器中所有单元中的相应信息进行比较,定位到与关键字匹配的存储单元后,将此单元中的所有信息读出。

假设存储器中存储了表 3-6 所示的学生信息表,该表由五条记录组成,每条记录包含四个字段:学号、姓名、出生年月和成绩。当对表 3-6 所示的表格执行如"学号为 050701 学生的成绩是多少?"查询时,采用传统的随机存储器,必须给出存储单元的物理地址才能找到相应的存储单元。而物理地址与学号和成绩并没有逻辑上的关联关系,因此查询程序的复杂性较高。但是,如果选择表 3-6 中的一个字段作为关键字来访问存储器时,显然会提高查询的效率。例如,选择"学号"作为关键字来访问存储器,则很快能查询到该学号对应学生的成绩等信息。

表 3-6 存放在存储器中的一张表格

物理地址	学号	姓名	出生年月	成绩
n	050701	张 **	1982.12	82
$n+1$	050702	李 **	1983.1	90
$n+2$	050703	王 **	1982.5	75
$n+3$	050704	赵 **	1983.6	62
$n+4$	050705	吴 **	1983.9	92

相联存储器就是基于上述思想产生的。简单地说,相联存储器就是用存储单元中的某一个存储项的内容来对存储器进行寻址。这个用来定位存储单元的字段被称为关键字,简称为键(key)。这样,相联存储器中每个存储单元中存储的信息都由关键字和数据两部分组成。

3.3.2 相联存储器的结构及工作原理

相联存储器由存储体、检索寄存器、屏蔽寄存器、匹配寄存器、数据寄存器、比较电路和译码电路等组成,如图 3-36 所示。

由于相联存储器的写入过程采用前面介绍的按地址进行访问,这里不再赘述。下面以相联存储器的读出过程为例,介绍图 3-36 中相联存储器主要功能部件的工作原理。

在进行读操作时,检索寄存器中存放用于查询的检索字,其位数与相联存储器存储单元的字长相等。为了能确定检索寄存器中检索字的哪些位是关键字,需要使用屏蔽寄存器中存放的屏蔽码。屏蔽码的位数与检索寄存器位数相同,并且屏蔽码中关键字对应的位被置"1",其余位各位被清"0"。这样,当检索字与屏蔽码进行"与"操作后,结果只保留了关键字的值。在图 3-36 中,检索字中的第 8 到第 11 位作为关键字(位序从右到左编排,最右边的位是第 0 位),这样屏蔽寄存器中的屏蔽码的值为"0000 1111 0000 0000",即只有第 8 到第 11 位的值为"1"。

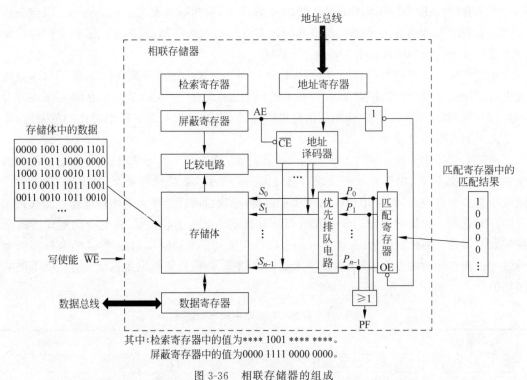

其中:检索寄存器中的值为**** 1001 **** ****。
屏蔽寄存器中的值为0000 1111 0000 0000。

图 3-36   相联存储器的组成

检索寄存器中的检索字与屏蔽寄存器中的屏蔽码进行"与"操作的结果(即关键字)将通过比较电路与所有存储单元的对应位进行比较。若某个存储单元的内容与关键字相符,则置该存储单元在匹配寄存器中相应位的值为"1"。匹配寄存器的位数等于相联存储器的字数。当所有存储单元内容都比较完后,匹配寄存器中所有值为"1"的位对应的存储单元,就是与检索字匹配成功的存储单元。在图 3-36 的例子中,只有第一个存储单元匹配成功。

需要注意的是,由于与检索字匹配的存储字可能有多个,即匹配寄存器中有多位为"1",因此还需要使用优先排队电路对匹配寄存器的输出进行排队。常用的方法是只保留匹配寄存器中位置最靠前的"1",后面的全部清"0"。这样就只有一个匹配的存储字输出到数据寄存器。

图 3-36 中的匹配标志位 PF 是匹配寄存器中所有位进行"或"操作的结果。当 PF=1 时,数据寄存器中保存的是匹配存储单元的内容;当 PF=0 时,表示没有检索到匹配的存储

单元。

此外,相联存储器也可以按地址访问。当屏蔽寄存器中屏蔽码的值为全"0"时,表示检索寄存器被屏蔽,输出信号 AE 为低。此时,存储器将不按照匹配寄存器的内容进行读出,而是采用传统的地址译码器进行译码,按照地址总线送来的地址访问存储器。

相联存储器的存储体如图 3-37 所示。其中,图 3-37(a)为相联存储器的存储元,图 3-37(b)为相联存储器的存储矩阵。相联存储器的存储元主要由一个 D 触发器组成。当存储元未被屏蔽($M=1$)时,检索位与存储位进行同或操作后经三态门输出到 P 端,即匹配寄存器中的对应位。当 $P=1$ 时表示检索位与存储位相同。当存储元被屏蔽($M=0$)时,P 端输出为高阻。字选线 S 是从优先排队电路或地址译码器中送来的,若 $S=1$,则该存储元数据经 Q 端输出到数据寄存器的对应位;若 $S=0$,则既不能读也不能写。当写使能信号 $\overline{WE}$ 为负脉冲时,则可以进行写入操作。

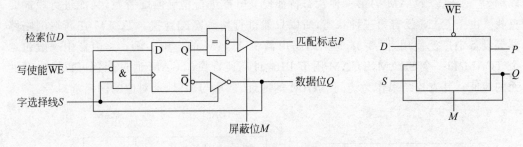

(a) 相联存储器的存储元结构

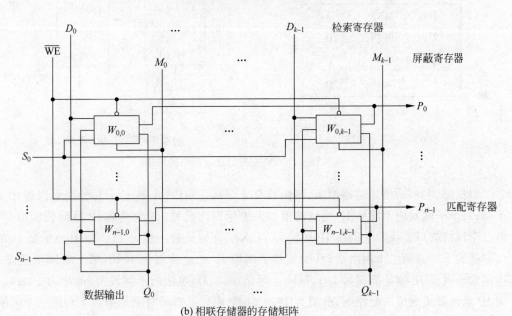

(b) 相联存储器的存储矩阵

图 3-37 相联存储器的结构

多个这样的存储元就构成了如图 3-37(b)所示的 $n \times k$ 位的存储矩阵。图中 M_0 到 M_{k-1} 的值来自屏蔽寄存器,D_0 到 D_{k-1} 的值来自检索寄存器,Q_0 到 Q_{k-1} 与数据寄存器相连,S_0 到 S_{n-1} 的值来自排队电路。按照图 3-37 中给出的例子,屏蔽寄存器的值 $M_0 \cdots M_{15} =$

0000 1111 0000 0000,则每个存储字的第 15 到 12 位、第 7 到第 0 位被屏蔽,对应的存储元 P 端输出为高阻,由于检索寄存器中关键字为"**** 1001 **** ****",则最终只有 P_0 端的输出为 1,且 $W_{0,0}$ 到 $W_{0,k-1}$ 的数据通过 Q_0 到 Q_{k-1} 输出。

由于传统的比较电路只能进行 1:1 比较,而相联存储器能够进行 1:N 比较,即一次检索操作是将需检索内容与全部被检索数据同时进行比较,这样无论被检索的数据有多少,都只需进行一次检索操作即可得到结果。在计算机的存储系统中,相联存储器主要应用于需要快速检索的场合。例如,在高速缓冲存储器 Cache 中存放目录表和块表;在虚拟存储器中存放分段表、页表和快表。

目前广泛使用的一种 CAM 叫作 TCAM(Ternary Content Addressable Memory,三态内容访问存储器)。一般的 CAM 存储器中每位存储信息的状态只有两个:"0"或"1",而 TCAM 中每位存储信息有三种状态,除了"0"和"1"外,还有一个"don't care(无关)"状态,所以称为"三态"。TCAM 的第三种状态特征使其既能进行精确匹配查找,又能进行模糊匹配查找。由于 CAM 没有第三种状态,所以只能进行精确匹配查找。TCAM 在高端网络路由器等设备中广泛使用,图 3-38 是网络路由器中 TCAM 的应用实例。路由器中一般包含一个 TCAM 和一个 SRAM,TCAM 用于 IP 地址高速查找(TCAM 通过配置可以输出存储单元的地址),其查找结果作为访问 SRAM 的地址,获取与 IP 地址对应的网络端口号。

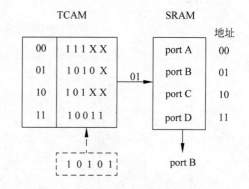

(a)路由表逻辑结构　　　　　　　　(b)路由表物理实现及查表过程

图 3-38　TCAM 在网络路由器中的应用

根据图 3-38(a)给出的路由表,路由器有 4 个网络端口(A、B、C、D),分别可以连接 4 个子网,每个子网对应不同的 IP 地址前缀。为表示简化起见,假设网络 IP 地址长度为 5 位。第一个网络端口连接的子网段 IP 地址为 111XX,即地址前三位为 111 的 IP 地址属于 A 端口连接的子网。第二个网络端口(B)连接子网段 IP 地址前缀为 1010,第三个网络端口(C)连接的子网段 IP 地址前缀为 101,第四个网络端口(D)连接的子网段 IP 地址为 10011。依据 IP 地址最长前缀匹配原则,前缀为 1010 的 IP 地址虽然同时满足第二个和第三个网络端口对应子网的 IP 地址前缀,但优先匹配第二个网络端口对应的子网。

TCAM 和 SRAM 中保存的内容如图 3-38(b)所示。在路由器接收到 IP 地址为 10101 的数据包后,首先在 TCAM 中进行匹配,根据 TCAM 模糊查找特点及判优逻辑,输出第二个存储字的地址。该地址再作为访问 SRAM 的地址读取 SRAM 中对应单元的内容,得到目标子网对应的端口号。

3.4 高速缓冲存储器 Cache

3.4.1 Cache 的工作原理

与主存储器相比,高速缓冲存储器 Cache 的存取速度快、容量小、位价格高。它位于 CPU 与主存之间,能高速地向 CPU 提供指令和数据(读写),以加快程序的执行速度,是解决 CPU 和主存速度不匹配问题的重要技术。

由于 Cache 的容量比主存小得多,因此 Cache 中保存的只能是主存内容的一个子集。Cache 保存的内容一方面要与主存保持一致;另一方面还要使 CPU 需要访问的指令和数据尽可能在 Cache 中找到,即在 Cache 中能够命中。显然,Cache 的命中率越高,CPU 的访存速度就越接近于 Cache 的存取速度。

Cache 与 CPU 和主存的互连结构如图 3-39 所示。CPU 访问存储器时的基本数据单位是字或字节。基于程序运行的局部性原理,Cache 和主存的内容都按块进行逻辑组织,它们之间以块为单位进行内容交换。一个块由若干字组成,一般是定长的,并且主存和 Cache 块的大小相同。

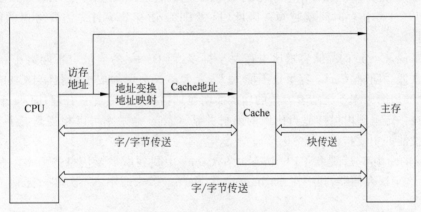

图 3-39　Cache 基本原理示意图

CPU 对存储器的读操作相对于写操作来说更加频繁,因为程序执行过程中 CPU 要不断地从主存中读取指令。写操作仅仅涉及对数据的存储操作。所以,我们先针对存储器读操作讲解有关 Cache 的工作原理和设计方法,写操作相关内容将在下一节中专门介绍。

CPU 在访问存储器时面对的是主存空间,所以 CPU 送出的地址是主存地址,但这个地址同时送给了 Cache 和主存。Cache 接收到地址后,首先要进行地址变换操作,即将主存地址变换成 Cache 地址。同时,通过地址变换机制还能判断出本次要访问的存储单元内容是否已经装入 Cache 中(即是否命中)。如果 CPU 需要的指令或数据在 Cache 中命中,则指令或数据由 Cache 直接送到 CPU;否则指令或数据仍然需要从主存中读取,并且还要通过地址映射机制将该指令或数据所在的块装入 Cache 中的指定位置。如果当前 Cache 已满,还要使用某种替换策略将 Cache 中的一个旧块替换出去。增设 Cache 后 CPU 访存的处理流程如图 3-40 所示。

113

第
3
章

存储器

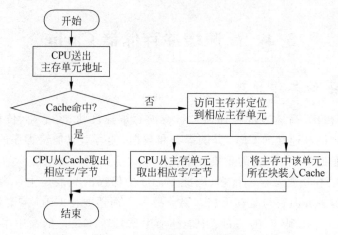

图 3-40　CPU 访存的处理流程

随着半导体器件集成度的不断提高,大多数 Cache 已经被集成到 CPU 中,这样 Cache 的工作速度更接近于 CPU 的速度。通常,Cache 还被设计为两级或者两级以上的结构。

程序执行的局部性原理保证了 CPU 对存储器进行指令或数据请求时,在 Cache 中有一定的命中率,但是并不能保证所有请求的指令或数据都在 Cache 中。显然,Cache 的命中率越高,CPU 的平均访存时间就越短。因此,提高 CPU 访存效率首先需要考虑的就是提高 Cache 命中率。

一般来说,Cache 的存储容量比主存要小得多,但 Cache 的容量也不能太小,太小会导致命中率太低。同样,Cache 容量也不能太大,太大不仅会增加成本,而且当 Cache 容量大到一定程度时,命中率不会随着容量的增加而明显地增大。只要配置合理,即 Cache 容量与主存容量在一定范围内保持适当比例的映射关系,Cache 命中率可以相当高。下面介绍评价 Cache 性能的主要指标。

Cache 的命中率 H 是指 CPU 访存时在 Cache 中找到所需要信息的概率。假设 CPU 总共访问了 N 次存储器,其中在 Cache 中命中了 N_1 次,未命中 N_2 次,则 Cache 的命中率 H 为:

$$H = N_1/N = N_1/(N_1 + N_2) \tag{3-1}$$

命中率是衡量 Cache 性能的主要指标,命中率 H 越接近 1 越好,这意味着 CPU 平均访存速度越接近于 Cache 的存取速度。命中率主要受以下几个因素的影响:程序执行过程中地址流分布情况、Cache 替换算法、Cache 容量、Cache 块大小以及 Cache 预取算法等。

此外,评价 Cache 性能经常还有以下几个主要指标。

(1) 失效率 F:指 CPU 访存时在 Cache 中未找到所需要信息的概率。

$$F = 1 - H \tag{3-2}$$

(2) 平均访存时间 T_a:指 CPU 单次访存所需要的平均时间。

$$T_a = HT_c + (1-H)T_m \tag{3-3}$$

其中,T_c 为 Cache 的存取时间(也被称为命中时间),T_m 为主存的存取时间。

(3) 加速比 S_P:指主存的存取时间与平均访存时间的比值。

$$S_p = \frac{T_m}{T_a} = \frac{T_m}{HT_c + (1-H)T_m} = \frac{1}{(1-H) + H\dfrac{T_c}{T_m}} \tag{3-4}$$

（4）访问效率 e：指 Cache 的存取时间与平均访存时间的比值。

$$e = \frac{T_c}{T_a} = \frac{T_c}{HT_c + (1-H)T_m} = \frac{1}{H + (1-H)\dfrac{T_m}{T_c}} \tag{3-5}$$

【例 3.3】　CPU 执行一段程序过程中，共有 1000 次访存操作，其中在 Cache 命中 950 次。已知主存的存取时间为 100ns，Cache 的存取时间为 10ns。Cache 的命中率是多少？CPU 平均访存时间以及访存加速比各为多少？

解：

命中率 $H = 950/1000 = 95\%$

平均访存时间 $T_a = 95\% \times 10\text{ns} + (1-95\%) \times 100\text{ns} = 14.5\text{ns}$

加速比 $S_P = 100\text{ns}/14.5\text{ns} \approx 6.9$

3.4.2　Cache 的设计要素

本节将逐一讨论 3.1.2 节中提出的关于多层次存储系统的几个问题在 Cache 存储器中的解决策略。

1. 地址映射与地址变换

在 Cache 中，地址映射机制就是解决如何将主存地址空间映射到 Cache 地址空间的问题。简单地说，就是把主存中的内容按照某种规则装入 Cache 中，并建立主存地址与 Cache 地址的映射关系。主存内容按照这种映射关系装入 Cache 后，在执行程序时，应首先将主存地址变换成 Cache 地址，即执行地址变换。地址映射和地址变换是密切相关的两个过程，采用什么样的地址映射方法，就必然采用与这种映射方法相对应的地址变换方法。

为了方便进行地址映射，将主存与 Cache 都分成若干块（也经常被称为"行"），每块由若干字组成且大小相同。这样，主存地址就可以分为两个部分：块地址（块号）和块内地址。同样，Cache 地址也分为块地址（块号）和块内地址两部分。主存和 Cache 之间以块为单位进行数据的调入、调出，如图 3-41 所示。

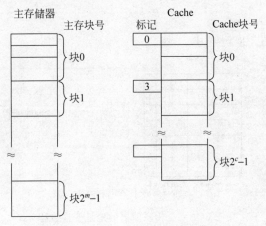

图 3-41　主存与 Cache 间的映射关系

在图 3-41 中，主存分 2^m 块，Cache 分 2^c 块。主存和 Cache 的块大小都是 2^b 字。Cache 中每一块都增加了一个标记字段，用于说明该块是主存中哪一块的副本。在图 3-41 的例子中,Cache 中块 0 保存的是主存中块 0 的副本,而 Cache 中块 1 保存的是主存中块 3 的副本。在 CPU 发出访存地址时,需要将所访问的主存块号与 Cache 中的标记进行"比较",才能判断出该地址是否在 Cache 中命中。通常,所有块的标记字段被集中存放,例如下面介绍的几种地址映射方法中的目录表、区表及块表。

常用的 Cache 地址映射方式有全相联映射、直接映射和组相联映射。下面介绍这三种 Cache 地址映射及其地址变换方法。

1) 全相联映射及其地址变换

全相联地址映射是指主存中的每一块都可以映射到 Cache 中的任意块,如图 3-42 所

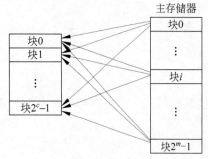

图 3-42　全相联映射方式

示。这种映射方法是最灵活的,也是 Cache 利用率最高的一种方式,但同时也是成本最高的一种方式。

在全相联映射方式下,主存地址被分为两个部分:高 m 位表示主存块号(用符号 B 表示),低 n 位表示块内地址(用符号 W 表示)。同样,Cache 地址也分为两个部分:高 c 位表示 Cache 块号(用符号 b 表示),低 n 位表示块内地址(用符号 w 表示)。通常采用目录表记录主存块与 Cache 块之间的映射关系,并将目录表存放在一个相联存储器中。目录表中的每个存储字主要包括三个部分:主存块号、Cache 块号和有效位。有效位表示目录表中主存块号和 Cache 块号建立的映射关系是否有效。目录表共有 2^c 个存储字,即 Cache 中每个块对应目录表相联存储器中一个存储字。

当一个主存块调入 Cache 时,同时将主存块号和 Cache 块号存入目录表中,并将其有效位置"1"。这样,当 CPU 发来一个访存地址时,地址变换就是根据主存地址中的块号查询相联存储器目录表的过程。如果在目录表中找到该主存块号,并且其对应的有效位为"1",则表示该主存块在 Cache 中命中;否则,未命中,如图 3-43 所示。若命中,则按照目录表中的 Cache 块号和主存块内地址(与 Cache 块内地址相同)作为 Cache 地址访问 Cache。

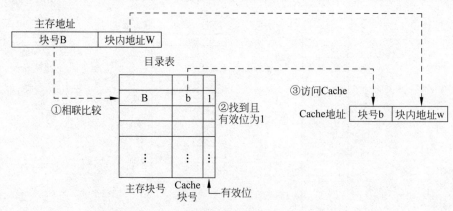

图 3-43　全相联映射的地址变换过程

2) 直接映射及其地址变换

直接地址映射是指主存中的块只能映射到 Cache 中某个固定的块中,主存和 Cache 块

的对应关系可用如下公式表示：

$$b = B \bmod 2^c \tag{3-6}$$

其中，b 为数据在 Cache 中的块号，B 为数据在主存中的块号。在这种映射方式中，主存第 0 块、第 2^c 块、第 2^{2c} 块、……，只能映射到 Cache 第 0 块，而主存第 1 块、第 2^c+1 块、第 $2^{2c}+1$ 块、……，只能映射到 Cache 第 1 块，以此类推，如图 3-44 所示。

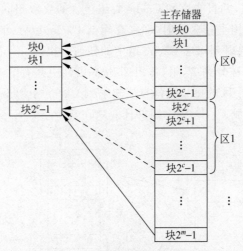

图 3-44　直接地址映射方式

在直接地址映射方式下，主存地址由三部分组成：区号 E（t 位）、区内块号 B（c 位）和块内地址 W（n 位）。通常用区表来保存主存块与 Cache 块的映射关系。区表中的每个存储字主要包括两个部分：主存区号和有效位。有效位表示区表中的主存块是否已经装入 Cache 中。区表中共有 2^c 个存储字。区表通常存放在一个小容量高速存储器中，按地址进行访问。

CPU 发出的访存地址被分解为：主存区号 E、区内块号 B 和块内地址 W 三个部分。当一个主存块调入 Cache 时，将该块在主存的区号 E 存入区表中，并将有效位置"1"。直接相联映射方式的地址变换过程如图 3-45 所示。当 CPU 送来一个访存地址时，首先以主存地址中的 B 字段作为地址访问区表，若区表中对应存储字的有效位为"1"，则将区表中的区号与主存地址的 E 字段进行比较。若相符表示命中；否则未命中。当命中时，由主存地址中的 B 字段确定数据在 Cache 中的块号，由 W 字段确定数据在 Cache 中的块内地址。

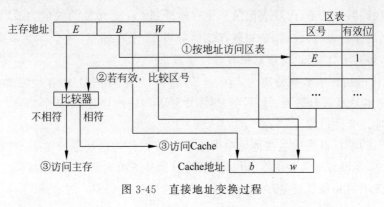

图 3-45　直接地址变换过程

直接地址映射方式的优点是实现简单,地址变换速度快,区表采用 SRAM,价格低。由于主存中的块只能唯一地对应 Cache 中的某个块,因此该机制不够灵活,也使得 Cache 存储空间得不到充分利用,Cache 命中率低。

3)组相联映射及其地址变换

组相联地址映射是全相联映射和直接相联映射的折中方案,如图 3-46 所示。主存和 Cache 的块都先进行分组,并且主存和 Cache 每组包含的块数相同。在地址映射时,组间采用直接相联映射,组内采用全相联映射,即主存组与 Cache 组之间具有固定的映射关系,但主存组内的块可以自由映射到对应 Cache 组中的任何一块。

在图 3-46 中,Cache 被分为 2^u 组,每组 2^v 块;主存中共有 2^s 区,每个区有 2^u 组,即总共有 2^{s+u} 组。主存中每个区的第 i 组都只能映射到 Cache 中第 i 组,在组内块采用全相联方式,即每个块可以映射到 Cache 第 i 组的任一块。

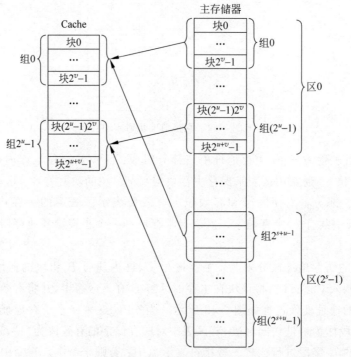

图 3-46　组相联映射方式

在组相联映射方式下,由块表记录从主存地址到 Cache 地址的映射关系。块表由 2^u 个相联存储器(简称组表)构成,每个相联存储器拥有 2^v 个存储字,每个存储字主要包含主存区号 E、主存块号 B、Cache 块号 b 和有效位字段。

CPU 发出的访存地址被分解为:区号 E、组号 G、组内块号 B 和块内地址 W 四个部分;而 Cache 的地址可分解为:组号 g、组内块号 b 和块内地址 w 三个部分。图 3-47 给出了组相联的地址变换过程。

当 CPU 访存时,首先用主存地址中的组号 G 字段作为地址选择组表,然后将主存地址的 E 字段和 B 字段与该组表中所有块标记字段(区号+组内块号)进行相联比较。若命中,则将组表中该项的 b 字段与主存地址 G、W 字段形成访问 Cache 的地址。

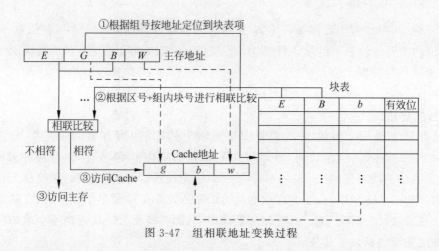

图 3-47　组相联地址变换过程

组相联映射方式可以避免全相联方式下大容量相联存储器的昂贵价格,又可以提高直接映射方式下的 Cache 命中率,因此被广泛采用。

通常,把一个主存块能映射到 Cache 块的数量称为关联度。直接映射方式下的关联度为 1,即每个主存块只能有一个固定的 Cache 块存放;全相联方式下的关联度为 Cache 中块的数量,即每个主存块可以存放在 Cache 中的任意位置;n 路组相联方式(每组 n 块)的关联度为 n,即每个主存块可存放在固定组内的任意块中。当 Cache 大小和主存块大小一定时,关联度越低,则命中率越低。

【例 3.4】　若主存地址为 32 位,块大小为 16 字节,Cache 总共有 4K 个块,那么在以下映射方式下,标记字段的位数是多少?

(1) 直接映射方式;

(2) 2 路组相联映射方式;

(3) 4 路组相联映射方式;

(4) 全相联射方式。

解:标记字段的作用可参见图 3-47 中所示的标记字段,简单地说就是为了记录 Cache 块存放的是主存中的哪个块而增加的额外信息。具体地说,就是全相联映射方式中的目录表的主存块号字段,直接映射方式中的区表的区号字段,组相联映射方式中的块表的区号+组内块号字段。

(1) 直接相联映射方式下,Cache 块数为 $4K = 2^{12}$,每块大小为 $16 = 2^4$ 字节,因此标记位所占位数为 $32 - 4 - 12 = 16$ 位。

(2) 2 路组相联映射方式下,分了 $2K = 2^{11}$ 组,每组 2 块,每块大小为 $16 = 2^4$ 字节,因此标记位所占位数为 $32 - 4 - 11 = 17$ 位。

(3) 4 路组相联映射方式下,分了 $1K = 2^{10}$ 组,每组 4 块,每块大小为 $16 = 2^4$ 字节,因此标记位所占位数为 $32 - 4 - 10 = 18$ 位。

(4) 全相联映射方式下,每块大小为 $16 = 2^4$ 字节,因此标记位所占位数为 $32 - 4 = 28$ 位。

【例 3.5】　容量为 64 块的 Cache 采用组相联映射方式,块大小为 128 字节,每 4 块为一组,若主容量为 4096 块。主存地址中分为哪几个字段,各占多少位?

解:采用组相联的主存地址构成为区号、组号、组内块号和块内地址四个部分。

$4096/64=64=2^6$，因此需要 6 位来表示区号；每 4 块为一组，故共有组数＝$64/4=16=2^4$，因此需要 4 位表示组号。每组 $4=2^2$ 块，因此组内块号需要 2 位；每块 $128=2^7$ 字节，因此块内地址需要 7 位。

主存地址的位数＝6＋4＋2＋7＝19 位。

2. 替换算法

替换算法主要用于解决 3.1.2 节中的第四个问题，即当有新的块需要从主存调入 Cache，而 Cache 中没有空闲块时，可以将哪一块数据替换出 Cache。在直接映射的 Cache 中，由于主存中的块只能调入 Cache 中的某一个特定位置，因此替换策略很简单。在组相联和全相联映射的 Cache 中，由于主存中的块可以调入 Cache 中的多个位置，因此就需要设计合理的替换算法，来保证 Cache 具有较高的命中率，即替换出去的块近期不会被访问。常用的替换算法主要包括以下几种。

1）随机算法(RAND 法)

这种算法不考虑 Cache 中各块的使用情况，随机地选择一个块作为替换对象。随机算法在硬件上容易实现，且速度快；缺点是在替换时既没有利用程序的局部性特点，也没有考虑历史上块地址流的分布情况，随意替换出的数据很有可能马上又要使用，从而降低了命中率和 Cache 的工作效率。

2）先进先出算法(First-In-First-Out，FIFO)

这种算法也不考虑各块的使用情况，根据每块调入 Cache 的时间，当需要替换时，将最先调入 Cache 的主存块替换出去，由于该算法不需要记录各块的使用情况，因此算法硬件实现较容易，系统开销较小。例如，Cache 每块都设置一个计数器，当某块被装入或者替换时，该块的计数器值清 0，其他块的计数器值加 1，当需要进行替换操作时，将计数器值最大的块替换出去。这种方法不考虑主存块在 Cache 中的使用规律，有可能造成马上需要使用的块被调出，从而影响 Cache 的命中率。对于线性程序来说，FIFO 算法有较高的 Cache 命中率。

3）近期最少使用算法(Least Recently Used，LRU)

这种算法以 Cache 中每块的历史使用情况为依据，在需要替换时将近期最少使用的块替换出去。这种算法比较好地反映了程序的局部性原则，特别对于循环程序有较高的命中率。由于 LRU 算法需要记录 Cache 中各块的使用情况，因此实现相对复杂、开销较大。通常采用计数器的方式记录每个块被使用的情况。

4）最不经常使用算法(Least Frequently Used，LFU)

这种算法的基本思想是将访问次数最少的块替换出去。这种算法与 LRU 算法类似，也需要为 Cache 中每个块设置一个计数器，以记录每个 Cache 块的访问次数。当需要执行替换时，将计数器值最小的块替换出去。同时将所有块的计数器值清 0。这种方法的缺点是不能反映最近的访问情况，只能反映两次替换时间间隔内的使用情况。

【例 3.6】 假设程序在主存中有 5 块(P1 到 P5)，在 Cache 中有 3 块。CPU 执行程序的顺序为 P1，P2，P1，P4，P5，P4，P1，P2，P3，P4，P1，P2。请分别计算当采用 FIFO 算法和 LRU 算法时的命中率。本题中地址映射采用全相联映射方式。

解：采用 FIFO 算法的 Cache 中存放程序的变化情况如下所示(带"√"表示命中)：

程序执行顺序	1	2	3	4	5	6	7	8	9	10	11	12
Cache 块 1	P1	P1	P1✓	P1	P5	P5	P5	P5	P3	P3	P3	P2
Cache 块 2		P2	P2	P2	P2	P2	P1	P1	P1	P4	P4	P4
Cache 块 3				P4	P4	P4✓	P4	P2	P2	P2	P1	P1

由此可看出总共命中 2 次,因此采用 FIFO 算法的命中率为 $(2/12)\times100\%=17\%$ 。

采用 LRU 算法的 Cache 中存放程序的变化情况如下所示:

程序执行顺序	1	2	3	4	5	6	7	8	9	10	11	12
Cache 块 1	P1	P1	P1✓	P1	P1	P1	P1✓	P1	P1	P4	P4	P4
Cache 块 2		P2	P2	P2	P5	P5	P5	P2	P2	P2	P1	P1
Cache 块 3				P4	P4	P4✓	P4	P4	P3	P3	P3	P2

由此可看出总共命中 5 次,因此采用 LRU 算法的命中率为 $(3/12)\times100\%=25\%$ 。

3. Cache 的写操作及一致性

由于 Cache 中的内容只是主存内容的副本,必须保证 Cache 与主存内容的一致性,显然一致性问题主要涉及的是写操作,即更新主存内容的算法。

造成 Cache 与主存内容不一致的原因主要包括以下两种情况:

(1) CPU 对 Cache 执行写操作,但没有立即写主存。

(2) I/O 设备或 I/O 处理机写主存,但没有同时写 Cache。

下面以 CPU 访存操作为例,介绍常见的写策略。

1) 写直达法(Write Through)

写直达法是指 CPU 在执行写操作时,将数据同时写入主存和 Cache。这样,当 Cache 中某个块需要被替换出 Cache 的时候,不需要执行写主存的操作。这种方式的优点是硬件实现简单,并且 Cache 和主存的内容总是一致的,缺点是频繁访问主存将会降低平均访存速度。

2) 写回法(Write Back)

写回法是指 CPU 在执行写操作时,数据只写入 Cache,不同时写入主存。只有当 Cache 中的某个块需要替换出 Cache 时,才把修改过的 Cache 块写回主存。

写回法又可细分为以下两种方法。

(1) 简单写回法:不管块是否被更新,都进行写回操作。

(2) 采用标志位写回法:只在块被更新过时,才进行写回操作。

写回法的优点是可以减少访问主存的次数,有利于提高平均访存速度。缺点是增加了 Cache 的复杂性,并且存在主存与 Cache 内容不一致的问题,影响系统的可靠性。

下面按照 CPU 执行写操作时在 Cache 中是否命中,来讨论上述写策略在执行写操作时的具体实现策略。

(1) 若命中:可直接对 Cache 块进行写操作,然后根据所采用的更新主存的算法,决定何时对主存块的内容进行更新。

（2）若不命中：无论是写回法还是写直达法都存在"写时是否取"的问题。这个问题的解决，主要有以下两种方法：

- 不按写分配法：当 Cache 写不命中时，只执行对主存的写入操作。
- 按写分配法：当 Cache 写不命中时，首先执行写主存操作，然后将该主存中的块从主存调入 Cache。

写回法一般采用按写分配法，写直达法一般采用不按写分配法。

4. 多级 Cache

早期的计算机系统中通常只有一级 Cache。近年来，为了提高系统的性能，越来越多的系统中采用多级 Cache。在系统中设置多级 Cache 时，一般是按照 Cache 的位置和保存的内容不同进行设置，下面介绍两种最常见的多级 Cache。

1）片内和片外 Cache

随着大规模集成电路技术的发展，Cache 通常被集成在 CPU 芯片中，称为片内 Cache。片内 Cache 的最大优点是，如果 CPU 要访问的数据在片内 Cache 中命中，则 CPU 的访问将在 CPU 内部进行，不需要通过系统总线来进行数据传输，因此存取速度非常快。并且，由于不使用系统总线，还可以减轻总线负载，降低总线数据传送的冲突。

但是，由于成本和制造工艺等的限制，片内 Cache 的容量通常不会很大。为了增加系统中 Cache 的容量以提高命中率，通常在 CPU 芯片外再增加一个容量较大的 Cache。这样，CPU 芯片内部的 Cache 被称为第一级 Cache(L1 Cache)，CPU 外部的 Cache 被称为第二级 Cache(L2 Cache)。在这种两级 Cache 结构中，第二级 Cache 容量比第一级要大得多，在第一级 Cache 中保存的信息也一定保存在第二级 Cache 中（多层次存储器系统中的包含性原则）。当 CPU 访问第一级 Cache 未命中时，才去访问第二级 Cache。

随着芯片技术的发展，目前大多数处理器将 L2 Cache 也集成到了 CPU 芯片中，并且在 CPU 芯片外设置第三级 Cache(L3 Cache)。当然，技术的进步使得有些 CPU 将 L3 Cache 也集成到了 CPU 内部。依此思路，系统也可以再增加更多级的 Cache。这种趋势导致 Cache 的层次将越来越多，Cache 的设计将变得更加复杂。

在有两级 Cache 的系统中，CPU 的平均访存时间为

$$T_a = h_1 C_1 + (1-h_1) h_2 C_2 + (1-h_1)(1-h_2) M \tag{3-7}$$

式中，h_1、h_2 分别为一级和二级 Cache 的命中率，C_1、C_2 分别为一级和二级 Cache 的存取时间，M 为主存的存取时间。

2）数据 Cache 和指令 Cache

存储单元中存放的内容可以是指令或者数据。根据 3.1.2 节中介绍的程序的局部性原理，指令的存放呈现出较强的局部性特征，即下一条将执行的指令很可能与当前正在执行的指令存放在相邻的存储单元中。并且大多数的循环子程序的循环范围很小，通常可以将整个循环代码都放入一个 Cache 块中。

但是，CPU 对于数据的访问通常呈现较强的随机性，因此若将指令和数据混合存放在同一个 Cache 中，将影响 Cache 的命中率，进而影响系统的效率。因此，很多计算机系统在 Cache 设计时采用了数据和指令相分离的策略，分别为指令 Cache(I-Cache)和数据 Cache(D-Cache)。

3.5 辅助存储器

3.5.1 辅助存储器概述

主存储器由于价格昂贵通常容量不会很大,并且早期的 SRAM 和 DRAM 都具有易失性,无法在断电后保存信息。因此,在计算机系统中引入了辅助存储器,以扩大整个存储系统的容量,并提供长期保存信息的能力。常见的辅助存储器包括磁盘、磁带、光盘、U 盘等。硬磁盘(简称硬盘)通常被作为外存来使用,它和主存一起构成虚拟存储器。软磁盘(简称软盘)、光盘、磁带等通常用作离线存储器。

下面首先以最常用的磁表面存储器为例说明辅助存储器的基本工作原理。

1. 磁表面存储器的基本工作原理

顾名思义,磁表面存储器的存储介质是某种涂有磁性材料的载体,载体的形状可以是各式各样的。例如,磁盘采用圆盘状载体,磁带则采用带状载体。

磁表面存储器通过磁头来完成数据的读写,磁头能实现电磁信号的变换。按照读写时磁头是否与磁记录介质接触,可将磁头分为接触式磁头和浮动式磁头两种。

接触式磁头的结构简单,但会因为磨损而降低磁头和介质的使用寿命。软盘和磁带由于采用软性介质,只能采用接触式磁头。浮动式磁头和介质间存在一定的间隙,读写时不会磨损磁头和介质。硬盘主要采用浮动式磁头。浮动式磁头对磁介质进行读写的过程如图 3-48 所示。

磁头是在一个很小的软磁体(如铁氧体)上绕上线圈而制成的一个具有磁隙的装置。在执行写操作时,线圈中通过一定方向的电流,磁芯内就产生了一定方向的磁通。由于磁头和介质间的间隙非常小,磁力线穿过磁介质的表面将磁头下方的

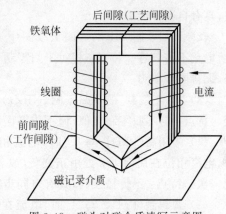

图 3-48　磁头对磁介质读写示意图

区域磁化,该区域非常小,被称为磁化单元。电流的方向不同,磁化单元被磁化的极性就不同,这样便可以记录(写入)二进制位的"0"和"1"。

在执行读操作时,当磁头经过介质上的磁化单元时,由于磁头是良好的导磁材料,磁化单元的磁力线很容易通过磁头而形成闭合磁通回路,产生感应电动势 e,其极性与磁通变化的极性相反。磁化单元上的磁化状态不同,感应电动势也不同,这样就可以区别出磁化单元上存储的是"0"还是"1"。当磁化单元被磁化后,可以多次读出而不被破坏。

早期的磁头包括亚铁盐类磁头、隙含金属(Metal In GAP,MIG)磁头和薄膜磁头,这些传统的磁头是用线圈缠绕在磁芯上制成的,通过电流方向变化来区分"1"和"0",并且采用读写合一的方式。由于硬盘在进行数据传输时,读操作比写操作快得多,这种方式造成了硬盘设计的局限性。为解决这个问题,1991 年 IBM 发明了磁阻磁头(Magnetoresistive heads,MR 磁头),这种磁头采用读写分离式的结构,写入磁头仍采用传统的磁感应磁头,读取磁头则采用新型的磁阻磁头,这就是所谓的感应写、磁阻读。这种读写分离的方式增加了硬盘设

124

计的灵活性,可以大大提升读写性能。并且由于 MR 磁头是通过阻值变化区分"1"和"0",因此对信号的变化非常敏感,读取数据的准确性较高;由于读取的信号幅度与磁道宽度无关,因此磁道较窄,盘片密度较高。MR 磁头已得到广泛应用,而采用多层薄膜结构和磁阻效应更好的材料制作的巨磁阻磁头(Giant Magnetoresistive heads,GMR)也逐渐普及。

2. 磁表面存储器的记录方式

磁表面存储器的可靠性、记录密度等性能不仅和磁介质及磁头的物理特性有关系,还取决于所采用的磁记录方式(也被称为编码方式)。在磁表面存储器中,磁编码方式就是按照一定的规则将二进制位串变换为记录介质上相应磁通翻转形式。不同编码方式的存储性能不同,编码方式设计的目标主要有:更高的编码效率、更高的自同步能力和更高的读写可靠性等。

编码效率是指位密度与磁化翻转次数之比,例如下面介绍的不归零制的编码效率为100%,调相制编码和调频制的编码效率为 50%。自同步能力指单个磁道读出信息提取同步脉冲的难易程度。

下面介绍几种常见的编码方式,它们的电流波形如图 3-49 所示。

(1)归零制(RZ)。磁介质在写入前处于未磁化状态,磁头线圈中通正向电流脉冲时写"1",通负向电流脉冲时写"0",每写一位,电流都要归零。特点:记录密度低,抗干扰能力差,具有自同步能力。

(2)不归零制(NRZ)。磁头线圈中通正向电流时写"1",通反向电流时写"0",每写一位,电流不需归零。特点:相对于归零制,抗干扰性能好,记录密度提高,但可能造成传播误码,无自同步能力。

(3)"见 1 就翻"的不归零制(NRZ1)。写"1"时,电流反向一次;写"0"时,电流保持不变。特点:与不归零制类似,但不传播误码。

(4)调相制(PM)。写"1"时,电流相位在周期 1/2 处由负变正(或者正变负);写"0"时,电流相位在周期 1/2 处由正变负(或者负变正);连续写相同代码时,周期起始处电流变化一次。特点:不传播误码,具有自同步能力,抗干扰能力强。

(5)调频制(FM)。写"1"时,电流在周期起始和中心处各反向一次;写"0"时,电流在周期起始处反向一次。特点:记录密度高,具有自同步能力,可靠性高。

(6)改进调频制(MFM)。写"1"时,电流只在周期中心处反向一次;写单个"0"时,电流不变;连续写"0"时,电流在周期起始处翻转一次。特点:记录密度比调频制提高一倍,具有自同步能力。

3. 校验码

磁表面存储器由于磁介质的缺陷、灰尘等原因,使其很容易出现差错。为此,在磁表面存储器中通常使用校验码来发现和纠正在存储和传输过程中的差错。所谓校验码就是为了检测差错而在数据后面添加上的冗余码。常见的校验码有奇偶校验码、海明校验码、循环冗余检验等,这些校验码在冗余码的长度、检错和纠错能力等都不尽相同。

循环冗余检验(Cyclic Redundancy Check,CRC)是磁表面存储器中最常使用的校验码。CRC 校验使用多项式码,也称为 CRC 码。CRC 码的检错原理在《数字逻辑》《计算机网络原理》等教材中均有讲述,在此不再展开讨论。

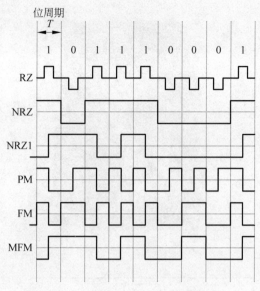

图 3-49　磁记录方式写入电流波形

3.5.2　硬磁盘存储器

硬磁盘存储器简称硬盘,是一种利用磁记录技术在涂有磁介质的旋转圆盘上进行数据存储的辅助存储器,是一种典型的磁表面存储器。它具有存储容量大、数据传输率高、存储数据可长期保存等特点,是计算机系统中最常用的联机辅助存储器,通常与主存储器构成虚拟存储器以扩充主存的容量。

1. 硬盘的结构及工作原理

图 3-50 给出了一个硬盘的内部结构。其中,图 3-50(a)为硬盘的实物解剖图,图 3-50(b)为硬盘逻辑结构示意图。

从图 3-50 中可以看出,硬盘中包含了外壳、密封罩、滤尘器等密封防尘装置,这些保护装置避免灰尘的进入,保证磁盘组能得到高质量的磁表面和空气。硬盘中最主要的控制部件是磁盘驱动器和磁盘控制器。

磁盘驱动器是磁盘设备的主体,其主要功能是将磁头定位到需要进行读/写数据所在的位置,并进行读/写操作。磁盘驱动器由主轴系统、定位驱动系统、读/写控制系统三部分组成。

(1) 主轴系统:负责带动盘片组进行旋转,由盘组、主轴、主电机、传动皮带等组成。其中,主电机是带动盘片组进行旋转的主要部件,是决定磁盘读/写速度的关键因素。

(2) 定位驱动系统:负责驱动磁头沿径向运动,由取数臂、小车、速度传感器、定位驱动等部件组成。

(3) 读/写控制系统:负责控制数据的读/写操作。由磁头、磁头选择(译码)电路、读/写电路等部分组成。盘组有一组磁盘片组成,每个盘片的上下两面都能记录信息,因此每个盘面都有一个磁头,所有这些磁头都固定在取数臂上。

磁盘控制器是主机和磁盘驱动器间的接口部件,其主要作用是控制主机与硬盘间数据的交换方式,通常以接口板的形式插在主机板总线插槽上。磁盘控制器包括以下两个接口:

(a) 硬盘实物解剖图

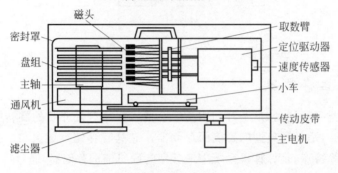

(b) 硬盘结构示意图

图 3-50   硬盘组织结构

设备级接口,即与磁盘驱动器相连的接口,如图 3-51 中 A 点位置;系统级接口,即与主机相连的接口,由系统总线界定,如图 3-51 中 B 点位置。通常,硬盘接口就是指系统级接口,常见的硬盘接口有 IDE 接口、SATA 接口、SCSI 接口和光纤通道等。

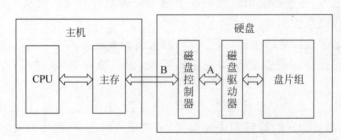

图 3-51   硬盘与主存的连接

另外,在硬盘中通常也会设置一定数量的缓存,其主要目的是解决硬盘与主存读/写速度不匹配的问题。

由于硬盘磁表面的纯度和空气质量的好坏,将直接影响到磁道上信息的存储密度,因此大多数磁盘在出厂时已经进行了密封,以防止灰尘的进入。这种硬磁盘被称为"温彻斯特磁盘"(简称为温盘)。温盘的基本组成包括磁头、盘片组及其控制部件,并且把它们密封起来。

磁盘片固定并能高速旋转,磁头沿盘片径向移动完成定位操作。磁头对盘片接触式启停,但工作时不与盘片直接接触,即采用悬浮动式磁头。

2. 硬盘中数据的存放

一块硬盘通常由安装在一个轴上的一个或多个磁盘片组成,每个磁盘片的表面(单面或双面)涂有磁性材料作为记录介质,在进行数据读/写操作时,磁盘片会随轴高速旋转来进行定位,并通过磁头在磁层上进行读/写操作。

硬盘通常由一组盘片组成,称为硬盘的盘片组。盘片组固定在一个轴上(主轴),所以盘面中心是空心的,不能记录信息。每个盘面的有效记录区又被划分为数目相等、由内向外排列的同心圆,这些同心圆的间距相等,被称为磁道。磁头靠近主轴接触的表面,即线速度最小的地方,是一个特殊的区域,它不存放任何数据,称为启停区或着陆区,启停区外是数据区。通常从最外侧的磁道开始编号,起始磁道号为 0。在硬盘中通过 0 磁道检测器来完成硬盘磁道的初始定位。

这样,不同盘面上具有相同磁道号的磁道就形成了一个圆柱,称之为硬盘的圆柱面或柱面(Cylinder)。显然,磁盘的柱面数与一个盘面上的磁道数是相等的。每个柱面上的磁头(Head)从上到下从 0 开始编号。在对文件进行写入操作时通常是按柱面进行,即磁头读/写数据时首先在同一柱面内从 0 磁头开始进行操作,依次向下在同一柱面的不同盘面即磁头上进行操作,只在同一柱面所有的磁头全部读/写完毕后磁头才移动到下一柱面。这是设计的目的是提高读/写效率,因为选取不同的磁头是通过电子切换完成,而要选取不同的柱面则必须进行机械动作来完成磁头的移动。

为了方便读写,一个磁道通常被分成若干段的圆弧线,称之为扇区(Sector)。其实将扇区称为扇段更加合适,因为它并不是整个扇形区域,而是磁道上的一段弧线。一个磁道上的所有扇区是等长的,早期的扇区通常可存放 512B 的数据块,硬盘以扇区为单位进行存取。因此,硬盘可寻址的最小单位为扇区,而不是像主存那样使用字节或字作为单位。

扇区的定位和划分有硬件(称为硬分区)和软件(称为软分区)两种方式。无论是哪种方式,为标识一个磁道信息的起始,都在磁道的起始处打一个索引孔,通过光电检测的方法获得一个电脉冲,称为"0 索引"。这样,随着磁盘的旋转,就很容易识别扇区的扇区号。硬分区通常使用定长记录格式,即每个扇区中存放的数据块大小固定。这种记录格式中,虽然外圈磁道的周长大于内圈磁道的周长,但是却存放着相同的字节,因此这种方式简单但记录区的空间利用率不高。软分区可实用定长和不定长的记录格式。不定长记录格式是指扇区(通常被称为记录块)中存放的数据块大小可变;在这种记录格式中,外圈磁道可以比内圈磁道存储更多的字节,因此灵活性好、空间利用率也较高。

在对硬盘上存储的信息进行定位时,常用如下的地址格式:

驱动器号	柱面号	盘面号	扇区号

其中,驱动器号用于系统中有多台硬盘时,指出数据所在的硬盘编号;柱面号即磁道号,说明数据所在的磁道;盘面号也可以用磁头号表示,用于说明当前读/写操作所使用的磁头;扇区号用于说明当前是对哪个扇区进行读/写操作。磁盘在进行读/写操作时,磁盘驱动器首先要进行寻道操作,即确定需要操作的柱面。这时,定位驱动系统带动磁头做径向

运动。完成定位操作后,主轴系统带动磁盘组进行旋转,将需要进行读/写的扇区移动到磁头下(上)方。最后,读/写控制系统控制磁头进行读/写操作。

早期硬盘在进行数据读写时地址是按照 CHS(Cylinder,Head,Sector)进行组织的。但随着对硬盘容量需求的逐步增大,如何有效利用磁盘盘面是增加磁盘容量的有效方式,然而 CHS 方式导致外圈磁道记录密度过低。为了提高外圈磁道的记录密度,现代硬盘采用 ZBR(Zone bit Recording)记录方式。在该方式中,外圈磁道被划分成更多的扇区,这样可以有效提高外圈磁道的记录密度,从而提高磁盘的整体记录容量。图 3-52 示意了采用 ZBR 记录方式的盘面信息分布。

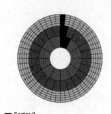

■ Sector 0

图 3-52 硬磁盘的 ZBR
记录方式

在 ZBR 记录方式下,磁盘外圈磁道的道容量大于内圈的道容量,在硬盘转速不变的前提下,外圈的读/写速率高于内圈的读/写速率。通常,磁盘的 0 磁道位于最外圈,在磁盘安装操作系统时一般位于 0 磁道附近。随着写入数据的增多,逐步开始使用内圈磁道,这就是新安装操作系统后计算机运行速度较快的原因之一。

3. 硬盘的主要技术参数

与主存一样,硬盘的性能也主要从容量和速度两个方面进行评价。

1) 容量

作为辅助存储器中用于扩大整个系统存储容量的设备,容量是硬盘最主要的性能参数。一台硬盘的总容量是指所有盘面上全部磁道中存储信息的总和。

硬盘容量与其记录密度是密切相关的,所谓记录密度是指单位面积或单位长度上可以存储的二进制位数,通常使用道密度和位密度来衡量。

道密度是指沿着盘面径向上单位长度内的磁道数量,常用单位为 TPI(track per inch,磁道数/英寸)。一个盘片的磁道总数=道密度×盘片有效半径。

位密度是指盘面磁道上单位长度所能记录的二进制位数,常用单位为 bpi(bit per inch,位/英寸)。一个磁道的总容量=位密度×磁道的周长。

下面以定长记录格式为例说明硬盘容量的计算方法。CHS 硬盘的总容量可以使用以下公式来计算:

$$硬盘容量 = 硬盘个数 × 磁盘记录面数 × 磁道数 × 磁道容量$$
$$= 硬盘个数 × 磁盘记录面数 × 道密度 × 盘片有效半径 ×$$
$$位密度 × 磁道的周长$$

上面计算出的硬盘容量被称为硬盘的非格式化容量,也就是硬盘在物理上可以记录的二进制位总数。但是,磁盘(包括硬盘和软盘)必须格式化后才能使用,磁盘的格式化分为物理格式化和逻辑格式化。物理格式化又被称为低级格式化,是对磁盘的物理表面进行处理,在磁盘上建立标准的磁盘记录格式,包括划分磁道和扇区、为每个扇区标注地址和扇区头标志等;逻辑格式化又被称为高级格式化,是在磁盘上建立一个系统存储区域,包括引导记录区、文件目录区、文件分配表等,这个工作由操作系统的文件管理系统完成,例如 FAT32、NTFS、ext4 等。

由于增加了很多管理位,因此格式化后的容量小于非格式化容量,称为格式化容量。格式化容量的计算公式如下(仍以定长记录为例):

格式化磁盘容量＝硬盘个数×磁盘记录面数×磁道数×每道扇区数×扇区容量

【例 3.7】 某磁盘组共有 2 个磁盘，每个磁盘有 5 个盘片，盘片采用双面记录，并且盘片组的最上及最下两个面不用。盘片存储区域的内径为 22cm，外径为 33cm，道密度为 40 道/cm，内层位密度为 400 位/cm，磁盘组采用定长记录方式。问磁盘组总的存储容量是多少？

解：由于采用定长方式，每个磁道存储的位数相等，因此

每个磁道存放的二进制位数＝位密度×磁道的周长＝$400 \times 2 \times \pi \times (22/2)$b

$\qquad\qquad\qquad\qquad\qquad = 27\,632\text{b} = 3454\text{B}$

磁道数＝道密度×盘片有效半径＝$40 \times (33-22)/2 = 220$

每个盘面容量＝磁道数×磁道容量＝$220 \times 3454\text{B} = 759\,880\text{B}$

总容量＝磁盘个数×盘面数×每个盘面容量

$\qquad = 2 \times (5 \times 2 - 2) \times 759\,880\text{B} = 12\,158\,080\text{B}$

$\qquad \approx 11.59\text{MB}$

2）传输速率

从前面介绍的硬盘读/写过程可以知道，硬盘的传输速率主要取决于以下因素：磁头定位到磁道的时间、需要访问的扇区旋转到磁头下（上）的时间以及磁头进行读/写操作所需的时间。这些因素又主要由平均寻址时间和数据传输率来衡量。

（1）平均寻址时间。

平均寻址时间是指磁头从起始位置到达目标磁道位置，并且定位到目标磁道上的目标扇区所需的平均时间。平均寻址时间由平均寻道时间和平均等待时间组成，即

平均寻址时间＝平均寻道时间＋平均等待时间

平均寻道时间是指磁头到达目标数据所在磁道的平均时间。磁头平均寻道时间主要决定于磁头动力臂的运行速度，单位为毫秒（ms）。目前，主流 SCSI 和 SATA 硬盘的平均寻道时间都在 5ms 以下。

平均等待时间是指磁头到达目标磁道后，等待所要访问的扇区旋转至磁头下（上）方所需的平均时间。平均等待时间一般取盘片旋转一周所需时间的一半。单位也为毫秒（ms），即平均等待时间＝1/转速/2。这样转速为 7200r/min 的磁盘的平均等待时间＝$(60/7200)/2\text{s} \approx 4.2\text{ms}$。

硬盘转速是指单位时间内硬盘盘片旋转的圈数，单位为 r/min（revolutions per minute，转数/分钟）。显然，硬盘转速越高，平均等待时间越短。常见的硬盘转速有 7200r/min、10000r/min、15000r/min 等。

（2）数据传输率。

硬盘数据传输率是指在读/写数据时单位时间内的数据传输量，通常单位用字节/秒（B/s）。硬盘数据传输率又可分为内部数据传输率和外部数据传输率。

内部传输率也称为持续传输率，它反映了硬盘缓冲区未用时的性能。内部数据传输率主要取决于硬盘的转速，即硬盘的内部数据传输率＝磁道容量×转速。显然，硬盘转速越快，数据传输速率就越高。

外部传输率也称为突发数据传输率或接口传输率，是指系统总线与硬盘缓冲区之间的数据传输率。外部数据传输率与硬盘接口类型和硬盘缓存的大小有关。

4. 硬盘数据的存储格式

在软盘和小容量硬盘中大都采用定长记录格式；在大容量硬盘中，可采用定长或不定长记录格式。

早期的定长记录格式中，多采用 512B 的扇区格式，如图 3-53 所示。每个扇区包含间隙（Gap）、同步（Sync）、地址标记、数据和纠错码（ECC）几个部分。其中，数据部分的长度为 512 字节，控制信息的总长度为 65 字节。在控制信息中，前三部分的总长度为 15 字节，被称为前导区，用于在读/写之前对磁头进行同步。间隙部分用于分隔扇区；同步部分用于标志扇区开始并提供计时对齐；地址标记部分包含可识别扇区号和位置的信息，还可提供扇区本身的状态。数据部分后面紧接着是纠错码 ECC 部分，ECC 部分长度为 50 字节，包含用于复原受损数据的纠错代码。从图 3-53 可以看出，在连续的两个扇区之间设置了固定宽度的间隙，间隙不仅可以隔离不同的扇区，更重要的是为了保证磁头能准确地定位到每个扇区的开始位置。

图 3-53　512 字节扇区的记录格式

随着区域密度的增加，512B 扇区在硬盘表面上占用的空间比率越来越小，同样大小的介质缺陷对总体数据负载损害的百分比就增加了，这使得错误纠正变得更加困难。为此，国际硬盘设备与材料协会（International Disk Drive Equipment and Materials Association, IDEMA）于 2009 年提出了一种称为"高级格式化"的磁盘标准，它将硬盘扇区大小从 512 字节增加到 4096（4K）字节。IDEMA 还宣布，自 2011 年 1 月 1 日起，所有的 SATA 接口的新硬盘产品，都将支持高级格式技术。高级格式化标准的 4K 字节扇区也包含间隙、同步、地址标记和纠错码部分，除了将纠错码字段增加到 100 字节外，其他三个控制信息部分的长度不变，控制信息的总长度由原来的 65 字节增加到了 115 字节。这样，扇区格式化效率从 89%（512/（512＋65））提高到了 97%（4096/（4096＋115））。

以希捷科技在 2010 年 12 月发布的首款基于高级格式 4K 扇区硬盘为例，示意性说明这类硬盘的相关性能参数。该硬盘型号为 Barracuda Green 系列，容量为 2TB，采用 3 盘片 6 磁头设计，5900r/min 转速，64MB 缓存，数据传输率为 144MB/s，采用 SATA3.0（6Gb/s）技术。

采用不定长记录格式时，一个磁道内的信息由若干个记录组成，图 3-54 给出了 IBM 2311 盘的不定长记录格式。

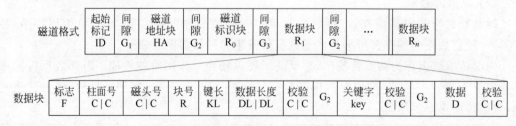

图 3-54　IBM 2311 盘的不定长度磁道记录格式

其中,起始标志 ID,也被称为索引标志,用于标识磁道的起点。间隙 G1,用于将连续的磁道划分为不同的区,以便进行定位和同步。磁道地址块 HA 用来标识磁道的状态,包括磁道是否完好,磁道的物理地址(柱面地址和磁头号),柱面逻辑地址,磁头逻辑地址和校验码。间隙 G2,用于将连续的磁道划分为不同的区,以便进行定位和同步。零号记录 R0,它是用户用来说明本磁道的有关状态,如果磁道发生故障,将依据 R0 提供的信息实现磁道替换。间隙 G3,包含一个地址标志,用于说明后面紧跟着的是数据记录块。数据记录块 Ri:由计数区、关键字区和数据区三部分组成。其中,计数区包含本区瑕疵、物理地址、标志、ID 识别区、记录号、本记录的关键字长度、本记录内数据长度、校验码。ID 识别区又包含磁道状况、好的原始道、坏的原始道、好的替补道、坏的替补道等地址。关键字区是数据的识别信息,如顺序号、密码及校验码。数据区用来记录用户数据,允许使用不同长度,最后是校验码。在进行磁盘格式化时,可以发现坏道并将其替换。

【例 3.8】 某磁盘存储器转速为 3000r/min,共有 4 个有效记录面,每道记录信息为 12 288B。最小磁道直径为 230mm,每毫米 5 道,共有 275 道,扇区大小为 512B。问:

(1) 磁盘存储器的存储容量是多少?

(2) 最高位密度与最低位密度是多少?

(3) 磁盘数据传输率是多少?

(4) 平均等待时间是多少?

(5) 给出一个磁盘地址格式方案。

解: 磁盘存储器的存储容量与其结构密切相关,因此,

(1) 磁盘存储容量 = 总盘面数 × 总柱面数 × 道容量

$$= 4 \text{面} \times 275 \text{道} \times 12\,288\text{B} = 13\,516\,800\text{B} \approx 12.89\text{MB}$$

(2) 最高位密度既最内道的位密度,因此,

最高位密度 = 道容量/最内道周长

$$= 12\,288\text{B}/230\text{mm} \times \pi \approx 17\text{B/mm} \approx 136 \text{位/mm}$$

最低位密度既最外道的位密度,由于磁盘的外直径未知,因此需先算出外径。即

最大磁道直径 = 最内径 + 有效记录区宽度 × 2

$$= 230\text{mm} + 275 \text{道}/5 \text{道} \times 2 = 230 + 110 = 340\text{mm}$$

最低位密度 = 道容量/最外道周长

$$= 12\,288\text{B}/340\text{mm} \times \pi \approx 11\text{B/mm} \approx 92 \text{位/mm}$$

(3) 数据传输率 = 道容量 × 转速

$$= 12\,288\text{B} \times 3000/60 = 614\,400\text{B/s} = 614.4\text{KB/s}$$

(4) 平均等待时间既磁盘转半圈的时间,因此,

平均等待时间 = 1/转速/2 = 60/3000/2 = 10ms

(5) 磁盘地址格式与信息在盘面上的分布方式有关,由于数据是按柱面、盘面、扇区划分的,因此地址中应含有这些编号。首先确定未知的扇区个数,

扇区数 = 12 288B/512B = 24 区,则扇区号取 5 位地址。

同理,4 个有效记录面需 2 位地址,275 道需 9 位地址,则共需 9+2+5=16 位地址。

磁盘地址格式安排如下:

15			7 6	5 4			0
柱	面	号	盘面号	扇	区	号	

3.5.3 磁盘阵列

由硬盘构建的虚拟存储器层次大大扩充了计算机系统可访问的存储空间,但是硬盘在存取速度上远远跟不上 CPU 速度的发展,在容量、可靠性等方面也难以满足计算机系统对存储系统的要求。

为了进一步提高硬盘的容量、速度及可靠性,RAID(Redundant Array of Independent Disk,独立冗余磁盘阵列)技术应运而生。冗余磁盘阵列技术诞生于 1987 年,由美国加州大学伯克利分校提出。其基本思想是将 n 台硬盘组合起来作为一个逻辑硬盘来使用,这些硬盘在 RAID 控制器的统一控制下协同工作,从而提供比单个硬盘更高的存储性能并提供数据备份等技术。这些硬盘和 RAID 控制器及一些电源等附件通常被集成在一个硬盘机柜中,通过标准的硬盘接口(如 SCSI、SATA 等)和计算机连接。CPU 把通过 RAID 组和起来的磁盘组当作一块硬盘来使用。

磁盘阵列中针对不同的应用设计了不同的技术标准,被称为 RAID 级别。常用的级别包括 RAID 0 到 RAID 7 等,如图 3-55 所示。需要注意的是,不同的 RAID 级别虽然对应于不同的性能、容量和可靠性,但级别的高低并不代表性能的好坏,只是反映了关键参数的不同组合。同时,RAID 级别可以相互组合或通过扩展形成诸如 RAID10、50 和 60 等组合 RAID 级别。

1. RAID 0:无差错控制的带区组磁盘结构

RAID 0 采用多磁盘体交叉存储,将磁盘的有效存储区域划分为带区(strip),带区可以是一个物理块或者是一个扇区等。RAID 0 把要存储的文件划分成带区大小的数据块,然后将连续数据分散存储到不同磁盘上。例如,图 3-55(a)中将奇数数据块存放在 Disk 0 上,而偶数数据块存放在 Disk 1 上。由于将数据分布在不同磁盘上可以交叉重叠访问,因此数据吞吐率大大提高,磁盘的负载也比较均衡。但 RAID 0 中没有对存储数据进行校验,实现容易但可靠性较差。

2. RAID 1:带镜像的磁盘结构

RAID 1 是对 RAID 0 的扩展,也采用多磁盘体交叉存储,但 RAID 1 采用镜像结构,通过冗余来提高可靠性。如图 3-55(b)所示,两个磁盘的内容完全一致,镜像硬盘相当于一个备份盘。RAID 控制器能够同时对两个磁盘进行读操作和写操作。通过镜像的方式,RAID 1 提高了系统的容错能力,并且比较容易设计和实现。但是 RAID 1 每次只能访问一个数据块,即数据块的传送速率与单个磁盘的读取速率相同,并且 RAID 1 中硬盘容量的利用率很低,只有 50%,是所有 RAID 级别中最低的。

3. RAID 2:带海明码校验的磁盘结构

RAID 2 采用磁盘体的位交叉存储技术,即将数据条块化地分布在不同硬盘上,条块的单位为位或字节,如图 3-55(c)中使用的条块单位为 4 位,这样数据需要使用 4 块硬盘,每个硬盘存放条块中的一位。并且,RAID 2 使用特定的编码技术(如海明码)来提供错误的检查及恢复,在图 3-55(c)中使用了 3 个磁盘来存放校验位。这种编码技术需要多个磁盘存放检查及恢复信息,使得 RAID 2 技术实施更加复杂。因此,在商业环境中很少使用。

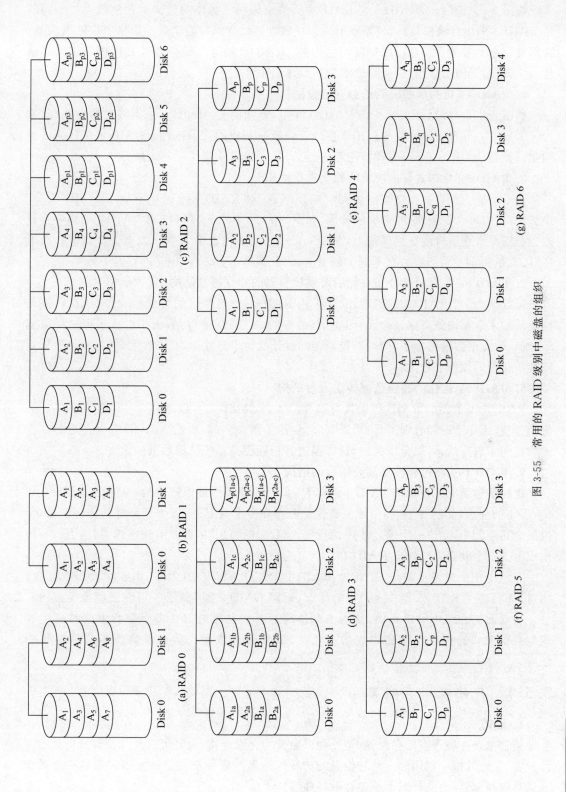

图 3-55 常用的 RAID 级别中磁盘的组织

4. RAID 3：带奇偶校验码的并行传送磁盘结构

如图 3-55(d)所示，RAID 3 与 RAID 2 类似也采用磁盘体的位交叉存储技术。不同的是 RAID 3 采用奇偶校验码，只需要增加一块磁盘存放奇偶校验信息。如果一块磁盘失效，奇偶校验盘及其他数据盘可以重新产生数据。RAID 3 对于大量的连续数据可提供很好的传输率，但对于随机数据，奇偶盘会成为写操作的瓶颈。

5. RAID 4：带奇偶校验码的独立磁盘结构

如图 3-55(e)所示，RAID 4 与 RAID 3 类似，不同的是，RAID 4 采用较大的条块（通常为一个扇区），并且增加一块专门用来存放奇偶校验条块的冗余磁盘。RAID 4 对数据的访问是以数据块为单位进行的，即按磁盘进行的，每次访问仅涉及一个磁盘。

6. RAID 5：分布式奇偶校验的独立磁盘结构

为了克服 RAID 4 对校验盘访问的瓶颈问题，对 RAID 4 改进后形成了 RAID 5。从图 3-55(f)中可以看到，它的奇偶校验码，如图 3-55(f)中的 A_p 到 D_p，由 RAID 4 的集中存放改为分别存放在所有的数据磁盘上，图 3-55(f)中的 A_p 代表第 A 带区的奇偶校验值。由于 RAID 5 的奇偶校验码存放在不同的磁盘上，因此提高了可靠性，但是并行能力较差。

7. RAID 6：带有两种分布存储的奇偶校验码的独立磁盘结构

RAID 6 是对 RAID 5 的扩展，除了采用 RAID 5 中对带区的奇偶校验外，还在每块磁盘上增加了数据块的奇偶校验，如图 3-55(g)中的 A_q 到 D_q。但是，由于引入了第二种奇偶校验值，磁盘的数量增加了，同时对控制器的设计变得十分复杂，写入速度较慢，验证数据正确性所花费的代价也较大。

8. RAID 7：优化的高速数据传送磁盘结构

RAID 7 与前面的 RAID 级别具有明显的区别，RAID 7 可以理解为一个独立存储计算机，它带有操作系统和管理工具，可以独立运行，如图 3-56(a)所示。RAID 7 所有的 I/O 传送均是同步进行的，可以分别控制，这样通过并行性提高系统访问数据的速度。

9. RAID 10：高可靠性与高效磁盘的结构

这种结构是 RAID 0 和 RAID 1 的组合，是一种带区加镜像的结构，结合了 RAID 0 和 RAID 1 的优点，如图 3-56(b)所示。数据除分布在多个盘上外，每个盘都有其物理镜像盘，提供全冗余能力，允许一个磁盘故障，而不影响数据的可用性，并具有快速读/写能力。一般要求至少 4 个硬盘才能做成 RAID 10。

实际应用中最常见的是 RAID 0、RAID 1、RAID 5 和 RAID 10。由于在大多数场合，RAID 5 涵盖了 RAID 2 到 RAID 4 的优点，所以 RAID 2 到 RAID 4 目前已经很少使用。

从前面的介绍中可以看出，使用 RAID 的主要优点是通过在多个磁盘上同时存储和读取数据大幅提高存储系统的数据吞吐量，以及通过数据校验和镜像技术提供容错功能等。

3.5.4 其他辅助存储器

1. 磁带

磁带也是一种磁表面存储器，是一种以磁带为存储介质，由磁带机及其控制器组成的存储设备，是计算机中常用的一种备份级的离线存储器。磁带与磁盘最大的区别是磁盘属于直接存取存储器，而磁带属于顺序存取存储器。

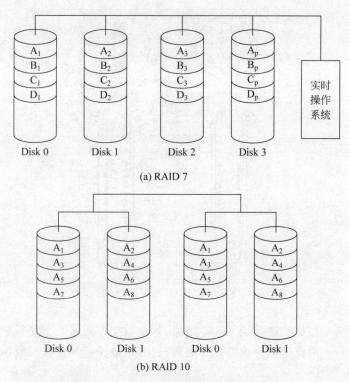

(a) RAID 7

(b) RAID 10

图 3-56　RAID 7 和 RAID 10 磁盘的组织

磁带存储器由磁带和磁带机两部分组成。磁带是通过在一条柔韧的聚酯薄膜带上涂上一层磁性材料来记录信息的,常见的盒式磁带通常被卷在两个可以来回转动的转轴上,并被封装在一个外壳中。不同类型磁带的宽度和长度并不相等。磁带上的磁道是沿磁带运动方向平行排列的,常见的磁带系统沿带宽方向有多个磁道,并且每个磁道上各有一个磁头,因此一次可以读取多个位的数据。

与磁盘不同,磁带机的磁头是固定不动的,通过磁带在磁头下的移动来完成定位操作。通常情况下,磁带被放在盘盒中,由放带盘送出、收带盘卷绕回收,放带盘和收带盘都有自己的驱动控制系统,如图 3-57 所示。磁带机是一种顺序存取的存储器,数据的位置直接影响到定位操作所需要的时间。在定位时,磁带可以正向或反向移动,并且读/写完毕后需要将磁头停在两个记录区之间。因此要求磁带驱动器不仅能保证磁带以一定的速度平稳地运动,并且能快速地启停。

按照磁带的记录格式不同可将磁带分为启停式和数据流式两种。

1) 启停式磁带机

启停式磁带机在数据块与数据块之间需要启动和停止,因此被称为启停式磁带机。启停式磁带机主要由走带机构、磁带缓冲机构、带盘驱动机构、磁头等部分组成。走带机构的作用是带动磁带运动,以完成读/写操作;缓冲机构的作用是减小磁带运动中的惯性,以便使磁带机能够快速的启停;带盘驱动机构的作用是控制带盘电动机的方向和速度,以控制磁带盘的正转或反转以及旋转的速度。磁带机磁头的工作原理和硬盘磁头的工作原理完全一样,但为了能将多个磁道的数据同时读/写,将多个磁头组装在一起构成组合磁头。在进行读/写操作时,磁头不动,磁带随走带机构转动到磁头下。

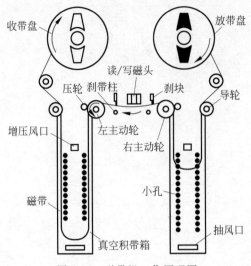

图 3-57　磁带机工作原理图

2）数据流磁带机

数据流磁带机中数据被连续地写在磁带上,每个数据块间插入记录间隙,使磁带机在数据块间不需要启停。数据流磁带机简化了启停机构,用电子控制代替机械控制,不仅降低了成本,还提高了可靠性。

图 3-58 给出了一个 9 磁道的 1/4 英寸盒式数据流磁带的记录格式。

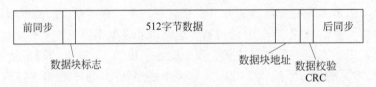

图 3-58　9 磁道 1/4 英寸磁带的记录格式

2. 光盘

光盘是利用光存储技术进行信息读/写的存储介质,如图 3-59 所示。光盘通常作为离线存储器来使用,具有存储容量大、存取方便、位价格低、易于保存等特点。

从图 3-59(a)可以看出光盘与磁盘一样,也采用圆形盘片作为记录面,并且盘片中心有一个圆孔,直径为 15mm,放入光盘驱动器(简称为光驱)后,主轴将带动盘片进行旋转从而进行光盘的定位。

光盘与硬盘有许多相同点,包括采用非接触式读写头、与主机采用 IDE、SCSI 等接口连接、以扇区作为最小读写单位等。但是,除了读写和记录的技术不同外,光盘和硬盘在信息的存放方式上也不相同。

与磁盘采用同心圆型磁道不同,光盘的记录区域是由内到外的螺旋形光道,如图 3-59(b)所示,信息以扇区为单位记录在光道上。由于光盘以恒定的线速度匀速转动,因此光盘的扇区是按照时间为单位来进行编址的,其地址格式为:分、秒、扇区号。例如,某扇区的地址为10 分 20 秒 30 号扇区。

光盘上存储的各种类型的信息经过数字化处理变成"0"与"1",其所对应的就是光盘上的

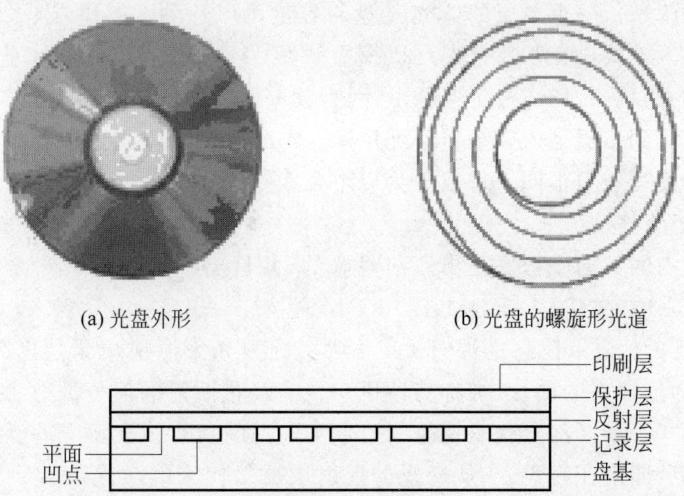

(a) 光盘外形   (b) 光盘的螺旋形光道

(c) CD光盘的记录方式

图 3-59　光盘

凹点和平面。当激光映射到盘片上时,如果是照在平面上,那么就会有 70% 到 80% 激光被反射回;如果照在凹点上,就无法反射回激光。根据反射和无反射的情况,光盘驱动器就可以解读"0"或"1"的数字编码了。

图 3-59(c)给出的一个 CD 光盘的横截面,从下到上分别是:

(1) 盘基(衬底):采用透明的聚碳酸酯(PC)材料,是光盘的物理载体。具有冲击韧性好、使用温度范围大等优点。

(2) 记录层:通过在盘基上涂抹有机染料而构成,因此记录层也被称为有机染料层,不同类型的光盘最本质的区别就是染料层所涂覆的有机染料是不同的。

(3) 反射层:由喷镀的金属膜构成,在光驱进行数据读/写时用来反射激光光束。

(4) 保护层:用来保护光盘中的反射层和记录层,防止信号被破坏。

(5) 印刷层(标签):一方面可以用于用户标识盘片内容等信息,另一方面也可以起到对光盘的保护作用。

光盘按照其所用的激光类型不同可以分为以下几类。

1) CD 光盘

CD 光盘(Compact Disk,高密度盘,)使用激光波长为 780nm,光斑直径为 $1.74\mu m$,光道间距为 $1.6\mu m$,凹坑宽度为 $0.6\mu m$,最小凹凸坑长度为 $0.83\mu m$。CD 光盘的容量一般为 650MB。

2) DVD 光盘

DVD 光盘(Digital Versatile Disc,数字多功能光盘)使用激光波长为 $635\sim650nm$,光斑直径为 $1.08\mu m$,光道间距为 $0.74\mu m$,凹坑宽度为 $0.4\mu m$,最小凹凸坑长度为 $0.4\mu m$。DVD 光盘有单层单面、单层双面、双层单面和双层双面。单层单面 DVD 的容量可达 4.7GB。

3) BD 光盘

BD 光盘(Blu-ray Disc,蓝光光盘)是最新的、容量较大的光盘。采用波长 405nm 的蓝色激光光束进行读/写,一个单层的蓝光光盘的容量可以达到 25GB 或是 27GB。主要是因为采用了以下写入模式:缩小激光光点以缩短轨距($0.32\mu m$)增加容量,蓝光光盘构成"0"和"1"数字数据的凹坑($0.15\mu m$)变得更小,因为读取凹坑用的蓝光激光波长比红光激光小;利用不同反射率达到多层写入效果;沟轨并写方式,增加了记录空间。

138

光盘按照其读写能力不同又可以分为以下几类。

1) 只读型光盘

只读型光盘内的数据或程序是出厂前写好的,并且出厂后用户只能读不能写。常见的只读型光盘有 CD-ROM、DVD-ROM、BD-ROM 等。

CD-ROM 型光盘记录信息的原理是,大功率的激光束照射记录层时使记录层发生形变,在记录层表面形成小的凹坑(被称为凹区),没有经过照射的部分被称为凸区。凹区部分代表记录二进制"0",凸区部分代表记录二进制"1"。在读出时,光驱上的激光器发出的激光束经过透镜聚焦后照射在光盘上,从光盘的反射层反射回来的激光束沿原光路返回激光分离器后被分离出来,由于凹区反射光比凸区的弱,因此可以通过反射光的强弱来识别"0"和"1"。这样,反射光经反射到达光电检测器后被转变为电信号,在经过数字电路的处理,最终被还原为二进制数据。

2) 写一次型光盘

顾名思义,写一次型光盘在出厂后可以并且只可以进行一次写入操作,写入后可以多次读出。常见的写一次型光盘有 CD-R、DVD-R、DVD+R、BD-R。

与只读型光盘被激光照射后产生物理凹坑不同,写一次型光盘的凹区和凸区是通过不同的反射光来模拟的。例如,CD-R 型光盘出厂时,记录层是透明的。在进行写操作时,使用 8~16mW 的激光照射记录层的记录点,激光照射产生的能量使得该点发生化学反应,改变了燃料的分子结构,从而产生一个黑点。在读出时,光接收器可以分辨出黑点和未经照射的透明区域,从而识别"0"和"1"。

3) 可擦写型光盘

这种光盘与磁盘类似,可以进行多次的读/写操作。目前常用的记录方式有:光磁记录和相变记录。常见的可擦写型光盘有 CD-RW、DVD-RW、DVD+RW、RD-RW 等。

光磁记录型光盘(又被称为磁光盘)利用磁膜矫顽力随温度变化性质或者铁磁-顺磁转变的性质来进行写入。磁光盘的存储介质为稀土过渡金属 GdGo(钴化钆),其物理特性是在常温下为铁磁体,磁畴取向稳定,当温度升高至居里温度时变为顺磁体,使得磁畴具有相同的磁化方向。在进行写入时,用激光向需要存储"1"的单元区域加热,使其温度超过居里点,失去磁性;同时,在盘的另一面的电磁线圈上施加一个外磁场,使被照单元反向磁化。这样该单元区域磁化方向与其他未照射单元方向相反,从而写入二进制"1",而其他未经照射单元相当于存储信息"0"。信息擦除过程与写过程刚好相反,即恢复原来的磁化方向。在读出时,采用偏振光来检测磁化方向,利用磁光效应将磁化方向的变化变换成光线强度的变化,从而识别出"0"和"1"。

相变记录型光盘(又被称为相变光盘)是利用记录介质的两个稳态之间的互逆相结构的变化来实现信息的记录和擦除。相变光盘的存储介质为 Re-Tm 晶态合金,这种材料有两种稳态,分别是反射率高的晶态和反射率低的非晶态(玻璃态)。在一定条件下,可完成晶态和非晶态的变换。这样可以用晶态和非晶态来分别表示二进制"1"和"0"。写入"0"时,利用高功率窄脉冲的激光进行照射,是介质温度上升到熔点,再进行骤冷,从而使记录的单元区域变为非晶态,从而达到写入"0"的目的。擦除时,利用低功率宽脉冲激光照射,使得介质缓慢加热至低于熔点并且高于非晶态的变换温度,使记录的单元区域还原为晶态,这样也就相当于写入了"1"。在读出时,通过晶态和非晶态不同的对光线的反射率来识别"1"和"0"。

3. U 盘

U 盘也被称为闪存盘,采用 3.2.6 节介绍的闪速存储器作为存储介质。U 盘是目前最常使用的移动存储器。U 盘的组成比较简单,主要包括闪存芯片、设备控制器、石英振荡器和 USB 插头等几个部分,如图 3-60 所示。

图 3-60　U 盘结构

(1) 闪存芯片:用以存储数据。

(2) USB 存储设备控制器:提供 USB 设备控制器及与闪存的接口。

(3) 石英振荡器:用于提供 U 盘工作所需的时序信号。

(4) USB 插头:提供连接到主机的接口。

4. 固态硬盘

固态硬盘(Solid State Disk,SSD)也被称为电子硬盘或者固态电子盘,是一种近年来出现的新型硬盘。这种硬盘并不属于磁表面存储器,而属于半导体存储器。它是由固态存储单元和控制单元组成的。目前绝大多数的固态硬盘采用 DRAM 和 NAND 型闪存作为存储介质。

固态硬盘中的控制单元负责对存储单元的读/写操作,由于没有常规硬盘中的机械部件,因此固态硬盘启动速度快,内部传输速率远高于常规硬盘。同时,固态硬盘属于随机访问的存储器,其寻址时间与数据的存储位置无关。

与常规硬盘相比,固态硬盘还有低功耗、无噪声、抗振动、低热量、体积小等优点。但是又存在着成本高、容量小、寿命短、可靠性低、写入速度慢等缺点。

思考题与习题

1. 存储系统的层次结构的意义何在? 这种结构给计算机系统带来了哪些新的问题?

2. 在存储系统的层次结构中,设计高速缓冲器和虚拟存储器的目的各是什么? 对这两个存储层次的管理有何异同点?

3. 解释存储元、存储单元、存储体的概念及它们之间的关系。

4. 说明主存器的容量、最大寻址空间、CPU 交换数据的单位各由哪些因素决定?

5. 回答下列问题:

(1) 说明存取周期和存取时间的区别;

(2) 什么是存储器的带宽? 若存储器的数据总线宽度为 32 位,存取周期为 200ns,则存储器的带宽是多少?

6. 某机字长 32 位,其主存存储容量为 64KB,问:

(1) 若按字编址它的寻址范围是多少? 其存储容量应如何描述?

(2) 若按字节编址,试画图示意主存字地址和字节地址的分配情况;

(3) 试比较按字编址与按字节编址的优缺点。

7. 设有一个具有 20 位地址和 32 位字长的存储器,问:

(1) 该存储器能存储多少字节的信息?

(2) 如果此存储器由 512K×8 位 SRAM 芯片组成,需要多少芯片?

(3) 需要多少位地址作为芯片选择?

8. 对于 SRAM 芯片,如果片使能信号始终是有效的,问:

(1) 若读命令有效后,地址仍在变化,或数据线仍被其他信号占用,则对读出的正确性有什么影响?还有什么其他问题存在?

(2) 若写命令有效后,地址仍在变化,或写入数据仍不稳定,会对写入有什么影响?

9. 在 DRAM 存储器中为何将地址分为行地址和列地址?采用这种双向地址译码后,需要增加哪些器件?会给 DRAM 存储器的性能带来哪些方面的影响?

10. 某 DRAM 每 1ms 必须刷新 64 次,一个存储周期需要 250ns,刷新周期与存储周期相同。则刷新时间占存储器总操作时间的百分比是多少?

11. 若用 1M×1 位的 DRAM 芯片构成 1M×16 位的主存储器,芯片内部存储元排列成正方形阵列,其刷新最大间隔时间为 4ms。则采用异步刷新时,两次刷新操作应相隔多长时间? 4ms 时间内共需多少个刷新周期?

12. 某 32 位机主存地址码为 32 位,使用 64M×4 位的 DRAM 芯片组成,设芯片内部由 4 个 8K×8K 存储体结构组成,4 个体可同时刷新,存储周期为 $0.1\mu s$。若采用异步刷新方式,设存储元刷新最大时间间隔不超过 8ms,则刷新定时信号的周期时间是多少? 对整个存储器刷新一遍需要多少个刷新周期?

13. 用 16K×8 位的 DRAM 芯片构成 64K×32 位存储器,要求:

(1) 计算该存储器的芯片用量;

(2) 画出该存储器的原理性组成逻辑图;

(3) 采用异步刷新方式,设芯片内部矩阵为 128×128×8 结构,如存储元刷新最大间隔不超过 8ms,则刷新定时信号周期是多少? 对整个存储器刷新一遍需要多少个刷新周期?

(4) 若改用分散刷新方式,设存储周期为 $0.5\mu s$,则在 8ms 时间内可对整个存储器刷新多少遍? 有多少遍是多余的?

(5) 若改用集中刷新方式,CPU 访存的死时间是多少?

14. 某机存储器的 ROM 区域所占的地址空间为 0000H~3FFFH,由 8K×8 位 EPROM 芯片组成。RAM 区域的大小为 40K×16 位,起始地址为 6000H,采用的 SRAM 芯片容量仍为 8K×8 位。假设 SRAM 芯片有 $\overline{CE}$ 和 $\overline{WE}$ 信号控制端,CPU 的地址总线为 A_{15}~A_0,数据总线为 D_{15}~D_0,控制总线给出的控制信号有 R/$\overline{W}$(读/写)和 $\overline{MREQ}$(访存)。要求:

(1) 画出地址空间分配图,并在图中标出译码方案;

(2) 画出该存储器的原理性组成逻辑图,并与 CPU 总线相连。

15. 设 CPU 有 16 根地址线,8 根数据线,并用 $\overline{MREQ}$ 作访存控制信号(低电平有效),用-WR 作读/写控制信号(高电平为读,低电评为写)。现有下列存储芯片:1K×4 位 SRAM;4K×8 位 SRAM;8K×8 位 SRAM;2K×8 位 EPROM;4K×8 位 EPROM;

8K×8 位 EPROM 及 74LS138 移码器和各种门电路,请画出 CPU 与存储器的连接图。
要求:

(1) 主存地址空间分配如下:6000H~67FFH 为系统程序区;

6800H~6BFFH 为用户程序区;

6C00H~6FFFH 为系统程序工作区。

请画出主存地址空间分配图,并标出译码分配方案。

(2) 合理选用上述存储芯片,请说明芯片的选择方案。

(3) 详细画出存储芯片的片使能逻辑图。

16. 某机主存地址码为 32 位,使用 64M×4 位的 SRAM 芯片组成,并采用存储条(模块板)结构,请问:

(1) 若该主存采用按字节编址方式,其寻址范围可达多少?

(2) 若每个存储条容量为 512MB,共需几块存储条才能构成支持上述寻址范围的主存?

(3) 每个存储条内需要多少 SRAM 芯片?该主存共需多少 SRAM 芯片?

(4) 画出该存储器的地址格式分配图。

(5) 若采用 74LS138 译码器芯片,画出存储条(模块板)的逻辑组成图。

(6) 设 CPU 采用 $\overline{\text{MERQ}}$(访存请求,低有效)信号、R/$\overline{\text{W}}$(读/写控制信号,高为读令,低为写令)信号与主存联络,画出该存储器的逻辑组成框图并与 CPU 连接。

17. 用 2 片 1M×4 位的 SRAM 芯片和若干片 256K×8 位的 SRAM 芯片构成 1M×16 位的主存储器,设 CPU 的地址总线为 A19~A0,数据总线为 D15~D0,控制信号为 R/$\overline{\text{W}}$(高电平表示读,低电平表示写),$\overline{\text{MREQ}}$(低电平表示访存),试问:

(1) 除 2 片 1M×4 位 SRAM 芯片外,还需多少片 256K×8 位 SRAM 芯片?

(2) 画出该存储器的组成逻辑图,并与 CPU 连接。

18. 某 64 位机主存地址码为 26 位,使用 256K×16 位的 DRAM 芯片组成,并采用模块板结构,问:

(1) 若每个模块板容量为 1M×64 位,共需几块模块板?

(2) 每个模块板内有多少 DRAM 芯片?

(3) 主存共需多少 DRAM 芯片?

(4) 试述该存储器的地址译码方案。

19. 现有两个 IA-32 汇编程序,其中分别定义了一个数据段,定义方式如下:

(1)
```
data segment
msg db "Hello"
align 4
dw 100,200,300
data ends
```

(2)
```
data segment
msg db "Hello"
dw 200,300,400
data ends
```

若这两个程序运行前,数据段加载到主存中的起始地址为 00B04010H,请分别画出两个程序中数据段在主存中放置的示意图,并标出每个字节单元的地址及内容。

20. 相联存储器是如何按内容寻址的？这种寻址方式有何优势,适用于哪些场合？

21. 图 3-36 中,如果检索寄存器的值为" **** 1011 **** **** ",屏蔽寄存器的值是什么？检索完成后,匹配寄存器中的值又是什么？

22. Cache 与 CPU 和主存间进行数据交换的单位是什么？虚拟存储器中,辅助存储器与主存间进行数据交换的单位是什么？

23. 在计算机系统中设计多级 Cache 增加了系统的复杂性,能不能只设计一级 Cache,并将其容量扩展到足够大？

24. 将数据 Cache 和指令 Cache 分开有什么好处？

25. 某计算机系统的内存由 Cache 和主存构成,Cache 的存取周期为 40ns,主存的存取周期为 200ns。已知在一段给定的时间内,CPU 共访问内存 4500 次,其中 300 次访问主存,求:

(1) Cache 的命中率是多少？

(2) CPU 访问内存的平均访问时间是多少？

26. 某 32 位计算机的 Cache 容量为 64KB,Cache 块的大小为 16B,若采用直接映射方式,则主存地址为 123456F8(十六进制)的存储单元装入到 Cache 中的 Cache 地址是多少？

27. 给定以下程序段:

```
int array[1000][1000];
    for ( i = 0; i < 1000; i ++)
        for ( j = 0; j < 1000; j ++)
            sum += a[i][j];
return sum;
```

试比较按行优先和按列优先两种方式存储方式哪一种有更高的执行效率。

28. 某计算机的 Cache 采用组相联映射方式,每块大小为 128B,Cache 容量为 64 块,按 4 块分组,主存容量为 4096 块,问: 主存地址共需多少位？ 主存地址字段中主存块标记,组地址和块地址各需多少位？

29. 假设主存与 Cache 间采用 2 路组相联映射,块大小为 256 字。Cache 容量为 8K 字,主存地址空间为 2M 字。问: 主存地址该如何划分？说明主存地址和 Cache 地址是如何映射的？

30. 假设某计算机的 Cache 的容量为 8 块,块大小为一个字,开始时 Cache 所有块为空。如果采用直接映射方式及 LRU 替换算法,按字编址。CPU 按照如下地址顺序执行: 1,2,4,8,16,21,56,45,2,4,6,7,5,4,7。问:

(1) 说明每次访问时命中还是缺失,并计算上述访问的命中率是多少？

(2) 假设 cache 的容量为 4 块,重新计算(1)。

(3) 如果采用两路组相联映射方式,其他条件不变,重新计算(1)。

31. 考虑以下简单的程序:

```
for i = 1 to 100
    x = x + 1;
```

分别说明采用写回法和写直达法时,分别需要对主存执行多少次写操作？

32. 某磁盘组有 6 片盘片,每片有两个记录面,最上最下两个面不用。存储区域内直径 22cm,外直径 33cm,道密度为 40 道/cm,内层位密度 500 位/cm,转速 5400r/min。问:

(1) 共有多少柱面?

(2) 盘组总存储容量是多少?

(3) 数据传输率是多少?

(4) 采用定长数据块记录格式,直接寻址的最小单位是什么?若一个扇区的大小为 512B,系统中带有两台盘驱,则寻址命令中如何表示磁盘地址?

(5) 如果某文件长度超过一个磁道的容量,应将它记录在同一个存储面上,还是记录在同一个柱面上?为什么?

33. 假设磁盘存储器共有 5 个盘片,最外两侧盘面不能记录,每面有 200 个磁道,每条磁道有 12 个扇区,采用定长记录格式,每个扇区可保存 512 字节。磁盘机以 7200r/min 速度旋转,平均定位时间为 8ms。问:

(1) 这个磁盘存储器的存储容量是多少?

(2) 磁盘存储器的平均寻址时间是多少?

(3) 数据传输率是多少?

34. 某磁盘存储器的转速为 7200r/min,共有 6 个记录面,每毫米磁道数为 10 道。采用定长记录格式,每个磁道可以记录信息 12 288 字节,最小磁道直径为 22cm,共有 200 道,问:

(1) 这个磁盘存储器的存储容量是多少?

(2) 最外层磁道和最内层磁道的位密度分别是多少?

(3) 数据传输率分别是多少?

35. 对于一个有多个盘面构成的磁盘存储器,当需要存储的文件长度超过一个磁道的容量时,应该将超出部分记录在同一个盘面的不同磁道,还是不同盘面的同一个磁道?

36. 已知某磁盘存储器转速为 2400r/min,每个记录面道数为 200 道,平均查找时间为 60ms,每道存储容量为 96Kb,求磁盘的存取时间与数据传输率。

37. 分别画出 FM 和 MFM 记录 01100010 的写入电流波形。

第4章 总线与输入/输出系统

现代计算机通常采用以总线为中心的组织结构，了解系统总线的相关知识后，就可以将计算机中的几大模块连接起来构成一个基本的计算机硬件系统。本章首先介绍系统总线的分类、结构和控制方式。输入/输出系统是构成计算机硬件的主要模块之一，其中涉及的内容极其繁杂。本章以常用 I/O 设备为例，介绍其基本组成和工作方式，重点介绍 I/O 设备与主机交换信息的主要控制方式，以及相关 I/O 接口的组成。

4.1 总线的概念与分类

早期计算机的硬件比较简单，所以各部件之间使用简单的单独连接，即需要通信的两个部件之间设置一组专用的连接线，称为分散互连方式。但是，随着计算机系统功能的日益增强，其硬件复杂度越来越高，分散式互连进一步增加了硬件的复杂性。特别是随着计算机应用领域的不断扩大，I/O 设备的种类和数量越来越多，分散互连方式无法满足用户随时增添或删减设备的需要，所以出现了共享方式的总线互连结构。

4.1.1 总线的概念

总线就是连接多个部件之间的信息传输通路，是各部件间共享的传输介质。如图 4-1给出了一种总线结构计算机的组成框图。

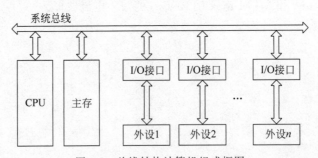

图 4-1 总线结构计算机组成框图

总线中包含一组信号线，每根信号线在某个特定的时间段(传输延迟时间)内只能传输一个确定的电信号(高电平或者低电平)。由于总线上连接着多个部件，如果出现两个或者两个以上的部件同时向总线上发送信息，势必导致总线上信号冲突，造成传输无效。因此，在一个时刻，只能允许一个部件向总线发送信息，但多个部件可以同时从总线上接收信息。并且，在一个总线传输操作结束之前不能启动另一个总线传输操作。

所以,总线是连接计算机各功能部件的逻辑电路,它不仅包含一组连接线,还包括管理信息传输规则的电路。即总线的基本组成是一组导线加上接收和发送控制逻辑。

4.1.2 总线的分类

按照总线在计算机中的位置和作用,可以把总线分为片内总线、系统总线和通信总线三类。

1. 片内总线

片内总线是指连接芯片内部各部件的总线,例如 CPU 芯片内部可以采用总线方式连接寄存器、ALU 和控制单元。图 4-2 给出了一个总线结构的 CPU 组成框图。

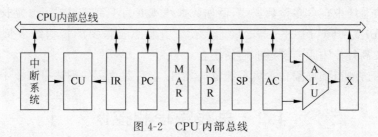

图 4-2 CPU 内部总线

2. 系统总线

系统总线是单机系统内部各大部件间信息传输的公共通路。图 4-1 示意了 CPU、主存和各种 I/O 接口之间通过系统总线互连的结构。

系统总线包含一组信号线,按照信号线上传输信息类型的不同,系统总线又可以分为:数据总线、地址总线和控制总线三类。

1)数据总线

数据总线用来在各功能部件之间传输数据信息(包括一般意义上的数据和机器指令),它是双向传输总线,其位数与机器字长、存储字长有关,一般为 8 位、16 位、32 位或 64 位。数据总线的位数称为总线宽度,即总线宽度表示系统总线能同时传送的数据位数,它是衡量计算机系统性能的一个重要参数。

2)地址总线

地址总线用来指出数据总线上的源数据或目的数据在主存中的单元地址或者 I/O 设备的地址。地址总线上传输的地址来源于总线传输操作的发起者,即地址传输的方向是从发起者到响应者,所以可以认为地址总线是单向总线。

地址总线的宽度决定了系统总线的寻址范围。对于主存来说,地址总线宽度决定了主存可以达到的最大容量。例如,若地址总线为 32 位,那么按字节寻址的主存储器可达到的最大容量为 2^{32}B=4GB。

3)控制总线

由于系统总线是各部件间传输信息的公共通路,多个部件共享总线时需要对总线进行相关的管理和控制,控制总线就是用来传送各种控制命令信号以及各部件间协同操作所需要的时序信号和操作状态信号。例如,CPU 通过系统总线欲从 I/O 接口中读取数据时,CPU 发出 I/O 访问命令(IO/$\overline{\text{M}}$)和读命令($\overline{\text{RD}}$),I/O 接口把数据准备好后发送就绪信号(Ready)。

控制总线也由一组信号线组成。对于每根信号线来说,它是单向的;但是,对于控制总线整体来说,它是双向总线。控制总线给出的信号类型决定了系统总线所支持的控制方式以及通信方式。

3. 通信总线

通信总线用来实现计算机系统之间或者计算机系统与其他仪器设备之间的数据传输。可以认为,通信总线是系统总线的向外延伸,根据延伸范围的远近,通信总线的基本传输方式分为串行通信总线和并行通信总线两类。

串行通信总线中仅有一根数据线,传送数据时从低位开始按位依次传送(bit-by-bit)。其特点是需要的传输线数量少,比较适合于传输距离较远且速度要求不高的通信场合。

并行通信总线中包含多根数据线,例如数据线宽度为1字节长或者1字长,数据按字节(Byte-by-Byte)或字(word-by-word)同时传送。其特点是需要的传输线数量较大,适合传输速度要求较高且传输距离较近的通信场合。

本教材的讲解范围局限在单机系统范畴,所以本章对总线的阐述重点集中在系统总线。

4.2　总线管理和控制

为了控制一个时刻只有一个部件向总线上发送信息,同时减轻总线的负载。通常,总线上的部件都通过三态控制逻辑与总线相连。图4-3给出了部件与总线的一种连接逻辑。这里仅示意出了数据总线和部分控制信号线。

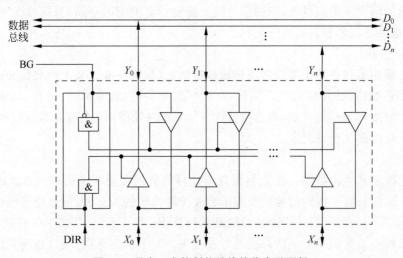

图 4-3　具有三态控制的总线接收发送逻辑

在图4-3中,BG(Bus Grant)是总线允许信号,DIR(Direction)是传输方向控制信号。部件只有获得有效的BG信号后,才能通过总线发送/接收数据(传输方向由DIR信号决定)。而部件如何能获得总线允许是由总裁仲裁逻辑完成的。

一次总线传输操作可能涉及多个部件,由于各部件的处理速度不同,所以在它们之间进行信息传输时,需要进行时间上的协调和配合。这种协调配合方式常称为总线的定时方式或者通信方式。

4.2.1 总线仲裁机制

系统总线上连接着多种部件,按照部件对总线是否具有控制能力,可以将部件划分为主模块和从模块两种。主模块对总线具有控制能力,从模块只能被动地响应主模块发来的总线命令,对总线没有控制权。在一次总线传送操作中,仅有一个部件为主模块,但可以有一个或者多个部件为从模块。有些部件既可以作为主模块也可以作为从模块,但有些部件只能作为从模块。例如,CPU 通常作为主模块,主存只能作为从模块,而有些 I/O 接口既可以是主模块也可以是从模块。

总线上的信息传输由主模块启动。主模块首先发出总线请求信号,若有多个主模块同时发出总线请求时,就由总线仲裁逻辑决定优先响应哪一个主模块的请求,并将总线控制权移交给这个部件。获得总线控制权的部件决定与哪个(或者哪几个)从模块进行通信,并提供访问地址及数据传送方向控制信号。

总线仲裁方式有集中式和分布式两种。集中式仲裁逻辑集中在一起(如由 CPU 中的控制器承担,或者有专门的总线控制器芯片);分散式仲裁逻辑分布在总线连接的各个部件中。

常见的集中式仲裁机制分为链式查询、计数器定时查询和独立请求三种方式。

1. 链式查询方式

通过一条判优链路(优先链)对所有主模块逐个串行查询。这样,最先查询到的模块优先级就最高,并按照查询次序依次递减。通常,离总线控制器物理连接最近的模块优先级最高,而离总线控制器越远的模块其优先级越低。

链式查询方式从离总线控制器最近的主模块开始查询,首先查询到的请求一定是所有提出请求的主模块中优先级最高的一个。查到第一个有请求的主模块后,该模块通过相应信号卡断判优链路,这样它就可以独占总线与从模块之间进行操作了。当操作结束后,主模块应及时释放总线,此时总线控制器可以继续对其他请求模块进行判优。图 4-4 给出了链式查询方式下各主模块和总线控制器的连接。

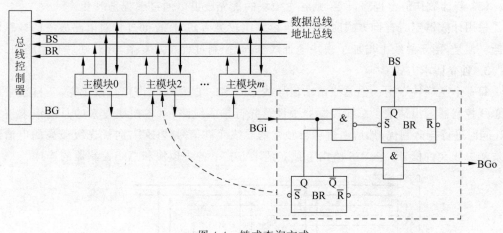

图 4-4　链式查询方式

BR(Bus Request)是总线请求信号。所有主模块都通过此线向总线控制器发请求信号,该信号有效时表示系统中至少有一个主模块请求使用总线。

BG(Bus Grant)是总线允许信号。总线控制器通过此线向请求总线的主模块发出允许使用总线信号,该信号有效时表示总线控制部件已经响应了总线请求。

BS(Bus Busy)是总线忙信号。所有主模块都通过此线向总线控制器发"忙"信号,该信号有效时表示总线正在被占用。

链式查询方式优点是控制信号线数量少,结构简单,易于扩充。但是,查询速度慢,并且总线允许信号通过各个模块传播,对传播过程中电路故障比较敏感。另外,各模块的优先级固定不变,使用灵活性比较差,也可能造成优先级低的模块可能长期得不到响应,影响总线所连接的模块数量。

2. 计数器定时查询方式

在总线控制器中设置一个查询计数器。开始查询时,启动计数器计数。每计数一次,就将计数值作为模块地址发往各个主模块。每个申请总线的主模块对地址进行识别,地址相符合的模块就获得了总线的控制权,并且通过设置总线忙信号 BS 有效使查询计数器停止计数。图 4-5 给出了计数器定时查询方式下各主模块和总线控制器的连接。

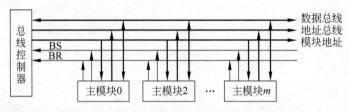

图 4-5　计数器定时查询方式

在计数器定时查询方式中,主模块的优先级取决于计数器的工作方式。

(1) 若每次查询时计数器都是从 0 开始计数,则 0 号(模块地址)主模块的优先级最高,其他主模块优先级按照模块地址依次降低。

(2) 若每次查询时计数器都是从上一次查询的计数终止点开始计数,则终止点对应的模块优先级最高。通常这种方式下计数器循环计数,这样主模块的优先级也就循环递减。

(3) 若计数初值由程序设定,则各主模块的优先级可以通过编程来改变。

采用计数器定时查询方式时,优先级设置比较灵活,并且查询过程对电路故障的敏感性较低。但是,由于总线上增加了模块地址线,同时控制过程相对复杂,导致硬件开销增加。

3. 独立请求方式

每一个主模块专用一根总线请求信号线 BRi 和一根总线允许信号线 BGi,各自独立地向总线控制器发出请求。总线控制器中设置并行排队线路,对各模块发来的总线请求信号 BRi 同时进行排队判优,然后通过各自独立的总线允许信号线 BGi,向优先级最高的申请模块发送总线允许信号。图 4-6 给出了独立请求方式下各主模块和总线控制器的连接。

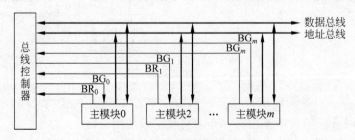

图 4-6　独立请求方式

独立请求方式的特点是查询速度快,但由于控制线数增多,控制逻辑复杂,所以硬件开销较大。

4.2.2 总线通信方式

在一次总线传送操作中,涉及两个或两个以上的部件,这些部件的性能可能差异很大。那么,如何在它们之间进行操作时间上的协调,以保证数据传输的正确性和总线利用的高效性将是本节讨论的重点。

通常,一次完整的总线传送操作过程可以分为以下四个阶段。

(1)申请分配阶段。由需要使用总线的主模块向总线控制器提出总线使用请求,若总线当前空闲,经过总线仲裁机构判优后(因为可能有多个主模块同时提出请求),总线控制器将总线控制权分配给优先级最高的申请者。

(2)寻址阶段。获得总线控制权的主模块利用总线向从模块发送地址和读/写命令,启动从模块工作。

(3)数据传送阶段。主模块和从模块通过总线进行数据交换,数据交换的方向由主模块发出的读/写命令来决定。

(4)结束阶段。主模块撤销总线上的信号,将总线控制权交还给总线控制器。

通常,用总线周期表示完成一次总线操作所需要的全部时间。在上述四个阶段中,申请分配阶段花费的时间无法确定,它不仅取决于总线仲裁机制,也受到其他部件有无总线请求的影响。所以,这个阶段通常不计算在总线周期中。结束阶段操作比较简单,所用时间相对较短,通常忽略不计。所以,总线周期主要由寻址时间和数据传送时间组成。

总线周期的基本操作类型有主存读、主存写、外设读和外设写。总线上数据的读/写方向是相对于主模块而言的,即由从模块发送、主模块接收的传送操作被认为是总线读(接收);而由主模块发送、从模块接收的传送操作被认为是总线写(发送)。所以,主存读(写)可以是指 CPU 作为主模块读(写)主存,或者指 I/O 接口作为主模块读(写)主存。外设读(写)一般是指 CPU 作为主模块对 I/O 设备进行读(写)。

一般情况下,主模块每获得一次总线控制权,便与从模块传送一个数据,即总线周期由一次地址传送时间和一次数据传送时间组成,称为正常总线周期。但是对于高速部件来说,可以一次获得总线控制权后传送多个数据,即总线周期由一次地址传送时间和多次数据传送时间组成,称为猝发(burst)总线周期。而对于慢速部件来说,可能在一个正常总线周期内无法完成一次数据传送,需要分配更长的总线时间。

总线通信方式就是来解决由于部件之间的速度差异造成的不协调问题。通常有四种通信方式:同步通信、异步通信、半同步通信和分离通信。

1. 同步通信

采用同步通信方式的总线,其通信双方(或者多方)使用统一的时钟信号来控制数据的传送过程。通常,一个总线周期中固定分配若干个时钟周期,并且对于所有模块来说,无论它们的操作速度快与慢,在每个时钟周期完成的操作基本上都是相同的。所以,设计总线操作时序时必须按照最慢速模块和最长距离来安排时钟周期,使得总线周期能满足任意模块间的传送过程。

图 4-7 示意了一个输入模块(例如主存)通过总线向主模块(例如 CPU)传送数据的同

步通信过程。假设一个总线周期由 4 个时钟周期组成,每个时钟周期具体操作定义如下:

T1:主模块(CPU)通过总线向从模块(主存)发送地址;

T2:主模块(CPU)通过总线向从模块(主存)发送读命令;

T3:从模块(主存)通过总线向主模块(CPU)发送数据;

T4:主模块(CPU)撤销地址和读命令。

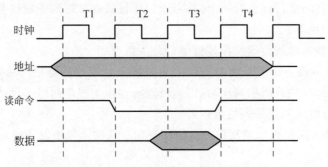

图 4-7　同步总线读周期时序

图 4-8 示意了一个输出模块(例如外设)通过总线从主模块(例如 CPU)接收数据的同步通信过程。同样假设一个总线周期由 4 个时钟周期组成,每个时钟周期具体操作定义如下:

T1:主模块(CPU)通过总线向从模块(外设)发送地址,并且主模块(CPU)通过总线向从模块(外设)发送数据;

T2:主模块(CPU)通过总线向从模块发(外设)出写命令;

T3:从模块(外设)从总线上接收数据;

T4:主模块(CPU)撤销写命令、数据和地址。

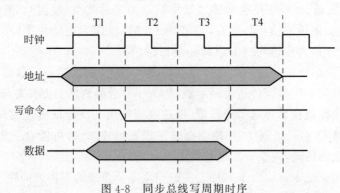

图 4-8　同步总线写周期时序

同步通信方式的控制过程相对简单,但是当系统中各部件速度差异较大时,严重影响总线工作效率,且灵活性差。通常适合于短距离且各部件速度较接近的通信场合。

2. 异步通信

异步通信双方(或多方)不采用统一的时钟信号来控制数据的传送过程,各模块可以按照各自所需要的实际时间使用总线。为了协调模块间速度不匹配的问题,主模块和从模块之间采用应答(握手)方式相互联络,因此在主模块和从模块间要增加应答信号线。

异步总线周期的长短可以随主模块和从模块的实际操作时间而变化,因而当系统中各部件速度差异较大时，总线工作效率比同步通信高得多。但是，异步通信控制复杂，比同步通信难以实现。

异步通信根据应答信号配合的完善程度，还可以分为不互锁、半互锁和全互锁三种类型。

1）不互锁方式

这是一种不完善的应答方式。其通信过程如下：主模块向从模块发出通信请求信号后，并不等待从模块的回答信号，而是经过一段延迟时间后，默认从模块已经收到了请求信号，所以自动撤销请求信号。从模块接到请求信号后，在条件允许时向主模块发出回答信号，但不要求主模块在接收到回答信号后再发出确认信号，而是经过一段时间后，自动撤销回答信号。

这种应答过程实际上是单方面的，彼此之间并无相互制约机制，因此通信的可靠性差。

2）半互锁方式

这种方式比不互锁方式在应答关系的完善性上进了一步。其通信过程如下：主模块发出通信请求信号后等待，直到接收到从模块的回答信号后才撤销请求信号。而从模块发送回答信号的过程和不互锁方式一样，因此称为半互锁方式。

这种方式下主模块和从模块之间的相互制约机制还不够完善，但与不互锁方式相比通信的可靠性有所提高。

3）全互锁方式

这是一种最完善的应答方式。其通信过程如下：主模块向从模块发出通信请求信号后，一直等待接收到从模块的回答信号后才撤销请求。从模块向主模块发出回答信号后，一直等待到请求信号撤销后，才撤销回答信号。

采用这种方式通信的可靠性最高。

图 4-9 示意出了三种异步通信方式中请求信号和应答信号的关系。

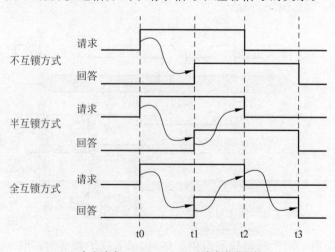

请求
不互锁方式
回答
请求
半互锁方式
回答
请求
全互锁方式
回答
t0
t1
t2
t3
t0—发出请求；
t1—请求激励回答；
t2—回答激励请求结束；
t3—请求结束激励回答结束

图 4-9 三种异步通信方式中请求和应答的互锁

图 4-10 示意了 CPU 读主存储器的异步全互锁时序。其中，“访存请求”是主模块(CPU)发给从模块(主存储器)的通信请求信号(主同步信号)，“存储器应答”是从模块(存

储器)发向主模块(CPU)的回答信号(从同步信号)。"访存请求"有效(高电平)启动存储器进行读操作(与"读命令"配合),"存储器应答"有效(高电平)表示存储器读出数据已经送到数据总线(①);CPU 从数据总线读取数据后将"访存请求"撤销(②);"访存请求"撤销后,"存储器应答"随之撤销,并且 CPU 撤销"地址"和"读命令"(③);存储器撤销"数据"(④)。

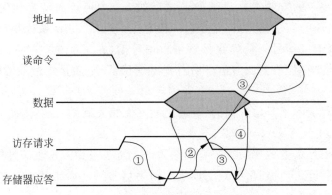

图 4-10　CPU 读存储器异步全互锁时序

3. 半同步通信

所谓半同步通信是同步通信和异步通信相结合的通信方式。通常,以同步通信为基础,设置系统时钟对总线操作进行控制。正常总线周期满足大多数部件的速度要求,而对于少数特别慢速的模块,可以根据需要插入若干个"等待时钟周期",以延长总线周期。

通常,在同步总线时序的基础上,增加一条"等待"状态信号线($\overline{\text{WAIT}}$),以控制是否进入"等待时钟周期"。图 4-11 示意了插入一个"等待时钟周期"的半同步总线读周期时序。其中,等待状态信号线($\overline{\text{WAIT}}$)低电平有效。若"等待状态"维持时间超过一个时钟周期,就插入两个或者多个"等待时钟周期"。

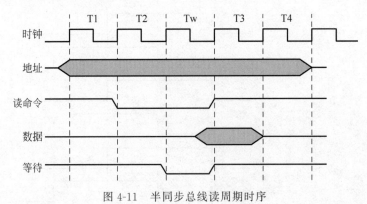

图 4-11　半同步总线读周期时序

半同步通信保留了同步通信控制简单的优点,又吸收了异步通信时间分配灵活的优点,实用性强。但工作效率仍不如异步通信高,适用于工作速度不高,部件速度差异较大的简单系统。

4. 分离通信

一个正常总线周期操作可以分解为以下 3 个步骤:

(1) 主模块使用总线:发地址、命令、数据(写)等。

(2) 从模块按主模块的命令进行操作准备。

(3) 从模块使用总线：发数据(读)、接收数据(写)等。

在以上 3 个步骤中,第(2)步期间总线是空闲的。但是,由于总线控制权已经被分配,其他需要使用总线的部件无法使用总线而等待,这种状况将影响到系统的工作效率。

分离式通信是将一个总线周期分为两个子周期。

在第一个子周期中,主模块 A 获得总线使用权,通过总线向从模块 B 发送地址、命令、数据(写)等信息,并把自己的地址也发过去。一旦 B 接收到这些信息,A 立即释放总线。然后,B 进行传送准备工作,在此期间不占用总线,直到 B 完成传送数据的准备工作。

在第二个子周期中,B 在准备工作完成后申请总线,当 B 获得总线使用权后,通过总线向 A 发送地址、数据(读)以及自己的地址,然后释放总线。

这样,分离式通信具有以下特点。

(1) 每个模块使用总线时都必须申请,因此每个模块都可以成为主模块。

(2) 各模块均以同步方式进行通信,不再需要回答信号,即各子周期的信息流都是单向的。

(3) 各模块的准备过程都不占用总线,总线不存在空闲等待时间。

(4) 可以实现总线在多个模块间的交叉重叠式信息传送,大大提高了总线的工作效率。

(5) 总线控制逻辑复杂,硬件开销较大。

4.3 总线结构和标准

4.3.1 总线结构

总线结构通常可以分为单总线结构和多总线结构两种。

1. 单总线结构

在采用总线结构的计算机中,使用一条单一的系统总线来连接 CPU、主存和外设。单总线结构计算机的特点是结构简单,成本低廉,便于扩充。但是,由于各部件只能分时使用单一总线,因此系统的运行效率较低。图 4-1 就是一个典型的单总线结构计算机框图。

2. 多总线结构

若在单总线结构的基础上增加一条存储总线,可以提高 CPU 和主存间信息交换的效率,就构成了以存储器为中心的双总线结构,如图 4-12 所示。

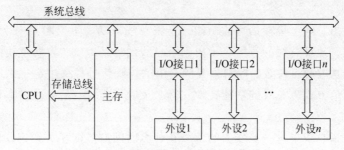

图 4-12　以存储器为中心的双总线结构

若在双总线结构的基础上增加一条 DMA 总线,使得高速 I/O 设备(如磁盘、磁带等)与主存之间直接交换信息,其他 I/O 设备采用 I/O 总线与 CPU 交换信息。这样,可以提高I/O 设备与主机间数据传送的效率,同时减轻 CPU 的负担,这就构成了一种三总线结构,如图 4-13 所示。

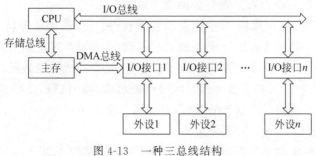

图 4-13　一种三总线结构

总的来说,在计算机系统中,总线的条数越多,系统并行性就越好,工作效率也就越高;但是,系统结构相应地越复杂,造价也越高。反之,总线条数少,就强调分时使用总线,工作效率将受到影响;但是其结构简单,成本低。

4.3.2　总线标准及特性

为了使不同厂家生产的各类模块化产品具有较好的兼容性和互换性,计算机行业制定了多种总线标准。只要某个模块在设计时遵循了某种总线标准,该模块就在这种标准下具有了通用性。流行的总线标准有:ISA 总线、EISA 总线、VESA 总线和 PCI 总线等。

总线是连接计算机系统中各功能部件之间的公共信息通路。总线设计时必须保证部件间能够正确、可靠地连接,同时能够协调有序地工作。这些要求可以通过总线的几个主要特性表现出来。总线特性主要包括以下几个方面。

1) 机械特性

机械特性是指总线在机械连接方式上的一些特性,通常包括总线连接插座和插头所使用的标准,例如几何形状、尺寸以及接触特性等。

2) 电器特性

电器特性是指总线中每一根传输线上信号的传递方向和有效电平范围等。通常分为双向总线、单向总线,以及高电平有效、低电平有效等。总线电平一般符合 TTL 电平标准。

3) 功能特性

功能特性是指总线上传输信号的功能。系统总线从功能上又可以分为地址总线、数据总线和控制总线。地址总线的宽度表示出系统总线的寻址范围;数据总线的宽度表示出系统总线能同时传送的数据位数;控制总线所给出的控制信号类型决定了系统总线所支持的控制方式以及通信方式。总线的功能特性实际上反映了一台计算机硬件系统的外部特性。

4) 时间特性

时间特性是指总线中每一根线上的信号在什么时间有效的相关约定。由于总线是信息传输的公共通路,因此总线上各信号的有效时间都有严格的规定,连接在总线上的各类部件在使用总线时都必须遵守这种规定。时间特性一般用各种信号的时间序列图(简称时序图)

来描述。

影响总线性能的因素有很多,一般来说,代表总线性能的主要指标包括以下几个:

1) 总线宽度

指数据总线的位(根)数,以位(bit)为单位。一般有 8 位、16 位、32 位或 64 位等。

2) 总线工作频率

指用于协调总线上各种操作的时钟信号频率,以 MHz 为单位,也称为总线时钟频率。通常,工作频率越高,总线工作速度就越快。

3) 总线带宽

指单位时间内总线上可以传输的数据量,单位为每秒兆字节 MB/s。总线带宽取决于总线工作频率和总线宽度,即总线带宽=总线工作频率×总线宽度(字节数)。总线带宽实际上描述了总线所能达到的最大数据传输率。

4) 信号线数

指总线中各类信号线的总位数。为了减少总线信号线的数量,可以将两种不同时出现的信号共用一组物理信号线,它们分时使用这组信号线,称为总线复用。采用总线复用技术可以提高总线的利用率。

5) 控制方式

指采用集中式控制还是分散式控制方式。

6) 通信方式

指采用同步通信或者异步通信方式。

7) 负载能力

通常以可扩增电路板的数量来描述。

8) 扩展能力

通常指总线宽度是否具有可扩展性。

【例 4.1】 某 32 位总线,总线时钟频率为 33MHz,请问:

(1) 若总线周期等于 4 个总线时钟周期,求总线带宽和数据传输率各是多少?

(2) 如果总线时钟频率提高 1 倍,总线宽度增加 1 倍,总线周期缩短 1 半,那么总线带宽和数据传输率又各是多少?

解:设总线宽度用 D 表示,总线时钟周期用 T 表示,总线时钟频率用 f 表示,总线带宽用 F 表示,数据传输率用 P 表示,则:

(1) $T = 1/f$

    $F = D \times f = 4\text{B} \times 33\text{MHz} = 132\text{MB/s}$

    一个总线周期=$4T$,每秒钟总线周期的个数=$1/4T = f/4$,

    $P = D \times f/4 = 4\text{B} \times 33\text{MHz}/4 = 33\text{MB/s}$

(2) 当总线时钟频率、数据传送宽度、总线周期长度改变后,

    $F = D \times f = (2 \times 4\text{B}) \times (2 \times 33\text{MHz}) = 528\text{MB/s}$

    $P = D \times f/2 = (2 \times 4\text{B}) \times (2 \times 33\text{MHz})/2 = 264\text{MB/s}$

总线带宽是衡量总线传输性能的重要技术指标,通常指总线本身所能达到的最高传输速率。而总线的实际数据传输率与总线带宽和总线周期长度有关。

4.3.3　总线举例

1. 传统微型计算机的双总线结构

在早期的微型计算机系统中,由高带宽的系统总线连接 CPU 和主存,系统总线经过标准总线控制器扩展后形成 I/O 总线(或称为扩展总线),所有 I/O 设备都通过相应的 I/O 接口挂接在 I/O 总线上,如图 4-14 所示。ISA(Industry Standard Architecture)总线是一个 8/16 位的工业标准结构总线。EISA(Extended Industry Standard Architecture)是与 ISA 总线完全兼容的 32 位扩展工业标准结构总线。

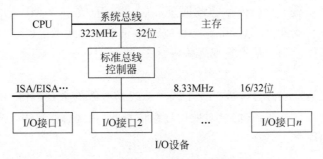

图 4-14　传统微型计算机的双总线结构

图 4-15 示意了 ISA 总线扩展槽的几何形状。图 4-16 展示了 ISA 总线的信号名称。图 4-17 分别示意了通过 ISA 总线进行存储器读/写以及 I/O 操作的基本时序。

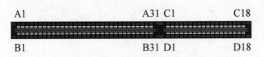

图 4-15　ISA 总线扩展槽形状

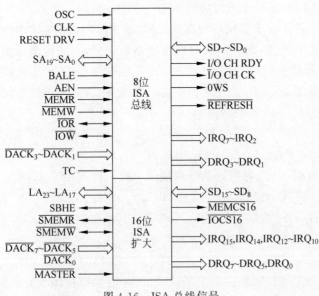

图 4-16　ISA 总线信号

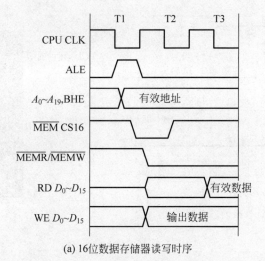

(a) 16位数据存储器读写时序

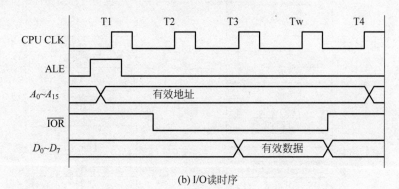

(b) I/O读时序

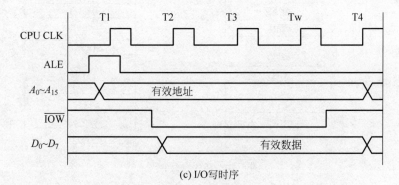

(c) I/O写时序

图 4-17　ISA 总线基本时序

2. 现代微型机的三总线结构

现代微型计算机为了解决 CPU 与高速外设之间传输速度慢的瓶颈问题,在双总线结构的基础上引入局部总线。PCI(Peripheral Component Interconnect)总线就是一种外设互连标准局部总线,它通过 PCI 桥与系统总线连接。PCI 支持高速 I/O 设备,而低速设备仍然连接在 ISA/EISA 总线上,如图 4-18 所示。

图 4-19 和图 4-20 分别示意了 PCI 总线的几何形状和信号名称。

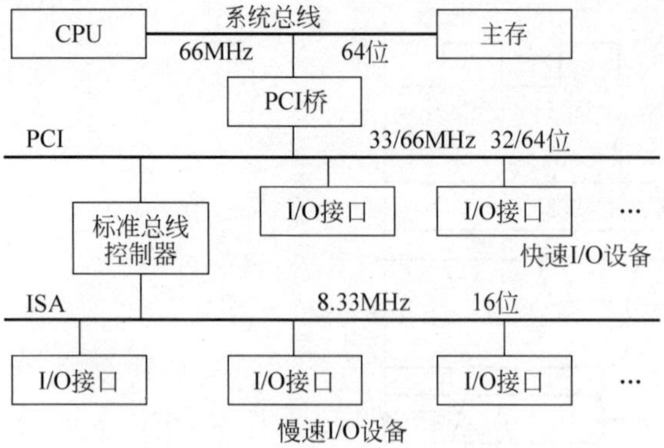

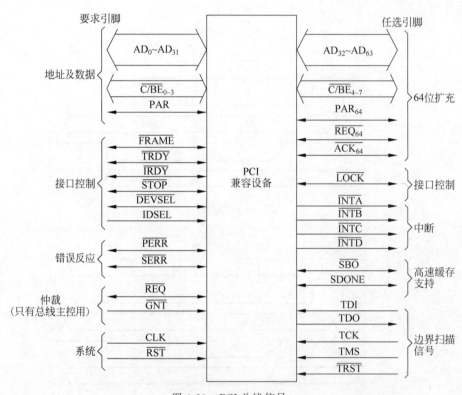

图 4-18　现代微型计算机的三总线结构

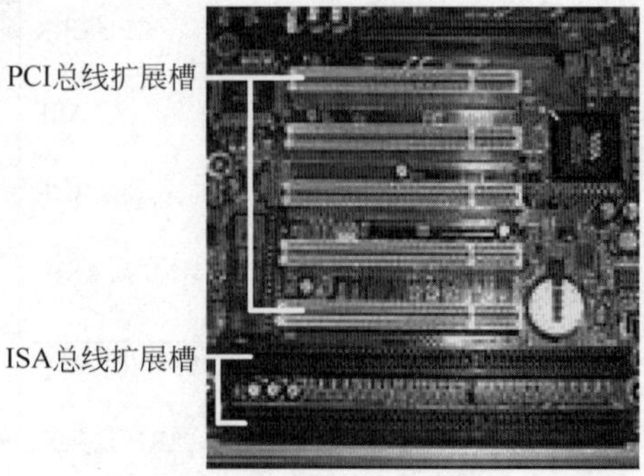

图 4-19　包含 PCI 和 ISA 的计算机主板

图 4-20　PCI 总线信号

　　PCIe 总线是 PCI-Express 的简称,它最早是由 Intel 提出的用于替代 PCI 的总线规范,其目的是提供远大于 PCI 的总线带宽,便于 CPU 与高性能显卡、高性能网卡以及固态硬盘等进行连接。相对于 PCI 来说,PCIe 主要的改进是总线上设备之间采用串行方式进行通信,这样可以避免并行传输过程中信号线之间的相互干扰,从而提供更大通信带宽。

　　PCIe 规范经历了很多个版本,目前最新规范为 PCIe 6.0。随着版本的提升,总线带宽逐步提升,从初期 PCIe 1.0 的 250MB/s 到 PCIe 6.0 的 8GB/s。PCIe 还可以通过多个通道(Lane)并行传输来进一步提高总线带宽。例如,PCIe 1.0×16 中,由于有 16 个通道,所以总线带宽为 250MB/s×16＝4GB/s。

4.4　输入/输出系统

所谓输入/输出系统就是计算机系统中完成输入/输出功能的子系统,简称 I/O(Input/Output)系统。I/O 系统由 I/O 硬件和 I/O 软件两部分共同组成。

I/O 硬件由计算机系统中所有 I/O 设备以及相应的 I/O 接口电路组成,是 I/O 系统的基础。I/O 软件通常指用 I/O 指令编制的、对 I/O 接口及设备进行管理和访问的程序,也称为 I/O 驱动程序。通常,驱动程序是操作系统的一部分,完成设备管理的功能。只有在 I/O 驱动程序的作用下,用户才能方便地使用 I/O 设备,这样 I/O 硬件也才能发挥相应的作用。

1. I/O 编址方式

首先,要给每台 I/O 设备分配特定的编号。CPU 通过编号来访问特定的 I/O 设备;反过来,I/O 设备通过识别编号来响应 CPU 的请求。I/O 设备编号也称为 I/O 地址。根据 I/O 地址和主存地址的关系,常用的 I/O 编址方式有统一编址和独立编址两种方式。

1) I/O 与主存统一编址

I/O 地址采用与主存地址完全统一的格式,这样 I/O 设备就和主存拥有同一个地址空间,统称为"总线空间"。此时,CPU 可以像访问主存一样访问 I/O 设备,指令系统中不需要设置专门的 I/O 指令。

2) I/O 独立编址

为 I/O 设备专门安排一套完全不同于主存地址格式的地址编码,称为设备码(号)。此时,I/O 地址空间与主存地址空间是两个独立的地址空间。CPU 需要通过专门的 I/O 指令来访问 I/O 设备。由于计算机所挂接的 I/O 设备的数量远小于主存单元数量,因此 I/O 地址空间比主存空间小得多。

2. I/O 指令

I/O 指令是指令系统中完成 I/O 操作的一类指令,它具有一般机器指令的基本特征,又具有其特殊性。通常,指令系统中对 I/O 指令的设置有隐式和显式两种方式。

1) 隐式 I/O 指令

在 I/O 设备与主存统一编址的计算机中,所有可以访问存储器的指令都可以访问 I/O 设备。因此,不需要设置专门的 I/O 指令,即在指令系统一览表里查不到明显具有 I/O 功能的指令。把那些可以访问 I/O 设备的指令称为 I/O 隐指令。

2) 显式 I/O 指令

在 I/O 独立编址的计算机中,需要专门设置 I/O 指令,只有通过 I/O 指令才能对 I/O 设备进行操作。在这类机器的指令系统一览表中可以明显查到 I/O 类指令,例如 IN、OUT 指令等。

I/O 指令的一般格式为

操作码	命令码	设备码

其中,操作码给出 I/O 指令的标志;命令码进一步指出 I/O 操作的类型,常见的 I/O 操作有输入、输出、状态测试等;设备码给出 I/O 地址。

CPU 对 I/O 设备的寻址过程如下。首先,由 I/O 指令给出要访问的 I/O 设备地址,该地址通过地址总线发往 I/O 接口。I/O 接口中的设备选择电路对 I/O 地址进行匹配,若总线上的地址与该设备地址相符合,则该设备被选中,即启动该设备工作。CPU 可以对所选择的 I/O 设备进行读、写以及测试等具体操作。

4.5 I/O 设备

中央处理器和内存构成了计算机的主机,除主机之外的大部分硬件设备都可以称作为 I/O 设备或外部设备、外围设备,简称外设。随着计算机系统的不断发展,应用范围的不断扩大,I/O 设备的数量和种类也越来越多,并且 I/O 设备在计算机系统中的作用也越来越重要,其成本在整个系统中所占的比例也越来越大。

4.5.1 外设的基本组成和分类

外设的作用就是为计算机提供与外部环境交流的手段。它主要由设备控制器和设备物理结构两部分组成。设备控制器用来控制设备的具体动作,它由电子线路来实现。设备的物理结构具体完成输入/输出操作,可能由机、电、光或磁等原理具体实现,与主机的结构原理存在较大差异。所以,外设一般不直接与主机连接,而是通过接口与主机相连。外设的结构框图如图 4-21 所示。

图 4-21 I/O 设备的结构框图

I/O 设备大致可分为以下三类。

1) 人机交互设备

它用来实现操作者与计算机之间的信息交流。其中一类能将人体五官可识别的信息转换成机器内部可识别的信息,称为输入设备,例如键盘、鼠标、扫描仪、摄像机、语音识别器等。另一类能将计算机的处理结果信息转换成人们可以识别的信息形式,称为输出设备,例如打印机、显示器、绘图仪、语音合成器等。

2) 信息驻留设备

它用来保存计算机中有用的大批量信息,包括程序和各类文档。现代计算机中的主要驻留设备有磁盘、磁带和光盘等。这类设备往往兼有输入和输出两种功能,也属于存储器的一类,称为外部存储器(简称外存)。

3) 机—机通信设备

它用来实现计算机和计算机间或者计算机和其他系统间的相互通信。例如,调制解调器(Modem)、D/A 和 A/D 转换设备等。表 4-1 列出了现代常用的一些 I/O 设备。

表 4-1   常用的 I/O 设备

输入设备	键盘
	图形输入设备(鼠标、图形板、跟踪板、操纵杆、光笔)
	图像输入设备(摄像机、扫描仪、传真机)
	光扫描器(条形码扫描器、二维码扫描器、光学字符识别仪)
	语音输入设备(麦克风)
输出设备	显示器(字符、汉字、图形、图像)
	打印设备(点阵式打印机、激光打印机、喷墨打印机)
	绘图仪(平板式、滚筒式)
	语音输出设备(音箱)
外部存储器(磁盘、磁带、光盘)	
终端设备(键盘+显示器)	
调制解调器	
A/D、D/A 转换器	

本节主要介绍人机交互类设备,通常分为输入设备和输出设备两种。信息驻留设备也称为外部存储器,在第 3 章已经介绍过。机-机通信设备主要涉及网络通信领域,不在本教材的讨论范畴。

4.5.2   输入设备

输入设备完成输入程序、数据和操作命令等功能。常见的输入设备有键盘、鼠标、光笔、摄像机等,这里主要以键盘为例介绍输入设备的组成及工作原理。

1. 键盘

键盘是通用计算机必须配备的输入设备,用于向主机输入字符、功能命令、汉字等符号。在结构上键盘主要分为盘面、键开关和内部线路三个部分。

1) 盘面

键盘盘面主要由面板和各种键(包括字母键、数字键、编辑键、光标控制键、数字小键盘和状态灯等)两部分组成。

各种键在键盘上的分布主要沿袭了打字机的键盘布局,考虑了提高盲打速度和指法上的方便。通常将字母键和数字键安排在键盘的中间部分,成倒梯形分布,编辑键、功能键等分布在键盘四周。目前较常用的标准键盘是 PC 键盘和 Windows 键盘(104 键)。图 4-22 示意了 104 键盘的盘面布局。

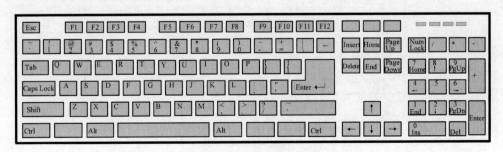

图 4-22   键盘盘面布局图

161

第 4 章

2) 键开关

键开关是键盘的主要输入元件,它把按键动作转变为相应的电信号。同一个键盘上的所有键开关采用相同类型的结构。常见的键开关类型包括有触点式和无触点式。

图 4-23 是一个有触点式键开关示意图。这种键盘的特点是带有触觉反馈系统,夹子和弹簧的配合设计为键盘提供了"咔嗒"的听觉,手感良好;结构简单,价格低廉,耐用性好,广泛使用。但是,这类键开关容易产生键抖动(即一次击键产生多个电信号),需要进行消除抖动的处理,使得一次击键仅产生一个输入。

图 4-24 是一个无触点式的电容式键开关示意图。其基本原理如下:按下键时,上层平板移动会使其与固定的下层平板间的电容发生变化;由比较电路对电容值进行检测,可确定是否按键。同时,机械装置产生"咔嗒"声,表示键超过了中心位置。所以,这种键开关可以自动消除抖动,提供高质量的触感反馈;并且能更有效地防尘、防腐(空气腐蚀),耐用性好,但成本较高。

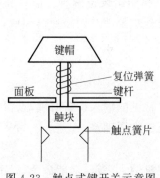

图 4-23　触点式键开关示意图

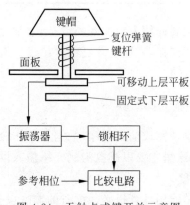

图 4-24　无触点式键开关示意图

3) 内部结构

通常,键开关在内部电路板上按照 n(行)$\times m$(列)的矩阵排列,行和列的交叉点上放置键开关。图 4-25 示意了键开关矩阵的结构。

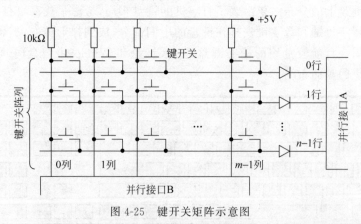

图 4-25　键开关矩阵示意图

键盘输入信息的过程由三个步骤组成。第一步,按下一个键;第二步,确定按下的是哪个键;第三步,将此键翻译成对应的 ASCII 码,由主机接收。其中,按键是人工的随机动作。

确认按下键并转换成 ASCII 的功能可以由软件方法或者硬件方法来实现,即软件扫描法或者硬件扫描法。由软件扫描法实现的键盘称为无编码键盘,由硬件扫描法实现的键盘称为编码键盘。

软件扫描法是由 CPU 定期地执行一段扫描程序对键盘进行检查,若检查到有键被按下,通过软件查表获得该键的 ASCII 编码。

具体扫描过程如图 4-25 所示。首先,CPU 通过并行接口 A 向 n 行键开关送出一组测试值,该值中仅有一行对应的值为"0",其余各行均为"1"。然后,CPU 从并行接口 B 读入 m 列上的扫描结果值,当该值各位不全为"1"时,表明有键按下。若该值中仅含一位"0",表明对应值为"0"的行和列交叉点上的键被按下。最后,程序查找键盘矩阵与 ASCII 码对照表,即可得到按下键对应键的 ASCII 编码。

无编码键盘的接口硬件简单,但扫描速度慢。

编码键盘的硬件扫描电路位于键盘接口,其接口逻辑框图如图 4-26 所示。

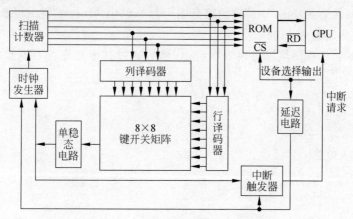

图 4-26　编码键盘的接口逻辑框图

从图 4-26 可以看出,键盘接口中有一个循环扫描计数器。对于键开关矩阵的行和列各设置一个译码器,分别对行、列计数值进行译码,行、列译码的结果是按顺序选中相应的行线和列线。若有键按下,则单稳态电路产生一个脉冲信号,使计数器停止计数。将计数器的当前值作为键号(键位置码,或称扫描码)送到 ROM(编码表)作为查表地址,从 ROM 中读出该键对应的字符编码(ASCII 码)。最后通过特定 I/O 交换方式(中断等)将 ASCII 码送入 CPU 中。延迟一段时间后,重新启动扫描计数器开始计数,进行新一轮的扫描过程。

编码键盘的控制电路可以由可编程键盘接口芯片实现,如 Intel 8279、EM83050 等。近几年又出现了智能键盘,它属于非编码键盘。在键盘电路中有一个单片机(或微处理机),由单片机执行程序完成键盘扫描、消除抖动等一系列功能,如 IBM PC 键盘采用 Intel 8048 单片机实现。

4) 从 C 程序调用键盘输入

前面介绍了键盘的基本组成和工作原理,为了使读者进一步了解键盘的编码方式以及信息存放方式,下面通过一个简单的 C 语言应用程序实例,解析操作系统对键盘的管理。

在 DOS 操作系统下,为了存放键盘编码,在主存中划出了一个由 32 个字节组成的环形队列缓冲区。该缓冲区在主存中的地址范围是 0040:001e~0040:003d,地址 0040:001a~

0040:001d 共 4 个字节单元分别存放环形队列的首指针和尾指针。键盘编码由 2 个字节组成,高字节为扫描码,低字节为 ASCII 码。这样,键盘缓冲区最多可以存放 16 个键盘编码。但是,由于"回车"键码也占 2 个字节,所以在回车前最多只能输入 15 个键。当缓冲区满时,系统将不再接收按键信息,而会发出"嘟"的声音,以提示要暂缓按键。当键盘首指针和尾指针相等时,表示键盘缓冲区为空,即无键盘输入。

键盘编码采用 2 个字节的原因是,标准 ASCII 码(7 位)仅能表示 128 种编码,其中 96 个键盘编码,32 个控制码(也称非键盘编码)。而现在计算机大多使用 104 或 108 键盘,除了 96 个可显示字符在 ASCII 码中有定义外,其他功能键在 ASCII 码表中并未定义,这样就可以通过扫描来识别功能键。这样可显示字符键的 2 个字节编码中,高字节为扫描码,低字节为 ASCII 码;功能键编码的 2 个字节中,高字节为扫描码,低字节固定为 00h 作为功能键码标识。例如,"1"键的键盘编码为 0231h,"2"键的键盘编码为 0332h;"a"键的键盘编码为 1e61h,"s"键的键盘编码为 1f73h;"A"的键盘编码为 1e41h,"S"键的键盘编码为 1f53h;"F1"键的键盘编码为 3b00h,"F2"键的键盘编码为 3c00h;"Insert"键的键盘编码为 5200h,"Delete"键的键盘编码为 5300h。

下面通过一个 C 程序从键盘输入字符串,然后通过其他程序读取键盘缓冲区的内容。C 程序如下:

```
# include "stdio. h"
main()
{
    char string[12];
    gets(string);
    printf(" % s",string);
}
```

将该 C 程序转换成可执行程序后在计算机上运行,运行时用户从键盘上输入"Helloworld!"。键盘缓冲区的首尾指针及内容截图如图 4-27 所示。图 4-27(a)是用户输入"Helloworld!"后 gets(string)函数读取用户输入之前的键盘缓冲区内容;图 4-27(b)是 gets(string)函数读取用户输入之后键盘缓冲区的内容(显然,此时键盘缓冲区为空,头尾指针相等)。显示键盘缓冲区内容时,先显示头指针和尾指针,然后显示 16 个字(32 字节)的缓冲区内容。

```
001A:0026
001C:001E

001E:0E08    0020:0E08    0022:0E08    0024:1C0D
0026:2348    0028:1265    002A:266C    002C:266C
002E:186F    0030:1177    0032:186F    0034:1372
0036:266C    0038:2064    003A:0221    003C:1C0D
```
(a) 非空键盘缓冲区

```
001A:001E
001C:001E

001E:0E08    0020:0E08    0022:0E08    0024:1C0D
0026:2348    0028:1265    002A:266C    002C:266C
002E:186F    0030:1177    0032:186F    0034:1372
0036:266C    0038:2064    003A:0221    003C:1C0D
```
(b) 空键盘缓冲区

图 4-27　键盘缓冲区实例

2. 鼠标

鼠标是现代计算机的基本输入设备。它是一种手持式坐标定位部件,由于它拖着一根长线与接口连接,外形有点像老鼠,故称为鼠标。鼠标使得计算机的操作更加简便,可以代替键盘的一些烦琐操作。

鼠标按其工作原理可以分为机械鼠标和光电鼠标。机械鼠标主要由滚球、辊柱和光栅信号传感器组成。当拖动鼠标时,带动滚球转动,滚球又带动辊柱转动,装在辊柱端部的光栅信号传感器产生光电脉冲信号,反映鼠标在垂直和水平方向的位移变化,再通过程序的处理和转换来控制屏幕上光标的移动。光电鼠标是通过反射光检测鼠标的位移,将位移信号转换为电脉冲信号,再通过程序的处理和转换来控制屏幕上光标的移动。

光电鼠标主要由四部分核心组件构成,分别是发光二极管(LED)、透镜组件、光感应器以及控制芯片。其工作原理:LED发出的光线照亮光电鼠标底部表面,并将其底部表面的一部分光线反射回鼠标内,经过内部的光学透镜传输到光感应器(微成像器)内成像。这样,当光电鼠标移动时,其移动轨迹便会被记录为一组高速拍摄的连贯图像。最后利用其内部的专用图像分析芯片(数字信号处理器DSP)对移动轨迹上摄取的一系列图像进行分析处理,通过对这些图像上特征点位置的变化进行分析,判断鼠标的移动方向和移动距离,从而完成光标的定位。

按照鼠标与主机间有无电缆连接还可以分为有线鼠标和无线鼠标两种。无线鼠标采用无线技术与计算机通信,从而摆脱了电线的束缚。无线鼠标采用的无线通信方式通常包括蓝牙、WiFi(IEEE 802.11)、红外线(IrDA)、ZigBee(IEEE 802.15.4)等多种无线技术标准。

按接口类型还可以分为串行鼠标、PS/2鼠标和USB鼠标等几种。串行鼠标是通过串行口与计算机相连,有9针接口和25针接口两种。PS/2鼠标通过一个6针微型DIN接口与计算机相连。USB鼠标通过USB接口直接插在计算机上。

4.5.3 输出设备

输出设备通常完成将主机内部信息转换为人类可以识别的自然信息并输出的功能。常见的输出设备有显示器、打印机、汉字处理设备等,这里主要以CRT显示器和点阵针式打印机为例,介绍输出设备的组成和工作原理。

1. 显示器

显示器以可见光的形式处理和输出信息,它是每一台通用计算机必备的常规外设。由于光信息消失后不留痕迹,无法永久保存,所以相对于打印机来说,把显示器称为"软拷贝"输出设备。打印机称为"硬拷贝"输出设备。

按照显示器件不同,可以将显示器分为阴极射线管(Cathode Ray Tube,CRT)显示器、液晶显示器(Liquid Crystal Display,LCD)和等离子显示器(Plasma Display Panel,PDP)等。按照显示内容又可分为字符显示器、图形显示器和图像显示器。按照显示功能也可以分为普通显示器和显示终端。终端是由显示器和键盘组成的一套独立完整的输入/输出设备,它可以通过标准接口连接到远程主机。终端与主机的工作方式是,终端从用户接收键盘输入,并且将这些输入发送给主机系统,主机系统处理用户的键盘输入,然后输出返回并显示在终端的屏幕上。

1）显示原理

（1）CRT 显示原理。

CRT 曾是应用最广泛的显示器件,既可作为字符显示器,又可作为图形、图像显示器。在 CRT 显示器中,按照扫描方式又可分为光栅扫描和随机扫描的显示器;按照分辨率也可分为高分辨率和低分辨率的显示器。CRT 是一个漏斗形的电真空器件,主要由电子枪、偏转线圈和荧光屏等部分组成。图 4-28 示意了 CRT 的基本组成。

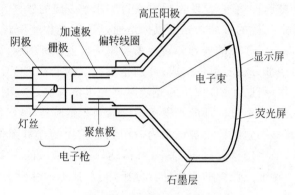

图 4-28　CRT 组成示意图

CRT 显示器通电后,首先灯丝被加热,阴极受热后发射出电子。栅极（控制极）的作用是控制电子的数量。第一阳极（加速极）对电子进行加速;第二阳极（聚焦极）对电子聚焦形成电子束;第三阳极（高压阳极）使电子束高速轰击荧光屏产生亮点。亮点位置由偏转线圈控制。

为了达到高质量的显示效果,对 CRT 显示器有几个主要方面要求。电子束要有足够的强度和速度,电子束要足够细,电子束运动方向要高度可控,荧光粉的颗粒要足够精细和均匀。

CRT 显示器的主要技术指标有分辨率和灰度级。所谓分辨率是指显示器所能表示的像素个数。像素是指显示的亮点,亮点越密,分辨率越高,画面越清晰。影响分辨率的因素包括屏幕尺寸、荧光粉粒度、电子束聚焦能力、扫描线数和刷新存储器容量等。分辨率＝像素数/行×像素数/列。通常,分辨率中像素的长、宽比例为 4∶3,按此比例分配可获得较好的水平线性和垂直线性。灰度级对于黑白显示器来说,指显示像素点的亮暗级差;彩色显示器灰度级指能支持的色彩数量,即显示像素点的颜色种类,可达 64～256 级。

采用随机扫描方式的 CRT,电子束在荧光屏上按所显示的图形或字符的形状和位置移动,不需要扫描整个屏幕,即电子束在屏幕上画出图形。随机扫描 CRT 显示器的显示效果好,图像清晰,显示速度快,常用于高质量图形显示。但是,其偏转系统与电视标准不一致,驱动系统复杂,价格较贵,并且显示复杂图形时,有闪烁感。

采用光栅扫描的 CRT,电子束周期性地对全屏幕进行扫描。当电子束扫过需要显示信息的位置时,点亮对应位置上的像素点;不需要显示的地方不点亮像素点（消隐）。电视机采用光栅扫描方式,其技术成熟。CRT 显示器普遍采用光栅扫描,缺点是显示曲线不够光滑,图形显示的质量不够高。

光栅扫描时,电子束从屏幕左上角开始,从左至右、自上而下顺序地逐点逐行通过荧光屏。将电子束从左到右扫描一行的过程称为水平正程扫描。每扫描完一行,电子束就从屏幕右端回到左端下一行的起点,这个过程称为水平回扫。每扫描完一整屏,电子束就从屏幕右下角回到屏幕左上角,这个过程称为垂直回扫。对整个屏幕扫描一遍称为一帧。在我国电视标准中,帧频为 50Hz,一帧的行数为 625 行。

对于单色 CRT 显示器(也称黑白显示器,其底色为黑色,图形为白色)来说,在水平正程扫描中,若某个像素点需要显示,则在电子束扫描到该点位置时,加上亮度控制信号,这样屏幕上相应位置就会出现白色亮点。

彩色 CRT 的显示原理与单色 CRT 类似。彩色 CRT 由 3 个电子枪发射电子束,经过调色机构,分别触发红(R)、绿(G)、蓝(B)三种颜色的荧光粉发光,按三基色叠加原理形成彩色图案。

光栅扫描还分为逐行扫描和隔行扫描两种。逐行扫描是从屏幕左上角开始一行接一行地顺序扫描,常用于计算机显示设备,屏幕显示效果较稳定。隔行扫描是把一帧画面分为"奇数场"和"偶数场"两部分,扫描时从第 0 行开始,按偶数行的顺序隔行扫描一遍;垂直回扫后再从第一行开始,按奇数行的顺序隔行扫描一遍,如此交叉重复进行。按照我国电视标准,隔行扫描每场的场频均为 50Hz,但每场仅扫描 312.5 行,这样帧频就降为 25Hz。由于帧频降低,隔行扫描的显示效果不如逐行扫描稳定,常用于电视机。

当电子束轰击屏幕后,荧光粉持续发光的时间(余晖)一般只能维持几十毫秒。荧光粉不发光后,人眼视觉对光还有一段滞留时间,然后屏幕变黑。为了使人眼能够看到稳定的图像,电子束必须在屏幕上的图像消失前不断周期性地对屏幕重复进行扫描,此过程叫作"刷新"。一般刷新频率要大于 30Hz,人眼才不会感到画面闪烁。

为了不断地在屏幕上刷新整幅图像,必须把瞬时变化的图像信号保存在一个存储器中,称为"刷新存储器"或"视频存储器"(VRAM),简称显存。VRAM 的容量由图像分辨率和灰度级决定,这两项指标越高 VRAM 容量就要越大,并且 VRAM 的存取速度必须与屏幕刷新频率相匹配。

(2) LCD 显示原理。

液晶显示器的主要材料是液晶。液晶是一种有机化合物的高分子材料,它是晶体加热到一定温度后熔化成的一种混浊液体。液晶像胶水一样黏稠,既具液体的流动性,又具有晶体的异向性,称之为液态晶体。液晶具有电光效应,即在外加电场作用下,液晶分子的排列会发生变化而引起干涉、散射、衍射、旋光和吸收等光学现象。液晶显示器就是利用液晶本身的这些特性,适当地利用电压来控制液晶分子的转动,进而影响光线的行进方向,来形成不同的灰度。

液晶显示器由两片玻璃板中间夹一层液晶组成。这两片玻璃在接触液晶那一面并不是光滑的,而是有锯齿状的沟槽。两个平面上的槽互相垂直(相交成 90 度),这样,强迫位于两个平面之间的分子进入一种 90° 扭转的状态。由于光线顺着分子的排列方向传播,所以光线经过液晶时也被扭转 90°。但当给液晶加上电压时,分子便会重新排列,使光线能直射出去,而不发生任何扭转。

根据形成像素的不同技术,又分为无源矩阵 LCD 和有源矩阵 LCD。

无源矩阵 LCD 在两个玻璃基板上分布 X 方向(行)和 Y 方向(列)两组正交的直线电极,它们的交点就构成了显示像素。当在行电极和列电极同时加有电信号时,位于它们交点上的像素就"发亮",而未通电的像素则"发暗",从而形成字符或图形。无源矩阵 LCD 结构简单、成本低、省电,但显示活动画面时,由于电场消失有一定滞后时间及交叉效应等原因,会造成图像模糊、对比度较低等问题,不适宜多路视频活动图像的显示。

有源矩阵LCD在每个像素上设置一个非线性有源器件(晶体管、场效应晶体管等),使每个像素可以被独立驱动,从而克服像素间的互相串扰,提高画面的质量。有源矩阵LCD特点是图像清晰、亮度高、无阴影、视角大,成为目前计算机用显示器的主流。

在彩色LCD面板中,每一个像素都是由三个液晶单元格构成,其中每一个单元格前面都分别有红色(R)、绿色(G)、蓝色(B)的过滤器。这样,通过不同单元格的光线就可以在屏幕上显示出不同的颜色。

彩色CRT有三个电子枪,射出的电子流必须精确聚焦,否则就得不到清晰的图形。但LCD不存在聚焦问题,因为每个液晶单元都是单独控制,所以LCD显示的图像清晰。LCD也不必关心刷新频率和闪烁的问题,因为液晶单元要么开要么关,所以LCD显示器不需要较高的刷新速度,图像无闪烁。

LCD克服了CRT体积庞大、耗电高和画面闪烁的缺点,但同时也带来了造价高、视角不广以及彩色显示不理想等问题。CRT显示器可选择一系列分辨率,而且能按照需求加以调整。但LCD屏只含有固定数量的液晶单元,所以全屏幕只能使用一种分辨率显示。例如,对于1024×768的LCD屏幕来说,每个像素都由三个液晶单元构成,分别负责红色、绿色和蓝色的显示,所以总共需1024×768×3=2 359 296个单元。

(3) PDP显示原理。

等离子显示器是采用等离子平面屏幕技术的显示设备。它是在两张薄玻璃板之间填充混合气体,施加电压使之产生等离子气体,然后使等离子气体放电,与基板中的荧光体发生反应,产生彩色影像。它以等离子管作为发光元件,大量的等离子管排列在一起构成屏幕,每个等离子管对应的每个小室内都充有氖氙气体,在等离子管电极间加上高压后,封在两层玻璃之间的等离子管小室中的气体会产生紫外光,并激发平板显示屏上的红(R)、绿(G)、蓝(B)三基色荧光粉发出可见光。每个等离子管作为一个像素,由这些像素的明暗和颜色变化组合使之产生各种灰度和色彩的图形。

等离子显示器不受磁力和磁场影响,具有机身纤薄、重量轻、屏幕大、色彩鲜艳、画面清晰、亮度高、失真度小以及视觉感受舒适和节省空间等优点。

2) 字符显示器

字符显示器是一种最简单的显示设备,在早期计算机中用来显示西文字符。通常,字符显示器由监视器(CRT)和显示控制器(CRTC)两部分组成。其原理性结构如图4-29所示。其中,监视器(CRT)是显示设备的物理结构部分。显示控制器(CRTC)对显示过程进行控制,通常由接口电路、视频存储器(VRAM)、字符发生器(ROM)及显示定时控制电路组成,以显卡的形式出现,其结构与字符显示原理有关。

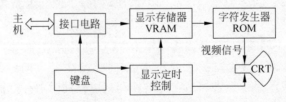

图 4-29 CRT 字符显示器组成框图

字符显示器采用点阵法显示字符。即一个字符由 M(列)×N(行)点阵组成,常用的字符点阵规格有 5×7、7×9、16×16 或 24×24 等。采用光栅扫描方式显示字符的方法是,当电子束扫过某一行时,将需要显示的字符点阵行上的笔画点亮。扫描若干行后,屏幕上就出现了完整的字符。屏幕上每个字符的点阵位置是固定的,相邻两个字符间留有间隔。字符点阵和字符间隔一起构成"字符窗口",屏幕上字符窗口个数就是一屏可以显示的总字符数。

(1) 显示存储器(VRAM)。

在字符显示器中,VRAM 用来存放一屏的字符信息,因此 VRAM 的最小容量应与一屏的字符个数相对应。VRAM 每个单元的地址与屏幕上字符窗口的位置一一对应,因此 VRAM 地址可由字符窗口的行号和列号计算,即 VRAM 地址=字符所在行号×一行字符数+列号。所以,对于屏幕上显示的某个字符,VRAM 中存放对应字符编码信息的单元地址来自字符在屏幕中的行号(高位)和列号(低位)。注意,这里的"行号"和"列号"是指字符的行号和列号,不要与像素点的行号和列号混淆。

VRAM 存储单元的位数与字符编码标准有关。通常,西文字符以 ASCII 码的形式存放在 VRAM 中,因此 VRAM 单元的最小宽度等于一个字节。

例如,若某 CRT 字符显示器的显示规格是 80 列×25 行,那么一屏最多可显示 2000 个字符,则其 VRAM 容量至少为 2000 字节。若在屏幕第 2 行第 1 列显示字符'A',则字符'A'的 ASCII 码在 VRAM 中的地址=2(行号)×80+1(列号)=161。

(2) 字符发生器(ROM)。

字符发生器将 VRAM 中的字符编码(ASCII 码)转换成字符点阵信息。把字符点阵用二进制编码表示后,存入一个 ROM 中就形成了字符库。显示时根据字符的 ASCII 码将点阵信息从 ROM 中读出,送到 CRT 作为亮度控制信号使用,在屏幕上显示出对应的字符。字符发生器的容量由字符集的大小和字符点阵的规模决定。

例如,ASCII 码字符集中可显示字符为 95 种字符,若每个字符点阵为 7(列)×9(行),则 ROM 最小容量=95 种×9 行×7 位=855×7 位。通常,在一个字符行中字符之间的间隙信息也一起存于 ROM 中。若字符间隙为一个像素点,那么该字符发生器 ROM 容量至少为 855 字节。

字符发生器 ROM 的地址由两部分组成,高位地址来自从 VRAM 读出的字符 ASCII 码,低位地址(光栅地址)即为在字符点阵中的行号。

图 4-30(a)示意了字符'A'的点阵字形,点阵大小为 7(列)×9(行),字符间隔为 1 个点阵,若字符行之间间隔为 2 个像素行,则字符窗口为 8(列)×11(行)。但是,字符发生器 ROM 中不需要存储这两行间隔信息。这样,每个字符在字符发生器 ROM 中占据连续 9 个单元存放其字形点阵信息,起始地址为字符 ASCII 编码,ROM 单元宽度为一个字节。对于字符'A'来说,其字形点阵信息在字符发生器 ROM 中的起始地址为 410h(高位 41h 为'A'的 ASCII 码,低位 0h 为起始行号),连续 9 个单元的内容分别为:10h、28h、44h、82h、82h、FEh、82h、82h、82h。

图 4-30(b)示意了字符发生器的结构。从 ROM 读出的字符点阵一行信息,经过移位寄存器进行并一串转换后,形成串行位流送至 CRT 视频输入口,作为 CRT 亮度控制信号。

(3) 显示定时控制。

显示控制器中的定时控制电路主要提供 CRT 屏幕刷新过程中的定时信号,以专用的

170

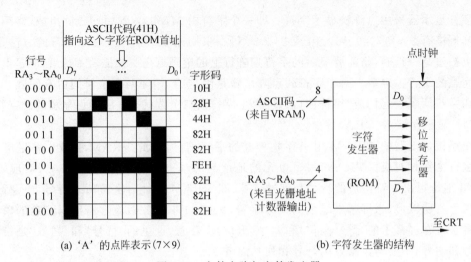

(a)'A'的点阵表示(7×9)   (b)字符发生器的结构

图 4-30　字符点阵与字符发生器

LSI 芯片形式出现,例如 Intel 8275 等。图 4-31 给出了 CRT 字符显示控制器(CRTC)的组成结构。

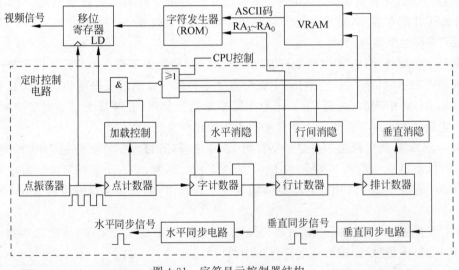

图 4-31　字符显示控制器结构

　　点振荡器产生扫描所需要的点时钟信号,控制视频信号的输出。点振荡器的频率与帧频和分辨率有关。当帧频固定时,分辨率越高,点频就越高。点频的稳定性对显示质量影响较大,所以点振荡器通常采用稳定性较好的晶体振荡器。

　　点计数器是对字符窗口中一行的像素点进行计数。点计数器的计数脉冲来自点时钟信号,每计满一次输出一个字符时钟信号,控制对移位寄存器进行加载。点计数器的模等于字符窗口的宽度。

　　字计数器(也称为水平地址计数器)是对屏幕一行中的字符进行计数。字计数器的计数值送往 VRAM 作为低位地址,计数脉冲来自字符时钟信号。字计数器每计满一次输出一个行时钟脉冲信号,并且对水平消隐和水平同步时间进行控制。字计数器的模等于屏幕一行所显示的字符数加上水平回扫时间(折合成字符周期个数)。

行计数器(也称为光栅地址计数器)对字符窗口中的像素行进行计数。行计数器的计数脉冲来自字计数器输出的行时钟脉冲信号,计数值送往 ROM 作为低位地址。行计数器每计满一次输出一个排时钟脉冲信号,并控制字符行间隔消隐时间。行计数器的模等于字符窗口高度。

排计数器(也称为垂直地址计数器)对整个屏幕的字符行进行计数。排计数器的计数值送往 VRAM 作为高位地址,计数脉冲来自行计数器输出的排脉冲信号,每计满一次控制进行垂直回扫。排计数器的模等于屏幕所显示的字符行数加上垂直回扫时间(折合成字符行周期个数)。

水平同步信号和垂直同步信号是 CRT 中两个基本同步信号,用来控制电子束的偏转,使电子束打在屏幕的对应位置。

【例 4.2】 某 CRT 显示器可显示 95 种 ASCII 字符,每帧可显示 64 字×25 排;每个字符字形采用 7×8 点阵,即横向 7 点,字间间隔 1 点(为方便起见和点阵一起存在 ROM 中),纵向 8 点,排间间隔 6 点;帧频 50Hz,行频 24.5kHz,点频 14.896MHz,采用逐行扫描方式,问:

(1) 缓存容量至少为多大?

(2) 字符发生器(ROM)容量至少为多大?

(3) 缓存中存放的是 ASCII 代码还是点阵信息?

(4) 缓存地址与屏幕显示位置如何对应?

(5) 需要设置哪些计数器来实现显示定时控制?各计数器的模分别是多少?

解:(1) VRAM 最小容量=64×25×8b=1600B;

(2) ROM 最小容量=95×8 行×8 点=760B;

(3) 缓存中存放的是一屏待显示字符的 ASCII 代码;

(4) 显示位置自左至右、从上到下,相应地,缓存地址由低到高与屏幕显示位置一一对应;

(5) 点计数器模=7+1=8;

字计数器模=14.896MHz/24.5kHz/8=76;

行计数器模=8+6=14;

排计数器模=24.5kHz/50Hz/14=35。

3) 图形显示器

图形显示是指用计算机手段表示现实世界的各种事物,并形象逼真地加以显示。

在采用随机扫描的 CRT 图形显示器中,电子束在屏幕上按照所要绘制的图形轨迹运动。任何图形的线条都可以由许多微小的首尾相接的线段来逼近,这些微小的线段称为矢量,故这种绘图方法也称为矢量法。为了在屏幕上保持稳定的画面,主机将欲显示图形的一组坐标和绘图命令组织成显示文件存放在视频存储器中,由矢量产生器按一定频率周期性地读取显示文件,产生控制信号使电子束在屏幕上移动并反复刷新。

CRT 光栅扫描图形显示器采用邻接像素串接法产生图形,也称为画点法。为了在屏幕上保持稳定的画面,把对应于屏幕上每个像素的信息都存储在视频存储器中。显示时依次取出像素信息,控制电子束逐行逐点显示,并反复刷新整个屏幕。图 4-32 示意了 CRT 光栅扫描图形显示器的基本结构。

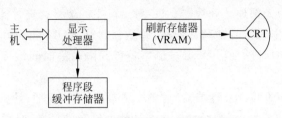

图 4-32　CRT 光栅扫描图形显示器结构

在图 4-32 中,程序段缓冲存储器用来存放主机送来的显示文件和图形操作命令,经过显示处理器执行后,转换成像素信息存入刷新存储器 VRAM 用于屏幕刷新。刷新存储器的容量取决于屏幕分辨率和灰度级。例如,256 种颜色、分辨率为 1024×1024 的彩色图形显示器,其 VRAM 容量至少为 1024×1024×8b=1MB。

4) 图像显示器

图像和图形的区别在于画面的来源。图形是由计算机用一定的算法画出的点、线、面和阴影等,称为主观图像或计算机图像。而图像来自于诸如摄影机等图像采集设备,它是真实世界的客观景观,所以称为客观图像。

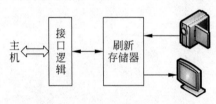

图 4-33　图像显示器基本结构

与光栅扫描的图形显示器类似,由图像采集设备摄取到的图像,经过数字化处理后,按照屏幕位置将像素信息依次存放在刷新存储器用于屏幕刷新。图 4-33 示意了一个简单图像显示器的结构。

2. 打印机

打印机是将输出信息印在纸上的输出设备。由于打印在纸上的信息可以长期保存,所以打印机也称为硬拷贝设备。

计算机的打印设备种类繁多,性能各异,结构差异也很大。

按照印字原理可以分为击打式和非击打式两大类。击打式打印机利用机械作用使印字机构与色带和纸撞击实现打印,属于传统的打印设备。非击打式打印机利用电、磁、光、喷墨等物理或者化学方法进行印刷,实际上应该称为“印字机”。非击打式打印机的印字速度快、质量高、噪声低,但价格较贵。

目前,仍广泛使用的击打式打印设备属于点阵针式打印机,它利用打印钢针敲击形成的点阵来形成字符或图形。

按照工作方式可以分为串行打印机和行式打印机两种。串行打印机逐字打印;而行式打印一次同时打印一行字符。所以,行式打印机印字速度快。

另外,按照打印纸宽度还可以分为宽行打印机和窄行打印机。按照色彩效果也可以分为单色打印机和彩色打印机。

1) 点阵针式打印机

这是目前在很多行业仍普遍使用的一种打印机,主要用于打印各类票据。点阵针式打印机特点是结构简单、价格低,可以打印字符、汉字以及图形、图像。

与 CRT 显示器类似,点阵针式打印机采用点阵组成要打印的字符或图形,按照要打印点的位置选择打印针,通过敲击色带在纸上印出点。字符点阵规模越大,印出的字形就越好看,需要的打印针数也就越多。

点阵针式打印机也分为串行和行式两种。串行针式打印机的应用较为普遍,其结构如图 4-34 所示。由打印设备和打印控制器两大部分组成。

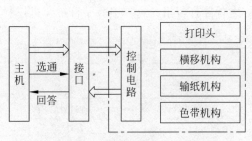

图 4-34　针式打印机的组成

打印设备由打印头、字车、输纸机构、色带机构组成。

打印头由打印针、磁铁、衔铁、复位弹簧等组成,是针式打印机的击打部件。打印针通常为钢针,纵向排成一列,针数由点阵的行数决定,如图 4-35 所示。印字过程如下:被选中的电磁铁通电,吸合衔铁敲击打印针,打印针通过色带击打到纸上,在纸上印出一个墨点。一列中要打印的所有点对应的打印针同时动作。一列打印完后,电磁铁断电,衔铁被释放,弹簧将打印针弹回到原位。然后,打印头向右移动一个位置,接着打印下一列的所有点。直到一行字符全部打印完。

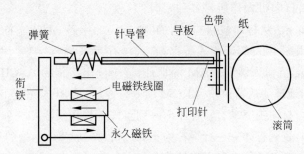

图 4-35　打印针结构

字车是一个可以水平移动的托架,托架上安装打印头,由字车电动机驱动托架沿水平方向来回移动,带动打印头定位在打印位置上。字车每向右移动一列距离就打印一次,打印一个完整的字符字车需移动若干次。一个字符打印完后接着开始打印下一个字符,直到完成一行规定的打印宽度。打印完一行后,字车带动打印头回车换行。字车回车换行的动作分为单向打印和双向打印。单向打印仅在字车右移时打印,回车(返回)时不打印,打印速度较慢。双向打印在字车右移和左移时都打印,打印速度可以提高一倍。

输纸机构主要完成换行、换页等走纸操作。走纸过程分为手动输纸和程序输纸两种。所谓手动输纸就是由人工转动输纸轮完成走纸过程。程序输纸是通过执行程序中的输纸指令控制步进电机,驱动印字辊和输纸轮转动完成走纸过程。

色带是由丝绸或尼龙织物涂上油墨构成。打印时,经打印针击打后色带上的油墨就印在纸上。为延长色带使用寿命,通常色带在打印过程中要不断移动,以改变受击位置。针式打印机多采用环形色带,封装在色带盒中,打印时利用字车电机带动色带轴转动,使色带在盒内移动。

由于与显示器一样采用点阵法打印字符或图形,因此打印控制器的结构与显示控制器类似,主要包括打印缓存(RAM)、字符发生器(ROM)、定时控制逻辑及接口等部件。若打印机中带有微处理器芯片,则称为智能打印机。点阵串行字符打印机控制器结构如图 4-36 所示。

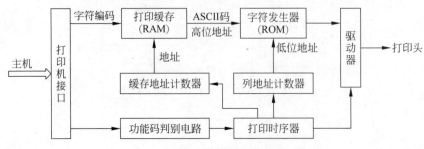

图 4-36　点阵串行字符打印机控制器结构

打印缓存(RAM)用于存放一行要打印字符的机内编码,缓存地址一般由缓存地址计数器(字计数器)提供。字符发生器(ROM)存放所有可打印字符的字形点阵信息,其容量与字符集的大小和字形点阵规模有关。字符发生器(ROM)的高位地址来自缓存读出的字符编码(一般为 ASCII 码),低位地址来自列计数器(提供字符点阵的列号)的输出。功能码识别电路用来识别主机送来的打印功能符,以控制打印机做相应的动作,例如回车、换行、换页等。打印时序器提供打印机操作所需各种定时信号。

打印控制过程如下:从打印机接口接收到要打印的字符,由功能符来判别需要执行动作。若是打印字符,则将字符编码存入缓存,直到缓存存满一行字符。然后,启动打印时序器,以缓存地址计数器值作为缓存 RAM 的地址,逐个读出字符的 ASCII 码。ASCII 码作为ROM 的高位地址,列地址计数器值作为 ROM 的低位地址,从 ROM 中读出字形点阵的一列信息送往打印驱动器,由打印头驱动打印针印出一列点阵。打印头横移一列,重复从 ROM 读出字形点阵下一列打印,直到打印完一行字符为止。接口再接收下一行字符继续打印。

上面介绍的针式打印机是串行点阵针式打印机,打印速度一般在每秒 100 个字符。行式点阵打印机的打印速度比较高。它是将多根打印针沿横向排成一行,安装在一块形似梳齿状的梳形板上,每根针各由一个电磁铁驱动。打印时梳形板可左右移动,移动几次可以印出一行印点。当梳形板改变移动方向时,走纸机构使纸移动一个印点间距,如此重复多次即可打印出一行字符。

2) 激光打印机

激光打印机属于非击打式打印设备。它采用了激光技术和照相技术,由于其印字质量好,所以目前在计算机系统中广泛应用。激光打印机的结构原理如图 4-37 所示。

激光打印机由激光扫描系统、电子照相系统、字形发生器和接口控制器几部分组成。接口控制器接收由主机输出的二进制字符编码以及其他控制信号。字形发生器可将二进制字符编码转换成字符点阵脉冲信号。激光扫描系统的光源是激光,该系统受字符点阵脉冲信号的控制,能输出很细的激光束,该激光束对做圆周运动的感光鼓进行轴向(垂直于纸面)扫描。感光鼓是电子照相系统的核心部件,鼓面上涂有一层具有光敏特性的感光材料,主要成分为硒,故感光鼓又称为硒鼓。感光鼓在未被激光扫描之前,先在黑暗中充电,使鼓表面均

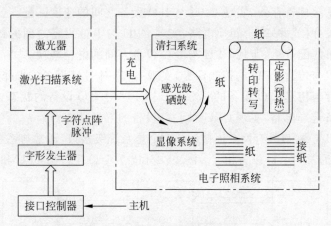

图 4-37 激光打印机原理框图

匀地沉积一层电荷。扫描时激光束对鼓表面有选择地曝光,被曝光的部分产生放电现象,未被曝光的部分仍保留充电时的电荷,这就形成了潜像。随着鼓的圆周运动,潜像部分通过装有碳粉盒的显像系统,使潜像部分(实际上是具有字符或图形信息的区域)吸附上碳粉,达到显影的目的。当鼓上的字符或图形信息区和打印纸接触时,由纸的背面施以反向的静电电荷,则鼓面上的碳粉就会被吸附到纸面上,这就是转印或转写过程。最后经过定影系统就将碳粉永久性地粘在纸上。转印后的鼓面还留有残余的碳粉,故先要出去鼓面上的电荷,经清扫系统将残余碳粉全部清除,然后重复上述充电、曝光、显形、转印、定影等一系列过程。

彩色激光打印机的成像原理和黑白激光打印机相似,都是利用激光扫描在硒鼓上形成电荷潜影,然后吸附墨粉,再将墨粉转印到打印纸上。只不过黑白激光打印机只有一种黑色墨粉,而彩色激光打印机要使用黄、品红、青、黑四种颜色的墨粉。

激光打印机可以任意选择输出的字体和字形,还可打印图形、图像、表格、各种字母、数字和汉字等符号。激光打印机是逐页输出的,故又称为页式输出设备。

激光打印机的输出速度高,通常用每分钟打印输出的纸张页数来描述,单位用 ppm (pages per minute)表示。普通激光打印机的输出速度都在 10ppm 以上。例如,HP LaserJet P1008 为一款 A4 幅面的黑白激光打印机,它的打印速度为 16ppm。

激光打印机的印字质量好,通常用打印分辨率或称输出分辨率来描述印字质量,它是指在打印机输出时横向和纵向两个方向上每英寸最多能够打印的点数,单位是点/英寸,即 dpi(dot per inch)。普通激光打印机的最高分辨率都在 600×600dpi 以上。例如,HP LaserJet P1008 的最高分辨率为 600×1200dpi。

4.6　I/O 接口

从硬件广义上讲,接口是指计算机各部分间进行连接的逻辑部件。通常,接口是指 CPU 和 I/O 设备之间的连接部件,即 I/O 接口。

4.6.1　I/O 接口的作用和组成

I/O 接口作为主机与 I/O 设备之间的桥梁,它的主要作用有如下几个方面:

(1) 通过数据缓冲寄存器,实现 CPU 与 I/O 设备之间的速度匹配。

(2) 通过串—并(或并—串)转换电路,实现 CPU 与 I/O 设备之间的数据格式转换。

(3) 通过电平匹配逻辑,实现 CPU 与 I/O 设备之间的电气转换。

(4) 通过接收与传达 CPU 的控制命令,实现 CPU 对 I/O 设备的操作控制。

(5) 通过保存与传送 I/O 设备的状态,实现 CPU 对 I/O 设备的状态查询。

(6) 通过设备选择电路,实现 CPU 对 I/O 设备的寻址功能。

从结构上看,I/O 接口具有两个连接面。一个是系统级接口,通常与系统总线相连;另一个是设备级接口,通常与 I/O 设备相连。图 4-38 示意了 I/O 接口与 CPU 和 I/O 设备的连接。

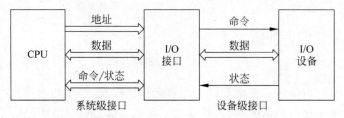

图 4-38　I/O 接口与 CPU 和 I/O 设备的关系

在系统总线中,用于连接 I/O 接口的信号线主要包括以下四类。

(1) 数据线。用于传送数据信息,一般以字或者字节为单位。

(2) 设备选择线。用于传送设备地址,其位数与 I/O 指令中的设备地址码位数有关,通常由地址总线中的一部分组成。

(3) 命令线。用于传送 CPU 向 I/O 设备发送的控制命令(比如启动、清除、读、写等命令),通常由控制总线中相应的信号线承担。

(4) 状态线。用来向 CPU 传送 I/O 设备的状态(比如忙、闲等),通常由控制总线中相应的信号线承担。

一个通用 I/O 接口的基本组成如图 4-39 所示。

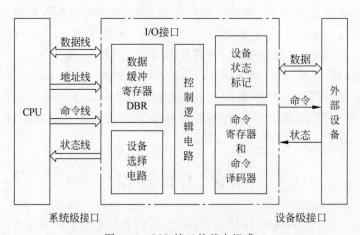

图 4-39　I/O 接口的基本组成

在图 4-39 中,设备选择电路对 CPU 送来的地址进行识别,若匹配则发出选中信号 SEL,完成 I/O 寻址功能。命令寄存器在 SEL 信号的控制下接收并保存 CPU 发来的控制命令。命令译码器对命令进行识别,以控制 I/O 设备进行相应的操作。数据缓冲器(DBR)

存放需要传送的数据,使 CPU 和 I/O 设备之间的速度不匹配问题得到缓解。若一级 DBR 缓冲作用不够时,I/O 接口还可以设置二级数据缓冲寄存器。通常,在接口中设置若干个状态触发器(称为设备状态标记),以存放 I/O 设备当前的运行状态(完成、忙、出错等),这些触发器可以组成一个完整的寄存器由程序来访问。控制逻辑电路负责接收和发送 CPU 和 I/O 设备间相应的联络信号,实现 CPU 与接口、接口与 I/O 之间的通信控制。

通常,把 I/O 接口每个能被 CPU 直接访问的寄存器称作端口,并且为每个端口都分配了一个地址,这个地址称为端口地址。根据存放信息的不同,这些端口又分别称为数据端口、控制端口和状态端口。CPU 可以向数据端口写入欲输出的数据,也可以从数据端口读入输入的数据。CPU 向控制端口写入控制命令,而从状态端口读出设备的状态标记。

4.6.2 I/O 接口的通信方式

1. I/O 接口与主机的连接方式

早期计算机采用分散式连接方式,即 CPU 和每个 I/O 接口都有直接连线。现代计算机采用总线式结构,所有 I/O 接口都通过公用的总线与主机连接,如图 4-40 所示。这样,I/O 接口通过系统总线与主机联络,而 I/O 设备和接口之间通过专用的通路连接。

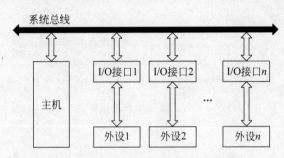

图 4-40   以总线为中心的计算机结构

2. I/O 接口和 I/O 设备间数据传送方式

1)并行传送

n 位数据信息同时传送,通常为按字(word-by-word)或者按字节(Byte-by-Byte)并行传送。这种方式数据传送速度快,但数据线用量多。适合于近距离、高速数据传送场合。

2)串行传送

每次只传送一位二进制信息,数据从低位开始逐位传送(bit-by-bit)。这种方式只需要一根数据线和一根地线(为了防止干扰做成双绞线),但数据传送速度慢。适合于远距离、传送速度要求不高的场合。

3. I/O 接口与 I/O 设备的通信方式

I/O 接口作为主机和 I/O 设备之间联系的桥梁,通常需要转达 CPU 向 I/O 设备发来的操作命令,比如启动、读、写和停止等;并且需要了解 I/O 设备的工作状态,比如 I/O 设备正在进行输入/输出操作,或者输入/输出操作已经结束以便启动后续操作等。I/O 接口如何了解 I/O 设备的这些状态? 通常有同步通信和异步通信两种方法。

1)同步通信

I/O 接口与 I/O 设备之间按照统一的时钟信号进行通信,无需任何应答信号。采用这种通信方式时,I/O 设备的操作时间是事先安排好的,预定的时间到了 CPU 就知道相关操作已经完成,便可以启动下一个操作了。并行同步通信接口与 I/O 设备及 CPU 的连接方式如图 4-41 所示。例如,若 I/O 设备通过 I/O 接口接收到 CPU 发来的读操作命令,启动读数据过程后,I/O 接口不需要记录 I/O 设备的运行状态,当然也不需要将 I/O 设备的状态告知 CPU。CPU 默认在一段时间后,I/O 设备就会将数据送到接口数据缓冲寄存器。即 CPU 在发出读操作命令之后,延迟一个固定时间就可以从接口数据缓冲寄存器中读取数据了。

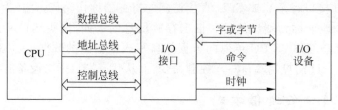

图 4-41　同步并行接口

同步通信方式也可以实现串行传送。传送开始时先传送 1～2 个同步字符(SYN)作为数据传送开始标识,然后以数据块为单位连续传送数据。其数据格式如图 4-42 所示。由于串行通信往往通信距离比较远,所以不一定要求通信双方采用同一个时钟信号,但接收时钟与发送时钟必须严格同步。

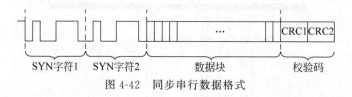

图 4-42　同步串行数据格式

2) 异步通信

I/O 接口与 I/O 设备之间采用应答方式进行联络,不需设置统一的时钟信号。一旦 CPU 通过 I/O 接口启动了 I/O 设备后,I/O 设备通过状态反馈告知接口自己的状态,接口再将该状态告知 CPU。图 4-43 给出了采用异步通信的串行接口与 I/O 设备和 CPU 的连接方式。

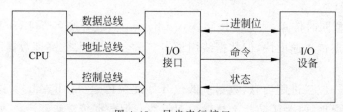

图 4-43　异步串行接口

异步串行通信时,为了使通信双方在收发时间上能够协调一致,要求在数据格式中设置同步信息,即把起始和终止标识信息加在字符的格式中。通常,也将一个完整的数据格式称为一个数据帧。图 4-44 给出了两帧间有空闲和两帧间无空闲的串行数据传送格式。

串行通信的数据传送速率通常用波特率表示。所谓波特率是指单位时间内传送的二进制位数,单位为波特(Baud)。通信双方通过约定波特率实现位同步。

但是,用波特率表示的串行传输速率反映的是单位时间内传输信息的总量,并不是精确的有效传输速率。若只考虑传送的有效数据位,也可用比特率来表示异步传输速率,即比特率指单位时间内传送的有效二进制数据的位数,单位为位/秒(b/s)。

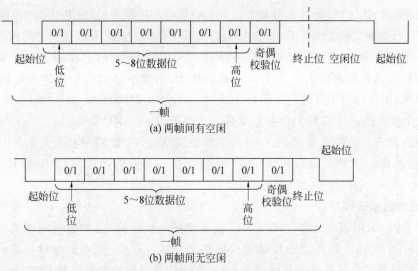

(a) 两帧间有空闲

(b) 两帧间无空闲

图 4-44　异步串行通信数据格式

【例 4.3】　在异步串行传输系统中,假设每秒传输 120 个数据帧,其字符格式规定包含 1 个起始位、7 个数据位、1 个奇偶校验位、1 个终止位,试计算波特率和比特率。

解:一帧中包含的二进制位数:

$$1+7+1+1=10 \text{ 位}$$
$$波特率=10 \text{ 位} \times 120 \text{ 帧/秒} = 1200 \text{ 波特}$$
$$比特率=120 \text{ 帧/秒} \times 7 = 840 \text{b/s}$$

在异步串行通信中,每一个数据都要附加起始位和停止位作为字符开始和结束标志,以至于占用了比较多的信道时间。同步串行通信是在每个数据块前附加 1~2 个同步字符,标识传送开始,并使收发双方同步,所以数据传送的效率比较高。

4.7　I/O 数据传送控制方式

在 I/O 设备与主机交换信息过程中,根据 CPU 所扮演的不同角色形成了 5 种控制方式:程序查询方式、程序中断方式、直接存储器存取方式(DMA)、I/O 通道方式和 I/O 处理机方式。前三种属于基本的输入/输出方式。I/O 通道方式和 I/O 处理机方式都是通过多处理机技术,使得中央处理机可以摆脱繁重的 I/O 负担,提高系统的整体工作效率。本节主要介绍前三种 I/O 控制方式。

4.7.1　程序查询方式

程序查询方式的主要思想:当 CPU 在运行现行程序过程中,如果需要访问 I/O 设备,就直接在现行程序中加入一段由 I/O 指令编制的程序来完成 I/O 数据交换,交换完毕后,又继续执行现行程序。因此,这种交换方式也称为直接程序控制,CPU 在交换过程中是主动的一方。

1. 程序查询流程

1) 单个数据交换过程

I/O 数据交换程序的主要由三步完成,如图 4-45 所示。

（1）启动外设：CPU 通过 I/O 指令访问 I/O 接口的控制端口，发送相应的控制字，以启动 I/O 设备进行数据交换的准备工作。I/O 设备将其工作状态置入 I/O 接口中的状态端口。

（2）测试/转移：CPU 反复地读取 I/O 接口中的状态端口，并检测 I/O 设备是否准备就绪。该阶段需要的时间取决于 I/O 设备的性能，通常 I/O 设备的工作速度远低于 CPU 的处理速度，所以相对于其他两个阶段来说，该阶段占用时间最长。

（3）交换数据：CPU 和 I/O 接口交换一个字节或一个字的数据。

程序查询方式的特点是，当 I/O 设备未准备就绪时，CPU 需要反复查询 I/O 设备的状态，而不能做其他事情，称此阶段为"踏步等待"。踏步等待的存在对 CPU 的工作效率有显著的影响。

2）成批数据交换过程

如果 CPU 采用程序查询方式与 I/O 设备交换一批数据，通常数据源或者目的地是主存，并且是主存中由一段连续地址单元构成的缓冲区。这样，启动 I/O 设备进行数据传送前，CPU 要设置主存缓冲区的首地址，以及本次传送的字数或者字节数，即进行传送前的初始化工作。具体数据交换过程只要在单个数据交换流程的基础上，增加交换数据个数的控制即可。图 4-46 给出了成批数据交换流程。

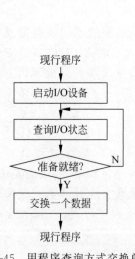

图 4-45 用程序查询方式交换单个
数据的程序流程

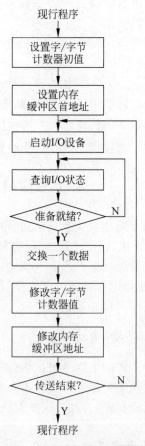

图 4-46 用程序查询方式交换成
批数据的程序流程

【例 4.4】　某计算机 CPU 主频为 50MHz,CPI 为 5(即执行每条指令平均需 5 个时钟周期)。在采用程序查询方式的输入/输出系统中,若有键盘和硬盘两个设备。CPU 每秒至少对键盘查询 5 次,才能满足用户输入速度的要求。硬盘以记录块为单位与主存交换数据,其数据传输率为 5MB/s,CPU 每查询成功一次交换一个字节。问 CPU 对这两个设备查询所花费的时间比率,由此可得出什么结论?

解:由于 CPU 每次查询 I/O 设备状态一般需要 2 条指令,即读状态寄存器指令和测试判断指令。所以,

　　　　CPU 每秒查询键盘所占用的时间比率
　　＝5 次×2 条指令×6 行×1/50MHz×100％＝0.0006％
　　　　CPU 每秒查询硬盘所占用的时间比率
　　＝5MB/s×2 条指令×5 个时钟周期×1/50MHz×100％＝100％

由于 CPU 查询硬盘的时间比率为 100％,所以在该机器中,CPU 对硬盘的控制不适合采用程序查询方式。

2. 支持程序查询方式的接口

支持程序查询方式的 I/O 接口硬件比较简单。除了数据缓冲寄存器和设备地址选择逻辑外,还需要设置一个命令触发器(C)和一个状态触发器(S),作为 CPU 对 I/O 设备的启动标志以及 I/O 设备工作状态标志。

图 4-47 以并行输入接口为例给出了程序查询接口的基本组成。其中,

命令触发器 C:

C＝0,表示 I/O 设备空闲;

C＝1,表示 CPU 启动了 I/O 设备,I/O 设备正在工作(忙)。

状态触发器 S:

S＝0,表示 I/O 设备工作未完成;

S＝1,表示 I/O 设备工作完成(准备就绪)。

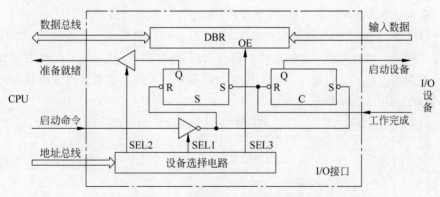

图 4-47　程序查询接口基本组成

程序查询接口工作过程(以并行输入为例):

(1) CPU 启动 I/O 设备。CPU 通过执行一条写控制端口的指令,将控制端口地址通过地址总线送到 I/O 接口。I/O 接口通过设备选择电路进行地址匹配(SEL1 有效),接收 CPU 发来的启动 I/O 命令,置 C 触发器为"1",S 触发器为"0"。启动 I/O 设备开始工作。

（2）I/O 设备输入数据。I/O 设备将数据送入接口数据缓冲寄存器(DBR)，并置 S 触发器为"1"，C 触发器为"0"，表示 I/O 设备准备就绪。在此过程中，CPU 反复读取状态端口(SEL2 有效)并判断设备状态，直到设备就绪。

（3）CPU 读取数据。CPU 通过一条读数据端口的指令(SEL3 有效)，将 DBR 中的数据读取到 CPU 的寄存器中。

输出的过程与输入类似。区别在于：首先向数据端口写入数据，然后再启动设备。当检测到设备就绪，表示设备已完成一个数据的输出，CPU 可以向数据端口写入下一个数据了。

4.7.2 程序中断方式

所谓中断(Interrupt)，指计算机在执行程序的过程中，出现某种非预期的紧急事件，引起 CPU 暂停现行程序的执行，转去处理此事件，处理完后再返回现行程序执行的过程，也称为程序中断。

在现代计算机系统中，中断技术已经不仅仅用于输入/输出系统。它除了被用来管理各种各样的 I/O 设备之外，在整个计算机系统中也起着重要的作用。例如，人机交互、故障处理、实时处理、多任务操作系统、分时操作系统、程序的跟踪调试、用户程序与操作系统的联系、多处理机系统中各处理机之间的联系及任务分配等都可以利用中断技术。

中断是一种软硬件相结合的技术，即一部分由硬件实现，一部分由软件实现。对于 I/O 中断来说，硬件实现的功能又分别由 CPU 和 I/O 接口完成。本节针对 I/O 中断技术，主要讨论 I/O 接口硬件对中断技术的支持，CPU 对中断的支持将在第 6 章讨论。

1. 程序中断基本处理流程

采用中断技术使得计算机具有了处理随机事件的能力，这是计算机功能上的一大进步。如果把 I/O 设备与 CPU 交换数据的过程也看作随机事件，并且用程序中断技术来实现，就是所谓的 I/O 中断。

采用程序中断实现 I/O 数据交换，可以使 I/O 设备的准备数据过程与 CPU 现行程序执行并行起来，CPU 不用踏步等待，这样 CPU 的运行效率就得以提高。

图 4-48 给出了采用程序中断方式实现 CPU 和 I/O 设备传送一个数据时，CPU 执行程序的流程。从图中可以看到，CPU 启动 I/O 设备后，继续原来程序的执行，直到 I/O 接口发来中断请求为止。在这个过程中，CPU 和 I/O 设备并行工作。避免了程序查询方式中的踏步等待，提高了 CPU 的工作效率。

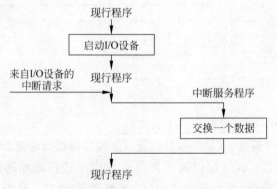

图 4-48　用程序中断方式交换单个数据的程序流程

若采用程序中断方式实现成批数据交换,I/O 设备每准备好一个数据后,就会向 CPU 发出一个中断请求,CPU 每次进入中断服务程序便完成一个数据的交换。然后,CPU 再次启动 I/O 设备,直到一批数据传送完成。

【例 4.5】 某计算机 CPU 主频为 50MHz,CPI 为 5。若有键盘和硬盘两个设备,均采用中断方式与主机进行数据传送,对应的中断服务程序包含 8 条指令,中断服务的其他开销相当于 2 条指令的执行时间。假设用户敲击键盘的速度是 5 键/秒。硬盘以记录块为单位与主存交换数据,其数据传输率为 5MB/s,中断 CPU 一次交换一个字节。CPU 分别用于这两个设备进行数据传送的时间与设备准备数据的时间比率是多少?由此可得出什么结论?

解:一次中断处理占 CPU 的时间 $=(8+2)$ 条$\times 5$ 时钟周期/条$\times 1/50$MHz$=1\mu$s

所以,CPU 用于键盘 I/O 的时间占整个 CPU 时间的百分比:

$$1\mu s/(1/5\times 10^6)\mu s\times 100\%=0.05\%$$

CPU 用于硬盘 I/O 的时间占整个 CPU 时间的百分比:

$$1\mu s/(1/5)\mu s\times 100\%=500\%$$

由于采用中断方式实现硬盘数据传送时,中断处理时间远大于硬盘准备数据的时间,会造成硬盘数据的丢失,所以该机器不能采用中断方式控制硬盘数据传送。

2. 完整的中断处理过程

一次完整的中断过程依次经历 5 个阶段:中断请求、中断判优、中断响应、中断服务以及中断返回。

1) 中断请求

当 I/O 设备操作完成时,通过发中断请求信号通知 CPU。为了向 CPU 提供持续稳定的中断请求信号,要求 I/O 接口中设置"中断请求"标记电路。通常,接口中设置一个中断请求触发器 INTR(Interrupt Request),标记中断请求状态。INTR$=0$,表示没有请求;INTR$=1$,表示有请求。实际上,在计算机系统中每一个可以向 CPU 发中断请求的部件,都被 CPU 看成是一个"中断源"。

为了给 CPU 处理中断更大的灵活性,当某个中断源发出中断请求信号后,CPU 根据情况来决定是否理睬这个请求。为此,可以在 I/O 接口中设置一个"中断屏蔽触发器"(MASK)。MASK 的值由 CPU 执行指令来设置,通常 MASK$=1$,表示该中断被屏蔽,即 CPU 对该接口发的中断请求信号不予理睬;MASK$=0$,表示该中断开放,CPU 对其发来的中断请求可以予以响应。在计算机系统中,为每一个可屏蔽中断源都设置了一个中断屏蔽触发器(有些中断源是不可屏蔽的,比如电源掉电、硬件故障等),所有中断屏蔽触发器可以构成一个中断屏蔽寄存器。把 CPU 为中断屏蔽寄存器所设置的值称为中断屏蔽字。

由上述可知,中断屏蔽触发器起着对某个中断源的开关作用,它和中断请求触发器在 I/O 接口中一般是成对设置的。并且,中断请求功能一般由 I/O 接口硬件完成,而中断屏蔽功能由 CPU 完成。

接口中设置工作状态触发器(S)、中断请求触发器(INTR)和中断屏蔽触发器

(MASK)，它们之间的连接示意图如图 4-49 所示。其中，中断查询信号是由 CPU 定期发出的查询脉冲信号。

2）中断判优

当多个中断源同时向 CPU 发出中断请求时，需要按其紧急程度进行优先级排队。对 I/O 设备而言，通常速度越高，紧急程度就越高，则安排的优先级就越高。

中断排队既可以用硬件实现，也可以用软件实现。软件实现时通过 CPU 运行一段中断查询程序完成，按照中断源优先级从高到低依次查询，一旦查询到某个中断源有请求，则该中断源就排队胜出。硬件排队判优常用有串行和并行两种方法。

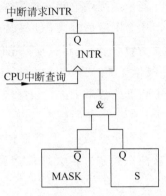

图 4-49　中断请求信号产生逻辑

（1）串行排队。排队电路分别设置在各个 I/O 接口中，每个接口具有排队器的一段。串行排队思想类似与总线仲裁中的链式查询方式。串行排队器逻辑如图 4-50 所示。

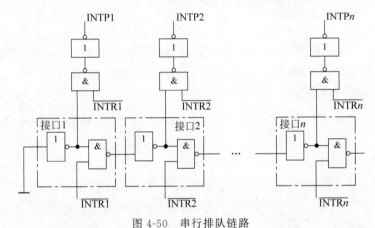

图 4-50　串行排队链路

（2）并行排队。可以在 CPU 中或者专门的中断管理模块（也称为中断控制器）中设置一个集中式的排队电路，对所有中断源发出的请求信号同时进行排队。并行排队器逻辑如图 4-51 所示。若采用并行排队逻辑，中断屏蔽寄存器也就位于中断管理模块中。并行排队判优速度比串行排队判优速度快。

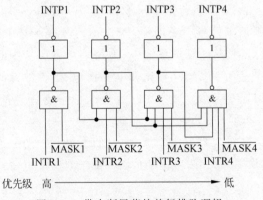

图 4-51　带中断屏蔽的并行排队逻辑

3）中断响应

中断响应的首要条件是 CPU 允许响应中断。CPU 中设置了一个"中断允许触发器"（EINT）。当 EINT＝1，表示允许中断（开中断）；当 EINT＝0，表示禁止中断（关中断）。指令系统中专门设有开中断指令和关中断指令，分别对 EINT 进行置位和复位。

当 EINT＝1 时，CPU 在每条指令执行末发中断查询信号，对中断请求状态进行登记。如果有中断请求，则发出中断响应信号 INTA，进入中断响应过程。CPU 在一条指令执行结束响应中断的理由：此时 CPU 现行程序的现场最简单且最稳定。

在中断响应过程中，CPU 要完成三个操作：①关中断；②保护程序断点；③获得中断服务程序入口地址。这些操作是硬件自动完成的。对于程序设计者来说，可以认为它们是由一条隐含指令完成的，称为中断隐指令。中断隐指令在指令系统表中查不到，而由硬件在响应中断时自动执行，操作过程类似"与"指令。与一般指令相比，隐指令不需要取指令、分析指令等操作，由硬件自动进行执行。

CPU 获得中断服务程序入口地址的方法有软件查询法和硬件向量法两种。

（1）软件查询法（非向量中断）。由 CPU 运行一段中断查询程序获得中断服务程序的入口地址。通常，软件查询法与软件判优方法相结合，查询到优先级最高的中断请求后，通过程序查询直接给出该中断源的中断服务程序入口地址。

（2）硬件向量法（向量中断）。通过硬件专门设置向量编码器获得中断服务程序入口地址。中断向量法通常与硬件排队判优方法结合使用。

如果让硬件直接产生中断服务程序入口地址，系统设计就缺乏灵活性。通常，将所有中断源的中断服务程序入口地址组成一张表，称为中断向量表。向量表存放在内存指定的一片区域中。由 I/O 接口（或中断控制器）中的向量编码器产生中断向量，用这个中断向量作为地址（或者由中断向量计算出地址，称为向量地址）从向量表中取出中断服务程序的入口地址。所以，中断向量（或中断向量地址）是中断服务程序入口地址的指示器。图 4-52 示意了采用硬件向量法获得中断服务程序入口地址的过程。

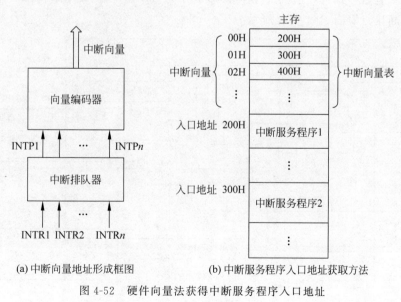

(a) 中断向量地址形成框图　　(b) 中断服务程序入口地址获取方法

图 4-52　硬件向量法获得中断服务程序入口地址

185

4) 中断服务

中断服务是通过运行中断服务程序完成的。当中断服务程序入口地址送入 PC 后，CPU 接下来就开始执行中断服务程序了，即进入中断服务处理过程。中断服务处理主要完成三项工作：保护现场、中断处理和恢复现场。

保护现场通常分两步完成。

（1）保存断点和程序状态字（PSW）。断点和 PSW 是 CPU 运行现行程序最重要的现场，为了可靠起见，这项工作通常由硬件在响应中断时通过执行中断隐指令自动完成。

（2）保存通用寄存器组的内容。通常由中断服务程序完成，将通用寄存器组的内容压入堆栈或存入指定的主存单元。

中断处理主要对引起中断的事件进行处理。I/O 中断主要完成 I/O 与主机间的数据交换（输入/输出）。这是中断服务程序要做的主要工作。

恢复现场是保护现场的逆操作，通常也分两步进行。

（1）恢复通用寄存器的内容。这由中断服务程序完成，将通用寄存器组的内容出栈或从指定主存单元取出并送回。

（2）恢复断点及程序状态字（PSW）。通常在中断返回时完成。

5) 中断返回

中断返回由中断返回指令完成。通常，在中断服务程序的最后安排一条中断返回指令。中断返回指令的工作基本上是中断隐指令的逆操作，即

（1）将现行程序断点和 PSW 出栈。

（2）开中断。

3. 支持程序中断方式的接口

从上述分析可知，在一次完整的程序中断过程的 5 个阶段中，中断请求是由 I/O 接口完成的最基本工作，中断判优和产生中断服务程序入口地址也可以由 I/O 接口完成。若采用软件判优或者集中式判优，就可以进一步简化 I/O 接口逻辑。采用串行排队逻辑及硬件向量法的中断接口框图如图 4-53 所示。

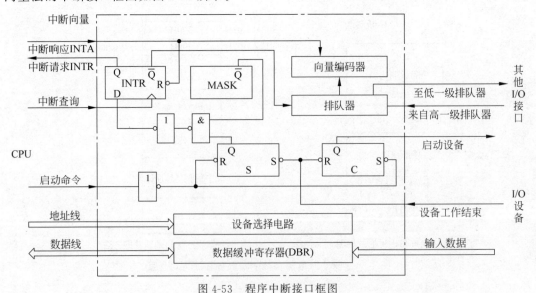

图 4-53　程序中断接口框图

下面以输入数据为例介绍程序中断接口的工作过程。

（1）CPU向I/O接口发送启动I/O设备的命令，置接口中的命令触发器C为"1"，状态触发器S为"0"。

（2）接口启动I/O设备工作，准备输入数据。

（3）设备将数据输入到接口中的数据缓冲寄存器(DBR)。

（4）设备发工作结束信号至接口，置接口中的命令触发器C为"0"，状态触发器S为"1"，表明I/O设备工作就绪。

（5）若CPU允许中断，即EINT＝1，CPU就在一条指令执行的末尾发出中断查询信号。

（6）若该接口的中断请求没有被屏蔽，即MASK＝0，则接口中的中断触发器INTR置"1"，中断请求信号INTR送至CPU。同时，INTR信号送入排队器进行中断判优。

（7）CPU查询到中断请求后，发出中断响应信号INTA信号至接口，排队胜出的接口通过数据总线将中断向量送入CPU。

（8）CPU响应中断，完成关闭中断(EINT＝0)、保存程序断点(PC和PSW)，以及将中断服务程序入口地址置入PC，进入中断服务程序执行。同时，中断请求被响应的I/O接口将其中断请求触发器清"0"。

（9）CPU执行中断返回指令后，退出中断服务程序恢复执行原来程序。

4. 多重中断

在中断服务的过程中，若出现了新的更紧迫的中断请求，此时CPU可以暂停现行中断服务程序的执行，转去处理新的中断，这种现象叫中断嵌套或多重中断。图4-54分别给出了单重中断和多重中断系统中CPU的处理流程。

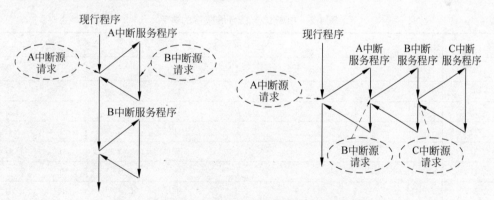

图4-54　单重中断和多重中断处理流程

多重中断的实现需要软硬件联合来完成。通常，在中断服务程序保存完CPU现场后，需要设置一条开中断指令(EINT＝1)，这样，若有新的更高级的中断请求出现，CPU便会去响应和处理。但在恢复现场之前，应设置一条关中断指令(EINT＝0)，以保证恢复现场操作不被新的中断请求所打断。

在多重中断系统中，为了灵活地进行中断嵌套，通常在现行程序和各个中断服务程序中都分别设置各自的中断屏蔽字，在程序转移时也要保护和恢复屏蔽寄存器值。中断服务程序开中断前,服务程序需要为自己设置新的中断屏蔽字。并且,在中断优先级和中断屏蔽字的共同作用下,完成中断响应和中断处理。

Pentium 4 支持多重中断,图 4-55 给出了一个 IA-32 汇编中断服务程序的基本结构。

在多重中断系统中,根据系统的配置不同,又可分为一维多重中断和二维多重中断。一维多重中断是指每一个中断优先级只对应一个中断源;而二维多重中断是指每一个中断优先级对应多个中断源。

通常,允许优先级别低的中断服务程序能嵌套优先级别高的中断服务程序;而不允许相同优先级的中断服务程序相互嵌套;也不允许优先级别

```
Int-prog:  push eax
           push ebx
           …
           push 中断屏蔽字
           设置中断屏蔽字
           seti
           …
           clri
           pop 中断屏蔽字
           …
           pop ebx
           pop eax
           iret
```

图 4-55 支持多重中断系统中中断服务程序框架

高的中断服务程序嵌套优先级别低的中断服务程序。这种嵌套规则称为优先级嵌套。在二维多重中断系统中,中断判优逻辑除了确定优先级外,还要确定优先响应的中断源。通常可以通过并行排队和串行排队相结合的方法来实现,即采用并行排队逻辑决定优先响应的中断级,采用串行排队逻辑确定首先响应哪个中断源。

例如,若某多重中断系统中,共有 8 个级别的可屏蔽中断源。这样,需要设置一个 8 位的中断屏蔽寄存器,每位对应一个中断源。那么,按照一般性的优先级嵌套规则,各中断服务程序中设置的屏蔽字如表 4-2。假设 0 级中断源优先级最高,依次递减,7 级优先级最低。每一行就是对应中断优先级的中断服务程中所设置的屏蔽字,并且中断屏蔽字第 0 位对应 0 级中断源,依此类推。最后一行是现行程序中所设置的屏蔽字,各位全"0"表示现行程序可以嵌套任何一级中断源服务程序。

表 4-2 中断优先级与屏蔽字的关系

优先级	屏 蔽 字							
	7	6	5	4	3	2	1	0
0	1	1	1	1	1	1	1	1
1	1	1	1	1	1	1	1	0
2	1	1	1	1	1	1	0	0
3	1	1	1	1	1	0	0	0
4	1	1	1	1	0	0	0	0
5	1	1	1	0	0	0	0	0
6	1	1	0	0	0	0	0	0
7	1	0	0	0	0	0	0	0
现行程序	0	0	0	0	0	0	0	0

若某个中断服务程序希望改变一般性的优先级嵌套规则,那么可以设置不同的中断屏蔽字。例如,3 级中断服务程序不希望嵌套 2 级中断服务程序,但希望嵌套 5 级、7 级以及 1 级、0 级中断服务程序,那么就可以将自己的中断屏蔽字设置为 01011100B。若现行程序不希望嵌套 1、3、5、7 级中断服务程序,就可以将屏蔽字设置为 10101010B。

在多重中断系统中,CPU 按照中断优先级对中断请求进行响应,但是中断响应后(即进入该中断服务程序后)并非能够将该中断事务处理完成,因为根据设置的中断屏蔽字可能嵌套进另一个中断服务程序。也就是说,中断响应次序和中断处理次序(完成处理)并非相同。中断响应次序由中断优先级决定,而中断处理次序由屏蔽字决定。中断优先级的作用就是对多个中断请求进行排队,使 CPU 响应优先级最高的中断请求。而响应之后的处理次序取决于屏蔽字,可能与优先级无关。

【例 4.6】 某计算机有 5 级中断源 A、B、C、D、E,中断优先级由高到低的次序为 A→B→C→D→E。若某个时刻这 5 级中断源的中断请求信号同时到来。

(1) 按照一般性优先级嵌套规则,各中断服务程该如何设置屏蔽字?画出 CPU 中断响应和处理过程。

(2) 若想将中断处理次序改为 B→E→C→A→D,各中断服务程序又该如何设置屏蔽字?画出 CPU 中断响应和处理过程。

解:(1) 各中断服务程序对屏蔽设置如表 4-3 所示。其中,屏蔽字从第 0 位到 4 位依次对应中断源 A 到 E。图 4-6 是程序运行轨迹,从图中可以看出,按照优先级嵌套规则,中断处理次序与中断响应顺序相同。

表 4-3　例 4.6 的表(一)

中断源	屏蔽字				
	E	D	C	B	A
A	1	1	1	1	1
B	1	1	1	1	0
C	1	1	1	0	0
D	1	1	0	0	0
E	1	0	0	0	0
现行程序	0	0	0	0	0

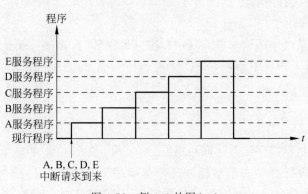

图 4-56　例 4.6 的图(一)

(2) 按照 B→E→C→A→D 的处理次序,各中断服务程序对屏蔽字设置如表 4-4 所示。其中,B 中断服务程序屏蔽所有中断源,E 屏蔽除 B 以外其他中断源,等等。图 4-57 是程序运行轨迹。这样,就可以保证要求的中断处理次序。

表 4-4　例 4.6 的表(二)

中断源	屏　蔽　字				
	E	D	C	B	A
A	0	1	0	0	1
B	1	1	1	1	1
C	0	1	1	0	1
D	0	1	0	0	0
E	1	1	1	0	1
现行程序	0	0	0	0	0

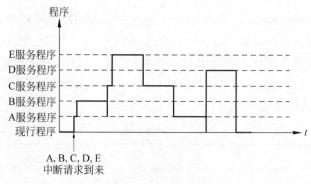

图 4-57　例 4.6 的图(二)

值得注意的是:

(1) 由于程序断点和现场通常保存在堆栈中,堆栈具有"先进后出"的特点,所以中断服务程序返回时,一定会返回到原先进入它的那个程序断点处。例如图 4-57 中,B 服务程序结束后返回到 A 服务程序,E 服务程序结束后返回到 C 服务程序,等等。

(2) 无论中断处理次序如何改变,中断响应次序只与中断优先级有关。例如图 4-57中,现行程序中开放所有中断源,当 5 个中断请求同时到达后,CPU 一定先响应 A 中断请求而进入 A 中断服务程序。

(3) CPU 响应某个中断请求进入其中断服务程序后,首先进行现场保护和设置新的屏蔽字,然后才开中断。开放中断后,CPU 才能响应未被屏蔽的中断请求,实现服务程序的嵌套。

4.7.3　DMA 方式

所谓 DMA,就是直接存储器访问(Direct Memory Access)。DMA 方式是在高速 I/O设备和主存储器间进行自动成批数据传送而尽量减少 CPU 干预的 I/O 控制方式。它在I/O 设备与主存之间开辟了一条直接的数据通路,I/O 设备与主存数据交换过程中不再需要 CPU 的中转和管理,即数据交换操作不影响 CPU 现行程序的执行,所以可以有效地提高 CPU 的工作效率。

1. DMA 数据交换流程

一次完整的 DMA 数据传送过程分为预处理、数据传送和后处理三个阶段。

1）预处理

CPU 通过运行一段程序向 DMA 接口发送初始参数（如主存地址、传送字数等）和操作命令，之后 CPU 继续执行原来的程序。

2）数据传送

DMA 接口在 I/O 设备准备好一个数据后，向 CPU 发出总线请求，取得总线控制权后与主存进行一次数据传送。每传送完一个数据后，DMA 接口修改主存地址和字数计数器值，且检查一批数据是否传送结束。若未传送结束，则继续传送；若传送结束，则向 CPU 发出中断请求。在此过程中，CPU 完全不参与数据传送，而是继续原来的执行程序，从而实现了 CPU 和 I/O 设备之间较高的并行性。

3）后处理

一批数据传送结束后，DMA 接口向 CPU 发出 DMA 结束中断请求。CPU 响应中断后，通过中断服务程序进行 DMA 数据传送的结束工作，例如数据校验、关闭 I/O 等。

图 4-58 给出了采用 DMA 方式实现 I/O 设备和主存间一批数据传送时，CPU 执行程序的流程。

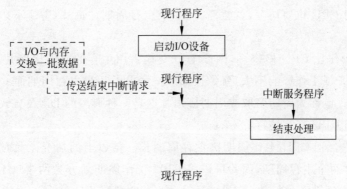

图 4-58　用 DMA 方式交换成批数据的程序流程

【例 4.7】　有关 CPU 和硬盘的假设同例 5.5，若改用 DMA 方式，假设每次 DMA 传送大小为 5000B，且 DMA 预处理和后处理的总开销为 500 个时钟周期，则 CPU 用于该外设 I/O 的时间占整个 CPU 时间的百分比是多少？（假设 DMA 与 CPU 之间没有访存冲突）

解：

由于硬盘数据传输率为 5MB/s，传输 5000B 的数据块所占时间是：

$$\frac{5000B}{5MB/s} = 1000\mu s$$

预处理和后处理占时间为：

$$500 \text{ 时钟周期} \times 1/50MHz = 10\mu s$$

CPU 用于该硬盘 I/O 的时间占整个 CPU 时间的百分比是：

$$10\mu s/(1000 + 10)\mu s \times 100\% \approx 0.01\%$$

2. DMA 接口和 CPU 访存冲突

I/O 设备以 DMA 方式与主存进行成批数据交换过程中，CPU 继续执行程序。这样，就会出现 CPU 访问存储器（读指令以及读写数据）与 DMA 接口访问存储器的冲突问题。解决该问题可以采取以下三种策略。

1) 停止 CPU 访问主存

当 DMA 接口要和主存交换数据时,CPU 暂停现行程序的运行,等待 DMA 接口将一批数据全部传送完才继续执行程序。

这种策略实现简单,但是对于 CPU 的工作效率影响较大,不是典型的 DMA 方式。其改进方法是在 DMA 接口中设一小容量存储器,使 I/O 设备先与小容量存储器交换数据,然后小容量存储器再与主存交换数据。这样,主存可以全速运行,并且减少了 CPU 的等待时间。

该种策略与程序查询方式有些类似,即 I/O 接口与主存交换数据时,CPU 踏步等待,但区别在于 CPU 并不需要查询 I/O 设备的状态。而这种策略与中断方式的区别是 CPU 不需要进行程序转移,所以没有保存现场和恢复现场的额外时间开销。

2) 周期挪用(周期窃取)

当 DMA 接口与主存进行数据交换时,CPU 无须完全停下来等待,可继续执行程序。每当 I/O 设备准备好一个数据时,就发出一个 DMA 请求,DMA 接口在接到请求后申请总线控制权,获得总线控制权后占用 1～2 个主存周期与主存交换一个数据,交换完后就释放总线。如果此时 CPU 也要访存,就暂停 1～2 个主存周期;如果 CPU 不访存,可照常运行程序。

由于 I/O 操作比 CPU 慢得多,因此 I/O 交换占用主存的时间比例并不大,暂停 1～2 个主存周期对 CPU 工作影响不大,就像被 DMA 偷去了几个主存周期而 CPU 没有觉察一样,因此这种方式也称为周期窃取或周期挪用。这是一种典型的 DMA 方式。

3) DMA 与 CPU 交替访存

这种方式适合于 CPU 工作周期比主存周期长一倍以上的情况。此时一个 CPU 工作周期中可以包含两个主存周期,因此可以将 CPU 工作周期划分为两半(C1、C2),然后规定 CPU 和 DMA 访存各用一半(如 C1 时 DMA 访存,C2 时 CPU 访存),这样 CPU 与 I/O 可以交替访存,对两者的工作效率都不会受到影响。因此,这种方式也称为"透明的"DMA。这是一种高效的传送方式,需要较高的技术支持,硬件结构较复杂。

图 4-59 示意了三种策略中 CPU 和 DMA 接口使用主存的情况。本节以周期窃取方式为主进行讨论。

3. DMA 接口的功能和组成

1) DMA 接口的功能

DMA 接口实际上起着 I/O 接口和 DMA 控制器双重作用。由于它是建立在程序查询和程序中断两种技术基础上的一种交换方式,因此在 DMA 接口中必须包括如下功能:

(1) 保留程序查询接口的功能,完成基本的 I/O 操作。

(2) 保留程序中断接口的功能,支持 DMA 后处理过程中的结束中断。

(3) 可以接收来自 I/O 的 DMA 请求,并向 CPU 发出总线请求。

(4) 具有掌握总线控制权的能力,数据交换时 DMA 接口为总线主模块,主存为总线从模块。

(5) 具有对 DMA 传送参数的控制能力,提供并修改主存和 I/O 地址、数据交换个数。

(6) 可发出 DMA 结束中断请求信号。

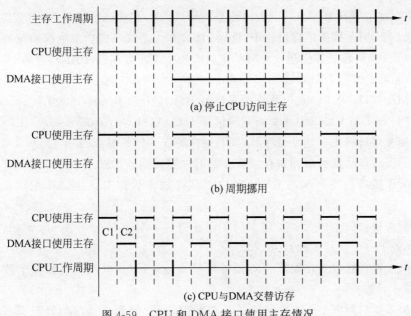

图 4-59 CPU 和 DMA 接口使用主存情况

2) DMA 接口的基本组成

DMA 接口除保留了程序查询接口和程序中断接口的基本功能外,还要增加传送参数缓存部件和控制部件,主要包括以下几点:

(1) 主存地址寄存器(AR)。保存主存数据缓冲区的地址,并具有自动计数功能。

(2) 设备地址寄存器(DAR)。一个 DMA 控制器往往可以带多个 I/O 设备,DAR 存放 I/O 设备地址,以便数据传送时确定具体的设备。

(3) 传送字数计数器(WC)。控制传送的数据个数,通常该计数器具有自动减 1 功能。

图 4-60 虚线框中给出了 DMA 接口的基本组成。

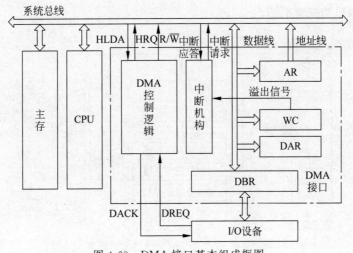

图 4-60 DMA 接口基本组成框图

3) DMA 接口工作过程

假设采用周期窃取的 DMA 方式,完成 I/O 设备向主存写入一批数据。DMA 初始化程序已为主存地址寄存器(AR)、设备地址寄存器(DAR)和传送字数计数器(WC)设置了初始值。注意,在DMA数据传送过程中,DAM接口作为总线主模块来申请和控制总线。

（1）I/O设备将输入数据送入DMA接口的数据缓冲寄存器(DBR),并向DMA控制逻辑发出DMA请求信号DREQ(DMA Request)。

（2）DMA接口向CPU发出总线请求信号HRQ(Hold Request)。

（3）CPU向DMA接口回送总线响应信号HLDA(Hold Acknowledge)。

（4）DMA接口将主存地址寄存器(AR)的内容送到地址总线。

（5）DMA接口将数据缓冲寄存器(DBR)的内容送到数据总线。

（6）DMA接口向主存发写令(R/$\overline{W}$),主存将输入数据写入由AR指定地址的主存单元。

（7）DMA接口向I/O设备发送DMA应答信号DACK(DMA Acknowledge),使I/O设备开始准备下一个要传送的数据。

（8）DMA接口修改主存地址AR(地址增量或减量)以及修改交换数据个数WC(通常采用WC减1计数)。

（9）DMA接口判断DAM数据传送是否结束(通常判断传送字数计数器WC是否为0)。若未结束,则重复上述过程;若结束,则向CPU发DAM结束中断请求。

DMA数据输出过程与输入过程类似。

4. DMA接口的类型

为提高I/O系统的工作效率,一个DMA接口往往可以连接多个I/O设备,根据对这些I/O设备的服务顺序安排,常用的DMA接口有选择型和多路型两类。

1) 选择型DMA接口

这种类型的DMA接口的基本组成如图4-60所示。它的主要特点:在物理上可以连接多个设备,而在逻辑上只允许连接一个设备。即在某一段时间内,DMA接口只能为一个设备服务。关键是预处理时应将所选设备的设备号送入设备地址寄存器(DAR)。图4-61是选择型DMA接口的逻辑框图。

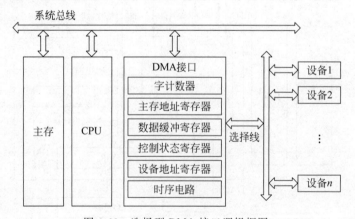

图4-61 选择型DMA接口逻辑框图

对于选择型DMA接口来说,当选定一台I/O设备后,就只为这一台I/O设备服务,直到一批数据全部传送完毕。所以,选择型DMA接口适用于数据传输率高的I/O设备。

2）多路型 DMA 接口

多路型 DMA 接口不仅在物理上可以连接多个 I/O 设备,而且在逻辑上也允许多个 I/O 设备同时工作,各个设备采用交叉传送方式通过 DMA 接口与主存进行数据传送。在多路型 DMA 接口中,为每个与它连接的 I/O 设备都设置了一套寄存器,分别存放各自的传送参数。图 4-62 分别是链式多路型 DMA 接口和独立请求多路型 DMA 接口的逻辑框图。

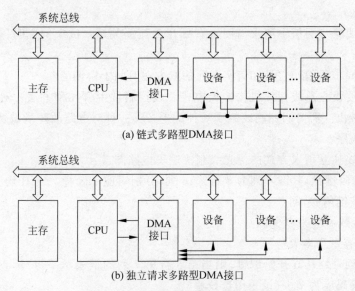

(a) 链式多路型DMA接口

(b) 独立请求多路型DMA接口

图 4-62　多路型 DMA 接口逻辑框图

一个多路型 DMA 接口交叉为多台 I/O 设备服务,即 DMA 接口先控制一台 I/O 设备与主存交换一个数据(字或字节),然后又转去为另一台 I/O 设备服务……当 DMA 接口为所带的最后一台 I/O 设备服务完后,又回来为第一台 I/O 设备服务……就这样轮流交叉为所带的全部 I/O 设备服务,直到所有 I/O 设备的所有数据传送结束。服务的先后次序决定了这些 I/O 设备的优先顺序,由排队判优逻辑实现。多路型 DMA 接口适用于同时为多台数据传输率不高的 I/O 设备服务。

思考题与习题

1. 什么是总线主模块?什么是总线从模块?试说明下列情况中谁是主模块、谁是从模块?

(1) CPU 执行程序;

(2) CPU 与 I/O 设备交换数据;

(3) 高速 I/O 设备与主存交换数据。

2. 总线的一次信息传送过程大致分哪几个阶段?若采用同步通信方式,请画出 CPU 通过总线从主存读数据过程中各类信号的时序关系图。

3. 某总线在一个总线周期中并行传送 8 字节的信息,假设一个总线周期等于一个总线时钟周期,总线频率为 70MHz,求总线带宽和数据传输率各是多少?

4. 对于某 32 位总线,若一个总线周期等于 3 个总线时钟周期,请问:

(1) 若总线时钟频率为 33MHz,求总线带宽和数据传输率各是多少?

(2) 如果总线时钟频率升为 66MHz,总线宽度扩展为 64 位,总线周期缩短为 2 个总线时钟周期,那么总线带宽数据传输率又各是多少?

5. 异步通信方式和同步通信方式的实质性区别是什么?对于采用异步通信方式的总线来说,发送者和接收者按照各自的速度处理数据传送,那么它们之间是否需要进行时间上的协调?为什么?

6. 画图说明异步通信中请求与回答有哪几种互锁关系?试举例说明一次全互锁异步应答的通信情况。

7. 何谓半同步通信?它是如何实现通信双方在时间上协调的?

8. 为什么要设立总线仲裁机构?集中式总线控制常用哪几种方法?对总线请求的响应速度哪一种最快?需要的控制线数哪一种最少?哪一种对电路故障最敏感?哪一种可方便地改变响应顺序?

9. 画出总线独立请求方式的优先级判决逻辑电路图。

10. 有一编码键盘,其键阵列为 8 行×16 列,分别对应 128 种 ASCII 码字符,采用硬件扫描方式确认按键信号,问:

(1) 扫描计数器应为多少位?

(2) ROM 容量为多大?

(3) 若行、列号均从 0 开始编排,则当第 5 行第 7 列的键表示字母"F"时,CPU 从键盘读入的二进制编码应为多少(设采用奇校验)?

(4) 参考图 4-26,画出该键盘的原理性逻辑框图;

(5) 如果不考虑校验技术,此时 ROM 是否可省?

11. 某 CRT 显示器可显示 64 种 ASCII 字符,每帧可显示 72 字×24 排;每个字符字形采用 7×8 点阵,即横向 7 点,字间间隔 1 点,纵向 8 点,排间间隔 6 点;帧频 50Hz,采取逐行扫描方式。假设不考虑屏幕四边的失真问题,且行回扫和帧回扫均占扫描时间的 20%,问:

(1) 显存容量至少有多大?

(2) 字符发生器(ROM)容量至少有多大?

(3) 显存中存放的是哪种信息?

(4) 显存地址与屏幕显示位置如何对应?

(5) 设置哪些计数器以控制显存访问与屏幕扫描之间的同步?它们的模各是多少?

(6) 点时钟频率为多少?

12. 一针式打印机采用 7 列×9 行点阵打印字符,每行可打印 132 个字符,共有 96 种可打印字符,用带偶校验位的 ASCII 码表示。问:

(1) 打印缓存容量至少有多大?

(2) 字符发生器容量至少有多大?

(3) 列计数器应有多少位?

(4) 缓存地址计数器应有多少位?

13. 异步串行通信中,为什么要在数据格式中设置"起始位"和"停止位"?

14. 在串行传输系统中,假设波特率为 1200 波特。请问:

(1) 若采用同步通信,字符格式规定包含 1 字节的同步字符和 512 字节的数据块,试计算比特率。

（2）若采用异步通信,字符格式规定包含 1 个起始位、7 个数据位、1 个奇偶校验位、1 个终止位,试计算比特率。

15. 用串行方式传送字符"D"和"3",字符格式为 10 位,其中数据位 7 位,偶校验 1 位,起始位 1 位,停止位 1 位,要求:

（1）分别画出上述字符的传送波形图;

（2）假设数据传送速率为 240 字符/秒,则传送波特率是多少?

（3）每个信息位占用的时间是多少?

16. 什么叫"踏步等待"? "踏步等待"对 CPU 的工作效率有何影响? 画出采用程序查询方式进行单个数据的 I/O 交换时 CPU 现行程序流程图。

17. 回答下列有关程序中断的问题:

（1）在什么条件下,I/O 设备可以向 CPU 提出中断请求?

（2）在什么条件和什么时间,CPU 可以响应 I/O 的中断请求?

（3）说明中断向量地址和入口地址的区别和联系。

（4）对于向量中断,为什么 I/O 模块把向量放在数据线上,而不是放在地址线上?

18. 现有 3 个设备 A、B、C,它们的优先级按升序排列。假设这 3 个设备的向量地址分别是 08H、09H、10H。请为这 3 个设备的中断请求设计串行排队逻辑和向量编码器。

19. 设某机有 A、B、C、D 四个中断源,并支持多重中断,其中断优先级按降序排列为 A→B→C→D。若要求中断处理次序为 C→B→A→D,试问:

（1）若中断屏蔽字的每一位对应一级中断,该位为"0"表示允许该级中断,该位为"1"表示屏蔽该级中断,则要实现上述中断处理优先次序,各级中断处理程序的中断屏蔽字应如何设置?

（2）若设中断服务程序的执行时间为 $10\mu s$(其中保存现场、开中断、关中断、恢复现场等额外开销需 $4\mu s$),CPU 平均指令周期为 $0.5\mu s$,CPU 响应中断的延迟时间忽略不计,现行程序的中断屏蔽字为 0000B。若 4 个中断请求同时达到,画出 CPU 执行程序的轨迹。

20. 设有一磁盘盘面共有磁道 200 道,盘面总存储容量为 1.6MB,磁盘旋转一周时间为 25ms,每道有 4 个区,各区之间有一间隙,磁头通过每个间隙需 1.25ms。问磁盘通道所需最大传输率是多少(B/s)? 设有人为上述磁盘设计了一个与主机之间的接口,磁盘读出数据串行送入一个移位寄存器,每当移满 16 位后,向处理机发出一个请求交换数据的信号。CPU 响应请求信号并取走移位寄存器的内容后,磁盘机再串行送入下一个 16 位的字,如此继续工作。如果现在已知 CPU 在接到请求交换的信号以后,最长响应时间是 $3\mu s$,这样的接口能否正确工作? 应如何改进?

21. 假设硬盘采用周期窃取方式与主机交换信息,其传输速率为 2MB/s。而 DMA 的预处理需 800 个时钟周期,DMA 完成传送后,后处理中断操作需 500 个时钟周期,CPU 主频为 50MHz。如果平均传输的数据长度为 4KB,试问:

（1）硬盘与主机传送一次数据 DMA 平均需要多长时间?

（2）若存取周期为 100ns,主存与磁盘数据传送的宽度为 32 位,则周期窃取方式占用主存的时间比率是多少?

（3）在硬盘工作期间,处理器需用多少时间比率进行 DMA 辅助操作(预处理和后

197

处理)？

22. 设磁盘存储器转速为 3000r/min,分 8 个扇区,每扇区存储 1KB,则该磁盘的数据传输率是多少(B/s)？平均等待时间又是多少？若主存与磁盘间采用 DMA 周期窃取方式传送数据,假设主存的存取周期为 100ns,则每隔几个存取周期 DMA 占用主存一次？

23. DMA 传送方式主要由哪几个阶段实现？各个阶段分别由何种技术支持？大体完成一些什么工作？

24. 试从下面 7 个方面比较程序查询、程序中断和 DMA 三种方式的综合性能。

(1) 数据传送依赖软件还是硬件;

(2) 传送数据的基本单位;

(3) 并行性;

(4) 主动性;

(5) 传输速度;

(6) 经济性;

(7) 应用对象。

第5章 数据的表示与运算

电子数字计算机问世至今，其应用范围越来越广泛。但是本质上它仍然是一个信息处理的工具。也就是说，不管计算机的功能多么强大，都是通过对相关信息进行加工处理来完成的。这就涉及一些基本问题：需要计算机处理的信息在计算机中如何表示？对于不同性质的信息计算机如何区别？计算机运算和人工计算的方法一样吗？这些运算是靠什么来完成的？本章将针对上述问题，着重讨论信息的机内表示方法、计算机的运算方法、基本运算部件的逻辑实现等内容。通过讨论向读者介绍计算机中运算器部件的基本工作原理和组成方式。

5.1 计算机中表示信息的基本方法

5.1.1 计算机中常用的信息类型

随着计算机应用领域的不断拓展，现代计算机不仅需要处理传统的科学计算领域的数值问题，而且需要处理大量非数值领域的问题。因此，计算机中处理的信息类型除了数字，还有文字、符号、图形、图像、音频和视频等多种形式。不管信息在计算机外部以何种形式出现，在送到计算机中进行处理时，都必须进行数字化编码，也就是要转换成离散的数字量形式才能由计算机识别，进而在计算机内部进行保存、加工与传送。这样做是由计算机内部采用数字电路的结构特点所决定的。

1. 数字化编码的基本原则

数字化编码的基本原则：用少量、简单的基本符号，按照一定的组合规则，表示出大量复杂、多样的信息。基本符号的种类和其组合规则构成了信息编码的两大要素。像日常生活中熟悉的十进制数，采用 $0\sim9$ 十个阿拉伯数码等作为基本符号，通过其特定的组合规则表示出了庞大的数值体系。

那么，什么样的数字化编码适合在计算机中实现呢？早在 1945 年第一台电子计算机 ENIAC 的研制过程中，冯·诺依曼对其优缺点进行了深入的分析研究，提出了一台新机器的设计方案。在关于存储程序机设想的科学报告中，他明确指出，电子元件的机器不应采用人们习惯使用的十进制而应采用二进制。因此，目前在电子数字计算机中，广泛采用二进制编码（基二码）来表示各种不同的信息。

2. 基二码的特点

计算机内部采用二进制编码的好处大致可归纳为以下几点。

1）易于物理实现

一位二进制编码仅有"0""1"两个基本符号，可以很方便地使用具有两个稳定状态的物理器件实现,例如电位的高、低,脉冲的有、无等。而电子元件的双稳态工作性质和开关特性正好适用。

2)运算的简易性

二进制的编码、计数和算术运算规则最简单,因此执行基本算术运算也最快。二进制的两个基本符号"0"和"1"正好与逻辑命题的"真"和"假"相对应,为程序中大量的逻辑判断提供了便利的条件。

3)很高的经济性

与采用十进制表示数据相比,二进制表示使用的器材更少、更经济。

4)适合逻辑代数的应用

采用二进制就面向着使用二值逻辑,很适合用数字逻辑电路来实现其内部结构,而且特别有利于采用逻辑代数作为数学工具来分析、设计和简化计算机内部大量的逻辑线路。

3. 计算机中常用的信息类型

计算机内采用二进制编码表示所有信息之后所面临的关键问题是,计算机如何对这些形式上相同但含义不同的信息加以区别? 解决这个问题的基本思路:针对不同的信息制定出具有不同解释规则的基二码,即所谓的机内数据表示。对于"数据"这个名词,人们习惯于片面地理解为数学中使用的"数"的概念。而在计算机中,"数据"泛指所有需要进行加工处理的信息,不仅包括具有数值的数,而且还包括许多本身并没有数值含义的信息,常见的有

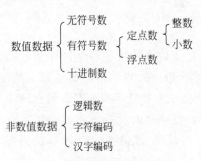

图 5-1 计算机中常用信息综览

逻辑数、字符、汉字、音频信号、视频、图像等。其中,音频、视频信号的表示通常归结为一种新的专门信息类别,称为多媒体,对此本书不做讨论。除了多媒体信息之外,目前计算机中常见的数据大体可以分为数值数据和非数值数据两大类。本章将按照这种分类形式对常用的信息表示方法给以介绍,图 5-1 对这些数据种类进行了概括。本节将着重讨论非数值数据、十进制数据在计算机中的表示方法,二进制数值数据的表示则在后继章节中进行专门的讨论。

5.1.2 非数值数据的表示

1. 逻辑数的表示

逻辑数用二进制的两个基本符号"1"和"0"来表示"是"与"否"或"真"与"假"两种逻辑状态。在这里,"1"和"0"不再被解释成数值的大小,只具有逻辑意义。一个逻辑值需要用一位二进制(bit)表示。为了适应冯·诺依曼机中运算部件以字或字节为单位、多位同时处理的特点,逻辑数通常将多个或一组逻辑值按字节(8 位)或机器字长的规模进行组织,以二进制位串的形式在机内表示。逻辑数虽然形式上和普通的二进制数据一样,但含义是完全不同的,具有按位操作、位与位之间相互独立、无位权、无进位及借位关系等特点。由于逻辑数与数值数据都是一串二进制的 0/1 序列,形式无任何差异,因此计算机中需要通过不同指令来区别它们。例如,逻辑运算指令默认操作数为逻辑数,而算术运算指令默认操作数是数值数据。

逻辑数是计算机中十分重要的数据类型,因为计算机内部硬件实现的基础是逻辑线路,

而逻辑线路能够直接处理的对象就是逻辑数,通常称为逻辑变量。另外,计算机中需要输出的控制信号序列、外部输入计算机的大量状态感应信号等信息形式都可以作为逻辑数据进行发送、测试和处理。为了支持逻辑数的操作,计算机的指令系统中通常都会安排逻辑运算类的指令,像 MIPS 指令集中的 AND(与)、OR(或)、NOR(非或)等,Intel 80x86 微处理器系列的 NOT(非)、XOR(异或)和 TEST(测试)等都是常见的逻辑指令。相应地,在常用的高级语言中也有支持逻辑数据处理的运算类型,像 C 语言就安排有 &(按位 AND)、|(按位 OR)、~(按位 NOT)等运算。逻辑运算的相关内容见本书 5.3.8 节的介绍。

接下来的讨论可能会涉及大量的数据编码,为了方便表示,本书使用常用扩展名字母来表示不同数制的数据。例如,后缀 B 表示这个数是二进制数(Binary);Q 表示八进制数(Octal);H 表示十六进制数(Hexadecimai);D 表示十进制数(Decimal)。十进制是我们日常使用最多的数制,因此书写时经常省略 D,而其他进制的数据书写时后缀一般不可省略。但由于本教材涉及大量对二进制数的讨论,故为简便起见,在不会引起混淆的前提下,书中在给出二进制数据时也经常省略其扩展名。

2. 字符的表示

字符通常指通信行业或人—机交互时大量使用的字母、数字、专用符号等西文信息,是人与计算机进行联系的重要媒介。像书写时常用的英文字母、标点符号、十进制的阿拉伯数码、数学符号等都属于字符范畴。人们日常对字符的表示是基于其字形,但是计算机中的数字电路是无法直接表示出形象符号的,仍然需要借助二进制编码的方式进行表示。当采用二进制编码表示字符时,可把字符看成是计算机中的一种符号数据。对字符进行编码的关键是要保证每个字符都有唯一确定的编码值,这样才能作为识别与使用这些字符的依据。由于西文是一种拼音文字,用有限数量的字母就可以拼写出所有单词,再加上常用的数学符号、标点符号等辅助字符,因此西文字符集的字符总数不是很多,通常每个字符编码使用 7~8 个二进制位表示即可。

1) 字符的交换码标准

有关字符编码的方案很多,目前国际上普遍采用的一种字符编码系统是 ASCII 码,即美国标准信息交换码(American Standard Code for Information Interchange)。它用 7 位二进制编码表示一个特定的字符,因此 ASCII 码字符集总共定义了 128 种字符编码。

在 128 种 ASCII 码字符中,有 95 种字符基本上是日常西文书写时常用的字母或符号,它们的共同特点是"有形",在把这些字符输入到计算机中时,可在计算机键盘上找到标有这些字母或符号的键,通过敲击这些键就可以把所选的字符送到计算机中。这些字符也可由计算机终端显示输出,或由打印设备进行打印,被称为可显示或可印刷字符。另外 33 种编码则不可以显示或打印,主要用来控制某些外部设备的动作和某些软件的运行方式,以及通信控制等,被称作控制字符。

2) ASCII 码的机内表示

ASCII 码只是一种通用的信息交换码标准,主要解决数字通信系统之间信息传送的相互兼容问题。当用于计算机中表示字符时,还要考虑 ASCII 码的格式与机内数据格式的一致性。由于目前计算机中习惯以字节为单位表示数据,所以 ASCII 码在机内也是用一个字节来进行表示。但是,ASCII 码只占用了 8 个字节中的低 7 位,字节的最高位取值还需要加以确定。对这一位常用的处理方法有如下几种:

（1）最高位恒为“0”，此时可利用这一位作为 ASCII 码的识别标志。

（2）最高位用于奇偶校验位，根据奇偶校验技术的需要取值“0”或“1”。

（3）采用扩展 ASCII 码方案时，最高位也可用作字符编码。例如，将 ASCII 码扩展到 8 位，字符集扩大到 256 种字符。除保留 ASCII 码原有字符之外，可以增加制表符、计算符、希腊字母和拉丁符号等。

3）字符串的表示

ASCII 机内码解决了单个字符在计算机中的表示问题。但在实际的文字处理等应用场合，使用单个字符的情况并不太多，大量的字符通常都是成串出现的，把这种由连续一串字符组成的数据形式称为字符串。目前，字符串已成为计算机中最常用的数据类型之一，许多计算机的指令系统中都提供了支持字符串存取和处理功能的串操作类型的机器指令，如 Intel 80x86 指令系统中的串处理指令 MOVS、CMPS、SCAS 等。

由于 ASCII 机内码已解决了单个字符在计算机中的表示问题，因此字符串在机内表示时需要解决的关键问题是其在主存中的存放方式。最常用的一种方法称为向量表示法。用它表示字符串时，将字符串存放在主存的连续多个字节单元中，每个字节单元保存串中一个字符的 ASCII 码。在字长较长且主存按字节编址的计算机中，主存单元通常由 2 个（16 位机）或 4 个（32 位机）字节单元组成。此时如采用向量表示法表示字符串，在同一个主存单元中，既可按从低字节单元向高字节单元的顺序存放字符串，也可按从高字节单元向低字节单元的顺序存放字符串。这两种存放方式都很常用，不同的计算机可能会选用其中一种，到底采用哪一种则主要取决于该机主存字节单元的编址顺序。

例如，现在有这样一个字符串：“if (A<B) READ(C)”，其对应的 ASCII 码的十六进制值依次为 69H，66H，20H，28H，41H，3CH，42H，29H，20H，52H，45H，41H，44H，28H，43H，29H。当这个字符串在主存中按从高字节单元向低字节单元的顺序存放时，主存空间占用方式如图 5-2 所示，其中主存单元长度为 32 位，由 4 个字节单元组成。

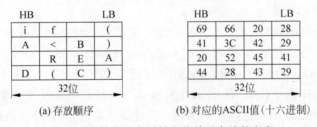

(a) 存放顺序   (b) 对应的ASCII值(十六进制)

图 5-2　字符串从高到低字节单元存放的方案

采用向量表示法表示字符串时，需要给出串首地址和串长这样两个表征参数来描述字符串在主存中的位置，也可使用特定的结束符来表示字符串的末尾，在给出结束符的情况下串长参数则可省略。向量表示法是最简单、最节省存储空间的字符串存放方法。但是，在进行字符串删除和插入操作时，对被删除或插入的字符后面的剩余字符串部分需要全部重新分配存储空间。在字符串较长的情况下，这将花费较多的时间。

3. 汉字的表示

与国际上广泛采用英文作为文字处理对象的情况有所不同，我国大量使用的语言文字是汉字。计算机要对中文信息进行处理，就必须采用表示西文字符类似的方法，在机内对汉字进行二进制编码。但与西文相比，汉字属大字符集语种，文字数量巨大，其总数可达数万字,这导致汉字编码所需的二进制位数大大增加。不仅如此,如何使用西文键盘输入汉字?如何将二进制编码表示的汉字输出显示或打印出来?汉字在计算机中如何表示、处理、输入和输出的一系列问题都需要使用专门的方法加以解决。

为了满足计算机对汉字信息的输入、处理、输出等不同工作阶段的特殊需求,汉字处理系统配置了几种性质不同的汉字编码方案,分别用于汉字处理的不同场合。

1) 汉字输入码

计算机最早是由西方国家研制的,采用了西文标准键盘作为其最主要的信息输入设备,但经过几十年的发展,到现在绝大多数的计算机仍然继续采用西文标准键盘作为主要的信息输入手段。西文标准键盘的按键排列方式基本上沿袭了西文打字机的键盘布局,一个或两个西文字符对应着一个按键,并充分考虑了盲打指法和速度上的要求,输入英文等西文时使用起来非常方便。但是如果用来输入汉字,由于汉字的数目众多,结构也与西方文字完全不同,因此西文键盘无法像输入英文那样直接提供与之一一对应的关系。

为利用西文标准键盘直接输入汉字,广泛采用的解决方法是为汉字设计专门的输入编码。与二进制编码概念不同的是,汉字输入码的码元(组成编码的基本元素)是西文键盘中的某个按键,每个汉字用一个或几个键的特定组合表示。我国的汉字输入码方案很多,但真正推广应用较好的只有少数几种。能够被广泛接受的汉字输入码方案一般具有易学、易记、效率高(击键次数较少)、重码少、容量大(包含的字数多)等特点。

到目前为止还没有一种方案在所有方面都做到很好。常用的汉字输入码方案大体分以下四类:数字编码、字音编码、字形编码和形音编码。由于汉字输入码仅仅解决汉字的键盘输入问题,因此为与汉字的机内编码相区别,汉字输入码又称为汉字机外码或"外码"。实际上,不管采用哪种汉字输入码方案其实质都是一样的,都是利用键盘进行"手动"输入。比较理想的输入方式是利用语音或图像识别技术"自动"将汉字文本输入到计算机内,并将其自动转换为机内代码表示。目前,已经有手写汉字联机识别输入、汉字扫描输入后自动识别、语音输入汉字等。

2) 汉字交换码标准

为了便于不同的信息处理系统之间相互通信以及汉字信息交换的使用需要,早在1981年我国就颁布了汉字交换码标准,即《信息交换用汉字编码字符集 基本集》(GB 2312—1980),这个标准称为国标码,又称国标交换码。该标准共收入 6763 个常用汉字,并按其使用频度对这些汉字进行了分类。其中一级汉字 3755 个,属于常用汉字,按汉语拼音排序;二级汉字 3008 个,属于次常用字,因为使用频度降低,所以按偏旁部首排序。此外,一些常用的字母、数字和符号也收入了该标准的字符集,包括英文、俄文、日文平假名与片假名、罗马字母、汉语拼音等共 687 个。

GB 2312—1980 汉字交换码标准为字符集中的每一种汉字或其他字符规定了一个唯一的二进制代码。这些代码以代码表的形式给出,代码表分成 94 个区(对应 94 行),每个区有 94 位(对应 94 列)。表中的行编号称为区号,列编号称为位号,各用 7 位二进制编码表示,形成一个二维数组。表中每个行、列的交叉点上都有一个汉字,交叉点所在位置的行列坐标号合起来就构成了该汉字的编码。其中,7 位区号在左、7 位位号在右,共 14 位。国标码规定区号和位号的取值范围均为十六进制的 21H～7EH,这导致国标码识记起来不很直观。GB 2312—1980 标准还经常采用另一种称为"国标区位码"的表示方式。区位码直接用十进制的 1～94 来表示汉字的区号和位号,其对应的二-十进制编码(BCD 码)仍以区号在左位号在右的形式表示。与国标码相比,区位码更加直观好记,因此得到了广泛的应用。

3) 汉字机内码

相对于汉字机外码而言,汉字机内码或"内码"是指汉字在计算机内部存储、处理和传送所采用的二进制编码。汉字通过输入码从键盘输入到计算机内部后(或通过语音、手写、扫描等其他手段输入),就以"内码"的形式存在于机内。也就是说,不管汉字采用何种方式输入,都必须转换成机内码才能被计算机存储和处理。因此,汉字机内码与所采用的汉字输入法无关。不同的计算机系统中采用何种汉字机内码方案并没有统一的规定,目前较为广泛的是将国标码或国标区位码用于汉字的机内表示。但与 ASCII 码机内表示的情况类似,国标码如果直接作为机内码使用,格式上还需要适应计算机内部数据的表示形式。另外,计算机中的中西文信息经常混合在一起进行处理,汉字机内码需要予以特别的标识,才能与 ASCII 机内码加以区别。现以采用 GB 2312—1980 方案为例,常用的汉字机内码设定方法如下:

(1) 若 ASCII 码采用字节最高位恒为"0"的机内表示方案,则通常用两个字节表示一个汉字,两个字节的最高位均设为"1",每个字节的低 7 位为国标码或国标区位码。

(2) 若 ASCII 机内码字节的最高位用于奇偶校验位或扩展 ASCII 码,则需要 3 个字节表示汉字,其中第一个字节作为汉字的标识符使用。

仍以"红"字为例,其国标码为 3A6CH,如采用上述两个字节最高位均为"1"的表示方案,则对应的机内码为 BAECH。应当注意,汉字的国标码或区位码是唯一的通用标准编码,而汉字机内码在不同的系统中可能会采用不同的方案实现。

4) 汉字字模码

汉字机内码解决了汉字在计算机内部的编码表示问题。可是,经过计算机处理后的汉字如果需要显示或打印,就必须将二进制编码形式的汉字机内码转换成汉字原来的、可供人们阅读的方块字形式。汉字字模码就是为输出设备输出汉字而设计的字形编码。

汉字的字形主要有两种描述方法:点阵描述和轮廓描述。点阵描述是将汉字的字形用"点"组成的方阵来表示,方阵中有笔画的点位点上黑点,这样我们就可以看到一个用"点"排列出来的汉字。由于汉字的字形较为复杂,因此要能够清晰地描述一个汉字,至少需要 16×16 左右大小的点阵规模。如果希望"点"出来的汉字更好看,还可以使用更大的点阵,如 24×24、32×32,甚至更大。

5.1.3 十进制数据的编码表示

现在我们已经知道计算机内部表示数据的基本方法是采用基二码,而在日常生活中人们习惯使用十进制进行计算,这就导致了计算机内部、外部数据形式的不一致。因此在多数应用环境中,计算机输入数据时通常要将十进制转换成二进制,而输出时又需将二进制转换成十进制。在某些特定的应用领域如商业统计中,需要进行的运算很简单但数据量很大,这样输入输出过程中进制转换所占的时间比例就会很大。从提高机器运行效率的角度出发应尽量减少这种转换。另外,十进制转换成二进制可能会造成数据精度的损失,这在精度要求较高的应用中也是不希望出现的。这些特定场合都对计算机内部能够直接用十进制表示和处理数据提出了要求。为适应这方面的需要,目前大多数通用性较强的计算机中都具有直接表示和处理十进制数据的能力。

1. 十进制数的 BCD 码表示

在计算机内部直接表示十进制数据的基本思路仍然是使其二进制代码化。要使 0~9 这十个阿拉伯数码分别拥有一个唯一的二进制编码,至少需要 4 位二进制码表示。由于 4 位二进制码共有 16 种组合,而表示一位十进制数只需选取其中 10 种,这就使剩下的 6 种变成了冗余的无用组合。如何从 16 种组合中选择 10 种来表示一位十进制数,可供选择的编码方案很多,但比较常用的也只有少数几种。这些编码统称为二进制编码的十进制数 (Binary Coded Decimal),简称 BCD 码或二-十进制码。常用的 BCD 码按照其位权设置方法的区别,可分为有权码、无权码等。

1)十进制有权码

有权码是指用来表示一个十进制数字的若干二进制数位的每一位都有一个确定的位权,将这些二进制编码中取值为"1"的数位的权值加到一起,就得到了对应的十进制数值。最常用的一种有权码就是 8421 码。8421 码 4 个二进制数位的位权从高到低分别为 8、4、2 和 1,故称 8421 码。这种编码方案选取 4 位二进制编码的前 10 种顺序组合 0000、0001、…、1001 来表示 0~9 这 10 个十进制数字,正好和二进制数的 0~9 取值一致,因此也叫作自然的二进制编码的十进制数(Natural Binary Coded Decimal,NBCD)。8421 码的另一特点是与十进制数 0~9 的 ASCII 码低 4 位取值相同,这使 8421 码与 ASCII 码以及二进制数之间转换很方便。8421 码虽然具有简单直观便于转换的优点,但在计算机内实现算术运算要复杂一些,在某些情况下需要对加法运算的结果进行修正。关于这一点我们将会在运算方法部分进一步讨论。另外几种有权码如 2421 码、5211 码、4311 码等与 8421 码的定义方法类似,表 5-1 列出了这些常用的十进制有权码。

表 5-1　4 位十进制有权码

十进制数	8421 码	2421 码	5211 码	4311 码
0	0000	0000	0000	0000
1	0001	0001	0001	0001
2	0010	0010	0011	0011
3	0011	0011	0101	0100
4	0100	0100	0111	1000
5	0101	1011	1000	0111
6	0110	1100	1010	1011
7	0111	1101	1100	1100
8	1000	1110	1110	1110
9	1001	1111	1111	1111

2)十进制无权码

另一类常用的二-十进制编码方案是十进制无权码。与有权码表示方法相反,无权码是指用来表示一个十进制数字的 4 个二进制数位的每一位均没有确定的位权。在无权码方案中,使用较多的是余 3 码和格雷码。余 3 码是在 8421 码的基础上加 3(即二进制的 0011)得到,故称"余 3"码。也就是说,余 3 码选取了 4 位二进制编码 16 种组合中的中间 10 种组合来表示一位十进制数。余 3 码的表示方法虽然没有 8421 码直观和转换方便,但在执行十进制加法时,能自动产生出十进制进位信号,有效地简化了进位修正逻辑电路。另外,余 3 码还具有"自补码"的特性,给十进制减法运算的实现也带来方便。这里所谓的"自补码"是指,如果将某个十进制数的二-十进制编码按位"求反",就可得到该数相对于 9 的补码。除了余 3 码以外,表 5-1 中的 2421 码、5211 码等有权码也属于"自补码",而 8421 码则不具此特性。

格雷码又称循环码。其编码规则是任何两个相邻十进制数字的二-十进制编码只有一位二进制位状态不同,其余 3 个二进制位的状态必须相同。这样在进行十进制计数时,从一个编码变到下一个编码只有一位二进制位发生状态翻转。这样转换速度达到最快,且有利于得到更加可靠的译码波形,避免了两位以上状态同时翻转带来的不稳定因素,被广泛用于可靠性要求较高的计数电路中,如用来产生平滑改变的控制信号,以及模拟数字转换信号等场合。由于 4 位二进制组合中 6 种冗余状态的存在,用格雷码表示十进制数的方案很多。表 5-2 列出了常用的十进制无权码方案,其中有两种是格雷码。

表 5-2   4 位十进制无权码

十进制数	余 3 码	格雷码(1)	格雷码(2)
0	0011	0000	0000
1	0100	0001	0100
2	0101	0011	0110
3	0110	0010	0010
4	0111	0110	1010
5	1000	1110	1011
6	1001	1010	0011
7	1010	1000	0001
8	1011	1100	1001
9	1100	0100	1000

2. 十进制数串的表示

BCD 码解决了一位十进制数的机内表示问题。但机内直接采用十进制表示的另一个目的是提高数据的表示范围和运算精度。计算机中的二进制数据由于受字长的限制,可表示的范围和精度是有限的。如果将十进制数转换成二进制进行运算,可能会造成精度的损失。但如果将多位十进制数以数字串的形式直接输入计算机,就可以摆脱二进制机内数据格式的约束。

十进制数串在计算机内主要有以下两种表示形式。

1) 字符串形式

这种表示法把一串十进制数看成一串字符串,采用类似于字符串的表示方法,串中每位十进制数以及正、负号均用对应的 ASCII 码表示。根据数符的不同安排,此方法又可分为前分隔数字串和后嵌入数字串两种形式。

(1) 前分隔数字串:前分隔数字串表示方法与日常书写顺序相同,是将数符置于十进制数串之前,单独用一个字节来表示。正号用字符"+"的 ASCII 码(2BH)给出,负号用字符"-"的 ASCII 码(2DH)给出。例如,十进制数+236 可表示为 2BH 32H 33H 36H,在内存中占用 4 个字节;十进制数-2369 可表示为 2DH 32H 33H 36H 39H,在内存中占用 5 个字节。

(2) 后嵌入数字串:采用后嵌入数字串方式时,数的符号不再单独用一个字节来表示,而是嵌入到最低一位数字的 ASCII 码中。具体规定为：正数最低一位数字的 ASCII 编码不变；负数最低一位数字的 ASCII 码的高 4 位由原来的 0011 变为 0111。仍以上面的两个数串为例，+236 此时表示为 32H 33H 36H，在内存中占用 3 个字节；而 -2369 则表示为 32H 33H 36H 79H，在内存中占用 4 个字节。这样，后嵌入数字串方式比前分隔数字串方式少占用一个字节，节省了存储空间。但负数的最低一位数字已不再是 ASCII 码形式，在显示或打印前必须先转换回 ASCII 码。从这一角度看，后嵌入数字串又没有前分隔数字串方式输入输出来得方便。

用字符串方式表示十进制数串方便了十进制数的输入输出，但是对十进制数的机内运算来说却很不方便。因为阿拉伯数字 0～9 的 ASCII 码高 4 位的值并不具有数值意义，必须先去掉转换为二进制数或 BCD 码才能进行算术运算。所以这种方式表示的十进制数串主要应用于非数值计算领域。

2）压缩的十进制数串形式

这种方法在表示十进制数串时，把串中每位十进制数的 ASCII 码高 4 位压缩掉，只用其低 4 位表示（也可看成直接用 8421 码表示）。这样每个十进制数位只需占半个字节的存储空间，一个字节单元就可存放两个十进制数位，比字符串表示方式要少占用一半左右的存储空间。此时十进制数串的符号也占用半个字节并存放在最低数位之后，其值可选用 4 位二进制编码中 8421 码不用的 6 种冗余状态的两种不同值即可。通常用 1100 表示正号，1101 表示负号。这种表示方式规定十进制数串的数值位加符号位之和必须为偶数，如不为偶数应在最高数位之前补一个 0。例如，+123 被表示成 123CH，-12 被表示成 012DH。此表示法指明一个十进制数串时也需给出它在主存中的首地址和十进制数字的位数（又称为位长，不含符号位）。位长为 0 的数其值也为 0。压缩的十进制数串位长可变，许多机器中规定该长度为 0～31，有的甚至更长。另外，它比字符串表示形式节省存储空间，又便于直接完成十进制数的算术运算，是广泛采用的较为理想的表示方法。

虽然采用 BCD 码和十进制数串的方法可以在计算机中直接表示十进制数，但需要占用更多的硬件资源。例如，处理 1000 以内的信息，需要 3 位十进制数，再加上符号位，因而至少需要 $(3+1)\times 4 = 16$ 位的设备量。而对于二进制系统来说，$2^{10} = 1024$，只需 10 位的设备量就足够了。因此除非特殊需要，通常情况下计算机内部都用二进制数进行数据的表示和运算。

5.2 定点数的表示

5.2.1 真值与机器数

1. 数符的机内表示

计算机中表示数值数据时，不仅要考虑采用何种进位计数制比较方便，还需要解决数的符号表示问题。数值数据通常有无符号数和有符号数之分。所谓无符号数，就是不考虑数的正负符号，相当于数的绝对值。此时整个机器字长的全部二进制位均可用来表示数值。例如，$X = (0100\ 1010)_2$ 表示无符号数 74；$Y = (1100\ 1101)_2$ 表示无符号数 205。若机器字长为 8 位，则无符号数的表示范围为 0～255。当机器字长为 $n+1$ 位时，无符号数的表示范围是 $0 \sim (2^{n+1}-1)$。一般计算机中都设置有一些无符号数的运算和处理指令。如 Intel

8086 中的 MUL 和 DIV 指令就是无符号数的乘法和除法指令,还有一些条件转移指令也是专门针对无符号数的。

　　然而,在进行数学计算时,大量用到的还是有符号数,即带有正、负号的数。日常生活中通常采用特定的数学符号"＋""－"来表示数的正负,可是这样的符号在计算机中是无法直接表示的。解决的方法又回到了前面讨论的基本思路上,就是把符号二进制数码化,"0""1"两种代码正好可用来表示数的正、负两种符号。根据这个思想,计算机中在表示有符号数时,一般在最高数值位之前再安排一位专门用来表示数的符号,称为"符号位",这样就解决了数符的机内表示问题,如图 5-3 所示。

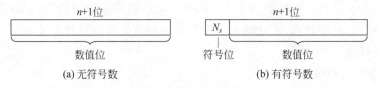

图 5-3　数符的机内表示

　　注意符号位仅用来表示数符,不具有数值意义。由于无符号数不需要安排符号位,因此在同样机器字长的情况下,比有符号数的表示范围大一倍。例如,设符号位为 0 表示正数,为 1 表示负数,则前面给出的数据用来表示有符号数时,X＝(0100 1010)₂ 的十进制真值为 ＋74;Y＝(1100 1101)₂ 则对应十进制真值为－77。在对数的正负号表示作了代码化处理之后,计算机中的数据形式已经和通常的手写形式不一样了。为了加以区别,把计算机内的数据形式称为机器数,而把一般书写形式表示的、带正负符号"＋""－"的数称为机器数的真值。不难看出、无符号数的机器数形式和其二进制真值是一致的,而有符号数的机器数与真值之间的关系则没有这样简单,通常根据符号位与数值位之间的不同编码组合形式又分为原码、反码、补码等不同的表示方式,这个问题将在后续 5.2.3 节中进行详细讨论。

2. 小数点的机内定位

　　数值数据的机内表示还有一个关键问题需要解决,那就是小数点的定位。这个问题的难点在于小数点在数据格式中无法再用二进制代码表示。我们不妨换一种思路来寻求解决办法,实际上在计算机中通常以"隐含"方式来表示小数点的位置,就是说只要事先约定好小数点的位置,按照这个约定来识别数值即可,数据格式中并不需要明显地给出小数点。目前计算机中采用的小数点表示法分为定点和浮点两种形式。在此,先对比较简单的定点表示法进行讨论,浮点表示法较为复杂,在本章 5.5 节中将进行专门的阐述。

　　所谓定点表示法指小数点的位置在一台计算机中是事先约定好且固定不变的。通常采用的定位方式有两种:一种将小数点的位置定在最低数值位之后,这导致机内的所有数据均为整数,因此称为定点整数表示法;另一种将小数点的位置定在符号位(最高位)之后,小数点的位置定在这里就意味着机内的所有数据均为小数,因此这种方式称为定点小数表示法。两种表示方式如图 5-4 所示。

　　定点表示法的缺点是表示范围较小,或者只能表示纯整数(定点整数表示法),或者只能表示纯小数(定点小数表示法),而对于现实计算中普遍采用的带小数形式的数据是无法直接表示的。因此这类数据在运算前需要乘上一定的比例因子,使之变为整数或小数形式,定点计算机内部才会接受。困难的是,对于非常大或非常小的数据,合适的比例因子很难找。

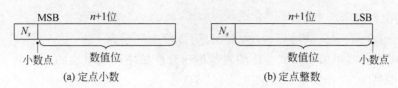

图 5-4　定点数的机内格式

　　为了讨论方便起见,也为了能够更加清楚地区分符号位和数值位,通常习惯将有符号数的最高数值位用 MSB(Most Significant Bit)表示,称为"最高有效位";而最低数值位则用 LSB(Last Significant Bit)表示,称为最低有效位。例如,如果我们说"有符号数的最高位",则一般是指这个数的符号位。而如果说"有符号数的 MSB 位",则一定是指这个数符号位之后的最高数值位。注意由于位权关系不同,定点小数的 MSB、LSB 和定点整数的 MSB、LSB 所代表的数值是不一样的。在 n 位数值的情况下,定点小数的 1LSB 表示 2^{-n},而定点整数的 1LSB 就等于 $1(2^0)$。

5.2.2　常用机器码表示

　　在将有符号数的正、负符号也用"0""1"表示之后,就为符号位与数值位之间进行新的编码组合提供了可能性。为了便于在计算机中进行各种运算,特别是最基本的加减运算,计算机中按照有符号数的不同组合规则,提出了不同的机器数编码方案,简称"码制"。因此,机器数也常称为"机器码"。目前计算机中广泛采用的编码方法有原码、补码、反码三种。为了便于区别一个数的真值和对应的各种机器码,本书中用 X 表示真值,$[X]_{原}$ 表示其原码,$[X]_{补}$ 表示其补码,$[X]_{反}$ 表示其反码。

1. 原码表示法

　　原码是最简单直观的一种机器码表示法,这种方法将机器数的最高位定义为符号位,用"0"表示正号,"1"表示负号;数值部分则与真值保持一致,因此也常被称为"符号-数值表示法",即原码可看成是由一位符号位与数值位简单的拼接而成,其与二进制真值之间的差别仅仅在于数字的符号被二进制代码化了。这个编码规则可用数学表达式进行定义。

　　1) 小数的原码表示

　　如果 n 位二进制小数的真值 $X = \pm 0.X_1 X_2 \cdots X_n$,则对应的原码定义为

$$[X]_{原} = \begin{cases} X & 0 \leqslant X < 1 \\ 1 - X = 1 + |X| & -1 < X \leqslant 0 \end{cases} \tag{5-1}$$

　　例如,$[0.1011010]_{原} = 0.1011010$;$[-0.101\ 1010]_{原} = 1.1011010$。

　　书写定点小数时为清楚起见,经常用小数点"."把符号位和数值隔开。

　　2) 整数的原码表示

　　若 X 为 n 位整数,其定点整数原码的形式与定点小数原码完全相同,只是由于小数点的位置变了,原码的定义域和符号位的位权值也变了。定点整数原码定义为

$$[X]_{原} = \begin{cases} X & 0 \leqslant X < 2^n \\ 2^n - X = 2^n + |X| & -2^n < X \leqslant 0 \end{cases} \tag{5-2}$$

　　例如,$[1011010]_{原} = 0,1011010$;$[-101\ 1010]_{原} = 1,1011010$。

　　书写定点整数时为清楚起见,经常用逗号","把符号位和数值隔开。

3) 零的原码表示

仔细分析原码的定义域可以看出,由于正、负域中都包含了"0"这一点,造成了原码有"+0"和"-0"两种零的表示形式。零的表示不一致性是原码表示法的一个显著缺点,这会给计算机中的判"0"操作带来麻烦。

在学习原码表示法时,不仅要会利用其定义表达式求出原码,还要注意其定义域的边界设定,定义域直接给出了原码表示的范围。

原码表示法很直观,与二进制真值之间的转换非常方便,在计算机中用原码实现乘、除运算的规则简单,但直接用原码进行加减运算相当复杂,需比较两个操作数的符号位,不利于以加减运算为基础的运算部件的实现。

2. 补码表示法

补码表示法的符号位设置与原码相同,而数值部分的表示则与数的正负有关。正数的表示和原码相同,即数值部分与真值保持一致;负数的表示原理则和原码完全不同,采用了真值的"补"作为其补码值。

1) 小数的补码表示

若设真值 $X = \pm 0.X_1X_2 \cdots X_n$,则其对应的定点小数补码定义式为

$$[X]_{补} = \begin{cases} X & 0 \leqslant X < 1 \\ 2 + X = 2 - |X| & -1 \leqslant X < 0 \end{cases} \quad (\text{Mod } 2) \qquad (5\text{-}3)$$

由上述补码定义可看到,补码表示法与原码表示法不同之处在于引入了"模"和"补"的概念。由于上述定义中模=2,因此定点小数补码又称为模2补码。

根据模2补码定义表达式,当 X 为负数时,其补码为

$$[X]_{补} = 2 + X = 2 + (-|X|) = 2 - |X| = 10.00\cdots 0 - 0.X_1X_2\cdots X_n$$
$$= (1.11\cdots 1 + 0.0\cdots 01) - 0.X_1X_2\cdots X_n$$
$$= 1.11\cdots 1 - 0.X_1X_2\cdots X_n + 0.0\cdots 01$$
$$= 1.\overline{X_1}\overline{X_2}\cdots\overline{X_n} + 0.0\cdots 01 \qquad (5\text{-}4)$$

可以看出,由负数真值求补码时可以不进行定义中的减法运算,只要直接将补码的符号位置"1",数值部分按位取反,且最低位加1即可。这就是常用的补码转换规则"变反+1"的由来。注意:这里的"+1"应更加确切地理解为"变反+1LSB"。对于定点小数来说,1LSB为 2^{-n} 而不是1。

例如,$[0.1011010]_{补} = 0.1011010$;$[-0.1011010]_{补} = 1.0100110$。

2) 补码零

对补码的定义进行分析后,可发现补码的正负定义域是不对称的,负数域并不包括"0"这一点,也就是说"0"只包括在正数定义域中,不像原码那样正负定义域中都包含"0"点。这个特点保证补码对于"0"的表示是唯一的,不再有"+0""-0"之分,减少了计算机中判"0"操作的麻烦。

3) 补码表示的下限

由于补码"0"的表示只需一个码点,这就意味着在位数同样多的情况下,补码比原码省出了一个码点,利用这个码点补码可以比原码多表示一个数。不难发现负数补码定义域中比原码多包括了"-1"这一点,即负小数的补码表示下限为 $-1.00\cdots 0$,而不是像原码那样只能表示到 $-0.11\cdots 1$。

例如，$[-1.0000000]_{补}=1.0000000$。此时补码符号位的"1"有双重含义：既表示负号又表示数值"1"，这两重含义在此并不冲突，故负小数补码表示的下限可以达到整数"-1"这一点。注意，此时"-1"仍属小数补码表示范围，与原码相比这很特别。

4）整数的补码表示

定点整数补码的形式与定点小数补码完全相同，运算特性和转换规则也一样，只是定义域、位权关系和模的取值变了。定点整数补码定义如下。

若 X 表示 n 位整数真值，则对应的补码为

$$[X]_{补}=\begin{cases} X & 0\leqslant X<2^n \\ 2^{n+1}+X=2^{n+1}-|X| & -2^n\leqslant X<0 \end{cases} \quad (\text{Mod } 2^{n+1}) \qquad (5\text{-}5)$$

由整数补码的定义域不难看出，整数零的表示仍然是唯一的。与原码整数表示法相比，整数补码也可以多表示一个点，下限可达 -2^n。

5）变形补码

补码在计算机中具体应用时，为了实现一些特殊功能，还经常以"变形"的形式出现，用得比较多的是双符号位补码。这种补码与常规的补码不同之处是设置了两个符号位，称为"变形补码"。变形补码的正数符号位取值"00"，负数符号位取值"11"，对于定点小数来说，由于小数点的默认位置定在符号位与数值位之间，因此设置双符号位意味着变形补码的"模"比模 2 补码扩大了一倍，变成模 4 补码。模 4 补码定义如下：

若设 $X=\pm 0.X_1X_2\cdots X_n$ 代表 n 位小数的真值，则

$$[X]_{补}=\begin{cases} X & 0\leqslant X<2 \\ 4+X=4-|X| & -2\leqslant X<0 \end{cases} \quad (\text{Mod } 4) \qquad (5\text{-}6)$$

模 4 补码除了具有双符号位以外，其他特性均与模 2 补码类似。

由上述定义可以看出，同样是定点小数补码，由于模 4 补码的"模"比模 2 补码扩大了一倍，因此其定义域也比模 2 补码扩大了一倍，这就意味着模 4 补码的表示范围也比模 2 补码扩大了一倍。变形补码的这个特性在补码运算的溢出判断环节中起着特殊作用，这一点在 5.3.2 节中将做详细介绍。

补码表示法不如原码表示法直观，与真值之间的转换也不是很方便；但零的表示的唯一性这一特点便于硬件判 0 操作的实现，以及较广的表示范围都是补码表示法超出原码的优点。更为重要的是，补码的加减算法比原码要简单得多（见 5.3.2 节），有利于以加减运算为基础的运算部件的实现。

6）补码与真值的转换关系

上面讨论了由真值转换成补码的方法，但有时可能需要倒过来将补码转换成真值。这种逆转换可以依据补码与真值的转换关系式进行。

基于定点小数的补码与真值转换关系表达式如下，若

$$[X]_{补}=X_0.X_1X_2\cdots X_n \quad (\text{Mod } 2)$$

则

$$X=-X_0+\sum_{i=1}^{n}X_i\times 2^{-i} \qquad (5\text{-}7)$$

这个转换关系式可以直接由补码定义推导而来，具体过程如下。

假定模 2 补码表示为：$[X]_{补}=X_0.X_1X_2\cdots X_n$，如统一考虑正负数的情况，其定义可

写成：

$$[X]_{补} = 2X_0 + X \tag{5-8}$$

则

$$X = [X]_{补} - 2X_0 = X_0. X_1 X_2 \cdots X_n - 2X_0 = -2X_0 + X_0 + 0. X_1 X_2 \cdots X_n$$

$$= -X_0 + \sum_{i=1}^{n} X_i \times 2^{-i}$$

当 $X \geqslant 0$ 时，

$$X_0 = 0, X = -0 + \sum_{i=1}^{n} X_i \times 2^{-i} = 0. X_1 X_2 \cdots X_n$$

当 $X < 0$ 时，

$$X_0 = 1$$

$$X = -1 + \sum_{i=1}^{n} X_i \times 2^{-i} = -1 + 0. X_1 X_2 \cdots X_n = -(1 - 0. X_1 X_2 \cdots X_n)$$

$$= -(0.11\cdots1 - 0. X_1 X_2 \cdots X_n + 0.00\cdots01) = -0. \overline{X_1} \overline{X_2} \cdots \overline{X_n} + 0.00\cdots01$$

此关系式在进行补码运算公式推导时会经常用到。

3. 反码表示法

反码表示法在表示负数时将真值按位取反，因此称为"反码"。

1) 小数的反码表示

如果仍用 X 表示真值，则定点小数的反码可定义为

$$[X]_{反} = \begin{cases} X & 0 \leqslant X < 1 \\ (2 - 2^{-n}) + X = (2 - 2^{-n}) - |X| & -1 < X \leqslant 0 \end{cases} \quad (\text{Mod } 2 - 2^{-n}) \tag{5-9}$$

从定义表达式可以看出，反码表示法也是一种基于"模"的机器数表示法，但其"模"比补码的模小 1LSB，不是一个整数，即

$$(2 - 2^{-n}) = 10.00\cdots00 - 0.00\cdots01 = 1.11\cdots11 + 0.00\cdots01 - 0.00\cdots01 = 1.11\cdots11$$

由上式可看出，反码的模为一串"1"的形式，也称为 1 的补。当需要求负数反码时，据其定义有：

$$[X]_{反} = (2 - 2^{-n}) + X = (2 - 2^{-n}) - |X|$$

$$= 1.11\cdots11 - 0. X_1 X_2 \cdots X_n = 1. \overline{X_1} \overline{X_2} \cdots \overline{X_n} \tag{5-10}$$

即负数反码的转换规则为：符号位置 1，真值的数值部分按位变反。

通过进一步分析我们发现，负数反码和补码之间存在着如下关系：

$$[X]_{补} = [X]_{反} + 1\text{LSB} \tag{5-11}$$

即在进行补码转换时可将反码作为中间代码使用，通过反码求补码。

与补码的转换特性类似，式(5-11)给出的转换规则也是双向适用的，也就是当需要把一个负数的反码转换回真值或原码形式时，将其数值部分按位变反即可。注意这个转换过程仍然不包括符号位。

按照定义，反码"0"也有正、负两种表示方法：

$$[+0]_{反} = +0 = 0.00\cdots0$$

$$[-0]_{反} = (2 - 2^{-n}) + (-0) = 1.11\cdots11 - 0.00\cdots0 = 1.11\cdots11$$

这个特性也会给机内判 0 带来不便。

反码表示法与补码有许多相似之处,例如同样是模运算,利用反码也可将减法转换为加法,等等。但由于反码的模不是 2 的整幂,因此在发生模溢出(丢掉的是 2 的整幂)时多丢掉了 1LSB,需要对运算结果进行修正,即将丢掉的 1 再加回结果的末位去,此做法称为"循环进位"。这个特点导致反码运算不如补码运算方便,因此反码在计算机中的使用不如补码广泛。

2)整数的反码表示

定点整数反码的形式与定点小数反码完全相同,只是位权关系变了,在表示 n 位整数时模也随之变为 $2^{n+1}-1$。定点整数反码定义如下。

设 X 表示 n 位整数的真值,则

$$[X]_{反} = \begin{cases} X & 0 \leqslant X < 2^n \\ (2^{n+1}-1)+X & -2^n < X \leqslant 0 \end{cases} \quad (\text{Mod } 2^{n+1}-1) \qquad (5\text{-}12)$$

定点整数反码的运算特性和转换规则也和定点小数反码一样,只是默认的小数点位置不同而已。

4. 三种机器码的比较

在分别对原码、补码和反码进行了讨论之后,我们会发现这三种机器数表示法既有共同点,又有其各自不同的特性。现把它们的异同点归纳如下。

(1)符号位。三种码制相同,最高位都表示符号位,按 0 正 1 负设置。

(2)正数的表示。三种码制相同,符号位置 0,数值部分同真值。

(3)零的表示。原码和反码不唯一,有 +0、-0 之分。补码具有唯一性。

(4)负数的表示。符号位置 1,三种机器码最主要的区别在负数数值部分,表示方法均不相同。

① 原码。数值位同真值,取数的绝对值;

② 反码。数值位为绝对值按位取反;

③ 补码。数值位从右往左逐位寻找第一个 1,这个 1 的左边(高位部分)同反码,右边(包括这个 1 在内的低位部分)同原码。

(5)转换关系。补码与原码、反码与原码之间的转换规则均是双向适用的,三种机器码的符号位均相同,不需转换。真值与机器码的转换在先转换成原码的基础上,把符号位(0、1)再转换成正、负号(+、-)即可。

(6)表示范围。原码、反码的定义域相同,其正、负域相对零来说是对称的。补码的正、负定义域不对称,正数的表示范围同原码,负数的表示范围较正数多 1 个码点,其最负的数可达 -1(定点小数补码),或 -2^n(定点整数补码),但三种码制的总容量是一样的(n 位可给出 2^n 个码点)。

(7)运算特性。补码和反码的运算方法类似,符号位和数值位可作为一个整体看待,一起参加运算;但原码运算时符号位不能参加运算,必须单独进行处理。具体介绍见 5.3 节。

5. 定点表示的特点

通过讨论我们可以看出,无论采用哪一种码制表示定点机器数,都具有如下特点。

(1)表示方法简单,算法也简单,使得定点机结构简单,硬件代价低。

(2)由于计算机的字长有限,定点数的表示范围较小,运算结果容易超出其表示范围,导致溢出出错。

(3)只能表示纯小数或纯整数,需要选择合适的"比例因子"将原始数据变为纯小数或

纯整数形式,比例因子不好选且比较麻烦。

如果想要有效地扩大机器数的表示范围,常用的方法是采用浮点表示法,我们将在 5.5 节进行深入讨论。

5.3 定点运算

前面我们讨论了定点数常用的表示方法,这一节将在此基础上进一步讨论定点数的算术运算方法及其逻辑实现。通常,运算部件的设计过程分两步完成:首先研制出有效的算法;然后研制与其对应的逻辑实现。算术运算的算法在计算机通常可以用三种方式实现:软件、硬件和固件,或者是这些方法的组合。在这门课程中,运算方法的讨论是作为计算机硬件设计的一个必不可少的中间环节进行的。虽然硬件算法的研制是一项具有开创意义的工作,而算法的逻辑实现可能会涉及更多复杂的工程背景,但是由于我们这门课程是面向初学者的基础课程,因此本书仅原理性地介绍已经成熟的技术,最基本的算法和逻辑实现。计算机中进行定点数的算术运算时,根据其内部采用的机器码形式,可以用原、补、反等各种不同码制的算法进行,不同的算法需要不同配置的运算电路支持,故本书在对每种运算方法进行讨论之后,进一步讨论其所需的硬件实现。但不管采用何种方法进行运算,运算电路的核心部件都是二进制加法器。为了便于运算方法的学习,我们首先来介绍一下基本的加法器电路。

5.3.1 运算部件的基本结构

计算机中采用二进制编码表示数据以后,就可以方便地利用逻辑电路对这些数据进行运算处理。最基本的运算电路虽然已经在数字逻辑课中学习过,但为了更好地理解计算机中实现算术运算的基本原理,并且形成较为完整的机内运算的基本概念,我们仍从一位加法电路开始讨论。

1. 一位二进制加法单元

计算机中最基本的一位二进制加法单元电路是全加器 (FA),这种电路可实现两个一位二进制数的相加,以及进位信号的形成和传递。全加器具有 3 个输入端和 2 个输出端,包括两个加数输入端 X_i、Y_i 和一个进位输入端 C_i,一个结果输出端 F_i 及一个进位输出端 C_{i+1}。全加器的逻辑符号如图 5-5 所示。反映全加器输入/输出关系的真值表如表 5-3 所示。

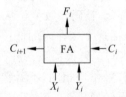

图 5-5 全加器的逻辑符号

表 5-3 全加器真值表

输 入			输 出	
X_i	Y_i	C_i	F_i	C_{i+1}
0	0	0	0	0
0	0	1	1	0
0	1	0	1	0
0	1	1	0	1
1	0	0	1	0
1	0	1	0	1
1	1	0	0	1
1	1	1	1	1

根据真值表,可得到全加器的典型逻辑表达式:

$$\begin{cases} F_i = X_i \oplus Y_i \oplus C_i \\ C_{i+1} = X_i Y_i + (X_i \oplus Y_i)C_i (或 C_{i+1} = X_i Y_i + (X_i + Y_i)C_i) \end{cases} \tag{5-13}$$

这组逻辑表达式反映了全加器的基本组成特点,其逻辑实现方法还有很多种,实际应用时可根据需要转换成"与非""或非"等其他逻辑形式。

2. n 位加法器的基本结构

由于计算机中以机器字长为单位组织数据,因此运算器的核心部件是一个 n 位的二进制加法器。n 位加法器有串行和并行两种基本构成方式。

1)串行加法器

串行加法器的结构很简单,可由一个全加器、一个进位触发器和两个 n 位的移位寄存器 A、B 组成,其中寄存器 A 用作累加器,如图 5-6 所示。

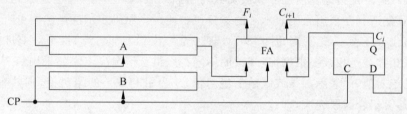

图 5-6 串行加法器

初始时 A、B 中存放着被加数、加数,进位触发器通常初始为 0。加法过程与笔算过程类似,先从最低位开始逐位相加,每加一次 A、B 同时移一位,进位信号保存在触发器中。n 步加法后,累加器 A 中存放着 n 位和,进位触发器中则保留着最高位的进位信号。串行加法器虽然结构非常简单,但加法速度太慢,因此仅用于速度要求不高的简单装置中,计算机中通常并不采用。

2)并行加法器

冯·诺依曼在关于存储程序计算机设想的研究报告中曾经建议,计算机中应采用并行计算方式,即对一个机器字的各位同时进行处理。根据这一思想,目前计算机中均采用并行加法器,一个 n 位的并行加法器可实现 n 位二进制数的同时相加。其最基本的组成逻辑电路如图 5-7 所示。

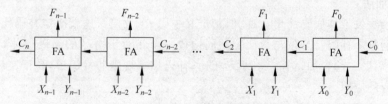

图 5-7 n 位二进制并行加法器

这是一个最基本的并行加法器结构。其显著特点是各位的进位信号由低到高串行传递,连接十分简单。此加法器虽然简单,却可以用作各种算术运算硬件实现的基础。在此基础上我们将进一步讨论计算机中各种算术运算的实现原理。由于使用的普遍性,并行加法器的"并行"两字常被省略。

5.3.2 定点加减运算

计算机中标准的算术运算功能主要包括加、减、乘、除四则运算,有了这四种标准的算术运算,其他所有的数学函数都可以用其组合完成。因此,这四种算术运算在计算机中通常采用硬件实现,同时在计算机指令系统中配有对应的加(ADD)、减(SUB)、乘(MUL)、除(DIV)等算术运算类指令,使用户能通过这些指令调用到硬件的运算功能。而其他的数学函数则可视其复杂程度、开销成本、使用重要性等诸多因素,分别权衡选用软件、硬件或固件方式实现。四则运算中,加、减又是最基本的算术运算,是所有其他运算的基础。计算机中不能没有加减运算,尤其加法运算是任何其他运算所不能替代的。下面我们就来讨论加减运算在计算机中的实现方法。

1. 原码加减运算的基本思想

原码加减运算是指运算前加数和被加数均用原码表示,运算后和也是原码这样一种运算方法,此算法适合在采用原码表示法的计算机中使用。原码表示法虽然简单直观,但其符号位和数值位分开表示,运算时也要分开处理。符号位不参加运算,仅绝对值进行加减,但绝对值到底相加还是相减要根据加/减数的不同符号组合情况决定。如果用 A 表示被加数或被减数的绝对值,B 表示加数或减数的绝对值,S 表示和或差的绝对值,则共有八种判断情况、四种运算组合需要完成,即

$(+A)+(+B)=(+A)-(-B)=+(A+B)=+S$,实际做加法,和为正;

$(-A)+(-B)=(-A)-(+B)=-(A+B)=-S$,实际做加法,和为负;

$(+A)+(-B)=(+A)-(+B)=A-B=\pm S$,实际做减法,够减和为正;不够减和为负,输出为补码形式;

$(-A)+(+B)=(-A)-(-B)=B-A=\pm S$,实际做减法,够减和为正;不够减和为负,输出为补码形式。

由此看来,原码加减运算要预先判断操作数的符号组合,再决定绝对值是加还是减,做减法时情况则更复杂。由于计算机本质上是一个模运算系统,因此不够减时最高位无形中会向上借一个"模"使用,这就不可避免地得到了一个补码差,还需要转换回原码,整个算法很麻烦。因此计算机中很少直接采用原码进行加减运算,即使在原码表示的机器中也是如此,通常都会或多或少地进行变通,比如利用补码来实现原码减法,在此不再做过多的讨论。

2. 补码加法

补码表示法虽不如原码简单直观,但其定义中引入了"模",这就决定补码比原码更适合计算机内部运算。补码符号位与数值位共同构成一个相对于"模"的编码整体,两者之间存在有机联系,需要一起参加运算。与原码相比,补码加减规则非常简单,易于实现,在计算机中得到了广泛的应用。

1) 补码运算的基本特点

所谓的补码运算是指:

(1) 参与运算的操作数均用补码表示;

(2) 按补码运算规则进行运算;

(3) 补码的符号位与数值位视为一个整体,按同样的规则一起参加运算;

(4) 结果的符号位由运算自动产生;

（5）运算过程中符号位向高位产生的进位自动丢掉（模溢出）；

（6）补码运算的结果亦为补码。

2）补码加法基本公式

补码加法运算规则是以补码加法基本公式的形式给出，即

$$[X+Y]_补 = [X]_补 + [Y]_补 \quad (\text{Mod } M) \tag{5-14}$$

当采用定点小数表示时，$M=2$；当采用定点整数表示时，$M=2^{n+1}$（n 为数值位数）。补码加法基本公式说明，两数的补码相加就可直接得到和的补码。运算过程中不需要单独判断符号位，也不需要区分绝对值做加法还是减法，因此补码加法是计算机中最简单的算法。这也是为什么计算机中普遍采用补码加法的原因。但要注意补码加法运算受"模"的限制，补码加法基本公式仅能保证运算结果不超过补码定义域时是正确的。

补码加法基本公式的正确性可用补码定义加以证明，证明过程按加数的四种组合情况分别进行。以定点小数模 2 补码加法公式为例证明如下：

设 X、Y 为定点小数的真值

（1）当 $X \geqslant 0$、$Y \geqslant 0$ 时，

$$[X]_补 + [Y]_补 = X+Y = [X+Y]_补 \quad (\text{Mod } 2)$$

（2）当 $X \geqslant 0$、$Y < 0$ 时，

$$[X]_补 + [Y]_补 = X+(2+Y) = 2+(X+Y)$$

相加结果有两种情况：

$$X+Y \geqslant 0，则 2+(X+Y) = X+Y \quad (\text{Mod } 2)$$
$$= [X+Y]_补 \quad (\text{Mod } 2)$$

此时运算过程中会发生模溢出，丢掉了一个 2。

$$X+Y < 0，则 2+(X+Y) = [X+Y]_补 \,(\text{Mod } 2)$$

此时模 2 与 X、Y 相加共同构成负和的补码。

（3）当 $X < 0$、$Y \geqslant 0$ 时，

$$[X]_补 + [Y]_补 = (2+X)+Y = 2+(X+Y)$$

证明过程同（2），有正、负两种可能的结果。

（4）当 $X < 0$、$Y < 0$ 时，

$$[X]_补 + [Y]_补 = (2+X)+(2+Y) = 2+[2+(X+Y)]$$
$$= 2+(X+Y) \quad (\text{Mod } 2)$$
$$= [X+Y]_补 \quad (\text{Mod } 2)$$

此时运算过程中也会发生模溢出，丢掉一个 2。

综合上述四种情况，均证明补码加法基本公式是正确的。

3. 补码减法

1）补码减法基本公式

与加法类似，补码减法运算规则也由补码减法基本公式给出，即

$$[X-Y]_补 = [X]_补 - [Y]_补 \quad (\text{Mod } M) \tag{5-15}$$

此公式说明，两数的补码相减就可直接得到差的补码。补码减法公式的正确性也能用补码定义进行证明，证明方法与加法相同，在此不再赘述。

虽然通过补码减法公式可方便地进行补码减法运算，但实现时需要用到减法器电路。在机内已经具有加法器的情况下，再专设一个减法器通常认为是没有必要的，因此上述公式

只具有理论上的意义。由于

$$X - Y = X + (-Y)$$

则利用补码加法公式可把减法公式改写成：

$$[X-Y]_\textit{补}=[X+(-Y)]_\textit{补}=[X]_\textit{补}+[-Y]_\textit{补} \quad (\text{Mod } M) \qquad (5\text{-}16)$$

式(5-16)才是计算机中实际采用的补码减法公式的形式。与加法运算相同,补码减法公式也仅保证运算结果不超过补码定义域时是正确的。

2) 求补运算

进一步对上述两种减法公式进行比较,我们可以得到下述关系：

$$\begin{cases}[X]_\textit{补}+[-Y]_\textit{补}=[X]_\textit{补}-[Y]_\textit{补} & (\text{Mod } M) \\ [-Y]_\textit{补}=-[Y]_\textit{补} & (\text{Mod } M)\end{cases} \qquad (5\text{-}17)$$

$[-Y]_\textit{补}$ 称为$[Y]_\textit{补}$的机器负数,可看成是$[Y]_\textit{补}$的"补",记作

$$[-Y]_\textit{补}=[\,[Y]_\textit{补}\,]_\textit{补}$$

现在式(5-16)表明,补码减法可以通过加上减数相反的补码转换成加法进行。这样,机器中只要设一套加法器电路,就可以实现加、减两种运算,大大简化了运算部件的结构。因此我们现在看到的通用计算机中的运算器,其核心部分均只有一个加法器而已。

上述算法实现时有一个关键问题必须解决,那就是如何通过$[Y]_\textit{补}$求$[-Y]_\textit{补}$。我们通常把这个过程看成是一种特殊的运算,叫作"求补"或"变补"。求补运算的规则为：将$[Y]_\textit{补}$连同符号位一起变反,末位加 1。在定义了求补运算后,我们可以把一次补码减法过程看成是由一次求补和一次加法联合完成的。特别需要注意,求补运算和负数补码转换操作的区别,求负数补码时符号位的取值是确定的"1"。而求补运算则要连同符号位一起进行。求补运算经常用到,在计算机指令系统中往往设置有相应的求补指令(NEG)。

求补规则的正确性可以定点小数为例进行证明,分两种情况考虑：

设 $[Y]_\textit{补}=Y_0.Y_1Y_2\cdots Y_n$,其中 Y_0 表示符号位

(1) 当 $0 \leqslant Y < 1$ 时,

$$Y_0=0, [Y]_\textit{补}=[Y]_\textit{原}=Y=0.Y_1Y_2\cdots Y_n,$$

则$[-Y]_\textit{原}=1.Y_1Y_2\cdots Y_n$,根据负数原码转换成补码的规则得

$$[-Y]_\textit{补}=1.\bar{Y}_1\bar{Y}_2\cdots\bar{Y}_n+1\text{LSB}=\bar{Y}_0.\bar{Y}_1\bar{Y}_2\cdots\bar{Y}_n+1\text{LSB}$$

(2) 当 $-1 \leqslant Y < 0$ 时,$Y_0=1$

$$[Y]_\textit{补}=1.Y_1Y_2\cdots Y_n,$$

根据负数补码转换成原码的规则得

$$[Y]_\textit{原}=1.\bar{Y}_1\bar{Y}_2\cdots\bar{Y}_n+1\text{LSB}$$

则

$$[-Y]_\textit{原}=0.\bar{Y}_1\bar{Y}_2\cdots\bar{Y}_n+1\text{LSB},$$

根据正数原码转换成补码的规则得

$$[-Y]_\textit{补}=[-Y]_\textit{原}=0.\bar{Y}_1\bar{Y}_2\cdots\bar{Y}_n+1\text{LSB}=\bar{Y}_0.\bar{Y}_1\bar{Y}_2\cdots\bar{Y}_n+1\text{LSB}$$

综上所述,不管真值 Y 为正还是为负,均可得出"$[-Y]_\textit{补}$等于$[Y]_\textit{补}$连同符号位一起变反,末位加 1"的结论。求补运算可以通过在加法器的一个输入端添加一组异或门电路来简单地实现,具体形式如图 5-8 所示。增加了求补电路的加法器就变成了加减法器,既可做加法,也可做减法。但是具体做哪种运算,需要在异或门的输入端设置加/减控制信号 M 进行选择。

图 5-8 的加减法器电路支持双符号位的变形补码加减运算。

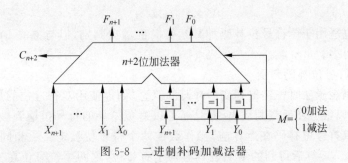

图 5-8　二进制补码加减法器

4. 运算结果的溢出判断

前面讨论补码加减算法时曾提到：补码加减运算基本公式受补码"模"的限制,仅保证运算结果不超出其定义域时是正确的。这就是说,补码加减运算的结果如果超出补码表示范围时会出现错误,计算机中通常把这种错误称为"溢出"(Overflow)。溢出出错产生的根本原因还是由于计算机的字长限制。如果运算过程中出现溢出,再继续运算下去就没有意义了。因此在每步运算完成之后,都要及时判断是否有溢出。如果没有溢出运算可以继续进行；一旦发现溢出则要立即中止运算,转到专门的溢出处理程序。在错误结果得到修正之后,才能重新返回原来的运算过程继续运算。

定点运算的溢出分为正溢出和负溢出两种。当运算结果大于可表示的最大正数时,称为"正溢出"；小于可表示的最小负数时,称为"负溢出"。例如：

$$[0.1101100+0.1011011]_{补}=0.1101100+0.1011011=1.1000111$$
$$[-0.1101100-0.1011011]_{补}=1.0010100+1.0100101=0.0111001$$

可以发现,溢出出错通常发生在同号两数相加,以及异号两数相减的运算过程中,错误都表现在符号位被反相了。计算机中正是利用这些特征,实现对溢出出错情况的判别。补码加减运算常用的溢出判断方法有以下三种。

1) 根据符号位之间的关系判别

采用补码进行加减运算时,如果同号两数相加,结果的符号位变反了,就可以断定发生了溢出。即出现了"正+正得负"；或者"负+负得正"的现象。类似地,如果异号两数相减,结果的符号位与减数相同,也可以断定发生了溢出。这个规律可以用逻辑表达式进行描述。

仍以定点小数补码为例,设 $[X]_{补}=X_0.X_1X_2\cdots X_n$，$[Y]_{补}=Y_0.Y_1Y_2\cdots Y_n$，$[F]_{补}=[X]_{补}\pm[Y]_{补}=F_0.F_1F_2\cdots F_n$，其中 X_0、Y_0、F_0 表示补码的符号位；M 为加减控制信号,$M=0$ 表示做加法；$M=1$ 表示做减法。V 表示判别溢出信号,$V=0$ 表示无溢出；$V=1$ 表示溢出,则溢出判别逻辑表达式可归纳如下：

$$V=(\overline{X_0}\,\overline{Y_0}F_0+X_0Y_0\overline{F_0})\overline{M}+(\overline{X_0}Y_0F_0+X_0\overline{Y_0}\,\overline{F_0})M \tag{5-18}$$

这种方法适用于单符号位补码加减运算时的溢出判别,但需要较复杂的逻辑电路支持。

2) 利用进位信号之间的关系判别

如果进一步对补码加减运算过程进行仔细分析,会发现运算溢出时所产生的进位信号有这样一个规律：当最高数值位(MSB)有向符号位的进位时,符号位不会再产生向更高位的进位；当最高数值位无向符号位的进位时,符号位会产生向更高位的进位。即溢出时这两个相邻的进位信号不会同时出现。设补码加减运算时最高数值位向符号位的进位为 C_{MSB},符号位向更高位的进位输出为 C_s,则溢出判别逻辑可描述为

$$V = C_s \oplus C_{\mathrm{MSB}} \qquad\qquad (5\text{-}19)$$

这种方法也适用于单符号位补码加减运算时的溢出判别,但与方法1)相比,所需的逻辑电路要简单得多。

3)采用双符号位补码判别

在讨论补码表示法时曾经提到变形补码的概念,如果使用双符号位的变形补码进行加减运算,不仅可以很方便地判断溢出,而且还可以避免结果的符号位遭到破坏,因此得到了广泛的应用。双符号位补码在运算前,操作数的两个符号位被定义成相同的,即正数时为00,负数时为11。运算后得到的结果也具有两个符号位,这两个符号位在变形补码中所起的作用是不同的。为了便于区别,通常将最高符号位定义为"真符"位,也叫第一符号位,记作 F_{s1}。F_{s1} 之所以叫作真符位,是因为不管是否发生溢出,这个符号位在加减运算后始终保持着结果的正确符号。也就是说,定点小数运算的溢出值只能在 $-2 \sim 2$ 之间,不可能超过2,因此溢出的数值永远不会破坏到真符位。另一符号位则被叫作第二符号位,记作 F_{s2}。相对于 F_{s1} 而言,F_{s2} 起着辅助的作用。当运算发生溢出后,破坏的是这个符号位。因此运算后,若结果的两个符号位 $F_{s1}F_{s2}$ 仍然相同,表示没有发生溢出;若结果的两个符号位相异,则表示发生了溢出。若 $F_{s1}F_{s2}$ 变成01,表示发生了正溢出;若 $F_{s1}F_{s2}$ 变成10,表示发生了负溢出。根据这个变化规律,可以得到使用变形补码判溢出的逻辑表达式:

$$V = F_{s1} \oplus F_{s2} \qquad\qquad (5\text{-}20)$$

与前面讨论的两种溢出判断方法相比,此方法显然更加简单易实现。例如:

$$[0.101101 - 0.101101]_{\text{补}} = 00.101101 + 11.001010 = 11.110111,无溢出$$

$$[0.101101 + 0.101101]_{\text{补}} = 00.101101 + 00.110110 = 01.100011,正溢出$$

$$[-0.101101 - 0.110110]_{\text{补}} = 11.010011 + 11.001010 = 10.011101,负溢出$$

5. 补码加减运算规则

综上所述,我们可以总结出补码加减运算的一般规则。以定点小数变形补码运算为例,模4补码加减运算规则如下。

(1)参加运算的两个操作数均采用双符号位补码。

(2)操作数的两个符号位与数值位作为一个整体一起参加运算。

(3)若做加法,两数补码直接相加;若做减法,减数求补后,再与被减数相加。

(4)运算中产生的模溢出进位信号自动丢掉,不影响运算的正确性。

(5)结果仍为双符号位补码,其两个符号位均由运算自动产生。

(6)若结果的两个符号位相同,无溢出,运算结束;若结果的两个符号位相异,有溢出,转溢出处理。最高符号位为结果的正确符号。

定点整数补码加减运算方法与定点小数补码加减运算基本相同,只是补码的模变了,小数点默认在最低数值位(LSB)之后(右边)。

6. 补码加减运算的硬件配置

支持变形补码加减运算的硬件电路框图如图5-9所示。

对于 n 位的定点数而言,若采用双符号位补码进行运算,运算器的总位数应达到 $n+2$ 位。由图5-9可以看出,补码加减运算的核心部件是二进制并行加法器(见图5-7)。在加法器的一个输入端配置求补电路,就构成了加减法器(见图5-8)。为了在运算过程中提供给加减法器稳定可靠的输入,需要配置两个寄存器A、B。运算前先把两个操作数存放在A、B中,然后再进行加减运算。由于原始操作数运算完成后往往就不再需要了,因此可把其中的一个寄存器 A 设为累加器,用来存放运算结果。这样,补码加减运算器可看成主要由一个加减法器和两个寄存器组成,在此基础上再添加溢出判别、操作控制等辅助逻辑,就构成完整的补码加减运算器电路。

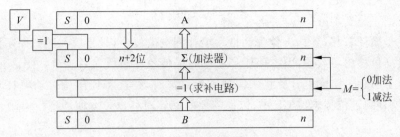

图 5-9　补码加减法运算器

5.3.3　移位运算

1. 什么叫移位运算

计算机中经常需要移动机器数的数位,例如把一个二进制数的各位统统左移一位或若干位,或者右移等,这在计算机中被称作移位操作。因为机器数左移一位相当于乘以 2,右移一位相当于除以 2。基于这一点,我们也把移位操作看成是计算机中的一种特殊的乘除子运算。计算机中有很多场合需要用到移位运算,像利用移位来进行某些测试操作等。因此,不同的计算机中都或多或少地安排有专门的移位类指令。为了便于描述,我们在本书中经常会用符号"→n"表示右移 n 位的操作,其中 $n=1,2,\cdots$,表示移动的位数;同样,左移 n 位的操作用符号"←n"来表示。

2. 移位运算的规则

具体地说,移位操作又分为逻辑移位、算术移位和循环移位三大类。逻辑移位是指移位过程中不特别考虑数据符号位含义的一类移位,包括逻辑左移、逻辑右移,通常用于对无符号数或逻辑数进行移位;循环移位是指机器字首尾相接的移位操作,也分循环左移和循环右移等,通常用来满足一些特殊的需求,如位测试等功能;算术移位则是对有符号数进行的移位,包括算术左移和算术右移,在移位的过程中需要特别注意保持符号位不发生改变。由于操作性质的不同,这三类移位的规则也是不一样的,其区别主要涉及移位后空出位的处理方式上,现分述如下。

1)逻辑移位规则

当机器数左移 n 位或右移 n 位时,必然会使其低 n 位或高 n 位出现空位。由于计算机中机器数的字长往往是固定的,整数高位部分的 0 和小数低位部分的 0 是无法省略不要的,故必须对空出位进行处理。逻辑移位时采取的措施是,不管逻辑左移还是逻辑右移,对移位后的空出位一律补 0;而对于移出位,不管是 1 还是 0,由于超出了机器字长可表示的范围,则一律丢掉。即逻辑移位规则:逻辑左移时,高位移丢,低位补 0;逻辑右移时,低位移丢,高位补 0。逻辑移位最大的特点是移位时不考虑数据的符号位,因此只适用于无符号数或逻辑数。图 5-10 给出了逻辑移位操作示意。在机器指令系统实现时,为了便于判断移出位的值,往往先将移出位保存在进位标志位 CF 中。图中箭头表示移位方向,OPR 表示操作数。

2)循环移位规则

循环移位将机器字的首尾相接进行移位,其移位通路构成了一个封闭的环路。不管是

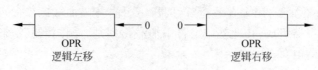

图 5-10   逻辑移位

循环左移还是循环右移,其移出位都会自动填补到空出位中,只是填补的方向不同而已。循环左移时最高位移出填入最低位,而循环右移时最低位移出填入最高位。图 5-11 对循环移位操作进行了示意。实际上计算机中实现循环移位时,往往将移出位自动填补到空出位中的同时,也填补到进位标志位 CF 中,以便需要时能够对移出位方便地进行检测。

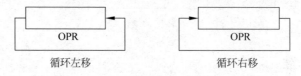

图 5-11   循环移位

另外,还有一种带进位的循环移位,将进位标志位加入循环移位的回路中,可以实现双字长移位时移出位在两个寄存器之间首尾相接的传递。当然,这种操作也可用于其他一些用途,像对机器字中的某一位进行位操作等。图 5-12 示出了带进位循环移位实现双字长移位的过程。

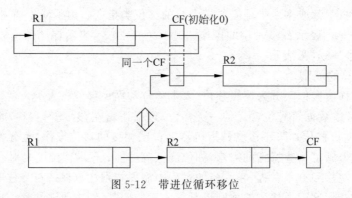

图 5-12   带进位循环移位

3) 算术移位规则

算术移位具体又分为算术左移和算术右移两种。与逻辑移位不同,算术移位的基本规则是要保证移位后符号位取值不变。不仅如此,由于算术移位是针对有符号数的移位操作,因此对采用不同表示法的机器码来说,移位后空出位的填补值要符合机器码编码规则,保证所用码制的正确性。现将常用的原码、补码、反码的算术移位空出位填补规则归纳在表 5-4 中。

表 5-4   原码、补码、反码的算术移位规则

类别	码制	符号位	右移时 MSB 填补值	左移时 LSB 填补值
正数	原码、补码、反码	0	0	0
负数	原码	1	0	0
	补码	1	1	0
	反码	1	1	1

由表 5-4 可以看出算术移位的规则如下。

（1）正数：由于正数的原、补、反码表示形式均一样，因此不论是算术左移还是右移，在保证符号位不变的前提下，左、右空出位均补 0。

对于负数，由于原、补、反码的表示形式均不一样，故当机器数移位时，对其空出位的填补规则也各不相同，需要分别考虑。

（2）负数原码：负数原码的数值部分与正数相同，故移位规则与正数原码完全一致。即符号位不变，不论是左移还是右移，左、右空出位均补 0。

（3）负数反码：移位规则与原码完全相反，即符号位不变，不论是左移还是右移，左、右空出位均补 1。这是由于其取值与原码正好相反的缘故。

（4）负数补码：符号位不变，左移时，LSB 位空出补 0，同原码；右移时，MSB 位空出补 1，同反码。这和补码的结构特点是一致的。

表 5-4 给出的算术移位填补规则既适用于定点小数，也适用于定点整数。

与上述规则对应的算术左移和右移操作的硬件示意框图如图 5-13 所示。其中，图 5-13(a)是三种机器码为正数时的移位操作；图 5-13(b)为负数原码的移位操作；图 5-13(c)为负数补码的移位操作；图 5-13(d)为负数反码的移位操作。

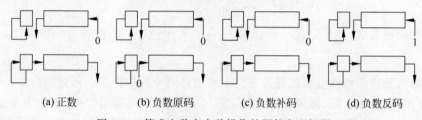

(a)正数   (b)负数原码   (c)负数补码   (d)负数反码

图 5-13　算术左移和右移操作的硬件实现框图

算术移位在实际机器的指令系统中实现时，往往也采用带进位的移位方式，不管是左移还是右移，均先将移出位移入进位标志位中保存起来，以便进一步判断移出位的值，及时发现溢出等错误是否发生。

4）补码算术移位时的符号延伸（扩展）特性

在对补码进行右移时我们会发现，不论是正数还是负数，右移后对最高数值位（MSB）的填充值都等于其符号位的值，相当于右移时符号位在自身保持不变的前提下，同时移入空出的 MSB 位。这个特性称为补码的符号延伸特性。根据这个特性，我们可以得到如下补码右移公式。

若

$$[X]_{补} = X_0 X_1 X_2 \cdots X_n \quad (\text{Mod } 2 \text{ 或 Mod } 2^{n+1})$$

则

$$\left[\frac{1}{2}X\right]_{补} = X_0 X_0 X_1 \cdots X_{n-1} \quad X_n \text{ 移出丢掉}$$

$$\left[\frac{1}{4}X\right]_{补} = X_0 X_0 X_0 X_1 \cdots X_{n-2} \quad X_{n-1} X_n \text{ 移出丢掉}$$

$$\left[\frac{1}{8}X\right]_{补} = X_0 X_0 X_0 X_0 X_1 \cdots X_{n-3} \quad X_{n-2} X_{n-1} X_n \text{ 移出丢掉}$$

$$\cdots$$

(5-21)

这个补码的符号填充规则可一直延伸到所需右移的位数为止。此规则可以用补码和真值的转换公式进行证明。现以定点小数补码为例证明如下：

求证：若

$$[X]_\text{补} = X_0.X_1X_2\cdots X_n \quad (\text{Mod } 2)$$

则

$$\left[\frac{1}{2}X\right]_\text{补} = X_0.X_0X_1\cdots X_{n-1}$$

证明：因为

$$[X]_\text{补} = X_0.X_1X_2\cdots X_n \quad (\text{Mod } 2)$$

所以

$$X = -X_0 + \sum_{i=1}^{n} X_i \times 2^{-i}$$

$$\frac{1}{2}X = -\frac{1}{2}X_0 + \frac{1}{2}\sum_{i=1}^{n} X_i \times 2^{-i} = -X_0 + \sum_{i=0}^{n} X_i \times 2^{-(i+1)}$$

则在字长不变的条件下

$$\left[\frac{1}{2}X\right]_\text{补} = X_0.X_0X_1\cdots X_{n-1}$$

使用相同的方法，还可以进一步证出 $\left[\frac{1}{4}X\right]_\text{补}$、$\left[\frac{1}{8}X\right]_\text{补}$、…的符号延伸规则，在此不再赘述。

补码的符号延伸特性也可以反过来用于整数补码位数的扩展。例如，将 16 位补码扩展为 32 位补码时，低 16 位取值可保持不变，高 16 位用符号位填充即可(正数为全 0，负数为全 1)。注意 32 位补码的符号位设在 32 位数的最高位，而原来 16 位补码符号位(即 16 位数的最高位)的位置现在变成了扩展后的数值位，不再代表补码符号。该特性也常常被称为补码的符号扩展特性。补码的符号延伸和符号扩展操作如图 5-14 所示。

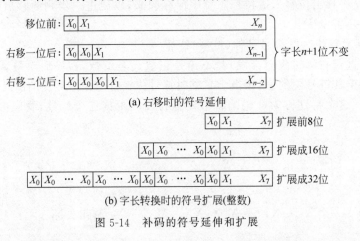

(a) 右移时的符号延伸

(b) 字长转换时的符号扩展(整数)

图 5-14 补码的符号延伸和扩展

5) 算术移位的误差及溢出

由于算术移位时操作数的高、低两端有数位移出，因此可能有误差或溢出情况发生。现在我们关心的是如果出现这类情况，将会对移位运算的结果产生什么影响？下面就这一问题进行分析。

对于正数来说，由于原码、补码、反码的表示形式一致，移位操作一致，因此移位后对数值的影响也是一样的。右移时,如果最低数位丢 1,会产生一定的误差,但对精度的影响有限,不会破坏结果的正确性。左移时,如果最高数位丢 1,会导致结果溢出出错,需要及时进行溢出处理。

对于负数来说,由于原码、补码、反码的表示形式不再一样,故移位后对数值的影响形式也各不相同,现分述如下。

负数原码:右移时,低位丢 1,产生误差影响精度,但结果仍然正确;
　　　　　左移时,高位丢 1,结果溢出出错。

负数反码:右移时,低位丢 0,产生误差影响精度,但结果仍然正确;
　　　　　左移时,高位丢 0,结果溢出出错。

负数补码:右移时,低位丢 1,产生误差影响精度,但结果仍然正确;
　　　　　左移时,高位丢 0,结果溢出出错。

3. 误差的舍入处理方法

通过前面的讨论我们已经看到,算术右移时由于受到机器字长的限制,最低位会有数位移出。如果任由这些移出位自然丢失,就会造成运算误差。在对运算精度要求较高的情况下,为了尽量缩小这些误差,通常在运算后进行相应的舍入处理。所谓舍入是指当运算结果的位数超出机器可表示的位数时,舍去多余位的同时,并按一定的规则对机器数值进行调整的过程。

计算机中采用的舍入方法有许多种,但不管哪种方法,硬件上往往都需要在有效数据字长之外多设置若干位保护位,先把运算过程中右移出的前几位数暂时保存起来,以供舍入判断之用。保护位一般通过增设保护位寄存器实现。常用的舍入方法有如下几种。

1)截断法

截断法也叫截尾,这是一种实现起来最简单的舍入方法。操作方式:当运算结果超出机器字长时,无条件地丢掉超出的位数,只留下正常字长部分,且保留下来的数值不作任何改变。采用截断法引起的误差为单向误差,也就是每次舍入后可能产生的误差都是负误差(对结果精确值起减小作用)。单次误差小于−1LSB。虽然截断法的单次误差并不算大,但是由于是单向误差,经过多次运算后的累积误差可能会很大,所以对运算结果的精度影响较大。

2)末位恒置 1 法

末位恒置 1 法在舍去结果最低位之后超出的数值位的同时,将机器数末位(即 LSB 位)置 1。这种舍入法引入的误差为双向误差,当机器数末位为 0 时,置 1 后可能产生正误差;当机器数末位本来就为 1 时,则可能产生负误差。单次误差小于±1LSB。虽然恒置 1 法单次误差的大小与截断法相同,但是由于是双向误差,经过多次运算后基本上不会产生累积误差,因此对运算结果的精度影响比截断法小得多。恒置 1 法在具体实施时为了进一步减小误差,常采用更加细致的处理方式:当机器数最低位为 1,或移出的位中有 1 时,末位置 1;否则舍去移出位,不做末位置 1 的操作。

3)0 舍 1 入法

0 舍 1 入法相当于十进制计算中的四舍五入法。其基本思想:用将要舍去部分的最高位作为判断标志,以决定做何种舍入操作。如果该位为 0,则"舍"——所做操作同截断法,无条件地丢掉机器数超出字长部分的位数,且保留下来的数值不做任何改变;如果该位为 1,则"入"——在丢掉超出的位数后,对保留部分的最低位加 1。这种舍入法引入的也是双向误差,但单次误差小于±1/2LSB,显然比前两种舍入方法的单次误差小一半,且没有累积误差,因此精度最高。不过 0 舍 1 入法的操作规则比前两种方法复杂,当用于具体的机器中时,其舍入规则还要考虑所采用的码制。

若机器数用原码表示或者是补码正数时,上述 0 舍 1 入法的规则可直接应用。此时"舍"使数据的绝对值变小;"入"使数据的绝对值变大。

但机器数是用补码表示的负数时,0 舍 1 入法的规则需要根据负数补码的编码特点作相应的改变,即若超出部分的最高位为 0 时舍去;若超出部分的最高位为 1,其余各位全为 0 时舍去;若超出部分的最高位为 1,其余各位不全为 0 时,则在舍去超出部分之后,保留部分的末位+1,作"入"的操作。此时,舍入操作对数据精度的影响与补码正数或原码表示时是相反的,"舍"操作使数据的绝对值变大;而"入"操作则使数据的绝对值变小。

4) 查表舍入法

查表舍入法又称 ROM 舍入法,因为它用 ROM 来存放舍入处理表。这种舍入方法可看成是 0 舍 1 入法的一种改进方案。通过前面的讨论我们已经看到,0 舍 1 入法虽然具有误差小、精度高的优点,但在舍入时有可能需要多执行一次加 1 操作,尤其是在浮点运算过程中,这个额外的加 1 操作可能会引起一系列的连锁反应(详见 5.5 节),使运算过程复杂化,运算时间延长。查表舍入法则将 0 舍 1 入的结果直接保存在 ROM 单元中,舍入时经过查表就可读得相应的处理结果,不需再做加 1 运算,显然具有舍入误差小和执行速度快的优点。

4. 移位运算的硬件实现

计算机中实现移位运算通常有以下方法。

1) 通过移位寄存器进行

这种方法使用具有移位功能的寄存器部件实现移位,每次只能移一位,当左移或右移 n 位时,需要 n 个时钟周期才能完成。移位速度慢,且移位和加减运算不能同时进行。

2) 数据通路中设置移位器部件

许多计算机 CPU 的数据通路中,在加减法器的输出端设置一个移位器来完成移位功能。移位器电路实际上相当于一个组合逻辑的多路选择器,三选一的多路选择器可实现将运算结果按位直送、左斜一位传送(左移一位)、右斜一位传送(右移一位)的移位器功能;而五选一的多路选择器可在此基础上再加两路功能,即左斜两位传送(左移二位)、右斜两位传送(右移二位)。五选一移位器的第 i 位逻辑电路如图 5-15 所示,其他位的电路实现与此类似。

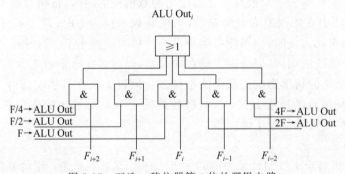

图 5-15 五选一移位器第 i 位的逻辑电路

图 5-15 中的位序按从左到右依次为 $n\sim0$。据此思路还可组成更多位同时移位的移位器电路。与移位寄存器相比,组合逻辑的移位器具有多位并行移位,移位操作和加减运算在同一个时钟周期内完成的优点,广泛用于各种计算机的运算器中。

3) 桶形移位器

目前微处理器芯片内部的数据通路中,经常可以看到一种叫作"桶形移位器"(Barrel Shifter)的移位部件,这是一种并行度极高的快速移位器,可以实现在数据宽度范围内将一个数据移动任意位的需求。例如,当机器字长 32 位时,一个 32 位的桶形移位器既可实现数据左移一位、右移一位的操作,也可以实现左移 10 位、右移 10 位,或左移 32 位、右移 32 位的操作。

虽然功能强大,但桶形移位器实现原理并不难,仍然基于组合逻辑多路选择器的使用。例如,上述 32 位桶形移位器的设计,可用一个 32 选 1 多路选择器实现将 32 位数据中任意一位移到一个特定位的操作(包括不移位直送),这样 32 位字长共需要 32 个 32 选 1 的多路选择器。具体实现时,由于 32 选 1 规模的多路选择器并不常见,可用多个较小规模的多路选择器多级连接构成。

5.3.4 定点乘法运算

乘法也是最基本的算术四则运算之一,是其他复杂运算的基础。但与加减运算不同,乘法运算虽然也很重要,但在计算机中并不一定非要用硬件直接实现。一般运算器中都少不了加法器,但却可以没有乘法器。这是因为乘法在计算机中是能够替代实现的。在实际的计算机中,有些由硬件乘法器直接完成乘法运算;有些虽然没有乘法器,但乘法指令由硬件执行特定的算法将乘法自动转换为加法-一位操作完成;当然,也有些功能简单的计算机中不设置乘法指令,则可用加法-一位指令通过软件编程来实现。不管是硬件实现还是软件实现,前提都离不了某种乘法算法的支持。在此,我们将原理性地介绍计算机硬件实现乘法时常用的运算方法,以及所需的硬件配置。

1. 原码一位乘法

1)算法推导

与加减运算情况一样,计算机中采用不同的码制需要不同的乘法算法支持。由于原码表示与真值极为相似,其区别只在一个符号位,因此原码乘法与笔算过程也最为接近。作为一种最基本的算法,我们首先讨论原码一位乘法的原理。原码一位乘法直接从笔算过程演变而来,为便于理解,我们先从分析笔算乘法入手,看一下计算机中实现乘法需要解决哪些基本问题。

笔算乘法的规则:两数的绝对值相乘得乘积的绝对值,乘积的符号按"同号相乘得正,异号相乘得负"的规则产生。下面通过一个例子对笔算乘法的具体过程进行分析。为了方便起见,我们对乘法算法的讨论均以定点小数为例。例如,$X=0.1101$,$Y=-0.1011$,则

$X \times Y = -(0.1101 \times 0.1011) = -0.10001111$,其笔算乘法竖式如下:

$$
\begin{array}{r}
0.1101 \quad \text{···被乘数 } X \\
\times \quad 0.1011 \quad \text{···乘数 } Y \\
\hline
1101 \quad \text{···部分积}_1 \\
1101 \quad \text{···部分积}_2 \\
0000 \quad \text{···部分积}_3 \\
+ \quad 1101 \quad \text{···部分积}_4 \\
\hline
0.10001111 \quad \text{···乘积 } P
\end{array}
$$

这个竖式反映了笔算乘法的每一步细节,概括起来有如下几点。

(1) 从乘数最低位开始,用一位乘数去乘被乘数,得到一次积(部分积)。

(2) 继续从低位到高位用乘数的每一位去乘被乘数,在 n 位乘数数值的情况下,可以依次得到 n 个部分积。上例中 $n=4$,最后乘得 4 个部分积。

(3) 将所得部分积左斜一位对位相加,积的绝对值位数增长了一倍。上例中两个 4 位的小数相乘,最后得到的乘积为 8 位小数。

现在考虑如果让计算机完全模仿笔算乘法步骤进行计算,将会遇到什么问题?对笔算步骤进行分析后发现,上述算法概括中的第 1、2 两点在计算机中实现都没有困难,正因为每次用乘数的一位去乘被乘数,所以该算法被称叫作"一位乘法"。问题集中在第三点上,机内实现起来有两大困难:其一,常规的加法器只有两个数据输入端,每次只能实现两个数的相加,很难实现多个数同时相加;其二,加法器的位数一般与机器字长相同,很难实现两倍字长的加法。

所以在计算机中实现原码乘法时,不能直接照搬笔算方法,必须进行算法改进。针对上面提出的两个问题,改进思路如下。

(1) 改 n 个部分积同时相加过程为"两两相加—n 次累加"。

(2) 改部分积 $2n$ 位的相加过程为"n 位相加—n 次右移"。由于部分积左斜一位对位相加意味着部分积的最低位并不参加加法运算,故可通过右移一位操作将其从 n 位中移出,使得每次加法只在部分积的高 n 位进行。这样,就把 $2n$ 位的相加过程变成了 n 位的相加过程。

这两点改进的综合效果就是把计算机中 n 位乘法过程转化成了 n 次"加法和移位"操作,使得利用常规的加法器和移位部件就能实现乘法。

至于乘积符号位的产生,则可以根据"同号相乘得正,异号相乘得负"的规则,单独通过对两数的符号位进行逻辑异或求得。

综上所述,定点小数原码一位乘法可描述为:

设被乘数 $[X]_原=X_0.X_1X_2\cdots X_n$,乘数 $[Y]_原=Y_0.Y_1Y_2\cdots Y_n$,则

乘积 $[P]_原=[X\times Y]_原=(X_0\oplus Y_0).(X^*\times Y^*)=P_0.P_1P_2\cdots P_nP_{n+1}\cdots P_{2n}$

其中,$X^*=0.X_1X_2\cdots X_n$,$Y^*=0.Y_1Y_2\cdots Y_n$,分别表示 X 和 Y 的绝对值;X_0、Y_0 和 P_0 分别表示 $[X]_原$、$[Y]_原$ 和 $[P]_原$ 的符号位。

乘积的数值部分由两数绝对值相乘而得,其通式为

$$
\begin{aligned}
X^*\times Y^* &= X^*\times(0.Y_1Y_2\cdots Y_n)=X^*\times(Y_12^{-1}+Y_22^{-2}+\cdots+Y_n2^{-n})\\
&= 2^{-1}(Y_1\times X^*+2^{-1}(Y_2\times X^*+2^{-1}(\cdots+2^{-1}(Y_{n-1}\times X^*+\\
&\quad 2^{-1}(Y_n\times X^*+0))\cdots)))
\end{aligned}
\tag{5-22}
$$

令 Z_i 表示第 i 次部分积,则式(5-22)可写成如下递推公式的形式。

$$
\begin{cases}
Z_0=0\\
Z_1=2^{-1}(Y_n\times X^*+Z_0)\\
Z_2=2^{-1}(Y_{n-1}\times X^*+Z_1)\\
\cdots\\
Z_i=2^{-1}(Y_{n-i+1}\times X^*+Z_{i-1})\\
\cdots\\
Z_n=2^{-1}(Y_1\times X^*+Z_{n-1})
\end{cases}
\tag{5-23}
$$

这组递推公式中，Z_0 表示部分积的初值（$=0$），而第 n 步部分积 Z_n 即为最后得到的乘积绝对值

$$P^* = X^* \times Y^* = Z_n$$

2）原码一位乘运算规则

由上述推导过程可总结出原码一位乘运算规则如下：

（1）参加运算的两个操作数均为原码，两数符号位不参加运算，取其绝对值做无符号数乘法。

（2）乘积的符号位单独处理，由两数符号"异或"产生。

（3）设部分积初值为 0，为防止运算过程中产生暂时性溢出，部分积可采用单符号位参加运算。n 位数相乘，部分积连同符号位应取 $n+1$ 位。

（4）运算前先检测 0，只要两数任意一个为 0 则乘积为 0，不再进行运算。

（5）部分积运算，用乘数的最低位作为判断位，若为 1，加被乘数；若为 0，不加（相当于加 0）；运算后部分积逻辑右移一位。

（6）当乘数数值部分为 n 位时，共作 n 次"加法"和"右移"，最后得到 $2n$ 位的乘积绝对值。

3）原码一位乘法运算的硬件实现

不难看出上述乘法运算规则很容易实现。通常乘法运算需要三个寄存器、一个加法器和一些辅助电路支持。原码一位乘法运算器框图如图 5-16 所示。

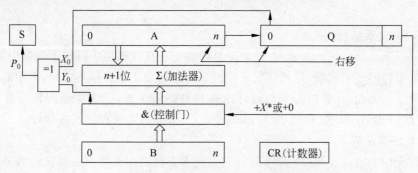

图 5-16　原码一位乘法运算器

由图 5-16 可知，乘法运算器的主体部分由三个寄存器和一个加法器共同组成。部分积寄存器 A 的初值为 0，运算过程中存放部分积的累加值，运算结束后存放乘积的高位部分；寄存器 B 用来存放被乘数；乘数寄存器 Q 在乘法过程中起着关键的作用，Q 最低位的值作为每一步运算的控制信号，控制本步加或者不加被乘数。A、Q 寄存器首尾相接级联在一起，实现部分积和乘数联合右移功能。随着逐次移位的进行，乘数将逐位丢失，Q 寄存器中最终取而代之的是乘积的低 n 位部分。辅助电路主要包括计数器 CR，用来控制加法—右移的次数；乘积符号位产生电路（异或门、符号标志触发器 S）；$n+1$ 个与控制门等。

【例 5.1】　$X=0.1101$，$Y=-0.1011$，用原码一位乘法求 $X \times Y$，写出机器运算步骤。

解：

$$[X]_{原}=0.1101, \quad [Y]_{原}=1.1011$$

$$X^*=0.1101 \rightarrow B, \quad Y^*=0.1011 \rightarrow Q, \quad 0 \rightarrow A, \quad 100 \rightarrow CR$$

机器运算步骤如下：

A	Q y_n	B	CR	说明
0.0000	0.1011	0.1101	100	初始化
+ 0.1101				$y_n=1, +X^*$
0.1101			011	
1 0.0110	1 0.101			$y_n=1$
+ 0.1101				$+X^*$
1.0011			010	
1 0.1001	1 1 0.10			$y_n=0$
+ 0.0000				$+0$
0.1001			001	
1 0.0100	1 1 1 0.1			$y_n=1$
+ 0.1101				$+X^*$
1.0001			000	
1 0.1000	1 1 1 1 0.			
	y_n			
0.1000	11110	0.1101	000	结束

$$P_0 = X_0 \oplus Y_0 = 1 \oplus 0 = 1, \quad P^* = 0.1000\ 11110$$

$$[P]_原 = [X \times Y]_原 = 1.1000\ 11110$$

$$X \times Y = -0.1000\ 1111$$

该算法规则同样适用于定点整数，但要把例题中的小数点"."改为逗号","。此时需要注意小数点的隐含位置已和定点小数不一样了，导致乘积最终要向右对齐小数点，这是两种定点数据格式运算时的主要差别。为便于硬件实现，最后一步运算完成后可考虑将乘积右移两位。

2. 补码一位乘法（比较法）

虽然原码乘法算法简单易实现，但因为补码加减法在计算机中得到了普遍应用，因此许多机器都采用补码表示数据，这种情况下若再采用原码乘法就有些不方便，希望能够直接使用补码做乘法。为此，计算机专家们设计出多种补码乘法算法，其中使用较为普遍的是由 Booth 夫妇最先提出来的比较法（也称 Booth 法）。下面将对这种算法进行讨论。

1）比较法算法推导

我们首先应弄清这样几个问题：补码相乘能否直接套用原码乘法算法？因补码的符号位必须和数值位一起参加运算，而原码乘法特点之一却是符号位不参加运算，故答案显然是否定的。还有，补码相加减能直接得到结果的补码，那么补码相乘是否也能直接得到积的补码呢？如果可以，补码乘法不也很方便吗？这也是我们迫切想要知道的。针对这个问题，我们先来推导一下补码乘积与 $[X]_补$ 和 $[Y]_补$ 的关系。仍以定点小数补码为例进行讨论。

设被乘数 $[X]_补 = X_0 . X_1 X_2 \cdots X_n$，乘数 $[Y]_补 = Y_0 . Y_1 Y_2 \cdots Y_n$，乘积 $[P]_补 = P_0 . P_1 P_2 \cdots P_{2n}$，运用补码与真值的转换关系式：

当 $[Y]_补 = Y_0 . Y_1 Y_2 \cdots Y_n$ 时，$Y = -Y_0 + \sum_{i=1}^{n} Y_i \times 2^{-i}$，则

$$X \times Y = X \times \left[-Y_0 + \sum_{i=1}^{n} Y_i \times 2^{-i} \right] = X \times (0. Y_1 Y_2 \cdots Y_n) - X \times Y_0$$

对等式两边求补码得：

$$[X \times Y]_补 = [X \times (0. Y_1 Y_2 \cdots Y_n) - X \times Y_0]_补$$
$$= [X \times (0. Y_1 Y_2 \cdots Y_n)]_补 - [X \times Y_0]_补$$

$$= [X]_{补} \times (0. Y_1 Y_2 \cdots Y_n) - Y_0 \times [X]_{补} = [X]_{补} \times Y$$

推导结果表明：$[X \times Y]_{补}$ 等于 $[X]_{补}$ 乘以真值 Y，也就是说 $[X]_{补}$ 和 $[Y]_{补}$ 直接相乘并不等于 $[X \times Y]_{补}$。通过此推导我们得到了补码乘法的基本公式：

$$[X \times Y]_{补} = [X]_{补} \times Y \tag{5-24}$$

上述推导过程中我们用到了等式：

$$[X \times (0. Y_1 Y_2 \cdots Y_n)]_{补} = [X]_{补} \times (0. Y_1 Y_2 \cdots Y_n)$$

为便于理解，对这一等式证明如下：

(1) 当 $X \geqslant 0$ 时

$$[X \times (0. Y_1 Y_2 \cdots Y_n)]_{补} = X \times (0. Y_1 Y_2 \cdots Y_n) = [X]_{补} \times (0. Y_1 Y_2 \cdots Y_n)$$

(2) 当 $X < 0$ 时

$$
\begin{aligned}
[X \times (0. Y_1 Y_2 \cdots Y_n)]_{补} &= 2 + X \times (0. Y_1 Y_2 \cdots Y_n) \quad (\text{Mod } 2) \\
&= 2^{n+1} + X \times (0. Y_1 Y_2 \cdots Y_n) \quad (\text{Mod } 2) \\
&= 2^{n+1} \times (0. Y_1 Y_2 \cdots Y_n) + X \times (0. Y_1 Y_2 \cdots Y_n) \quad (\text{Mod } 2) \\
&= (2^{n+1} + X) \times (0. Y_1 Y_2 \cdots Y_n) \quad (\text{Mod } 2) \\
&= (2 + X) \times (0. Y_1 Y_2 \cdots Y_n) \quad (\text{Mod } 2) \\
&= [X]_{补} \times (0. Y_1 Y_2 \cdots Y_n) \quad (\text{Mod } 2)
\end{aligned}
$$

证毕。

利用补码乘法的基本公式，我们可以进一步推导比较法算法。

$$
\begin{aligned}
[P]_{补} = [X \times Y]_{补} &= [X]_{补} \times Y \\
&= [X]_{补} \times \left(-Y_0 + \sum_{i=1}^{n} Y_i \times 2^{-i} \right) \\
&= [X]_{补} \times (-Y_0 \times 2^0 + Y_1 \times 2^{-1} + Y_2 \times 2^{-2} + \cdots + Y_n \times 2^{-n}) \\
&= [X]_{补} \times [-Y_0 \times 2^0 + (Y_1 \times 2^0 - Y_1 \times 2^{-1}) + (Y_2 \times 2^{-1} - Y_2 \times 2^{-2}) + \\
&\quad \cdots + (Y_n \times 2^{-(n-1)} - Y_n \times 2^{-n})] \\
&= [X]_{补} \times [(Y_1 - Y_0) \times 2^0 + (Y_2 - Y_1) \times 2^{-1} + \cdots + (Y_{n+1} - Y_n) \times 2^{-n}], \\
&\quad 令 Y_{n+1} = 0 \\
&= [X]_{补} \times \sum_{i=0}^{n} (Y_{i+1} - Y_i) \times 2^{-i} \tag{5-25}
\end{aligned}
$$

将上式进一步写成部分积递推公式得：

$$
\begin{cases}
[Z_0]_{补} = 0 \\
[Z_1]_{补} = 2^{-1}\{[Z_0]_{补} + (Y_{n+1} - Y_n) \times [X]_{补}\} (初始令 Y_{n+1} = 0) \\
\cdots \\
[Z_i]_{补} = 2^{-1}\{[Z_{i-1}]_{补} + (Y_{n-i+2} - Y_{n-i+1}) \times [X]_{补}\} \\
\cdots \\
[Z_n]_{补} = 2^{-1}\{[Z_{n-1}]_{补} + (Y_2 - Y_1) \times [X]_{补}\} \\
[Z_{n+1}]_{补} = [Z_n]_{补} + (Y_1 - Y_0) \times [X]_{补} = [X \times Y]_{补} = [P]_{补}
\end{cases} \tag{5-26}
$$

式(5-26)中，$[Z_0]_{补}$ 为部分积的初始值，$[Z_1]_{补} \sim [Z_n]_{补}$ 依次为各次求得的部分积，$[Z_{n+1}]_{补} = [P]_{补}$ 则是最终求得的乘积。可以看出，部分积递推公式给出了算法每一步要做

231

第 5 章

数据的表示与运算

的运算,由于每一步做什么运算都由相邻两位乘数($Y_{i+1}-Y_i$)比较决定,因此这种算法被称作比较法。在这里,相邻两位乘数 Y_i、Y_{i+1} 称为乘法的判断位。Y_{n+1} 是为保持每一步算法的统一而增设的附加位,由于其初值为 0,故增加附加位不会影响运算结果。

2) 比较法运算规则

现将定点小数补码一位乘比较法算法规则总结如下。

(1) 参加运算的数 X、Y 均用补码表示,且符号位都参加运算,乘积的符号位由运算过程自动产生;

(2) 设部分积初值为 0,为防止运算过程中产生暂时性溢出,部分积采用双符号位(模 4 补码)运算,但乘数只需要一位符号位参加运算;

(3) 乘数最低位之后增加一位附加位 Y_{n+1},且初始令 $Y_{n+1}=0$;

(4) 运算前先检测 0,只要 X、Y 两数有任意一个为 0,则乘积为 0,不再进行运算;

(5) 用乘数的最低两位 $Y_n Y_{n+1}$ 作为判断位,由于每求一次部分积要右移一位,所以 $Y_n Y_{n+1}$ 的比较值($Y_{n+1}-Y_n$)始终决定了每次应执行的操作。

部分积运算规则如下:

$$Y_n Y_{n+1}=00, \quad [Z_i]_补 = [Z_{i-1}]_补 + 0, \qquad 算术右移 1 位$$
$$Y_n Y_{n+1}=01, \quad [Z_i]_补 = [Z_{i-1}]_补 + [X]_补, \qquad 算术右移 1 位$$
$$Y_n Y_{n+1}=10, \quad [Z_i]_补 = [Z_{i-1}]_补 + [-X]_补, \qquad 算术右移 1 位$$
$$Y_n Y_{n+1}=11, \quad [Z_i]_补 = [Z_{i-1}]_补 + 0, \qquad 算术右移 1 位$$

(6) 重复 $n+1$ 次比较和运算,移位按补码算术右移规则进行。但只进行 n 次右移,最后一次只运算不移位。

(7) 运算完成后,为避免误差,乘数的最低两位 $Y_n Y_{n+1}$ 清 0。

3) 补码一位乘法运算的实现

实现补码一位乘法所需的运算器结构与原码一位乘运算器类似,如图 5-17 所示。该运算器的主体部件仍然是一个加减法器和三个寄存器,各部件的作用基本与原码乘法运算器相同。但是,由于补码的符号位需要参加运算,因此加法器和寄存器的位数都要增加到 $n+2$ 位(双符号位运算)。注意,Q 寄存器中包括了一位附加位 Y_{n+1},存放乘数只需 $n+1$ 位(单符号位参加运算)即可。另外,补码的部分积运算控制电路也比原码要复杂一些。

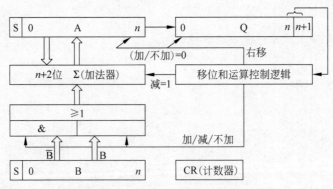

图 5-17　补码一位乘比较法运算器

【例 5.2】 $X = X = 0.1101$，$Y = -0.1011$，用补码一位乘比较法求 $X \times Y$，并写出机器运算步骤。

解：

$$[X]_{补} = 00.1101 \rightarrow B, \quad [Y]_{补} = 1.0101\ 0 \rightarrow Q, \quad [-X]_{补} = 11.0011$$

$$0 \rightarrow A, \quad 101 \rightarrow CR$$

机器运算步骤如下：

A	$Q\ y_n y_{n+1}$	B	CR	说明
00.0000	$1.0101\ 0$	00.1101	101	初始化
$+\ 11.0011$				$y_n y_{n+1}=10, +[-X]_{补}$
11.0011			100	第1步
$1\ 11.1001$	$1\ 1.0101$			$y_n y_{n+1}=01$
$+\ 00.1101$				$+[X]_{补}$
00.0110			011	第2步
$1\ 00.0011$	$01\ 1.010$			$y_n y_{n+1}=10$
$+\ 11.0011$				$+[-X]_{补}$
11.0110			010	第3步
$1\ 11.1011$	$001\ 1.01$			$y_n y_{n+1}=01$
$+\ 00.1101$				$+[X]_{补}$
00.1000			001	第4步
$1\ 00.0100$	$0001\ 1.0$			$y_n y_{n+1}=10$
$+\ 11.0011$				$+[-X]_{补}$
11.0111	$00010\ 0$		000	第5步

清0

A	Q	B	CR	
11.0111	00010	00.1101	000	结束

$$[P]_{补} = [X \times Y]_{补} = 11.0111\ 0001\ 00, \quad X \times Y = -0.1000\ 1111$$

该算法规则同样适用于整数，但关注的焦点仍是定点整数小数点的隐含位置。在此可将小数点约定在乘数的附加位之后，这将意味着整数乘数在运算前被乘了 2。因此为了保证双倍字长整数乘积的小数点对齐，在最后一步运算之后，结果还需要进行算术右移 2 位的特殊处理。

3. 补码两位乘法

1）提高乘法运算速度的方法

前面讨论的原码或补码一位乘比较法都属于最基本的乘法算法，尽管实现细节不同，但其实质都属于逐位循环迭代算法，把一次乘法转换成 n 次累加和移位来实现，完成一次乘法所需时间直接取决于数据的位数。当字长等于 n 时，意味着乘法运算时间是加减时间的 n 倍左右，比加减运算慢得多。因此，如何提高乘法运算速度就成为运算器设计时研究的主要问题之一。

提高乘法执行速度有两条常见的思路如下。

（1）对算法进行改进，或研制更高效的算法。常用的改进方法是通过合并乘法的运算步骤来实现乘法加速。常见的有两位乘法——将一位乘两步合并一步完成，可使乘法速度提高一倍左右；三位乘法——将一位乘三步合一步，可使速度提高两倍左右；以及更多位同时运算的乘法等。这种方法较为传统，主要希望通过提高算法本身的并行性、减少迭代次数来解决速度问题，虽然可以取得一定效果，但无法从根本上改变多次迭代的相乘过程。

（2）用硬件阵列直接实现乘法。如在许多计算机中，都安排有大规模集成电路的阵列乘法器模块。这是大规模集成电路技术支持下的产物。阵列乘法虽然也需要特定的算法支

233

持,但算法的作用相对淡化。主要依靠大量硬件电路的分级堆砌来实现乘法,每步运算不再需要分时使用唯一的一个加法器串行进行,而是通过多级加法器并行完成。因此可保证乘法在一个时钟周期内结束。显然这是一种较为理想的实现方法,但需要大规模的使用硬件电路,不过这一点在目前的集成电路技术水平支持下已经不成问题。

下面先对第一种方法进行讨论,第二种方法将在 5.3.6 节讨论。

2) 补码两位乘比较法

补码两位乘比较法可以简单地理解为将补码一位乘比较法算法的两步运算合并为一步来做。利用前面介绍的补码一位乘比较法部分积递推公式(5-26)可方便地推导出补码两位乘比较法算法公式。即

设

$$被乘数 \quad [X]_补 = X_0. X_1 X_2 \cdots X_n$$

$$乘\quad 数 \quad [Y]_补 = Y_0. Y_1 Y_2 \cdots Y_n$$

由补码一位乘比较法算法得:

$$[Z_{i+1}]_补 = 2^{-1}\{[Z_i]_补 + (Y_{n-i+1} - Y_{n-i}) \times [X]_补\}$$

$$[Z_{i+2}]_补 = 2^{-1}\{[Z_{i+1}]_补 + (Y_{n-i} - Y_{n-i-1}) \times [X]_补\}$$

$$= 2^{-1}\{2^{-1}\{[Z_i]_补 + (Y_{n-i+1} - Y_{n-i}) \times [X]_补\} + (Y_{n-i} - Y_{n-i-1}) \times [X]_补\}$$

$$= 2^{-2}\{[Z_i]_补 + (Y_{n-i+1} + Y_{n-i} - 2Y_{n-i-1}) \times [X]_补\} \tag{5-27}$$

由式(5-27)不难得出以下结论:

补码两位乘比较法的部分积运算可以通过相邻的三位乘数 $Y_{i-1}Y_iY_{i+1}$ 作为判断位进行比较决定,每次运算后算术右移两位。

现将定点小数补码两位乘比较法运算的算法规则总结如下。

(1) 参加运算的数均用补码表示,符号位一起参加运算,乘积的符号位由运算过程自动产生;

(2) 部分积初值为 0,为防止运算过程中产生暂时性溢出,部分积采用三位符号位(模 8 变形补码)运算;

(3) 乘数最低位之后增加一位附加位 Y_{n+1},且初始令 $Y_{n+1} = 0$;

(4) 运算前先检测 0:只要 X、Y 两数有任意一个为 0,则乘积为 0;

(5) 用乘数的最低三位 $Y_{n-1}Y_nY_{n+1}$ 作判断位,由于每求一次部分积要右移两位,所以乘数最低三位的比较值($Y_{n+1} + Y_n - 2Y_{n-1}$)始终决定了每次应执行的操作。

部分积运算规则如下:

$$Y_{n-1}Y_nY_{n+1} = 000, \quad [Z_{i+2}]_补 = [Z_i]_补 + 0, \qquad 算术右移 2 位$$

$$Y_{n-1}Y_nY_{n+1} = 001, \quad [Z_{i+2}]_补 = [Z_i]_补 + [X]_补, \qquad 算术右移 2 位$$

$$Y_{n-1}Y_nY_{n+1} = 010, \quad [Z_{i+2}]_补 = [Z_i]_补 + [X]_补, \qquad 算术右移 2 位$$

$$Y_{n-1}Y_nY_{n+1} = 011, \quad [Z_{i+2}]_补 = [Z_i]_补 + 2[X]_补, \qquad 算术右移 2 位$$

$$Y_{n-1}Y_nY_{n+1} = 100, \quad [Z_{i+2}]_补 = [Z_i]_补 + 2[-X]_补, \qquad 算术右移 2 位$$

$$Y_{n-1}Y_nY_{n+1} = 101, \quad [Z_{i+2}]_补 = [Z_i]_补 + [-X]_补, \qquad 算术右移 2 位$$

$$Y_{n-1}Y_nY_{n+1} = 110, \quad [Z_{i+2}]_补 = [Z_i]_补 + [-X]_补, \qquad 算术右移 2 位$$

$$Y_{n-1}Y_nY_{n+1} = 111, \quad [Z_{i+2}]_补 = [Z_i]_补 + 0, \qquad 算术右移 2 位$$

（6）设乘数数值部分为 n 位，

当 n 为奇数时，乘数设 1 位符号位，做 $\dfrac{n+1}{2}$ 次运算和移位，最后一步右移 1 位；

当 n 为偶数时，乘数设 2 位符号位，做 $\dfrac{n}{2}+1$ 次运算，$\dfrac{n}{2}$ 次移位，最后一步不移位。

（7）运算完成后，为避免误差，乘数的最低三位 $Y_{n-1}Y_nY_{n+1}$ 应清 0。

不难看出除细节不同以外，补码两位乘比较法的基本规则与补码一位乘比较法是一致的。其所需的运算器结构也与补码一位乘比较法运算器基本相同，只需添加符号位并适当修改控制、移位等功能即可，在此不再赘述。

【例 5.3】 已知 $X=0.110011,Y=-0.101010$，用补码两位乘比较法求 $X \times Y$。

解：

$[X]_{补}=000.110011 \to$ B，$\quad [Y]_{补}=11.010110\ 0 \to$ Q，$\quad [-X]_{补}=111.001101$

$[2X]_{补}=001.100110$，$\quad [-2X]_{补}=110.011010$，$\quad 0 \to$ A，$\quad 100 \to$ CR

机器运算步骤如下：

```
              A              Q              B              说明
         000.000000     11.0101100     000.110011         CR=100
       + 110.011010        ----                          +[-2X]补
       ─────────────
         110.011010                                       CR=011
     →2 111.100110     10|11.01011                        +[2X]补
       + 001.100110          ----
       ─────────────
 丢掉→1 001.000110                                         CR=010
     →2 000.010011     0010|11.010                        +[X]补
       + 000.110011             ----
       ─────────────
         001.000110                                       CR=001
     →2 000.010001     10001|011..0                       +[-X]补
       + 111.001101
       ─────────────
         111.011110     10001000.0      000.110011
                              └──────┘ 清0               CR=000
         111.011110     100010000       000.110011        结束
```

$[P]_{补}=[X \times Y]_{补}=111.011\ 110\ 100\ 010\ 000$，$\quad X \times Y=-0.100\ 001\ 011\ 11$

由于补码一位乘法和补码两位乘法均采用的是 Booth 算法（比较乘法），因此算法规则上有许多相似性。对于初学者来说，往往容易在运算次数、符号位数等细节问题上发生混淆，为了帮助大家记忆，现将这两种乘法算法需要注意的问题统一列于表 5-5 中，以供参考比较。

表 5-5　比较乘法运算总结

乘法类型	符　号　位			累加次数	移　位		
	参加运算	部分积	乘数		方向	次数	每次位数
补码一位乘法	是	2	1	$n+1$	右	n	1
补码两位乘法	是	3	2（n 为偶数）	$\dfrac{n}{2}+1$	右	$\dfrac{n}{2}$	2
			1（n 为奇数）	$\dfrac{n+1}{2}$	右	$\dfrac{n+1}{2}$	2（最后一次移 1 位）

说明：n 为乘数数值部分的位数

235

5.3.5　定点除法运算

除法是乘法的逆运算，与乘法运算的处理思想相似，在计算机中可以将 n 位除法转化

为 n 次"减法-移位"的迭代过程实现。

1. 原码除法运算

1) 原码恢复余数除法

与乘法情况类似,在计算机中做除法仍然是原码比补码方便。让我们先分析一下笔算除法过程,明确计算机中实现除法需要解决的问题。为方便起见,仍以定点小数为例讨论除法算法。若 $X = -0.1001, Y = 0.1010$,求 $X \div Y$,则笔算竖式如下:

$$
\begin{array}{r}
0.1110 \quad \text{商} \\
0.1010 \sqrt{\smash{\begin{array}{l} 0.1001\ 0 \quad \text{被除数} X \\ \underline{-\quad 101\ 0} \quad\quad \text{除数} Y \\ 0.0100\ 00 \quad \text{部分余数} \\ \underline{-\quad 10\ 10} \\ 0.0001\ 100 \quad \text{部分余数} \\ \underline{-\quad 1\ 010} \\ 0.0000\ 0100 \quad \text{余数} \end{array}}}
\end{array}
$$

最后得 $X \div Y = -0.1110, R^* = 0.0000\ 0010$($R^*$ 表示余数的绝对值)。

我们对上述计算过程进行分析,可以总结出笔算除法的基本步骤。

(1) 首先比较除数和被除数的大小:若除数小于或等于被除数,够减,该位商上"1",从被除数中减去除数,得到一次余数;若除数大于被除数,不够减,该位商上"0",被除数保持不变,继续作为余数使用。由于除法还要继续进行,所得余数并不是最后的余数,因此称为"部分余数";

(2) 将被除数的低位部分补充进来参加运算(被除数位数较多时),或在部分余数的最低位补"0"(被除数位数较少时),再与除数进行比较相除,直至除尽或商的位数满足要求为止。

如果想在计算机中直接实现上述笔算过程,需要解决以下问题。

(1) 需要在运算器中专门设置比较器线路。

(2) 每次上商后都要进行右斜对位相减,需要 $2n$ 位的减法器线路。

这些问题如果直接用硬件电路来解决,将会大大增加硬件的代价,并不合算。常用的解决方案仍是从算法上进行改进,改进思路如下:① 先试着做减法,如果够减(部分余数为正),商上 1;如果不够减(部分余数为负),商上 0,并将减掉的除数加回去(恢复余数)。由于事先并不能确定是否真正需要做减法,因此这步操作叫作"试减";② 将除数右斜对位改为部分余数左移,将实际上并不参加运算的部分余数高位移出去,只留低 n 位参加减法;③ 减法由 $+[-Y^*]_{\text{补}}$ 转化为加法实现。

这样,就把除法过程转化成了 n 次"减法和移位"操作,用常规的 n 位加减法器和移位电路就能实现。这种最直观的原码除法算法叫作"恢复余数除法"。综上所述,定点小数原码除法的基本规则可描述为:

设被除数 $[X]_{\text{原}} = X_0. X_1 X_2 \cdots X_n$,除数 $[Y]_{\text{原}} = Y_0. Y_1 Y_2 \cdots Y_n$,则当满足条件 $0 < X < Y$ 时,

$$
[Q]_{\text{原}} = [X \div Y]_{\text{原}} = (X_0 \oplus Y_0). (X^* \div Y^*) = Q_0. Q_1 Q_2 \cdots Q_n
$$

其中,X^* 和 Y^* 分别表示 X 和 Y 的绝对值,X_0、Y_0 和 Q_0 分别表示 $[X]_{\text{原}}$、$[Y]_{\text{原}}$ 和 $[Q]_{\text{原}}$ 的符号位。

由于够减和不够减的情况是随机出现的,故恢复余数除法会使除法运算的操作步数不固定,导致控制电路比较复杂,而且在恢复余数时,要多做一次加法,降低了除法的执行速

度。因此,原码恢复余数除法在计算机中很少采用。

2) 原码加减交替除法(原码不恢复余数除法)

原码恢复余数除法中导致算法控制不均衡的恢复余数操作能否省去呢? 为了寻找这个问题的答案,我们先来看看下面的推导过程。

(1) 在恢复余数除法中,若第 $i-1$ 次求商所得的部分余数为 R_{i-1},且 $R_{i-1} \geqslant 0$,则第 i 次试减操作可描述为: $R_i = 2R_{i-1} - Y^*$;

(2) 若够减,部分余数 $R_i = 2R_{i-1} - Y^* \geqslant 0$,本次商 1,部分余数左移 1 位得 $2R_i$;

若不够减,部分余数 $R_i = 2R_{i-1} - Y^* < 0$,本次商 0,应恢复余数

$$R_i' = R_i + Y^*$$

然后再左移一位得 $2R_i'$。

(3) 进行第 $i+1$ 次操作:

若前一步够减

$$R_{i+1} = 2R_i - Y^*$$

若前一步不够减

$$R_{i+1} = 2R_i' - Y^* = 2(R_i + Y^*) - Y^* = 2R_i + Y^*$$

上式表明,当某步试减操作不够减时,并不需要立即恢复余数,只要下一步试减直接做加法即可,其结果与先恢复余数、然后左移一位再减 Y^* 是等效的。由于不需要恢复余数,且加减运算交替地进行,故称此算法为"原码加减交替除法"或"不恢复余数除法"。由此可知原码加减交替除法的试减规则可由下面新部分余数的通式表示:

$$R_{i+1} = 2R_i + (1 - 2Q_i)Y^* \tag{5-28}$$

式中,Q_i 为第 i 次上的商,若部分余数为正,则 $Q_i = 1$,$R_{i+1} = 2R_i - Y^*$,部分余数左移一位,下一次继续减除数;若部分余数为负,则 $Q_i = 1$,$R_{i+1} = 2R_i + Y^*$,部分余数左移一位,下一次加除数。原码不恢复余数除法是对恢复余数除法的一种改进,它减少了不均衡的加法时间,且运算次数固定,使控制过程得以简化,故在计算机中得到了广泛应用。

3) 原码加减交替除法的运算规则

综上所述,原码加减交替除法的运算规则可总结如下:

(1) 参加运算的操作数均为原码,两数符号位不参加运算,取其绝对值做无符号数除法。

(2) 商的符号位单独处理,由两数符号"异或"产生。

(3) 除法运算前先检测 0: 只要 X、Y 有任意一个为 0,不进行实际运算。若 X^* 为 0,则商为 0;若 Y^* 为 0,按非法除数处理。

(4) 运算前应满足条件: $X^* < Y^*$,否则按溢出处理。

(5) 设商的初值为 0(被除数取单倍字长时)或为被除数低位部分(被除数取双倍字长时)。部分余数的初值为被除数(被除数取单倍字长时)或为被除数高位部分(被除数取双倍字长时)。

(6) 为防止运算过程中产生暂时性的溢出,部分余数可采用单符号位,且符号位初值为 0(取 X^*)。

(7) 部分余数运算: 首先试减: $X^* + [-Y^*]_{\text{补}}$;

若部分余数为正,商上 1,余数和商联合左移一位,减除数;

若部分余数为负,商上 0,余数和商联合左移一位,加除数;

若求 n 位商,以上的上商、移位和运算过程重复 n 步。

(8) 第 $n+1$ 步。

若余数为正,商上 1,商单独左移一位,余数不移位,运算结束;

若余数为负,商上 0,商单独左移一位,余数不移位,当结果需要余数时,最后一步需恢复余数(余数不移位直接加除数)。

此规则在具体运用时应注意以下几点。

(1) 本算法上商是利用左移后对最低空出位进行填补(0 或 1)完成的,因此最后一步运算(第 $n+1$ 步)时余数和商不再联合移位,此时余数保持不动,而商需要单独左移一位,以便填入最后一位商。

(2) 因运算过程中不断地进行左移,故算法得到的最后一步余数只是余数的低 n 位。为和真正的余数区别,我们称其为"机器余数",用 R_n 表示,意为第 n 步机器运算所得余数。最终的余数应为绝对值形式: $R^* = R_n \times 2^{-n}$ 。

(3) 虽然该算法规定运算前需满足 $X^* < Y^*$ 的条件,但如果 $X^* \geqslant Y^*$,算法仍然可以正常进行,只是第一次上的商为 1,表示溢出到整数位的数值。这个 1 可作为溢出判断条件,在运算步骤中第一次上商后增加判溢出操作。

(4) 由于加减交替除法中缺少对部分余数判"0"的步骤,因此算法运行到中间的某一步已除尽时(部分余数为全 0),算法不会自动停止,而是继续按既定步数运行完。

4) 原码加减交替除法的实现

除法运算所需电路与乘法运算类似,对乘法电路略加修改,就能实现除法的功能。原码加减交替除法运算器的框图如图 5-18 所示。

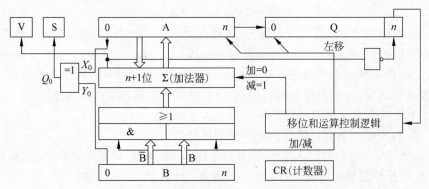

图 5-18　原码加减交替除法运算器

由图 5-18 可知,原码加减交替除法运算器的主体部分仍然是一个加减法器和三个寄存器。辅助电路除计数器 CR、商符产生电路外,还设有溢出标志 V。A 寄存器的初值是被除数,运算过程中为部分余数,运算结束后存放着机器余数;B 寄存器中存放着除数;Q 寄存器用来存放商。Q 在除法过程中仍然起着关键的作用,它和 A 首尾相接实现联合左移一位的功能。左移时 Q 的最低位用来上商。每次上的商同时作为下一次运算做加法还是做减法的控制信号使用。随着逐次联合左移,最终 Q 中存放着商的 $n+1$ 位绝对值。

【例 5.4】　 $X=0.1001, Y=0.1100$,用原码加减交替除法求 $X \div Y$ 。

解:

$$[X]_{原}=0.1001; [Y]_{原}=0.1100; X^*=0.1001 \rightarrow A; Y^*=0.1100 \rightarrow B$$

$$0 < X^* < Y^*; [-Y^*]_{补}=1.0100; 101 \rightarrow CR; 0 \rightarrow Q$$

机器运算步骤如下：

A	Q q_n	B	CR	说明
0.1001	0.0000	0.1100	101	初始化
+1.0100				$+[-Y^*]_补$
1.1101			100	$R<0$
$1\leftarrow 1.1010$	0.0000			$q_n=0$
+0.1100				$+Y^*$
0.0110			011	$R>0$
$1\leftarrow 0.1100$	0.0001			$q_n=1$
+1.0100				$+[-Y^*]_补$
0.0000			010	$R>0$
$1\leftarrow 0.0000$	0.0011			$q_n=1$
+1.0100				$+[-Y^*]_补$
1.0100			001	$R<0$
$1\leftarrow 0.0100$	0.0110			$q_n=0$
+0.1100				$+Y^*$
0.0000			000	$R<0$
+0.1100				$+Y^*$
0.0000				
$1\leftarrow$	0.1100			$q_n=0$
0.0000	0.1100	0.1100	000	结束

$$Q_0 = X_0 \oplus Y_0 = 0 \oplus 0 = 0, Q^* = (X \div Y)^* = 0.1100, [Q]_原 = [X \div Y]_原 = 0.1100$$

$$X \div Y = 0.1100, R^* = 0.0000 \times 2^{-4} = 0.0000\ 0000$$

本例反映了原码加减交替除法的硬件操作过程，同时也示意出该算法运行到中间的某一步除尽时并没有自动停止，而是继续按既定步数运行完。这是由于算法中缺少对部分余数判"0"的步骤导致的。

该除法算法规则同样适用于整数，只要把例题中的小数点"."改为逗号","即可。但此时被除数应采用双倍字长参加运算，否则当单字长被除数的绝对值小于除数时，得不到整数商。

2. 补码加减交替除法（补码不恢复余数除法）

1）补码加减交替除法的推导

原码除法与原码乘法一样，也比较简单直观易实现。但是在补码表示的机器中，仍然希望能够直接使用补码做除法。普遍采用的补码除法算法还是加减交替除法，其基本思想与原码加减交替除法一致，但被除数和除数都要用补码参加运算，求得的商和余数也是补码形式。加减交替除法在用于补码时不如原码直观，需要解决以下问题。

（1）试减及上商规则。

我们从原码除法的讨论中已知，上商时比较被除数（部分余数）和除数的操作改为试减实现。如果够减（够除）商1；如果不够减（不够除）商0。原码除法中试减可简单地通过被除数和除数的绝对值直接相减完成。但两个数的补码进行试减时，由于符号位要参加运算，情况就变得复杂了。当参加运算的两个数的补码符号任意时，进行试减前必须先判断两个数的符号：

- 若两数同号，商为正，试减时应做减法。减得的新部分余数与除数同号，表示够减商为1；新部分余数与除数异号，表示不够减商为0。
- 若两数异号，商为负，试减时应做加法才能实现绝对值的相减。得到的新部分余数与除数异号，表示够减商为0（1的反码商）；新部分余数与除数同号，表示不够减商为1（0的反码商）。

将上述分析结果加以总结我们发现，补码除法时正商和负商判断够减的条件正好相反，

因此无法再通过判断是否够减来决定上商。但是我们也发现了新的上商规律,即不管是否够减,也不管商的正负,补码除法运算均有:

- 当被除数(部分余数)与除数同号时,商上 1,左移一位后减除数。
- 当被除数(部分余数)与除数异号时,商上 0。左移一位后加除数。

上述规律我们可用一个求新部分余数$[R_{i+1}]_{补}$的通式描述如下:

$$[R_{i+1}]_{补} = 2[R_i]_{补} + (1 - 2Q_i) \times [Y]_{补} \tag{5-29}$$

式中,Q_i 表示第 i 步的商。若商上"1",下一步操作为部分余数左移一位减去除数;若商上"0",下一步操作为部分余数左移一位加上除数。将这个通式与原码新部分余数通式(5-29)比较可发现,两式中商对下一步加减运算的控制都是一样的,区别仅在于部分余数和除数的形式是否为补码。但要注意,原码算法和补码算法中负商的1、0取值的含义是完全不同的。

(2) 商符的产生。

由于运算前算法要求满足 $X^* < Y^*$ 的条件,所以第一次试减后一定不够减,则上商操作的结果为:①若被除数与除数同号,则不够减时部分余数与除数异号,第一次商上 0,正好等于正商的符号位;②若被除数与除数异号,则不够减时部分余数与除数同号,第一次商上 1,正好等于负商的符号位。

由此可知商符在第一次试减后自动形成,且与数值位的上商规则相同。

(3) 商的校正。

从前面的分析已知:当商为负时,算法是以反码形式上商的,而按补码除法运算要求,最终应该得到商的补码,两者编码之间相差 2^{-n}(即 1LSB)。为了得到补码商,通常在最后一步上商时,采用商的末位"恒置 1"的舍入方法进行处理。即最后一步商"恒置 1",不再根据部分余数运算的结果决定商值。这种方法把反码商简单地修正为近似的补码商,产生的误差仅在 $\pm 2^{-n}$ 的范围内,运算后不再需要对商进一步校正,实现起来十分方便。

2) 补码加减交替除法的规则

根据上述的算法推导,补码加减交替除法的运算规则可归纳如下:

(1) 操作数均为补码,两数符号位参加运算,商符由运算自动产生;

(2) 运算前先检测 0:只要 X、Y 有任意一个为 0,不进行实际运算;若 X 为 0,则商为 0;若 Y 为 0,按非法除数处理;

(3) 运算前应满足条件:$X^* < Y^*$,否则按溢出处理;

(4) 设商的初值为 0(被除数取单倍字长)或为被除数低位部分(被除数取双倍字长)。部分余数的初值为被除数(被除数取单倍字长)或为被除数的高位部分(被除数取双倍字长);

(5) 为防止运算过程中产生暂时性的溢出,部分余数可采用单符号位或双符号位运算;

(6) 部分余数运算:首先试减

若 X、Y 同号,$[X]_{补} + [-Y]_{补}$;若 X、Y 异号,$[X]_{补} + [Y]_{补}$。

然后上商:

若部分余数与 Y 同号,商上 1,余数和商联合左移一位,下一步做减法;

若部分余数与 Y 异号,商上 0,余数和商联合左移一位,下一步做加法;

若求 n 位商,则上商、移位和运算过程重复 n 步。

(7) 第 $n+1$ 步:

余数不移位,商单独左移一位恒置 1,若不需要求余数,除法结束;

若需要求余数则继续判断：

余数与 X 同号，除法结束；

余数与 X 异号，最后一步需恢复余数，恢复方法如下：

若余数与 Y 同号，做减法；

若余数与 Y 异号，做加法；

补码加减交替除法需要注意的事项与原码加减交替除法类似，最后一步运算也需要特殊处理，且恢复余数时的运算与部分余数运算一致（同号减，异号加）；所得机器余数为补码形式；在 $X^* \geqslant Y^*$ 时补码除法也可正常进行，只是第一次上的商为溢出到整数位的数值而不是补码的符号位。此时商可以使用双符号位，其真符位通过 X、Y 的符号位"异或"产生，并可利用双符号位的"异或"进行溢出判断。

【例 5.5】 $X = 0.1101, Y = 0.1011$，用补码加减交替除法求 $X \div Y$ 的值。

解：

$$[X]_补 = 00.1101 \rightarrow A; \quad [Y]_补 = 00.1011 \rightarrow B;$$

$$[-Y]_补 = 11.0101; \quad 101 \rightarrow CR; \quad 0 \rightarrow Q$$

采用算后判溢出方法，机器运算步骤如下：

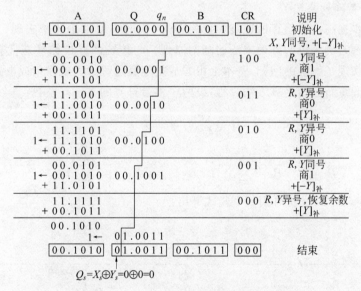

$$[Q]_补 = [X \div Y]_补 = 01.0011, \quad [R]_补 = 00.1010$$

$$V = Q_s \oplus Q_0 = 0 \oplus 1 = 1, \text{结果溢出出错}$$

$$X \div Y = +1.0011, \quad R = 00.1010 \times 2^{-4} = 0.0000\,1010$$

本例题示意出补码加减交替除法算后判溢出的实现方式，就是运算开始之前不判溢出，直接进行运算。商设双符号位，通过运算得到的是商的第二符号位。第一符号位（真符位）直接由 X、Y 的符号位异或形成。运算完成后可通过变形补码判溢出的方法来判断运算结果是否发生溢出。本题的运行结果说明加减交替除法算法在有溢出发生时仍然能够正确运行。

补码加减交替除法规则也适用于整数。但被除数同样需采用双倍字长参加运算，否则不能保证得到的是整数商。

至此，我们看到原、补码加减交替除法的基本思想是一样的，只是采用了不同的码制实

数据的表示与运算

现而已,因此两种算法之间有许多可比之处。现将其规则中涉及的主要问题列于表 5-6 中,以便形成对照,帮助大家区别和记忆。

表 5-6　原码、补码加减交替除法运算规则对照表

除法类型	符号位 参与运算	加减次数	移位		备　注
			方向	次数	
原码加减交替法	否	$n+1$ 或 $n+2$	左	n	若最终余数为负,需恢复余数
补码加减交替法	是	$n+1$ 或 $n+2$	左	n	末位恒置 1,若最终余数与被除数异号,需恢复余数

说明：n 为除数数值部分的位数。

5.3.6　阵列乘除法器

随着大规模集成电路技术的日益成熟,使用并行的阵列运算电路实现高速的乘除法器已得到广泛流行,下面将对其实现原理进行讨论。

1. 阵列乘法器

1) 无符号数阵列乘法

为了进一步提高乘法运算的速度,可采用大规模的阵列乘法器来实现。下面以两个 5 位无符号数相乘为例来说明阵列乘法的基本原理。与传统的逐位循环迭代算法相比,这种阵列乘法似乎实现了算法的回归,基本上可看成是笔算过程的大规模集成电路实现。

现在让我们重新分析笔算乘法过程,设两个不带符号的二进制整数:

$$A = \sum_{i=0}^{m-1} a_i \times 2^i, B = \sum_{j=0}^{n-1} b_j \times 2^j$$

则

$$P = A \times B = \sum_{i=0}^{m-1} \sum_{j=0}^{n-1} (a_i \times b_j) \times 2^{(i+j)} = \sum_{k=0}^{m+n-1} P_k \times 2^k \tag{5-30}$$

当 $m = n = 5$ 时,$A \times B$ 可用如下竖式算出:

$$
\begin{array}{ccccccc}
 & & a_4 & a_3 & a_2 & a_1 & a_0 & =A \\
\times & & b_4 & b_3 & b_2 & b_1 & b_0 & =B \\
\hline
 & & a_4b_0 & a_3b_0 & a_2b_0 & a_1b_0 & a_0b_0 & \\
 & a_4b_1 & a_3b_1 & a_2b_1 & a_1b_1 & a_0b_1 & \\
a_4b_2 & a_3b_2 & a_2b_2 & a_1b_2 & a_0b_2 & \\
a_4b_3 & a_3b_3 & a_2b_3 & a_1b_3 & a_0b_3 & \\
+\ a_4b_4 & a_3b_4 & a_2b_4 & a_1b_4 & a_0b_4 & \\
\hline
P_9\ P_8 & P_7 & P_6 & P_5 & P_4 & P_3 & P_2 & P_1 & P_0 & =P
\end{array}
$$

这是大家所熟悉的笔算乘法竖式,式中一位被乘数和一位乘数相乘的结果 $P_k = P_{ij} = a_i \times b_j$ 称为"位积",由于一位二进制乘法规则和"逻辑与"的规则完全相同,因此位积可通过简单的与门产生,而多个位积则可通过一个与门阵列形成。求出位积后,将所有位积加起来就得到了最后的乘积。故两个无符号数相乘的过程可以用一个与门阵列加上一个加法阵列实现。

图 5-19 是位积产生电路的示意图,在这个例子中,它是一个 5×5 的与门阵列,当 A、B 同时输入后,这个与门阵列可同时输出各个位积。

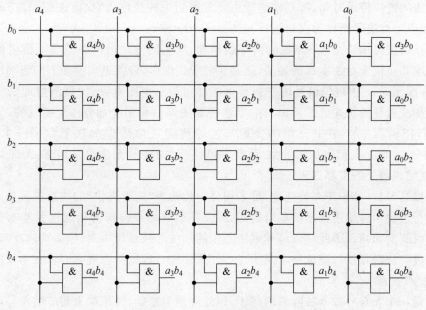

图 5-19　5×5 位积产生电路

图 5-20 所示为两个 5 位无符号数相乘所需的 5×5 的乘法阵列,其中 FA 表示全加器,在图中作为一位加法单元电路使用。图中的位积 $a_i b_j$ 可通过上面图 5-18 的与门阵列产生。

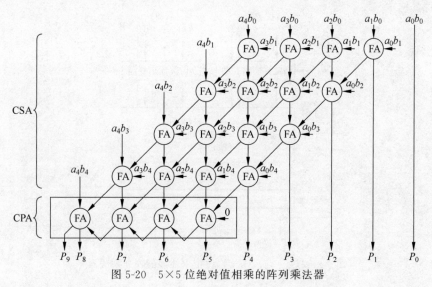

图 5-20　5×5 位绝对值相乘的阵列乘法器

图 5-20 中的 FA 构成了 5 个 5 位的二进制并行加法器,通过 5 级加法实现 5 次部分积的纵向左斜对位相加操作,并得到最后的 10 位乘积。

2)保留进位加法

仔细观察图 5-20 可以发现,图中 FA 进位输入/输出端的连接方法和最基本的并行加法器(见图 5-7)的进位连接形式有所不同。在阵列乘法器中,由于使用了多级加法器,如果还采用串行连接的进位方式,进位传递时间会对线路的运算速度产生较为显著的影响。为了减少加法的进位传递时间,阵列乘法器中经常用到一种被称为"保留进位加法"的快速相加技术,相应的加法器则称为保留进位加法器(Carry Save Adder,CSA)。

所谓保留进位加法是指:本位的两个数相加,产生的进位信号并不马上横向传递到本级加法器的高一位来参加本级的加法,而是暂时予以保留,以便纵向参加下一级加法器高一位的加法,即图 5-20 中进位信号的左斜传递相加过程。由图可见,保留进位加法非常适合多级阵列加法过程的快速进位传递。由于这种加法器也是用全加器 FA 实现的,为了便于区别,我们把前面 5.1 节中介绍的普通加法器称为进位传递加法器(Carry Parameter Adder,CPA)。但是我们也从图 5-20 看到,最后一级加法器无法再采用 CSA 而只能采用 CPA,以便完成最终的求和过程。

如想提高最后一级 CPA 的速度,可采用另一种称为"先行进位"的快速进位技术。保留进位与先行进位两种快速技术的联合应用,可使阵列乘法器内部的相加过程基本不受进位信号传递时间的影响。因此尽管阵列乘法器中的加法阵列规模很大,但运算速度却很快,只需经历几级加法时延就可完成整个乘法过程。关于先行进位的原理我们将在本章的 5.4 节详细讨论。

以上是一个无符号数乘法阵列的例子,以此阵列为基础,外围配上相应的符号产生电路(异或门),就可以实现原码阵列乘法器。

3) 带求补器的阵列乘法器

如果希望用上述无符号数阵列乘法器实现补码乘法,则需要在无符号数阵列乘法器的外围再添加三个求补器,如图 5-21 所示。

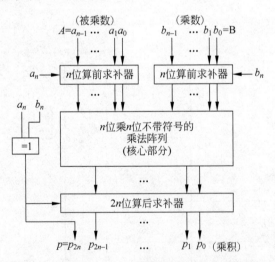

图 5-21 $(n+1)\times(n+1)$位带求补器的阵列乘法器

两个算前求补器在相乘之前先将两个操作数的补码变成无符号整数,然后通过无符号数阵列乘法器进行乘法计算,最后通过算后求补器把运算结果转换回补码形式,乘积的符号也要通过外加的异或门电路产生。积符在输出的同时,还要作为控制信号来控制算后求补器的工作(同号相乘得正,结果不求补;异号相乘得负,结果求补)。

更好的实现补码阵列乘法的方法是利用加减法阵列电路直接实现 Booth 算法,完成两个补码的比较相乘过程。也就是说,可以利用先进的阵列技术来实现传统的逐位循环迭代算法,其好处是将分时使用一套加法器电路进行 n 次迭代运算,变为同时使用多级加法电路一次完成整个运算,使一次乘法运算时间由 n 个时钟周期缩短到在一个时钟周期内完成,其速度上的改善之大可想而知。限于篇幅在此不再做更深入的讨论。

2. 阵列除法器

与乘法情况相似,对除法运算进行加速的较理想方法是使用阵列除法器。阵列除法器的基本思想仍然是使用并行的多级加减法硬件电路来完成传统的逐位循环迭代算法,以赢得速度上的优势。根据所用算法的不同,阵列除法器也具有多种类型,但较常见的还是加减交替除法的阵列除法器。下面将详细介绍无符号数加减交替除法阵列除法器的组成原理。

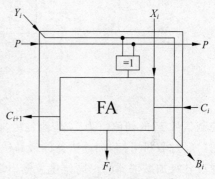

图 5-22 可控加减法单元

1) 可控加减法单元

可控加减法单元(Controllable Adder Subtracter,CAS)是实现一位加减运算的硬件电路,其基本结构由一个全加器 FA 再加上一个求补用的异或门组成,如图 5-22 所示。图中异或门的两个输入端之一用来输入加数或减数,另一端接控制信号 P。

CAS 单元的输入/输出关系可表示如下:

$$\begin{cases} F_i = A_i \oplus (B_i \oplus P) \oplus C_i \\ C_{i+1} = A_i C_i + (A_i + C_i)(B_i \oplus P) \end{cases} \tag{5-31}$$

当 $P=0$ 时,输入的操作数不求补,控制做加法。上式就等于求和公式:

$$\begin{cases} F_i = A_i \oplus B_i \oplus C_i \\ C_{i+1} = A_i B_i + (A_i + B_i) C_i \end{cases} \quad \text{(同 FA 逻辑表达式)}$$

当 $P=1$ 时,对输入的操作数进行求补(变反+1),控制做减法;则式(5-31)等于求差公式:

$$\begin{cases} F_i = A_i \oplus \bar{B}_i \oplus C_i \\ C_{i+1} = A_i \bar{B}_i + (A_i + \bar{B}_i) C_i \end{cases}$$

当最低位进位输入 $C_0 = 1$ 时,通过上述求差公式可完成减数求补并与被减数相加的操作。在做减法时,C_i 表示借位输入,C_{i+1} 表示借位输出。

2) 除法阵列

将 $n+1$ 个 CAS 按串行进位方式连接在一起,就组成一个 $n+1$ 位的串行进位加减法器,可实现一次试减运算。若需要求 m 位商,就需要 $m+1$ 级 $n+1$ 位的串行进位加减法器组成加减法阵列来实现整个除法过程。在此 n 表示除数的数值位数,m 表示商的数值位数,图 5-23 给出了一个无符号数加减交替阵列除法的例子。

图中设被除数 $X^* = 0.X_1 X_2 X_3 X_4 X_5 X_6$(双倍字长);除数 $Y^* = 0.Y_1 Y_2 Y_3$,商 $Q^* = 0.Q_1 Q_2 Q_3$,余数 $R^* = 0.00 R_3 R_4 R_5 R_6$。这里 $n=m=3$,使用了 4 级 4 位的串行进位加减法器,沿纵向右斜对位构成除法阵列。由于原码加减交替除法的第一步试减肯定做减法,故

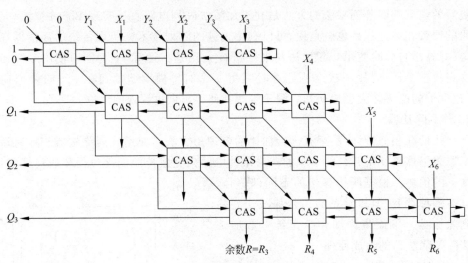

图 5-23 无符号数加减交替阵列除法器

控制信号 P 的初值恒为 1,其他各级加减法器输出的商值直接连到控制端作为 P 信号使用。经过分析可知,加减法器的最高位进位输出信号正好和该步试减要上的商值一致,因此通过各级加减法器的最高位进位输出端能够得到商的各位。

3)阵列除法器运算举例

设 $X^*=0.100101, Y^*=0.101$,求 $Q^*=X^* \div Y^*$,则阵列除法过程如下:

第一级:试减,

$$P=1, R_1=X^*+[-Y^*]_补=0.100+1.011=\underset{\underset{C_4}{\downarrow}}{0} 1.111$$

在此 R_i 表示第 i 次部分余数。因为 $X^* < Y^*$,所以第一步一定不够减,最高位进位 $C_4=0$,此进位输出用作下一步的 P 信号,即 $Q_0=0, P=0$。

第二级:$R_2=R_1+Y^*=1.111+0.101=10.100, C_4=1$,够减 $Q_1=1, P=1$。

第三级:$R_3=R_2+[-Y^*]_补=0.100+1.011=01.111, C_4=0$,不够减 $Q_2=0, P=0$。

第四级:$R_4=R_3+Y^*=1.111+0.101=10.100, C_4=1$,够减 $Q_3=1$,除法结束。

最后得:$Q^*=0.101, R^*=0.000100$。

与传统的逐位循环迭代运算过程相比,本例中每一步运算都是电平操作,不需要脉冲控制,故整个阵列除法过程可在一个时钟周期内完成。

5.3.7 十进制运算

在某些特定的应用领域中,需要在计算机内部能够直接表示和处理十进制数据,为适应这方面的要求,目前大多数通用性较强的计算机内部都具有直接表示和处理十进制数据的能力。下面我们将讨论计算机中常用的十进制加法的基本原理和硬件实现。

1. 十进制加法单元

5.1 节中曾经讨论了计算机中表示十进制数的基本方法,即采用各种 BCD 码对十进制数据二进制代码化。那么,在计算机中进行十进制运算时,操作数显然是以 BCD 码的形式参加运算的,这就要求运算部件能够直接处理 BCD 码数据。十进制运算的核心部件是十进制加法器,一位十进制加法单元是组成十进制加法器的基本元件,将进行重点讨论。

计算机中实现十进制加法的基本思想是:先将一位 BCD 码看成四位二进制数,利用二进制加法器进行加法,然后对所得到的和进行修正,转换成 BCD 码形式的和。原理性示意框图见图 5-24。

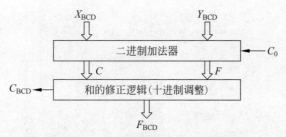

图 5-24　十进制加法单元组成框图

由图 5-24 可知,一位十进制加法单元可以看成是由二进制加法器和十进制修正逻辑两部分组成。由于对二进制加法和的修正一般通过加/减某个常数完成,因此十进制修正逻辑也可以用一级二进制加法器来实现。这样,整个十进制加法单元基本上可以看成是由两级二进制加法器再配以辅助逻辑组成的。二进制加法器的基本组成原理已在本节的开头进行过介绍,在此我们将十进制加法单元的主要设计任务集中在对二进制加法和以及进位信号的十进制修正上(也叫十进制调整)。下面主要介绍常用的 8421 码和余 3 码加法单元的十进制修正方法和逻辑实现。

1) 8421 码加法单元

十进制数采用 8421 码表示时,操作数的形式与 4 位二进制数相同,因此两个 8421 码可以直接进行二进制加法。但是需要解决以下两个基本问题:

(1) 相加后的和有可能进入 8421 码的 6 种无用编码组合(非码),需要修正成正确的 8421 码。

(2) 两个 8421 码看成两个 4 位的二进制数进行相加,产生进位的基数为 16 而不是 10,导致加法过程不能自动产生出十进制的进位信号,需要设置专门的逻辑电路来实现十进制进位。

为了解决这两个基本问题,我们先将 8421 码加法的修正规则总结如下:

(1) 两个 8421 码直接进行 4 位二进制加法。

(2) 当二进制的和≤9 时,8421 码的和同二进制加法和,无须修正。

(3) 当 10≤二进制加法和≤19 时,需要进行加 6 修正,以产生 8421 码的和及十进制进位。

8421 码和的修正关系如表 5-7 所示。

表 5-7　8421 码和与二进制和的修正关系表

十进制数	8421 码和					校正前的和					校正关系
	C_{BCD}	F_{BCD4}	F_{BCD3}	F_{BCD2}	F_{BCD1}	C_4	F_4	F_3	F_2	F_1	
0~9	0	0	0	0	0	0	0	0	0	0	不校正
		...					...				
	0	1	0	0	1	0	1	0	0	1	

续表

十进制数	8421 码和					校正前的和					校正关系
	C_{BCD}	F_{BCD4}	F_{BCD3}	F_{BCD2}	F_{BCD1}	C_4	F_4	F_3	F_2	F_1	
10	1	0	0	0	0	0	1	0	1	0	
11	1	0	0	0	1	0	1	0	1	1	
12	1	0	0	1	0	0	1	1	0	0	
13	1	0	0	1	1	0	1	1	0	1	+6 校正
14	1	0	1	0	0	0	1	1	1	0	
15	1	0	1	0	1	0	1	1	1	1	
16	1	0	1	1	0	1	0	0	0	0	
17	1	0	1	1	1	1	0	0	0	1	
18	1	1	0	0	0	1	0	0	1	0	
19	1	1	0	0	1	1	0	0	1	1	

由表 5-13 可以综合出 8421 码的进位生成逻辑：

$$C_{BCD} = C_4 + F_4 F_3 + F_4 F_2 \tag{5-32}$$

此逻辑产生本位 8421 码向高位传递的十进制进位信号，该信号同时也用来控制 8421 码和的 +6 修正过程。一位 8421 码加法单元如图 5-25 所示，由一级 4 位二进制加法器、一级简化的二进制 +6 加法器和进位产生逻辑三部分组成。

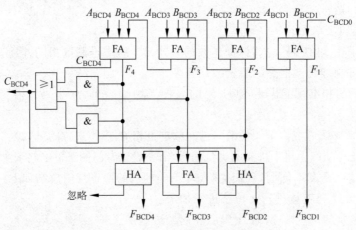

图 5-25 8421 码加法单元

2) 余 3 码加法单元

与 8421 码相比，余 3 码加法的最大好处是能够通过二进制加法自动产生十进制的进位信号，不用再另外设置进位逻辑，只需要对和进行修正即可，实现起来比较方便。

余 3 码加法的修正规则为：

(1) 两个余 3 码先直接进行 4 位二进制加法。

(2) 如果无进位，减 3 修正，即加上 0011 的补码 1101。

(3) 如果有进位，加 3 修正，即加上 0011。

余 3 码和的修正关系如表 5-8 所示。

表 5-8　余 3 码和与二进制和的修正关系表

十进制数	余 3 码和					校正前的和					校正关系
	C_E	F_{E4}	F_{E3}	F_{E2}	F_{E1}	C_4	F_4	F_3	F_2	F_1	
0	0	0	0	1	1	0	0	1	1	0	
1	0	0	1	0	0	0	0	1	1	1	
2	0	0	1	0	1	0	1	0	0	0	
3	0	0	1	1	0	0	1	0	0	1	
4	0	0	1	1	1	0	1	0	1	0	−3 校正
5	0	1	0	0	0	0	1	0	1	1	
6	0	1	0	0	1	0	1	1	0	0	
7	0	1	0	1	0	0	1	1	0	1	
8	0	1	0	1	1	0	1	1	1	0	
9	0	1	1	0	0	0	1	1	1	1	
10	1	0	0	1	1	1	0	0	0	0	
11	1	0	1	0	0	1	0	0	0	1	
12	1	0	1	0	1	1	0	0	1	0	
13	1	0	1	1	0	1	0	0	1	1	
14	1	0	1	1	1	1	0	1	0	0	+3 校正
15	1	1	0	0	0	1	0	1	0	1	
16	1	1	0	0	1	1	0	1	1	0	
17	1	1	0	1	0	1	0	1	1	1	
18	1	1	0	1	1	1	1	0	0	0	
19	1	1	1	0	0	1	1	0	0	1	

由表可看出,二进制加法产生的进位信号与余 3 码十进制进位信号完全一致,即 $C_4 = C_E$,不再需要附加其他逻辑电路。同时我们还可利用该进位信号控制二进制加法和的修正过程,即 $C_4 = 0$,减 3 修正;$C_4 = 1$,加 3 修正。

一位余 3 码加法单元如图 5-26 所示。其组成特点可看成是由一级 4 位的二进制加法器和一级简化了的二进制＋3、−3 加法器两部分组成。

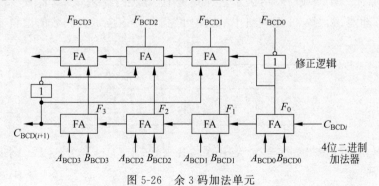

图 5-26　余 3 码加法单元

注意,一位 BCD 码加法单元中,由第二级修正加法器产生的最高位进位信号无用,任其自然丢失即可。

2. n 位十进制加法器

如果要进行 n 位的十进制加法,可考虑以一位十进制加法为基础,按以下规则进行。

(1) 各位 BCD 码内部的相加过程按一位 BCD 码加法及修正规则进行。

(2) n 位 BCD 码并行相加,位与位之间的十进制进位信号串行传递。

根据上述规则,n 位十进制并行加法器的组成如图 5-27 所示。

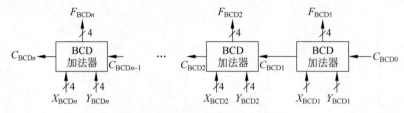

图 5-27 n 位十进制并行加法器

图中为突出 n 位十进制加法器的整体结构,淡化了位内的逻辑细节,把每位加法单元看成一个元素,用逻辑符号方框表示。n 位加法器需要用 n 个加法单元并行结构,位与位之间的进位信号则串行连接。这样就构成了一个最简单的 n 位十进制并行加法器。

5.3.8 基本的逻辑运算

计算机中除了最基本的加减乘除算术四则运算以外,经常还需要进行许多逻辑操作,如与、或、非、异或等,这些逻辑操作统称为逻辑运算。逻辑运算把操作对象看成无数值意义及位权关系的逻辑数,因此运算可以按布尔代数的规则进行。但是需要注意计算机中的逻辑数都是具有 n 位字长的机器数,而不是单个的逻辑变量。这使得逻辑运算具有按位并行进行、位与位之间无进位、借位等关系的特点。

大多数计算机中都支持四种最基本的逻辑运算:逻辑非、逻辑或、逻辑乘和逻辑异。其他更复杂的逻辑运算可以通过基本运算的逻辑组合实现。

1. 逻辑非(取反)

逻辑非是一种一元的逻辑运算,其所做的操作就是按位求反。逻辑非的运算符与布尔代数一致,通常用"—"号或"¬"号表示。计算机中一般安排"求反"或者"逻辑非"指令来提供逻辑非运算功能,如 80x86 系列机中的"NOT"指令。一位二进制数的逻辑非运算真值表如下:

X_i	F_i
0	1
1	0

对于一个 n 位的逻辑数 $X = X_0 X_1 \cdots X_n$,若求:$F = /X = F_0 F_1 \cdots F_n$,则运算规则可描述为:

$$F_i = /X_i \tag{5-33}$$

2. 逻辑或(逻辑加)

逻辑加也叫逻辑或,是一种二元逻辑运算,所做的操作为按位"或"。逻辑加的运算符通常用"或"运算符"∨"或者"+"号表示。逻辑加运算可用相应的指令来实现,如 MIPS 机和

80x86 系列机中的 OR 指令。一位二进制数的逻辑加运算真值表为：

X_i	$\vee$	Y_i	F_i
0		0	0
0		1	1
1		0	1
1		1	1

设两个逻辑数 $X = X_0 X_1 \cdots X_n$，$Y = Y_0 Y_1 \cdots Y_n$，若 $F = X \vee Y = F_0 F_1 \cdots F_n$，则其逻辑或运算规则可描述为：

$$F_i = X_i \vee Y_i \tag{5-34}$$

3. 逻辑乘（逻辑与）

逻辑乘也是一种常见的二元运算，又叫逻辑与，对应的操作为按位"与"。运算符用"$\wedge$"或"$\cdot$"号表示。一位二进制数的逻辑乘真值表为：

X_i	$\wedge$	Y_i	F_i
0		0	0
0		1	0
1		0	0
1		1	1

若设 $X = X_0 X_1 \cdots X_n$，$Y = Y_0 Y_1 \cdots Y_n$，$F = X \wedge Y = F_0 F_1 \cdots F_n$，则逻辑乘运算规则可描述为：

$$F_i = X_i \wedge Y_i \tag{5-35}$$

4. 逻辑异（按位加）

与逻辑乘和逻辑加相比，逻辑异是一种稍稍复杂一点的二元运算。其操作就是按位"异或"。运算符可用异或操作常用的符号"$\oplus$"表示。一位二进制数的逻辑异运算真值表如下：

X_i	$\oplus$	Y_i	F_i
0		0	0
0		1	1
1		0	1
1		1	0

其运算规则可描述为：若

$$X = X_0 X_1 \cdots X_n, \quad Y = Y_0 Y_1 \cdots Y_n, \quad F = X \oplus Y = F_0 F_1 \cdots F_n$$

则

$$F_i = X_i \oplus Y_i \tag{5-36}$$

由真值表可以看出，一位逻辑异运算的结果与一位算术加法和的取值完全相同，只是不产生进位，故逻辑异运算又经常被称为按位加。

利用上述的基本逻辑运算，可以进一步实现任意的组合逻辑运算。

5. 逻辑运算的实现

由于计算机的运算部件本身就是采用逻辑电路搭建的，因此计算机内并不需要设置专门的逻辑运算器,只要在算术运算部件的基础上附加少量的逻辑电路就能顺便实现逻辑运算功能。这种既能完成算术运算又能完成逻辑运算功能的部件称为"算术逻辑运算单元",是运算器的核心部件,通常缩写为"ALU"。关于 ALU 的详细讨论,见 5.4.2 节。

5.4 定点运算器的实现

在介绍定点加、减、乘、除四则运算各种算法的过程中,针对每种算法都给出了对应硬件电路的实现方案。但是在实际的计算机中,不可能为每种运算都安排一套特定的线路,而是将拟采用的各种算法所需要的全部硬件整合在一起,组成一个多功能的部件来实现全部运算功能。这一节我们主要围绕具有完整运算能力的定点运算器设计原理进行讨论。

5.4.1 加法器的进位技术

从 5.3 节的讨论中已经了解到,不管运算部件的结构怎样复杂,其核心线路始终是加法器。因此关于运算器的讨论仍然从最基本的加法线路开始。由于加法运算是计算机中最基本的运算,所有算术运算均要借助于加法来完成,所以加法器的速度对整个计算机的运算速度有着至关重要的影响,而且随着字长的增加,进位速度对加法时间的影响也愈发明显。下面将通过对进位原理的分析,探讨实现加法器快速进位的方法。

1. 行波进位加法器

二进制并行加法器根据其进位传递方式又可分为串行进位加法器和并行进位加法器两种。其中,串行进位加法器也叫行波进位加法器(Ripple Carry Adder),是最简单的并行加法器。n 位行波进位加法器由 n 个全加器组成,全加器的进位输入/输出端按照由低位到高位的顺序直接相连,构成链式的串行进位结构,因此串行进位线路通常也叫作"串行进位链"。图 5-7 所示的二进制并行加法器就是行波进位加法器。串行进位加法器的名称很容易和串行加法器混淆,讨论时应注意区别。

行波进位加法器的加法速度受到进位串行传递过程的限制。下面让我们围绕一个 4 位的行波进位加法器,来具体分析一下进位传递对加法时间的影响。根据 5.3.1 节给出的全加器真值表(见表 5-3),行波进位加法器中各位的进位输出表达式可表示成

$$C_{i+1} = X_i Y_i + (X_i \oplus Y_i)C_i \tag{5-37}$$

仔细对式(5-37)进行分析可发现,式中的第一项 $X_i Y_i$ 反映了本位产生进位输出的条件,而第二项中的"异或因子"($X_i \oplus Y_i$)则反映了前一位进位到本位进位输出的传递条件。为了简化全加器的进位逻辑,我们现在定义两个进位函数:

令 $\qquad g_i = X_i Y_i$ ——进位生成函数(Carry Generate) $\tag{5-38}$

$\qquad p_i = X_i \oplus Y_i$ ——进位传递函数(Carry Propagate) $\tag{5-39}$

将这两个进位函数代入式(5-37)可得

$$C_{i+1} = g_i + p_i C_i \tag{5-40}$$

由此可写出 4 位行波进位加法器每位的进位逻辑如下:

$$\begin{cases} C_1 = g_0 + p_0 C_0 \\ C_2 = g_1 + p_1 C_1 \\ C_3 = g_2 + p_2 C_2 \\ C_4 = g_3 + p_3 C_3 \end{cases} \tag{5-41}$$

这组进位逻辑表达式清楚地示意出行波进位加法器串行进位链路中高位进位依赖于低一位进位信号的传递关系。为了便于分析进位延迟时间,若采用与非逻辑实现式(5-41),则每位全加器 FA 内部大约经历两级与非门的延迟产生进位输出信号,如图 5-28 所示。

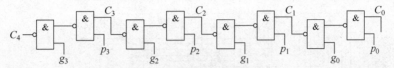

图 5-28　四位串行进位链

若设图 5-28 中与非门的延迟时间为 1ty,且忽略产生进位函数所需的时延,则可看出一位全加器从低位进位输入到本位进位输出最长需时 2ty,每增加 1 位全加器就增加 2ty 的进位延迟时间,而 4 位加法器最长则需 $4 \times 2ty = 8ty$ 进位时延。由此不难推出,n 位加法器的最长进位时间为 $2nty$。当 $n = 16$ 时,最长进位时间可达 32ty。注意,这里对进位延迟时间的计算只是一种粗略的估算,意在给大家一个原理性的时间概念,精确的进位时间计算是和实际所用门电路的具体参数密切相关的,在此不做深入讨论。

现在再看看没有进位传递时并行加法器所需的加法时延。假设一个异或门的延迟时间为 1.5ty,根据全加器输出逻辑表达式,则从加数 X_i、Y_i 输入到全和 F_i 输出仅需要两级异或门延迟时间 3ty,且与加法器位数的多少无关(各位加数并行输入,各位和并行输出)。但在行波进位加法器位数较多时,并行相加的这种速度优势并不能很好地发挥出来,如 16 位字长的情况下,最长进位时延(32ty)与并行加法所需时延(3ty)是十分不相适应的,由此可知串行进位传递时间是影响加法器速度的主要因素。如果想提高加法速度,必须设法改变进位信号串行传递的方式。

2. 先行进位加法器

1) 先行进位原理

如何才能突破加法器的串行进位结构呢? 由 4 位行波进位加法器的进位表达式(5-41)已经看到,串行进位的特点是每位进位信号的产生都对低一位进位有依赖关系。如果设法打破这种依赖关系,就能有效地提高进位速度。仍以 4 位加法器为例,让我们试着将串行进位表达式中的前一位进位信号用其表达式直接代入,然后加以整理,就得到了一组新的进位表达式:

$$\begin{cases} C_1 = g_0 + p_0 C_0 \\ C_2 = g_1 + p_1 g_0 + p_1 p_0 C_0 \\ C_3 = g_2 + p_2 g_1 + p_2 p_1 g_0 + p_2 p_1 p_0 C_0 \\ C_4 = g_3 + p_3 g_2 + p_3 p_2 g_1 + p_3 p_2 p_1 g_0 + p_3 p_2 p_1 p_0 C_0 \end{cases} \quad (5\text{-}42)$$

这组表达式中,各位进位信号都直接由进位函数和最低位进位输入产生,而进位函数是直接由加数生成的,与低一位进位信号无关,这就打破了串行进位之间的依赖关系。这种直接由原始操作数产生进位信号的技术,叫作先行进位(Carry Look Ahead,CLA)或并行进位、同时进位、超前进位等。一个由与或非-与非逻辑实现的 4 位先行进位线路,如图 5-29 所示。

这种先行进位线路可通过 MSI 芯片实现,简称为 CLA 部件。以图 5-29 的线路为例,再来估算一下先行进位的延迟时间。假设图中与或非门的时延为 1.5ty,与非门时延仍为

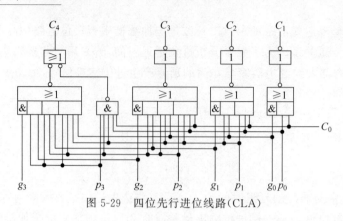

图 5-29   四位先行进位线路(CLA)

1ty,并忽略产生进位函数的时延,则产生进位输出共需两级门 2.5ty 左右的时间。而且这个延迟时间是个常数,对各位进位都一样,与加法器的位数无关。可见此进位时延与 3ty 左右的并行加法时间是相适应的。前面我们已经计算过 4 位串行进位最长约需 8ty 的时延,相比之下先行进位加速了两倍多,加速作用相当明显,而且位数越多加速作用越明显。例如,当加法器增加到 8 位时,串行进位最长达 16ty 时延,而并行进位时间仍然保持 2.5ty 左右不变,此时进位速度提高了 5 倍多。

2)先行进位加法器

先行进位线路的逻辑结构较为复杂,故无法再直接使用全加器来搭建先行进位加法器。通常一个完整的先行进位加法器可看成是由进位函数产生线路(进位生成/传递部件)、求和线路(求和部件)及先行进位线路(CLA 部件)三部分构成。4 位先行进位加法器结构框图如图 5-30 所示。

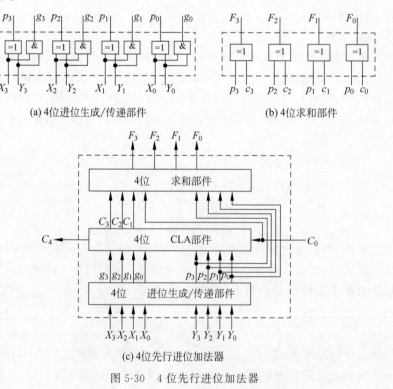

图 5-30   4 位先行进位加法器

3. 多级先行进位技术

先行进位技术虽然能有效改善加法器的进位速度,但却由于门电路扇入系数的影响,使加法器的位数受到限制。我们仔细观察 4 位先行进位表达式(5-42)就可发现,由于此时进位信号直接由操作数产生,使得进位表达式中的输入因子逐位增多,C_4 表达式中与门的输入已经达到了 5 个,因此先行进位加法器的规模一般最多只能到 8 位。如果想将先行进位技术用于位数更多的加法器中,必须采取其他措施。

1) 成组先行-级联进位

作为并行进位与串行进位的折中方案,成组先行-级联进位技术适合用来构建位数较多的先行进位加法器。实现的基本思想:将 n 位并行加法器分成若干组,每组若干位。组内采用先行进位方式,组间则采用串行进位(通常称为级联方式)。例如,采用成组先行-级联进位技术搭建一个 16 位的并行加法器,若每 4 位分为一组,共分 4 组。各组通用的进位表达式如下:

$$\begin{cases}C_{n+1}=g_n+p_nC_n\\C_{n+2}=g_{n+1}+p_{n+1}g_n+p_{n+1}p_nC_n\\C_{n+3}=g_{n+2}+p_{n+2}g_{n+1}+p_{n+2}p_{n+1}g_n+p_{n+2}p_{n+1}p_nC_n\\C_{n+4}=g_{n+3}+p_{n+3}g_{n+2}+p_{n+3}p_{n+2}g_{n+1}+p_{n+3}p_{n+2}p_{n+1}g_n+p_{n+3}p_{n+2}p_{n+1}p_nC_n\end{cases}$$

$$(5\text{-}43)$$

式中,n 表示各组下标的增量,在 4 分组的情况下,$n=0,4,8,12$。这组进位表达式中,C_{n+1}、C_{n+2}、C_{n+3} 三个信号仅在组内传递,而 C_{n+4} 则为小组进位信号,它虽由组内先行进位电路产生,但却在组间进行传递。例如,将 $n=4$ 代入这组通式可得第二组的进位表达式如下:

$$\begin{cases}C_5=g_4+p_4C_4\\C_6=g_5+p_5g_4+p_5p_4C_4\\C_7=g_6+p_6g_5+p_6p_5g_4+p_6p_5p_4C_4\\C_8=g_7+p_7g_6+p_7p_6g_5+p_7p_6p_5g_4+p_7p_6p_5p_4C_4\end{cases}$$

$$(5\text{-}44)$$

其中,C_4 为第一组向本组传递的小组进位信号,C_8 为本组向第三组传递的小组进位信号。由这组进位表达式可以看出,采用成组先行-级联进位方案时,各组的进位信号虽然能够通过组内的先行进位逻辑产生,但依赖于前一组的小组进位信号。16 位成组先行-级联进位框图如图 5-31 所示。

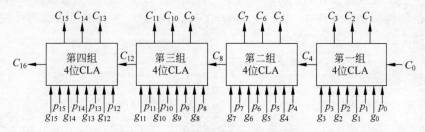

图 5-31 16 位成组先行-级联进位框图

由图 5-31 可看出,成组先行-级联进位是一个二级的进位结构,其组内为第一级进位,用 4 位 CLA 部件实现;组间则构成第二级进位,用级联方式实现。再让我们进一步分析一下成组先行-级联进位线路的速度。还是以图 5-31 为例,已知组内先行进位线路的时延为

2.5ty,16 位分为 4 组的情况下最长进位时延可达 2.5ty×4＝10ty。这个时延虽然比先行进位的 2.5ty 长了许多,可是比 16 位串行进位最长需 32ty 还是快了 2 倍多,加速作用仍然十分明显,因此成组先行-级联进位技术在加法器位数不太多时仍不失为一种较好的进位加速方案。但如果在加法器位数很多时仍采用这种技术,进位加速作用会明显下降。如 32 位字长仍采用 4 位一组的分组方案时,组数增加到 8,最长进位延迟时间则达 2.5ty×8＝20ty,加速作用已不再明显。

2) 多级先行进位

在对加法器进行分组的基础上,如果不仅组内先行进位,且组间也采用先行进位技术,就构成了二级先行进位加法器。仍以 16 位加法器、4 位一组的分组方案为例来进行讨论。此时小组进位信号 C_{n+4} 不再由组内的先行进位线路直接产生,而是在组间专门设一级先行进位线路来产生出小组的进位信号。对组间进位信号的通式(5-43)进行分析:

$$C_{n+4} = g_{n+3} + p_{n+3}g_{n+2} + p_{n+3}p_{n+2}g_{n+1} + p_{n+3}p_{n+2}p_{n+1}g_n + p_{n+3}p_{n+2}p_{n+1}p_nC_n$$

可看出式中前 4 项为本组产生进位的条件,而第五项则反映了低一组进位信号通过本组传递到高一组的条件。因此我们定义两个小组进位函数:

$$\begin{cases} G_i = g_{n+3} + p_{n+3}g_{n+2} + p_{n+3}p_{n+2}g_{n+1} + p_{n+3}p_{n+2}p_{n+1}g_n & \text{小组进位生成函数} \\ P_i = p_{n+3}p_{n+2}p_{n+1}p_n & \text{小组进位传递函数} \end{cases}$$

$$(5\text{-}45)$$

函数的下标 i 表示组号,在 16 位加法器中,$i=0(n=0),1(n=4),2(n=8),3(n=12)$。

将小组进位函数代入小组进位信号表达式中可得:

$$\begin{cases} C_4 = G_0 + P_0C_0 \\ C_8 = G_1 + P_1G_0 + P_1P_0C_0 \\ C_{12} = G_2 + P_2G_1 + P_2P_1G_0 + P_2P_1P_0C_0 \\ C_{16} = G_3 + P_3G_2 + P_3P_2G_1 + P_3P_2P_1G_0 + P_3P_2P_1P_0C_0 \end{cases}$$

$$(5\text{-}46)$$

由这组表达式可以看出,组间先行进位的逻辑结构与组内先行进位线路完全相同,其输入都依赖于进位函数和最低位进位,输出均为进位信号。因此,我们可以使用通用的先行进位部件 CLA 来构成组间的先行进位线路。但是,为了便于 CLA 的连接,组内先行进位线路通常不再直接输出小组进位信号,而是输出一对小组进位函数 P、G,然后通过小组进位函数进一步产生组间进位信号。由此构成了一种适用于分组结构的先行进位线路,叫作"成组先行进位部件",简称为 BCLA(Block Carry Look Ahead)。4 位 BCLA 部件的输入/输出逻辑关系如下:

$$\begin{cases} C_{n+1} = g_n + p_nC_n \\ C_{n+2} = g_{n+1} + p_{n+1}g_n + p_{n+1}p_nC_n \\ C_{n+3} = g_{n+2} + p_{n+2}g_{n+1} + p_{n+2}p_{n+1}g_n + p_{n+2}p_{n+1}p_nC_n \\ G = g_{n+3} + p_{n+3}g_{n+2} + p_{n+3}p_{n+2}g_{n+1} + p_{n+3}p_{n+2}p_{n+1}g_n \\ P = p_{n+3}p_{n+2}p_{n+1}p_n \end{cases}$$

$$(5\text{-}47)$$

式中,n 仍表示不同组的下标增量,$C_{n+1} \sim C_{n+3}$ 为组内进位输出;P、G 为组间进位函数输出。通过 P、G 函数,可在高一级先行进位线路中进一步组合出进位信号来。对于不同层次的先行进位线路来说,由式(5-47)所描述的 BCLA 部件是通用的,可用来实现不同分级的先行进位加法器。为了便于区别,通常将基于操作数 X_i、Y_i 的最低级进位函数 p_i、g_i 称为一级进位函数,其逻辑结构见式(5-38)和式(5-39),以及图 5-30(a);而小组进位函数 P、G 则称为二级进位函数,见式(5-45);三级进位函数在本书中通常用 P^*、G^* 表示……当级数更多时可依次类推。

目前已有很多通用的 BCLA 芯片可供使用,非常方便。使用时请注意 BCLA 和 CLA 两种进位部件的区别。用 BCLA 和 CLA 部件相结合构成的 4-4-4-4 分组的 16 位二级先行进位加法器逻辑框图如图 5-32 所示。

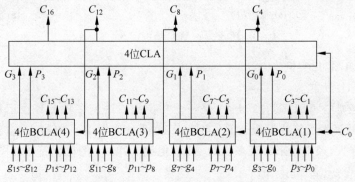

图 5-32　16 位二级先行进位加法器

该 16 位加法器的组内先行进位由 4 个 4 位的 BCLA 部件产生,组间先行进位由 1 个 4 位的 CLA 部件承担。图中最长进位传递顺序依次为:$(X_i、Y_i、C_0) \rightarrow (p_i、g_i) \rightarrow (C_1 \sim C_3、$ $P_i、G_i) \rightarrow (C_4、C_8、C_{12}、C_{16}) \rightarrow (C_5 \sim C_7、C_9 \sim C_{11}、C_{13} \sim C_{15})$。若仍然忽略 p_i、g_i 的形成时间,则该二级先行进位线路所需的最长进位时间为 $3 \times 2.5\text{ty} = 7.5\text{ty}$,比成组先行-级联进位的 10ty 时延又快了 2.5ty。有趣的是,在此最高位进位 C_{16} 并不是最后产生的,而是"先行"于第 $2 \sim 4$ 组组内进位信号产生。按照同样的思想,在加法器位数更多时还可进一步实现三级先行进位,或多级先行-级联进位方案,但是当先行进位线路的级数增加时,最长进位传递途径将变得较为复杂,这会使先行进位的加速作用遭到削弱,因此实际应用时先行进位线路的级数不宜过多。

5.4.2　算术逻辑单元

1. 算术逻辑单元的基本结构

加法器只是计算机中最基本的算术运算线路。在加法器的基础上,配以求补电路可以进一步实现加减运算,配以少量的逻辑电路可以完成各种逻辑运算,再加上适当的控制电路就可以实现对不同运算的选择控制。这种同时兼有算术、逻辑运算功能并具备简单的选择控制能力的电路称为算术逻辑单元,简称 ALU(Arithmetic Logic Unit)。ALU 是运算器的核心部件,其基本结构可看成是由加法器、逻辑函数发生器、功能选择电路等三部分组成。常用来表示 ALU 的逻辑符号及内部结构框图如图 5-33 所示。

通常,人们习惯于用一个梯形符号表示 ALU,梯形符号的宽边进一步分为两部分,表示 ALU 的两个输入端,窄边则表示 ALU 的输出,梯形符号的侧边通常标注 ALU 所需的运算控制信号。两个操作数输入 ALU 后,在运算控制信号的作用下,逻辑函数发生器根据运算类型产生出所选的逻辑函数,然后送到加法器进行指定的算术/逻辑运算,最后输出运算结果。

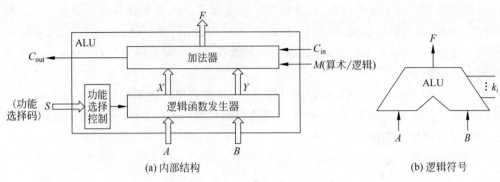

(a) 内部结构   (b) 逻辑符号

图 5-33   ALU 结构示意

2. 典型 ALU 芯片实例

1) 74181 芯片功能

作为一种经典的 ALU 芯片,74181 是一个 4 位的二进制多功能算逻运算部件,它具有 16 种可供选择的算术运算或逻辑运算,支持正、负两种逻辑电平的输入/输出,芯片规模虽小功能却十分强大,经常用来实现多位的 ALU 电路。74181 的逻辑符号如图 5-34 所示。

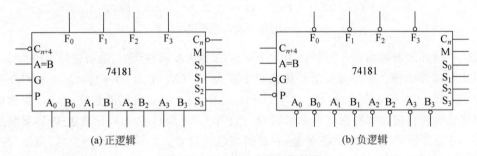

(a) 正逻辑   (b) 负逻辑

图 5-34   74181 芯片的逻辑符号

图 5-34 中,$A_3 \sim A_0$、$B_3 \sim B_0$ 为输入的两个 4 位操作数,$F_3 \sim F_0$ 为输出的 4 位结果;C_n 表示最低位的进位输入,C_{n+4} 表示最高位的进位输出;G、P 分别为小组进位生成函数和小组进位传递函数输出;M 为工作方式选择信号,M=L(低电平)表示算术运算,M=H(高电平)表示逻辑运算;$S_3 \sim S_0$ 为 4 位功能选择码,其 16 种组合(2^4)共能选择 16 种逻辑或者算术运算。74181 ALU 算术/逻辑运算功能见表 5-9。

表 5-9   74181 ALU 算术/逻辑运算功能

工作选择 $S_3S_2S_1S_0$	负逻辑			正逻辑		
	逻辑运算 $(M=1)$	算术运算$(M=0)$ $C_n=0$(无进位)	算术运算$(M=0)$ $C_n=1$(有进位)	逻辑运算 $(M=1)$	算术运算$(M=0)$ $\overline{C}_n=1$(无进位)	算术运算$(M=0)$ $\overline{C}_n=0$(有进位)
L L L L	$F=\overline{A}$	$F=A$ 减 1	$F=A$	$F=\overline{A}$	$F=A$	$F=A$ 加 1
L L L H	$F=\overline{AB}$	$F=AB$ 减 1	$F=AB$	$F=\overline{A+B}$	$F=A+B$	$F=(A+B)$ 加 1
L L H L	$F=\overline{A}+B$	$F=A\overline{B}$ 减 1	$F=A\overline{B}$	$F=\overline{A}B$	$F=A+\overline{B}$	$F=(A+\overline{B})$ 加 1
L L H H	$F=1$	$F=$ 减 1	$F=0$	$F=0$	$F=$ 减 1	$F=0$
L H L L	$F=\overline{A+B}$	$F=A$ 加$(A+\overline{B})$	$F=A$ 加$(A+\overline{B})$ 加 1	$F=\overline{AB}$	$F=A$ 加 $A\overline{B}$	$F=A$ 加 $A\overline{B}$ 加 1
L H L H	$F=\overline{B}$	$F=AB$ 加$(A+\overline{B})$	$F=AB$ 加$(A+\overline{B})$ 加 1	$F=\overline{B}$	$F=(A+B)$ 加 $A\overline{B}$	$F=(A+B)$ 加 $A\overline{B}$ 加 1

工作选择 $S_3S_2S_1S_0$	负逻辑			正逻辑		
	逻辑运算 $(M=1)$	算术运算$(M=0)$ $C_n=0$(无进位)	算术运算$(M=0)$ $C_n=1$(有进位)	逻辑运算 $(M=1)$	算术运算$(M=0)$ $\overline{C_n}=1$(无进位)	算术运算$(M=0)$ $\overline{C_n}=0$(有进位)
L H H L	$F=\overline{A}\oplus\overline{B}$	$F=A$ 减 B 减 1	$F=A$ 减 B	$F=A\oplus B$	$F=A$ 减 B 减 1	$F=A$ 减 B
L H H H	$F=A+\overline{B}$	$F=A+\overline{B}$	$F=(A+\overline{B})$加	$F=A\overline{B}$	$F=A\overline{B}$ 减 1	$F=A\overline{B}$
H L L L	$F=\overline{A}B$	$F=A$ 加$(A+B)$	$F=A$ 加$(A+B)$加 1	$F=\overline{A}+B$	$F=A$ 加 AB	$F=A$ 加 AB 加 1
H L L H	$F=A\oplus B$	$F=A$ 加 B	$F=A$ 加 B 加 1	$F=\overline{A\oplus B}$	$F=A$ 加 B	$F=A$ 加 B 加 1
H L H L	$F=B$	$F=A\overline{B}$ 加$(A+B)$	$F=A\overline{B}$ 加$(A+B)$加1	$F=B$	$F=(A+\overline{B})$加 AB	$F=(A+\overline{B})$加 AB 加 1
H L H H	$F=A+B$	$F=A+B$	$F=(A+B)$加 1	$F=AB$	$F=(A+B)$减1	$F=AB$
H H L L	$F=0$	$F=A$ 加 A*	$F=A$ 加 A 加 1	$F=1$	$F=A$ 加 A*	$F=A$ 加 A 加 1
H H L H	$F=A\overline{B}$	$F=AB$ 加 A	$F=AB$ 加 A 加 1	$F=A+\overline{B}$	$F=(A+B)$加 A	$F=(A+B)$加 A 加 1
H H H L	$F=AB$	$F=A\overline{B}$ 加 A	$F=A\overline{B}$ 加 A 加 1	$F=A+B$	$F=(A+\overline{B})$加 A	$F=(A+\overline{B})$加 A 加 1
H H H H	$F=A$	$F=A$	$F=A$ 加 1	$F=A$	$F=A$ 减 1	$F=A$

注：* 表示 A 加 $A=2A$，算术左移一位。

表 5-9 中分别给出了正、负逻辑定义下的 16 种逻辑运算和 16 种算术运算，而算术运算针对最低位有、无进位信号又分别对应 16 种运算组合。为了避免二意性，功能选择码 $S_3\sim S_0$ 采用 H(高)、L(低)电平的组合表示。注意表中列出的算术运算中，很多加数以两个原始输入数据 A、B 的组合逻辑函数形式出现。为了进一步区分逻辑运算与算术运算，表中我们用"+"号表示逻辑加，而算术加则用汉字"加"来表示。除此之外，74181 还具有比较输出功能，当 $F_3\sim F_0$ 输出 0 时，A=B 端输出高电平。但是比较功能只在异或、减法等特定的运算时有意义。

2) 74181 芯片内部结构

74181 芯片内部的逻辑结构可看成由逻辑函数发生器(功能发生器)、求和线路、先行进位线路、比较线路四部分组成，如图 5-35 所示。

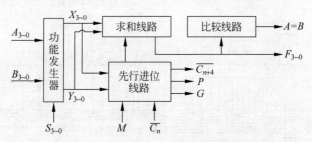

图 5-35　74181 芯片内部结构(正逻辑)

(1) 逻辑函数发生器。

逻辑函数发生器是 74181 的输入部件，其作用是按照功能码 $S_3\sim S_0$ 的选择，对原始输入数据 $A_3\sim A_0$、$B_3\sim B_0$ 进行逻辑组合，产生出 $X_3\sim X_0$、$Y_3\sim Y_0$ 两路逻辑函数输出。X_i、Y_i 再作为求和线路或进位线路的输入进行下一步的运算。函数发生器的逻辑表达式如式(5-48)所示。

$$\begin{cases} X_i = \overline{S_2 A_i \overline{B_i} + S_3 A_i B_i} \\ Y_i = \overline{A_i + S_0 B_i + S_1 \overline{B_i}} \end{cases} \tag{5-48}$$

74181 内部函数发生器设计的一大特点是,当进行加法算术运算时,X_i、Y_i 既是加数,又是进位函数 g_i、p_i,即有

$$\begin{cases} \text{进位生成函数:} g_i = X_i \cdot Y_i = Y_i \\ \text{进位传递函数:} p_i = X_i + Y_i = X_i \end{cases} \tag{5-49}$$

当把 X_i、Y_i 的不同输入组合代入式(5-49)时,会发现 $g_i = Y_i$、$p_i = X_i$ 的关系总是成立。这个设计十分巧妙,大大简化了 74181 内部的逻辑线路。

(2) 求和电路。

求和电路由两级异或门组成,以正逻辑为例,其等效的逻辑表达式为

$$F_i = X_i \oplus Y_i \oplus (C_{n+i} + M) \tag{5-50}$$

当 $M = H$ 时,选择逻辑运算,$F_i = X_i \oplus Y_i \oplus 1 = X_i \odot Y_i$,此时求和电路对低一位进位信号进行封锁,相当于一组同或门;

当 $M = L$ 时,选择算术运算,$F_i = X_i \oplus Y_i \oplus C_{n+i}$,进行全加操作。

(3) 先行进位电路。

74181 芯片兼有 CLA、BCLA 两种先行进位功能,以芯片的规模 4 位分组,同时支持先行-级联进位和多级先行进位方式。一方面小组进位信号 C_{n+4} 通过相应的引脚输出,可供组间级联进位使用。另一方面还输出小组进位函数 P、G,与外接的 BCLA 部件配合可实现组间先行进位。

(4) 比较电路。

74181 内部设置了一个比较门,当 $F_3 \sim F_0$ 为全 0 时,其输出端 $A = B$ 输出有效的高电平比较信号。正逻辑表示的 74181 内部线路如图 5-36 所示。

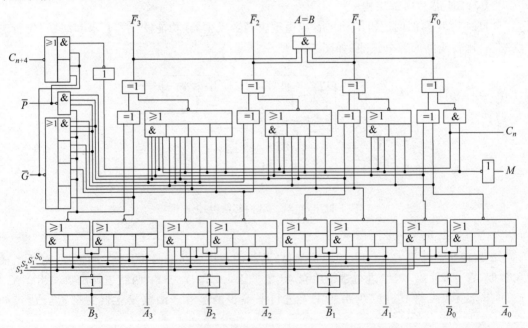

图 5-36　正逻辑表示的 74181ALU 内部逻辑线路

3. 多位 ALU 线路的实现

1) 多位先行-级联进位的 ALU

将多片 74181 芯片的进位输入/输出端串行连接起来可以构成多位的先行-级联进位 ALU 线路。以正逻辑为例,一个用 4 片 74181 构成的 16 位先行-级联进位 ALU 线路如图 5-37 所示。

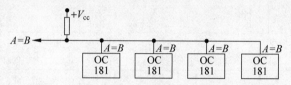

图 5-37　用 74181 芯片构成的 16 位先行-级联进位 ALU(正逻辑)

为了突出其进位结构,图中与进位无关的引脚连线全部省略。该 ALU 以 74181 为单位 4 位一组分组,组内进位由芯片内部的先行进位线路实现,组间进位则利用 74181 的进位输入端 C_n 和进位输出端 C_{n+4} 串联实现。

将 4 片 74181 芯片的 $A=B$ 输出端并联,还可实现 16 位的比较输出线路,如图 5-38 所示。

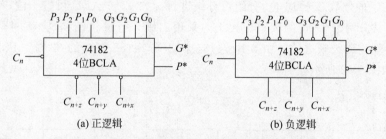

图 5-38　用 74181 芯片实现的 16 位比较线路

2) 74182 BCLA 芯片

74182 是与 74181 配套的通用 4 位成组先行进位部件,74181 和 74182 配合使用可以构成字长更长的多级先行进位 ALU。与 74181 对应,74182 也支持正、负两种逻辑应用。74182 的逻辑符号图如图 5-39 所示。

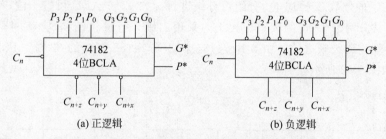

$$P_3 P_2 P_1 P_0 \quad G_3 G_2 G_1 G_0$$

| 74182 4位BCLA | G^* |
| | P^* |

(a) 正逻辑　　　　　　(b) 负逻辑

图 5-39　74182 四位 BCLA 芯片的逻辑符号

由于是通用的 BCLA 部件,74182 的两组进位函数输入引脚 $P_3 \sim P_0$、$G_3 \sim G_0$ 可根据需要接入任意级别的进位函数;C_n 为最低位进位输入;3 个进位输出信号的位序由高到低排列为 C_{n+z}、C_{n+y}、C_{n+x},由于通用不给出具体位序;P^* 为成组进位生成函数,G^* 为成组进位传递函数,是 74182 产生的高一级进位函数输出,用来支持更高级的先行进位结构。

为了减少延迟时间,74182 内部的逻辑结构采用了进位信号输出与进位函数输入反相的方式。负逻辑表示的 74182 的内部逻辑如图 5-40 所示。

3) 二级先行进位的 ALU

4 片 74181 与 1 片 74182 联合可构成 16 位二级先行进位的 ALU,如图 5-41 所示。16 位 ALU 分为 4 组,组内先行进位仍由 74181 内部实现,但组间不再使用 C_{n+4} 产生小组进

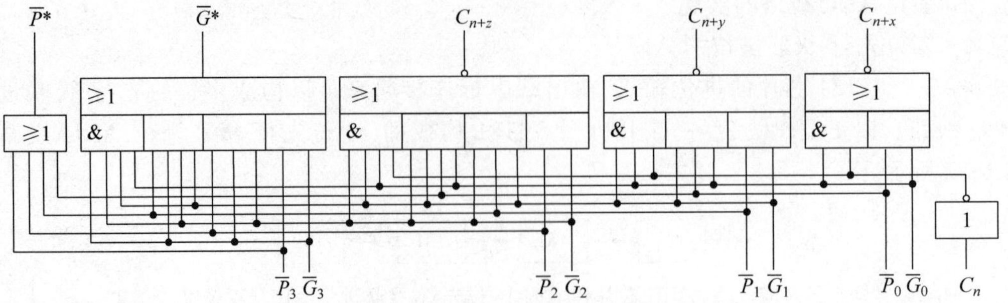

262

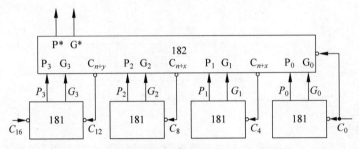

$\overline{P}^*$ $\overline{G}^*$ C_{n+z} C_{n+y} C_{n+x}

$\overline{P}_3\,\overline{G}_3$ $\overline{P}_2\,\overline{G}_2$ $\overline{P}_1\,\overline{G}_1$ $\overline{P}_0\,\overline{G}_0$ C_n

图 5-40　负逻辑表示的 74182 BCLA 内部逻辑线路

位信号,而是将 74181 的小组进位函数 P、G 信号送往 74182,再通过 74182 产生先行进位的组间进位信号。注意 74182 的最低进位输入端 C_n 与 74181 最低进位输入端同名,且一起与最低位进位输入信号 C_0 连接,这是由二级先行进位逻辑要求的。

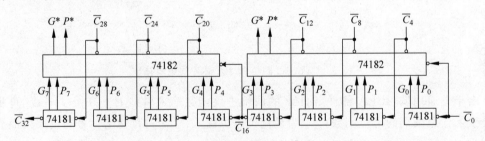

图 5-41　16 位二级先行进位的 ALU(正逻辑)

4) 二级先行-级联进位的 ALU

如果 ALU 的位数多于 16 位,分组可分级进行。如 32 位 ALU 可按 4 位一小组、4 小组一大组划分,共分两个 16 位的大组。大组内采用二级先行进位结构,大组间则利用 74181 的 C_{n+4} 输出端构成级联进位。由 8 片 74181 和 2 片 74182 组成的 32 位二级先行-级联进位的 ALU 如图 5-42 所示。

$G^*\,P^*$ $\overline{C}_{28}$ $\overline{C}_{24}$ $\overline{C}_{20}$ $G^*\,P^*$ $\overline{C}_{12}$ $\overline{C}_8$ $\overline{C}_4$

74182　74182

$G_7\,P_7$ $G_6\,P_6$ $G_5\,P_5$ $G_4\,P_4$ $G_3\,P_3$ $G_2\,P_2$ $G_1\,P_1$ $G_0\,P_0$

$\overline{C}_{32}$ 74181 74181 74181 74181 74181 74181 74181 74181 $\overline{C}_0$
$\overline{C}_{16}$

图 5-42　32 位二级先行-级联进位的 ALU(正逻辑)

5) 三级先行进位的 ALU

对于位数更多的 ALU 电路,还可采用三级先行进位结构来提高进位速度。例如,64 位的 ALU 可按 4 位一小组、16 位一大组分组,共分 16 个小组,用 16 片 74181 实现;4 个大组的内部用 4 片 74182 构成二级先行进位线路;4 个大组间再用 1 片 74182 实现第三级的先行进位,如图 5-43 所示。

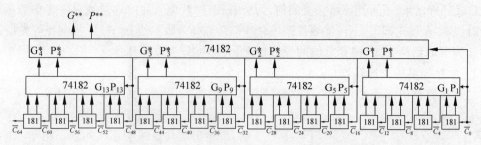

图 5-43　64 位三级先行进位的 ALU（正逻辑）

5.4.3　定点运算器的基本结构

定点运算器主要用来完成定点数据的运算操作。ALU 只是运算器的核心部件，要组成一个完整的运算器，还必须在 ALU 的基础上配以相应的寄存器、暂存器、移位器、多路选择器、内部总线等部件，才能支持全部的处理操作。归纳起来，一个完整的运算器应具有下述基本功能。

（1）完成对数据的算术运算和逻辑运算，这是运算器的首要功能。这些功能由 ALU 承担，它在给出运算结果的同时，还给出结果的某些特征，如是否溢出，有无进位输出，结果是否为零、为负等。这些特征信息通常被保存在特定的触发器中，作为计算机运行的状态条件。ALU 做何种运算由相应指令执行时提供的运算控制信号指定。

（2）暂存参加运算的原始数据和中间结果，这项功能通过运算器内部的一组寄存器完成。当前的计算机中都把这些寄存器设置成可以被汇编语言直接编程访问的形式，称为通用寄存器组。

（3）有些运算器中设置有一个能自行左右移位的专用寄存器，称为乘商寄存器，或者设置专门的移位器部件，以支持传统的乘除运算所需的移位操作以及移位指令的执行。当然乘商寄存器的移位也可通过移位器实现。

（4）ALU 的输入/输出与通用寄存器组等部件间的相互连接通常通过几组多路选择器电路实现，以便从多个数据来源中选择一路送往 ALU 的某个输入端进行运算。运算器内部的数据传送通过其内部总线完成。

（5）运算器还作为 CPU 内部传送数据的主要通路存在，要考虑与计算机中其他几个功能部件的连接和协同运行问题，就必须包括接收外部数据输入和送出运算结果的接口电路。因此运算器也经常称为 CPU 的数据通路。

运算器结构的合理性十分重要，将直接关系到计算机系统的性能。例如，运算器并行运算的位数取决于机器字长，通常是 16 位、32 位或者 64 位，涉及系统的处理能力；完成一次加法运算所用的时间限定了 CPU 工作周期的长度，运算器内部包含的寄存器个数决定了 CPU 读写存储器的频率，这些都影响到系统的运行速度。由此可见，运算器的组成是计算机设计时的一项重点工作，需要认真对待。由于运算器通常作为 CPU 内部的数据通路出现，因此对其结构控制原理的深入讨论将见第 6 章，这一章我们仅围绕运算器组织的基本逻辑实现加以讨论。

为了结构上的规整性，目前定点运算器内部一般也采用总线结构，称为 CPU 内部总线。注意内部总线与系统总线属于不同的总线层次，需要加以区别。一切送到运算器处理的

263

信息以及处理结果,不管其确切含义如何,均被看作是"数据",故内部总线只需考虑数据的传输,按机器字长设定即可,不再需要像系统总线那样细分为数据线、地址线、控制线等类型。

运算器的结构方式,按其总线的设置情况,大体可分为以下几种。

1) 单总线结构的运算器

这种运算器内部通过一条总线连接所有部件的输入/输出,其基本结构如图 5-44 所示。

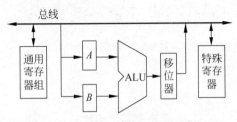

图 5-44　单总线结构的运算器数据通路

采用单总线结构时,需要特别考虑 ALU 的输入/输出端与总线的连接问题。由于 ALU 是一个组合逻辑部件,两个输入以及输出结果 3 路信号几乎同时要求使用总线,怎样利用唯一的总线进行传输是关键。常用的解决办法是在 ALU 的输入/输出端设置相应的暂存器。单总线结构中需要两个暂存器才能协调 ALU 输入/输出端同时使用总线的矛盾。至于暂存器的具体位置,可将其安排在两个输入端,如图 5-44 中所示的 A、B 暂存器。也可以一个放在输入端,另一个放在输出端,可视具体情况而定。由于总线传输的基本原则是"分时"使用,故单总线结构的运算器完成一次加法运算需要 3 个 CPU 时钟周期的时间,即两个时钟送操作数到 ALU 输入端的暂存器,一个时钟回送运算结果到累加器或指定的其他寄存器。

这种连接方式具有结构简单、规整的优点,其主要缺点是运算速度慢,通路中唯一的一条单总线构成了影响性能的主要瓶颈。

2) 双总线结构的运算器

与单总线结构相比,这种运算器内部多了一条总线,因此 ALU 的输入/输出端只需要设一个暂存器。这个暂存器可放在 ALU 的一个输入端,也可放在输出端,如图 5-45 所示。此时运算器完成一次加法运算需要两个 CPU 时钟周期的时间,一个时钟周期送操作数到 ALU,一个时钟周期回送运算结果,运算速度比单总线结构快了一个时钟周期。性能指标有所改善。两条总线之间的传输可通过 ALU 进行,或通过设置专用的总线连接器实现。

3) 三总线结构的运算器

三总线结构的运算器内部具有 3 条总线,如图 5-46 所示。此时可通过不同的总线同时为 ALU 送数并回送运算结果,运算器完成一次加法运算只需要一个 CPU 时钟周期的时间,运算速度不再受总线分时使用的限制,可以看出在三总线结构的运算器中总线已不是影响运算器性能的主要因素。

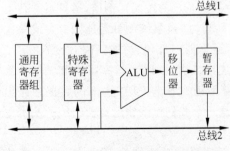

图 5-45　双总线结构的运算器数据通路

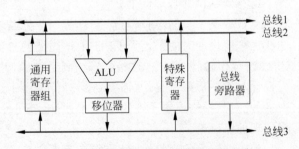

图 5-46　三总线结构的运算器数据通路

5.5 浮点数的表示与运算

本书 5.2 节曾讨论了定点数的表示方法,定点数的一个缺点是表示范围很小,只能表示纯小数或纯整数这样简单的数据形式。而在日常计算中,原始数据不一定正好是纯整数或者纯小数,即便正好是整数或小数,也不一定能满足机内定点数的表示范围要求。因此,原始数据在输入计算机前必须乘上一定的比例因子,统一进行"放大"或"缩小",变成约定的定点数形式才能进行运算。在处理完成后,运算结果又要根据比例因子还原成实际的数值。如果在运算过程中出现结果"溢出"情况,还需要重新调整比例因子,这增加了编程工作量和机内进行"溢出"处理的次数,带来了很多的麻烦。尤其在科学计算这样的领域中,运算时涉及的数值常常非常大或非常小,如果仍用定点数进行计算,很难兼顾运算对数值范围和精度的双重要求。因此,计算机中引入了另一种数据的表示方法——浮点表示法。

5.5.1 浮点数的基本格式

浮点表示法对应于自然科学领域常用来表示实数的"科学记数法",即把一个数表示成"数值×指数"的形式,对于数值范围过大的数来说,用这种方法表示起来既科学又简洁。例如,电子的质量可以表示为 9×10^{-28} 克,太阳的质量可以表示为 2×10^{33} 克,等等。使用这种方法表示的数据,相当于其小数点的位置可随指数的不同而变化,在一定范围内自由浮动,因此称为浮点数。浮点数可以书写成:

$$N = M \times R^E \tag{5-51}$$

式中,M 称为浮点数的尾数(Mantissa),一般用带符号的 n 位小数表示,常为原码或补码,其形式同定点小数;E 叫作浮点数的阶码(Exponent),一般为带符号的 k 位整数,常用移码或补码表示,其形式同定点整数;R 是浮点数阶码的基数或称阶的底,在计算机中取值固定,通常可取 2、4、8、16 等,最常见的情况是取 $R=2$。在此我们提到了移码表示法,这是一种经常用来表示浮点数阶码的数据表示方法,我们随后将予以介绍。浮点数在机内的一般格式如图 5-47 所示。

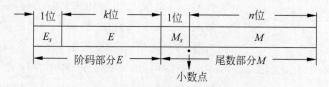

图 5-47 浮点数的一般格式

图中浮点数可看成是由阶码和尾数两部分组成,阶码部分包括阶码的符号位(E_s)和阶码的数值位(k 位整数);尾数部分包括浮点数的符号位(M_s)和尾数的数值位(n 位小数),尾数的小数点隐含约定在浮点数的符号位之后、尾数的最高数值位之前;由于阶码的基 R 是一个固定的常数,并不一定需要明显表示出来,因此采用隐含方式进行约定,在整个浮点数格式中不出现。为了讨论起来方便,在此我们约定对应上述格式的浮点机器码书写形式为:$E_s, E_1 E_2 \cdots E_k ; M_s . M_1 M_2 M_3 \cdots M_{n-1} M_n$。为清楚起见,格式中阶码与尾数之间用分号分开,阶符和阶值之间用逗号分开(同定点整数格式的描述形式),数符和尾值之间用小数点分开(同定点小数格式的描述形式)。

266

5.5.2　浮点阶的移码表示

1. 移码的定义

前面我们已经介绍过,浮点数的阶码用带符号的整数表示,其形式同定点整数。因此从理论上来说,前面介绍过的任何一种定点机器数表示方法均应该能够用来表示浮点数的阶码。但在计算机中进行计算时,经常会遇到比较两数大小的操作。而两个浮点数进行比较,首先要比较阶码的大小。如果我们用常见的原、补、反等机器码来表示浮点数的阶码,由于其正、负域的定义不一样,因此当两个阶码的正、负不一致时,或者两个负阶进行比较时,就会不太方便。基于这个原因,目前在大多数通用计算机中,采用一种特殊的编码方式——移码表示法——来表示浮点数的阶码。

移码由真值 E 加上一个偏置常数 2^k 构成。加上这个偏置常数后,相当于将 E 在数轴上向正方向偏移了 2^k 个单位,这就是"移码"一词的由来。类似地,移码也可称为增码或偏码。

移码偏置常数的选取很有讲究,理论上一般考虑将一个正、负域对称表示的阶码真值,全部偏移到正数域用移码表示出来。这样做的好处很明显,偏移后移码值的大小直接反映了阶码真值的大小,比较时不用再考虑正、负数的区别。对于 $k+1$ 位阶码来说,总共需要 2^{k+1} 个无符号整数才能把 2^{k+1} 个真值全部表示出来。在 2^{k+1} 个阶码的真值中,有 2^k 个正数,2^k 个负数,正、负域基本上对称分布。而在 2^{k+1} 个无符号整数中,居于中间的两个数是:2^k-1(二进制码 0111…11)和 2^k(二进制码 1000…00)。如果希望阶码的正数和负数基本均匀地分布在 2^{k+1} 个无符号整数区间内,则可以选择这两个居中数中任何一个作为移码的偏置常数。出于习惯,偏置常数原理上一般取 2 的整幂(2^k),因此,也经常能见到将移码称为"余 2^k 码"的情况。

根据上述讨论,当浮点数的阶码由一位符号位和 k 位数值位构成的整数表示时,对应真值 E 的移码可定义为

$$[E]_{移} = 2^k + E \quad -2^k \leqslant E < 2^k \tag{5-52}$$

在此,偏置常数 2^k 正好等于移码符号位的位权,这使得移码的符号位取值正好与原、补、反码相反。如果用 E_s 表示移码的符号位,则有正数时 $E_s=1$;负数时 $E_s=0$。图 5-48 是基于上述定义的移码和真值映射关系图。

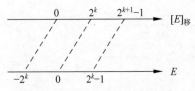

图 5-48　移码和真值的映射关系

由图可知,移码表示的几何意义为:将 k 位数在数轴上向右平移了 2^k 个位置,刚好把其下限 -2^k 移到了移码数轴上的 0 点,使得一个原本正负域取值的数被映射成可全部在正数域表示的,且由小到大顺序排列的移码。当移码用于实际的机器中时,也可能会根据具体需要选取 2^k-1 作为偏置常数。

2. 移码的特点

通过进一步观察可以看出移码具有以下特点。

(1) 移码符号位的取值与原、补、反码符号位的取值正好相反。

(2) 移码的符号位与数值位是一个从 0 到全 1 的连续编码的整体,不可分开考虑。正因为如此,很多系统中并不特别强调移码的符号位。

(3) 移码把跨越正负域的真值范围全部映射到一个正数域,所以两移码比较大小时,可

视为无符号数直接对数值进行比较。当浮点数阶码采用移码表示时,大大简化了两个阶码的比较操作。

（4）与补码表示法类似,真值 0 在移码中的表示形式也是唯一的,即

$$[0]_移=[+0]_移=[-0]_移=100\cdots000 \tag{5-53}$$

这有利于简化浮点数的判 0 操作。

（5）移码与补码之间存在符号位相反、数值位相同的简单转换关系。

正因为具有上述特点,使得移码广泛用来表示浮点数的阶码。采用移码表示的好处除了便于比较浮点数的大小之外,还能够简化浮点机器零的表示,有利于判零电路的实现。相关内容我们将在后面的章节中详细介绍。

3. 移码与补码的关系

对移码和补码进行更深入的比较我们会进一步发现,移码和补码有许多相似之处,但也有明显的区别。有以下几点。

（1）移码和补码的表示范围一样,负数域也可以表示到 -2^k,比原码多表示一个码点,且正负数表示范围不对称。

（2）移码和补码的符号位取值相反,数值部分取值相同。

（3）移码和补码一样,零的表示唯一。但移码 0 的符号位取值为 1,与补码 0 的符号位取值相反。

这些特点使得移码和补码之间转换起来非常方便。通常移码只用于表示整数,且只用于表示浮点数的阶码部分。

【例 5.6】 设机器数字长为 8 位（含 1 位符号位）,当其分别代表整数的无符号数、原码、反码、补码和移码时,对应的十进制真值各为多少？写出该机器数的全部二进制代码及其代表不同机器码时对应的十进制真值。

解：根据题意,表 5-10 列出了 8 位二进制代码的所有组合及其解释为无符号数、原码、反码、补码和移码时所代表的十进制真值。

表 5-10　8 位机器数代表不同码制时的真值表示范围

二进制代码	无符号数对应的真值	原码对应的真值	反码对应的真值	补码对应的真值	移码对应的真值
0000 0000	0	+0	+0	0	−128
0000 0001	1	+1	+1	+1	−127
0000 0010	2	+2	+2	+2	−126
...	...	...	...	...	...
0111 1110	126	+126	+126	+126	−2
0111 1111	127	+127	+127	+127	−1
1000 0000	128	−0	−127	−128	0
1000 0001	129	−1	−126	−127	+1
1000 0010	130	−2	−125	−126	+2
...	...	...	...	...	...
1111 1101	253	−125	−2	−3	+125
1111 1110	254	−126	−1	−2	+126
1111 1111	255	−127	−0	−1	+127

通过表 5-10 可以更加深入地理解"机器数"的含义。同一串二进制代码,如果用来表示不同的机器码,所对应的真值是截然不同的。

5.5.3 浮点表示法

当计算机中采用浮点表示法时,会涉及许多定点表示法中不需要考虑的复杂问题,下面让我们来看看这些问题在浮点表示法中是如何解决的。

1. 规格化的浮点数

1) 浮点数的规格化表示

如果不做特殊规定,一个浮点数的表示形式并不是唯一的。例如,二进制数 101.1101 可以表示为 1.011101×2^2,也可以表示为 0.1011101×2^3、0.01011101×2^4,等等。但为提高运算精度,通常希望充分利用尾数的有效位数。因此,计算机中往往对浮点数进行规格化的规定,即要求尾数的最高位必须是一个有效数值。满足这种规定的浮点数称为规格化浮点数,对应地则把不满足这种规定的浮点数称为非规格化浮点数。规格化浮点数的尾数 M 的绝对值通常应在下列范围内:

$$\frac{1}{R} \leqslant |M| < 1 \tag{5-54}$$

如果取 $R=2$,则有:$\frac{1}{2} \leqslant |M| < 1$。受此表示范围的限制,在用原码表示尾数时,规格化浮点数尾数的最高数值位总是为 1,即 $M_{MSB}=1$。在用补码表示尾数时,为了简化规格化数的判断条件,对其表示范围作了一些小小的调整,规定尾数的最高数值位与符号位取值不同时为规格化浮点数。即

$$M_s \oplus M_{MSB} = 1 \tag{5-55}$$

此时,规格化正尾数的表示范围为 $\frac{1}{2} \leqslant M < 1$,应有 $0.1XXX \cdots XX$ 的表示形式;规格化负尾数的表示范围为 $-1 \leqslant M < -\frac{1}{2}$,应有 $1.0XXX \cdots XX$ 的表示形式。注意:规格化补码尾数与规格化原码尾数有三点重要的区别:

(1) 原码规格化浮点尾数的表示范围正、负域对称,而补码规格化浮点尾数的表示范围正、负域不对称,不可再用式(5-54)的形式进行描述。

(2) 对于原码来说,$-\frac{1}{2}$ 是规格化尾数;而对于补码来说,这不再是一个规格化尾数。-1 原码无法表示;而补码则能代表一个规格化尾数。

(3) 原码规格化数与补码规格化数的判断条件不一样,原码的判断条件为 $M_{MSB}=1$;而补码的判断条件则为 $M_s \oplus M_{MSB} = 1$。

2) 浮点数的规格化处理

在采用规格化浮点数表示的机器中,浮点数以规格化形式出现并进行传送和存储,参加运算的初始数据也是规格化数,但运算后结果可能超出规格化数的表示范围。此时需要同时调整浮点数尾数和阶码的大小,将其变回规格化数的形式。这一操作过程叫作浮点数的规格化处理,一般通过对尾数进行左/右移实现。在尾数移位的同时,阶码也需要进行增量或减量。具体操作又分为左规和右规两种,下面分别加以介绍。

（1）右规。浮点运算有可能发生尾数溢出，即尾数的数值超出小数表示范围冲到了数符位中。这在定点运算中是不允许的，属于溢出出错。但在浮点运算时这不算真正的溢出，可通过向右进行规格化的操作，将溢出的尾数调整回正常表示范围中来，简称为右规。由于尾数用小数表示，如果发生溢出只可能破坏到小数点左边一位，因此右规时只需将尾数右移一位，阶码加 1 即可。

（2）左规。如果运算后尾数的绝对值小于规格化尾数值时，可通过向左进行规格化的操作，将尾数调整回规格化尾数的表示范围中来，简称为左规。与右规不同的是，左规过程中尾数可能需要左移多位才能回到规格化数的范围。此时尾数每左移一位，阶码减 1，直到符合规格化数的判断条件为止。

2. 浮点机器零的表示

在浮点表示的计算机中，运算后需要将结果作为 0 处理的情况会比较复杂，主要有以下几种。

（1）真值为 0（真 0）。

（2）尾数为 0，阶码不为 0 且未达最小值（最负阶）。

（3）阶码已达最小值，尾数仍为非规格化数（$0 \leqslant |M| < 1/2$）形式。

（4）阶码已小于可表示的最小值，尾数仍不为 0。

除真 0 以外，不论出现上述哪种情况，都说明数值已经小到无法用规格化浮点数表示出来的地步，在采用规格化浮点数表示的机器中只能作为 0 处理（当然，在允许非规格化数表示的机器中，情况 3 可不看作 0）。而这种 0 和真值 0 是有区别的，故称为"机器 0"。为了保证浮点表示时 0 的形式上的统一性，通常规定机器零的标准格式为：尾数为 0，阶码为最小值（最负阶）。另外，为了便于判零操作的实现，希望机器零的代码为一串零的形式，因此许多计算机中规定浮点数的阶码用移码表示，尾数用补码表示。

3. 浮点数的表示范围

不管是定点数还是浮点数，所谓数的表示范围实际上指的只是数值可达的上、下限边界。实际上，机器数的每个值都只对应数轴上的一个点，点与点之间是离散的，而不是一段连续的区间。定点整数的各个点在数轴上的分布是均匀的；而浮点数的各个点在数轴上的分布是不均匀的，越靠近数轴的原点，两个相邻数之间的距离就越近。虽然浮点数表示范围的大小主要取决于阶码的表示范围，但是如果要确定出表示范围的上下限，则不仅要考虑阶码的位数和所用的码制，也要考虑尾数的位数和码制。

描述浮点数表示范围的关键方法是找准几个边界点。假设阶码用移码表示，尾数用补码表示（阶移尾补格式），则对于规格化浮点数来说，当阶码达到移码可表示的最大值、尾数达到补码可表示的最大值时，该浮点数为可表示的最大正数，对应的机器码为 $1,11\cdots1$；$0.111\cdots11$，十进制形式为

$$N_{最大正数} = (1 - 2^{-n}) \times 2^{2^k - 1} \tag{5-56}$$

当阶码达到移码可表示的最小值、尾数达到规格化正数补码最小值时，该浮点数为最小正数，机器码为 $0,00\cdots0$；$0.100\cdots00$，十进制形式为

$$N_{最小正数} = 2^{-1} \times 2^{-2^k} \tag{5-57}$$

这样，我们就确定了阶移尾补规格化浮点数的正数可表示范围

数据的表示与运算

$$2^{-1} \times 2^{-2^k} \sim (1 - 2^{-n}) \times 2^{2^k-1} \tag{5-58}$$

同样,当阶码达到移码可表示的最大值、尾数达到补码可表示的最小值(最负数)时,该浮点数为最小负数(即绝对值最大的负数),对应的机器码为 $1,11\cdots1; 1.000\cdots00$,写成十进制形式为

$$N_{\text{最小负数}} = -1 \times 2^{2^k-1} \tag{5-59}$$

当阶码达到移码可表示的最小值、尾数达到规格化补码可表示的负数最大值时,该浮点数为可表示的最大负数(即绝对值最小的负数),对应的机器码为 $0,00\cdots0; 1.011\cdots11$,写成十进制形式为

$$N_{\text{最大负数}} = -(2^{-1} + 2^{-n}) \times 2^{-2^k} \tag{5-60}$$

则阶移尾补规格化浮点数的负数可表示范围也确定出来了,即

$$-1 \times 2^{2^k-1} \sim -(2^{-1} + 2^{-n}) 2^{-2^k} \tag{5-61}$$

将上述正、负数表示范围进行综合,我们可以详细地分三段写出阶移尾补规格化浮点数的表示范围

$$-1 \times 2^{2^k-1} \sim -(2^{-1} + 2^{-n}) 2^{-2^k}, \quad 0, \quad 2^{-1} \times 2^{-2^k} \sim (1 - 2^{-n}) \times 2^{2^k-1} \tag{5-62}$$

注意,阶移尾补格式的规格化浮点数正负可表示范围是不对称的。如果不要求详细地表明正、负数的可表示范围,上述范围也可粗略地描述为

$$-1 \times 2^{2^k-1} \sim (1 - 2^{-n}) \times 2^{2^k-1} \tag{5-63}$$

这种表示方法更清楚地反映出阶移尾补规格化浮点数正负域的不对称。为了直观起见,我们可以在数轴上标出这个范围,如图 5-49(a)所示。

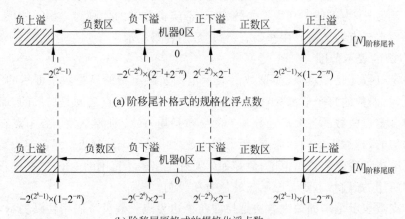

(a) 阶移尾补格式的规格化浮点数

(b) 阶移尾原格式的规格化浮点数

图 5-49   规格化浮点数的表示范围

采用不同的码制来表示浮点数时,由于各码制的定义域不一样,会导致表示范围的边界点不同。例如,阶移尾原规格化浮点数的表示范围为

$$-(1 - 2^{-n}) \times 2^{2^k-1} \sim -2^{-1} \times 2^{-2^k}, \quad 0, \quad 2^{-1} \times 2^{-2^k} \sim (1 - 2^{-n}) \times 2^{2^k-1} \tag{5-64}$$

或粗略地用上下限表示成:

$$-(1 - 2^{-n}) \times 2^{2^k-1} \sim (1 - 2^{-n}) \times 2^{2^k-1} \tag{5-65}$$

上述表示范围对应的数轴如图 5-49(b)所示。将该图(b)与图(a)对比可知,当采用阶

移尾原格式时,规格化浮点数的正数域与阶移尾补格式相同;而负数域则稍微右移了一个点(即缩小了一个点),与正数域对称。

从图 5-49 还可以看出,浮点数的表示范围由正数域、机器 0 和负数域三个区域组成。比较特殊的是机器 0 区域。这段区域中只有数轴中心的坐标原点表示真 0,而其他部分都是由于机器表示范围的限制才被当成 0 看待的。换句话说,由几何表示来看真 0 与机器 0 的区别,就在于真 0 是数轴上的一个点,而机器 0 则对应于数轴上 0 点附近的一段区间。

当浮点运算结果超出浮点表示范围时,需要及时发现错误并进行纠正。浮点数的溢出判断方法与定点数不同,是以阶码是否超出其表示范围来界定的,具体又分为阶码上溢和阶码下溢两种情况。当运算结果太大以至阶码大于浮点数可表示的最大阶时,称为浮点数的上溢。此时如果数据为正,为正上溢;如果数据为负,则为负上溢,如图 5-49 所示数轴上左、右两边的上溢区。不管是正上溢还是负上溢,都属于溢出出错。运算结果一旦上溢,计算机必须立即停止运算,置溢出标志,并转溢出中断程序进行处理。一般所说的浮点溢出错误,均是指发生上溢的情况。另一方面,运算结果也有可能太小,其表现形式为运算结果非 0,但阶码小于最小阶(最负阶)。这种情况叫作浮点数的下溢。此时如果数据为正,称为正下溢;数据为负则称为负下溢。下溢时,浮点数的值小到接近于零且无法正常表示,跳转到了图 5-48 所示的机器 0 区间中去(0 点的左边为负下溢区,右边为正下溢区)。故运算时如出现下溢,计算机一般不看作出错,仅作为机器零处理即可。

浮点数判溢出的方法还与阶码的码制有关,如用补码或移码表示阶码,则设置双符号位来判溢出十分方便,具体实现方法见移码加减运算(见 5.5.5 节)的讨论以及定点补码加减运算关于溢出判断方法(见 5.3.2 节)的介绍。

【例 5.7】 某机字长 32 位,其浮点数采用规格化阶移尾补格式,其中阶码 8 位(含 1 位阶符),尾数 24 位(含 1 位数符)。请写出该浮点数的表示范围,并指出可表示的最小正数和绝对值最小的负数值各是多少?

解: 让我们根据题意找出该浮点数表示范围中正、负域的边界点,为便于确定先写出这些边界点的机器码,再写成更加直观的十进制真值形式。

机器码   真值

最大正数: $1,111\ 1111; 0.\underbrace{111\cdots11}_{23\ \text{个}\ 1}$ $(1-2^{-23})\times2^{127}$

规格化最小正数: $0,000\ 0000; 0.\underbrace{100\cdots00}_{22\ \text{个}\ 0}$ $2^{-1}\times2^{-128}$

规格化最大负数: $0,000\ 0000; 1.\underbrace{011\cdots11}_{22\ \text{个}\ 1}$ $-(2^{-1}+2^{-23})\times2^{-128}$

最小负数: $1,111\ 1111; 1.\underbrace{000\cdots00}_{23\ \text{个}\ 0}$ -1×2^{127}

则该浮点数的表示范围为 $-1\times2^{127}\sim(1-2^{-23})\times2^{127}$,其中可表示的规格化最小正数为 $2^{-1}\times2^{-128}$,绝对值最小的规格化负数为 $-(2^{-1}+2^{-23})\times2^{-128}$。由此例可看出阶移尾补格式的规格化浮点数正、负表示范围不对称的情况。

若想在格式不变的情况下进一步扩大浮点数的表示范围,可采用非规格化浮点数表示。但与规格化数相比,虽然其正、负数表示范围有所扩大,但总的表示范围不会得到改善,其效果并不比增加阶码位数来得明显,反而会使有效数位的利用率降低,由此引起的精度损失变大。因此计算机中一般均采用规格化浮点数。作为非规格化浮点数的举例,如果仍采用阶移尾补格式,非规格化最小正数的机器码可达 0,00…0;0.000…01,十进制形式为

$$N_{非规格化最小正数} = 2^{-n} \times 2^{-2^k} \qquad (5\text{-}66)$$

非规格化最大负数的机器码为 0,00…0;1.111…11,十进制形式为

$$N_{非规格化最大负数} = -2^{-n} \times 2^{-2^k} \qquad (5\text{-}67)$$

则阶移尾补非规格化浮点数的表示范围为

$$-1 \times 2^{2^k-1} \sim -2^{-n} \times 2^{-2^k}, 0, 2^{-n} \times 2^{-2^k} \sim (1-2^{-n}) \times 2^{2^k-1} \qquad (5\text{-}68)$$

由式(5-68)可以看出,阶移尾补非规格化浮点数总的表示区间大小与阶移尾补规格化浮点数相同,并没有扩大。非规格化浮点数扩展的范围集中在 0 点附近,使得机器 0 区间缩小了一点,但由于只是尾数的范围变大了,阶码的范围并没有变,因此下溢区缩小的范围很有限。

从上述的讨论中可以看出,浮点数表示范围的大小主要取决于阶码的位数,阶码的位数越多,指数项取值越大,表示范围也越大,反之亦然。因此通过调整阶码的位数,可以有效地调整浮点表示的范围。但是在字长不变的情况下,阶码位数增加的同时会减少尾数的位数,导致表示精度降低。在计算机中具体运用时应权衡范围与精度两方面的利益。

4. 浮点数的隐藏位表示

采用规格化浮点数表示时,我们会发现非 0 规格化尾数的最高数值位取值其实是确定的,即绝对值必定为"1"。既然这样,计算机中是否还需要保存这一位呢?答案显然是否定的。许多机器在保存浮点数时对这一位数值进行了省略,即把浮点数存入内存前,通过尾数的左移强行把该位去掉。但去掉并不意味着就不要了,而是隐含约定该位数值总是在小数点之后,居于尾数的最高位。也就是说,该位仍然存在,只是"躲藏"起来不出现而已。这种处理方案被形象地称为"隐藏位"技术。采用隐藏位的好处是在尾数位数不增加的情况下,能多表示一位尾数,有利于提高数据表示的精度。

例如,10 位字长的浮点数 $[N]_{阶移尾补} = 1,011;1.10101$ 在不采用隐藏位方案时尾数只有 5 位;而在同样字长的情况下,如果具有隐藏位,恢复成正常浮点数格式后就可表示为 $[N]_{阶移尾补} = 1,011;1.110101$,尾数达到了 6 位,精度也随之增加了 1 位。这个例子只是对隐藏位方案作的原理性示意,实际的隐藏位方案在不同的机器中实现时可能会有不同的规定,应灵活运用。当然,隐藏位只能在存储和传送时"隐藏",运算时仍然需要参加。因此,在采用隐藏位方案的机器中,如果需要从内存取出浮点数执行运算,则运算前必须先恢复隐藏位,而运算器的位数也要随之增加 1 位。

引入隐藏位概念后,如果不加说明,同一种浮点数格式可能会被理解为两种不同的取值,带隐藏位的或不带隐藏位的。为了避免二意性,也为了讨论起来更加方便,本书在此约定:除非特别说明,书中所有与浮点数格式相关的原理性讨论、例题、习题等均不考虑隐藏位。

5. 浮点基数的选择

我们前面对浮点数的讨论,都是以阶的基 $R=2$ 为基础进行的,这是最简单的情况。而在计算机中,实际上还经常选取 $R=4,8,16$ 等作为阶的基数。选择不同的基数对浮点数特

性的改变起着重要的作用,它既影响浮点数的表示精度,也影响数值的表示范围。采用较大的 R 值,在阶码位数相同的情况下,可以有效地扩大浮点数的表示范围,但此时即使尾数位数不变,表示精度也会下降。下面我们就来深入讨论一下不同的基数对浮点数的影响。

1)基数对规格化尾数的影响

在计算机中,不论阶的基数怎样选取,浮点数的阶码和尾数仍然保持二进制形态,运算也仍然按二进制规则进行,但此时尾数的基值已经随着阶码基数的不同而改变了。在浮点表示中,一般阶码与尾数的基数是保持一致的。在以 R 进制为基数的浮点数中,当尾数的位数为 n 位二进制时,就相当于 R 进制的尾数有 n' 个数位,其中 $n' = n/\lceil \log_2 R \rceil$。因此如果进行移位操作,就不能再按二进制进行了。而规格化表示也是和基数 R 有关系的,由式(5-54)已知,规格化浮点数的尾数 $|M|$ 应在 $\left(\dfrac{1}{R}, 1 \right)$ 范围内,如果 R 改变,规格化数的定义也随之改变。具体分析如下:

(1)$R = 4$ 时,两位尾数相当于一位四进制码,规格化尾数的绝对值小于或等于 $1/4$,即原码尾数的最高两位不全为 0 时是规格化数,补码则要求最高两位尾数至少有一位与符号位不同。阶码 $+1$ 或 -1,尾数要对应地右移或左移两位。

(2)$R = 8$ 时,三位尾数相当于一位八进制码,规格化尾数的绝对值小于或等于 $1/8$,原码尾数的最高三位不全为 0 时是规格化数,补码规格化尾数的最高三位至少有一位与符号位不同。阶码 $+1$ 或 -1,尾数要对应地右移或左移三位。

(3)$R = 16$ 时,四位尾数相当于一位十六进制码,规格化尾数的绝对值小于或等于 $1/16$,原码尾数的最高四位不全为 0 时是规格化数,补码规格化尾数中最高四位至少有一位与符号位不同。阶码 $+1$ 或 -1,尾数要对应地右移或左移四位。

依此类推,不难得到 $R = 2^n$ 时的情况,尾数每左移(或右移)$\lceil \log_2 R \rceil$ 位,阶码将减 1(或加 1)。

又如现在尾数 $M = 0.0001X \cdots X$,对于 $R = 2$ 的浮点数来说,这是一个非规格化数,需要进行规格化操作;而对于 $R = 16$ 的浮点数来说,这已是一个规格化数了,无须再进行规格化操作。由此看来选取较大的基数在运算时可以减少规格化操作的次数和移位的次数,有利于提高运算速度。

2)基数对表示范围的影响

浮点基数的选取对其表示范围影响很大。一般而言,基数大能使可表示数的个数增加,表示范围增大。例如,对于 32 位的浮点数来说,如果阶码 7 位(含 1 位阶符),尾数 25 位(含 1 位数符),采用阶移尾补形式,则

当 $R = 2$ 时,可表示的浮点数范围为 $-1 \times 2^{63} \sim (1 - 2^{-24}) \times 2^{63}$;

当 $R = 8$ 时,可表示的浮点数范围为 $-1 \times 8^{63} \sim (1 - 2^{-24}) \times 8^{63}$;

当 $R = 16$ 时,可表示的浮点数范围 $-1 \times 16^{63} \sim (1 - 2^{-24}) \times 16^{63}$。

可知,随着基数的变大,浮点数表示范围有沿数轴向正负两边扩展的趋势。

3)基数对表示精度的影响

基数的选取对浮点数表示精度也会有显著的影响。这里所谓的精度是指一个数所含有效数值位的位数。随着 R 的增大,浮点数尾数的粒度会随之变粗,即数轴上各点的排列更稀疏,表示精度随之下降。仍以上述格式的 32 位浮点数为例来看一下精度的具体变化

情况。

（1）当 $R=2$ 时，可表示 24 位二进制尾数，规格化最小正数为 $2^{-1}\times 2^{-64}$，尾数的最高位为有效数值。

（2）当 $R=8$ 时，24 位二进制尾数相当于 8 位八进制数，规格化最小正数为 $8^{-1}\times 8^{-64}$，尾数的最高两位为 0。

（3）当 $R=16$ 时，24 位二进制尾数相当于 6 位十六进制数，规格化最小正数为 $16^{-1}\times 16^{-64}$，尾数的最高三位为 0。

通过上例我们看出，基数越大，规格化尾数的最高位利用率越低，数据在数轴上的分布密度越稀，精度受影响越大。可知基数增大对浮点数表示范围有着正面的影响，但对表示精度却带来负面的影响。为了扬长避短，在机器字长较长的巨、大、中型机中，浮点数的基数宜取大些；而在字长较短的微、小型机中，浮点基数宜取小些。如 PDP-11 机浮点基数为 2，而 IBM 370 机的浮点基数取 16，虽然两者的短浮点数具有同样的格式，但由于所用基数不同，IBM 370 的表示范围比 PDP-11 大，当然相对误差也较大。

最后可以对浮点表示法的基本特性进行如下总结：浮点数的表示范围主要由阶码的位数决定，有效数字的精度主要由尾数的位数决定，基数的大小则对浮点数的表示范围和精度均有影响。阶码的位数越多，表示的范围越大；尾数的位数越多，可表示的精度越高；基数越大，表示范围扩大的越多，但精度却随之单调下降。这些特性都是由浮点数本身的结构决定的。

6. 定点表示法与浮点表示法的比较

为了加深对不同数据表示法性能的理解，我们对同样字长的定点数和浮点数进行一下简单的比较，概括地说明两种表示法在以下几方面有所不同：

（1）由于浮点数加入了指数部分（即阶码），表示范围得到了扩充，因此比定点数表示范围大得多。

（2）浮点数的有效精度比同样字长的定点数低。一般来说，机器字长越长，可表示的有效位数就越多，精度就越高。但由于浮点数的阶码占去了一部分位数，可表示的有效数位减少了，因此精度也随之下降。从这一点上看，浮点表示法的实质是以牺牲精度为代价来扩大数据的表示范围的。

（3）溢出判断的方法不同，浮点运算以阶码上溢为溢出标志，而定点数则是以数值本身是否超出表示范围对符号位造成破坏为溢出标志的。

（4）浮点数由阶码和尾数两部分组成，比定点数结构复杂，导致运算步骤增多，运算速度下降，运算线路也比定点运算器复杂。

（5）由于表示范围大，浮点数在运算时能够有效减少运算结果产生溢出的次数，减轻编程时选择比例因子的工作量。

总的看来，浮点数在数据表示范围、溢出处理和编程的方便性上均优于定点数，而在表示精度、运算速度及运算的复杂性等方面又不如定点数，因此，在确定机内数据表示方式时应根据具体应用方向综合考虑。

7. 浮点表示法对计算机性能结构的影响

虽然浮点表示法在表示范围等方面具有较为明显的优势，但表示方法不如定点数简单直观，运算规则和硬件结构都较为复杂，实现成本也随之增加。这些因素均说明并不是所有的计算机都适合采用浮点数。机内是否采用浮点表示,在计算机设计时必须统筹安排、全面权衡、合理配置。按照对浮点功能的设置方式,通常可以将计算机分为以下几种。

1）定点机

定点计算机中只能表示和处理定点数,它的指令系统不支持任何浮点功能,只能通过执行软件程序来实现对实数的处理。机器结构简单,成本低廉,适用于规模较小、运算功能要求不高的低档微型计算机及某些专用机、控制机结构。

2）定点机＋浮点选件

为了增强硬件的实数处理能力,许多性能较好的定点微、小型计算机中都配有浮点协处理器选件。浮点协处理器是一种专门用来对计算机中的浮点数进行处理的 LSI 芯片,其内部主要包括浮点运算部件和浮点处理部件两部分,可在定点机原有指令系统的基础上执行一套附加的浮点指令,完成对定点机浮点功能的扩展。之所以叫作“协处理器”,是因为这种处理部件虽然本身也有自己的指令集,但功能专一,无法单独工作,只能和主 CPU 协同运行。流传较广的有与 80x86 CPU 配套的 80x87 系列浮点协处理器。计算机系统在配置了浮点协处理器选件之后,可使浮点运算的速度大大提高。

3）浮点机

浮点计算机本身就具有浮点运算指令和浮点运算器,实数处理速度和处理能力都十分强大,通用的大、中型机、高档微型机多采用浮点机结构。

【例 5.8】 设计一个浮点数格式,要求必须满足下列条件。

(1) 所用的机器码位数最少;

(2) 可表示的十进制数范围:

$$负数 -10^{38} \sim -10^{-38}; \quad 正数 +10^{-38} \sim +10^{38}$$

(3) 可达到的精度: 7 位十进制数据。

解:(1) 浮点数表示范围的设计主要是确定阶码位数,采用试探法求解:

由 $2^{10} > 10^3$, 可得 $(2^{10})^{12} > (10^3)^{12}$, 即 $2^{120} > 10^{36}$

又因 $2^7 > 10^2$, 所以 $2^7 \times 2^{120} > 10^2 \times 10^{36}$, 即 $2^{127} > 10^{38}$

同理可得 $2^{-127} < 10^{-38}$

由上推导可知:阶码取 8 位(含 1 位阶符),且用补码或移码表示时,对应的浮点数取值范围为 $2^{-128} \sim 2^{+127}$,可以满足题意要求。

(2) 浮点数精度的设计主要是确定尾数的位数。

由于 $10^7 \approx 2^{23}$,故尾数的数值部分可取 23 位,加 1 位数符位达 24 位。

最终该浮点数至少取 32 位,其中阶码 8 位(含 1 位阶符),尾数 24 位(含 1 位数符)。

5.5.4 IEEE 754 浮点标准

通过上面对浮点数表示方法和原理的讨论,我们对浮点数有了一个基本的认识。为了进一步加深对浮点表示法的理解,现在以广泛流行的 IEEE 754 国际标准浮点数为例,来看看实际的浮点数格式。

1. IEEE 浮点格式

IEEE 754 浮点标准由 IEEE(电气和电子工程师协会)于 1985 年提出,主要为便于不同计算机系统之间的数据交换、协同工作及软件移植,浮点数的格式应该有统一的标准定义而设计。IEEE 754 标准浮点数的格式与我们前面 5.5.1 节介绍的浮点数基本格式有一些差别，如图 5-50 所示。

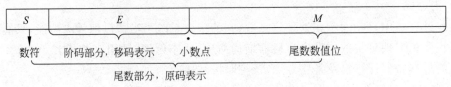

图 5-50　IEEE 754 标准的浮点数格式

为了便于讨论，我们把上述 IEEE 754 标准浮点数的格式书写为

$$S, E_s E_1 E_2 \cdots E_k ; . M_1 M_2 \cdots M_n$$

概括起来，IEEE 754 标准对浮点数的格式作了如下规定（以 32 位为例）。

（1）表示格式由数符 S、阶码 E、尾数 M 三部分组成。

（2）数符位 S 占 1 位，设在浮点格式的最左边（最高位）。S 的取值按原码符号位的规定，$S=0$ 表示正数，$S=1$ 表示负数。

（3）阶码 E 为 8 位整数，用移码表示，偏置常数为 +127，阶的基为 2。

（4）尾数值 M 为 23 位小数，用原码表示。

（5）非 0 规格化尾数的最高有效位恒为 1，采用隐藏位方案，约定该位总是躲藏在尾数小数点的左边（即位权为 2^0，是一位整数）。因此尾数值实际上可达 24 位（1 位隐藏位 +23 位小数位）。

IEEE 754 标准中设定了三种常用的浮点数格式，其数位的具体分配如表 5-11 所示。

表 5-11　IEEE 754 标准中的三种浮点数

类型	数符 S	阶码 E	隐藏位	尾数值 M	总位数	偏置常数	
						十六进制	十进制
短实数	1	8	有	23	32	7FH	+127
长实数	1	11	有	52	64	3FFH	+1023
临时实数	1	15	无	64	80	3FFFH	+16383

表中短实数又称为单精度浮点数，长实数又称为双精度浮点数，它们都采用了隐藏位方案，这样实际上又增加了一位尾数。临时实数又称为扩展双精度浮点数，它不含隐藏位，常用于中间计算过程，以减少相应的精度损失。

2. 极端值的特殊规定

IEEE 754 标准用阶码 E 的两个极端值 0 和全 1 表示一些特殊的情况，主要有下面几点：

（1）阶码 E 为 0 且尾数 M 为 0 表示浮点 0。$S=0$ 表示 +0，$S=1$ 表示 −0。

（2）阶码 E 为 0 且尾数 M 不为 0，若隐藏位 =0，表示非规格化数。$S=0$ 表示正非规格化数，$S=1$ 表示负非规格化数。

（3）阶码 E 为全 1 且尾数 M 为 0 表示 ∞，$S=0$ 表示 +∞，$S=1$ 表示 −∞。

（4）阶码 E 为全 1 且尾数 M 不为 0，表示非数（即不是一个数），非数常用来通知各种异常条件。

3. 舍入处理方法

IEEE 754 标准中还给出了四种可供选择的舍入处理方法。

(1) 就近舍入：运算结果可被舍入成最接近的可表示数，这是该标准默认的舍入方式，其实质类似于前面介绍的"0 舍 1 入"法。例如，假设运算结果比规定的尾数位数多出 5 位，若多余位取值是 10010，已超过尾数最低有效位(LSB)权值的一半，故最低有效位加 1，相当于"入"；若多余位取值是 01111，则简单的截尾即可，相当于"舍"；若多余位取值是 10000 这种严格中点的情况，则需要根据最低有效位的取值来决定取舍。若最低有效位＝0 则截尾；最低有效位＝1 则作加 1 操作。

(2) 朝 0 舍入：就是简单的截尾，丢掉多余位后不作任何进一步的处理。其舍入后果总是使结果的绝对值变小(单向负误差)，朝向数轴原点趋近。

(3) 朝＋∞舍入：朝正无穷大方向向上舍入。若尾数为正数，只要舍去的多余位不全为 0，做最低有效位加 1 操作；若尾数为负数，则简单的截尾。

(4) 朝－∞舍入：结果朝负无穷大方向向下舍入。处理方法正好与朝＋∞舍入相反，对正数来说，做简单的截尾；对负数而言，只要多余位不全为 0，做最低有效位加 1 操作。

4. 主要表示特点概括

综上所述，IEEE 754 标准浮点数主要有下述特点：

(1) 符号位放在浮点数格式的最高位，便于判 0 和判断符号操作的实现。

(2) 机器零为一串 0 的形式(E 和 M 均为零)，便于判 0。

(3) 两浮点数进行大小的比较时，可不必区分阶码位和数值位，视同两定点数比较一样对待。

(4) 设置隐藏位提高尾数表示精度，且隐藏的数值为 1 而不是通常的 2^{-1}。

(5) 阶的移码采用 2^k-1 而不是通常的 2^k 作为偏置常数，通过对 0 或全 1 极端阶码值的充分利用，增加了表示的多样性。

现以单精度浮点数格式为例，32 位的浮点规格化数的真值可表示为

$$N = (-1)^s \times (1.M) \times 2^{E-127} \tag{5-69}$$

其中，S 代表符号位，$S=0$ 表示正数，$S=1$ 表示负数；E 为阶码的移码；M 为尾数的小数部分；小数点前面的 1 为隐藏位。由于正常的阶码其移码值 E 可取 1～254，则短浮点数阶码的真值范围为－126～＋127。

【例 5.9】 写出 IEEE 754 标准短浮点数和长浮点数的表示范围，并进一步指出其规格化可表示的最小正数、最大负数为多少？

解：(1) 短浮点数。

根据 IEEE 754 标准短浮点数的格式规定，其阶码 8 位，移码取值范围为 0～255。由于正常阶码的移码值 E 只能取 1～254，则短浮点数阶码的真值范围为－126～＋127。短浮点数的尾数 23 位，则

$$最大正数 = 2^{127} \times (2-2^{-23}), \quad 最小正数 = 2^{-126}$$
$$最大负数 = -2^{-126}, \qquad\qquad 最小负数 = -2^{127} \times (2-2^{-23})$$

IEEE 754 标准短浮点数表示范围为：$-2^{127} \times (2-2^{-23}) \sim 2^{127} \times (2-2^{-23})$，用 10 的幂可近似表示为：$10^{-38} \sim 10^{38}$。

(2) 长浮点数。

长浮点数的格式规定阶码 11 位,移码取值范围为 0~2047。而正常阶码的移码值 E 可取 1~2046,则长浮点数阶码的真值范围为 -1022~$+1023$。长浮点数的尾数 52 位,其规格化数的真值可表示为 $N = (-1)^S \times (1.M) \times 2^{E-1023}$,则

$$最大正数 = 2^{1023} \times (2 - 2^{-52}), \quad 最小正数 = 2^{-1022}$$

$$最大负数 = -2^{-1022}, \quad\quad\quad 最小负数 = -2^{1023} \times (2 - 2^{-52})$$

IEEE 754 标准长浮点数表示范围为:$-2^{1023} \times (2 - 2^{-52}) \sim 2^{1023} \times (2 - 2^{-52})$。

通过上述例题可知,在使用 IEEE 754 标准浮点数时,需要特别注意隐藏位的存在。整数部分的"1"被隐含表示,在格式中不留任何痕迹。

5.5.5 规格化浮点加减运算

在讨论了浮点数的表示方法之后,让我们进一步讨论浮点数的算术四则运算方法。由于浮点数的表示方法比定点数复杂得多,因此运算方法也相对复杂。出于习惯,我们对于浮点算法的讨论仍然按先加减、后乘除的顺序展开。由于计算机中普遍采用规格化浮点数,因此对浮点算法的讨论主要围绕规格化浮点运算展开。所谓规格化浮点运算是指,参加运算的操作数为规格化浮点数,运算完成后结果也是规格化浮点数。

1. 浮点加减运算基本规则

首先对浮点数阶码和尾数两部分进行分析,可知有效数值是由尾数给出的,则加减运算应在尾数部分进行。这里遇到的第一个问题是加减运算要求操作数的小数点对齐,虽然所有浮点数格式中尾数的小数点位置是一致的,但这并不能代表其小数点的实际位置。浮点数小数点的实际位置是由阶码的大小决定的。当两浮点数阶码不等时,其小数点的实际位置是不一样的,也就是小数点未对齐,此时尾数无法直接进行加减运算。故浮点加减运算的第一步必须使参加运算的两浮点数阶码相等,这一操作称为"对阶"。对阶之后,尾数就可以进行加减运算了。由于尾数的表示方式与定点小数完全相同,因此其加减运算规则也与定点小数完全相同。尾数运算完成后,还可能会涉及运算结果的规格化、精度的舍入、溢出判断等一系列问题需要进一步解决。另外,由于浮点运算比定点加减运算更费时间,因此希望尽量简化运算过程,当操作数为 0 时,可以考虑不实施运算。按照上面的分析,可以将浮点加减运算步骤归纳为下面几步:

(1) 0 检测,判断操作数是否为 0;

(2) 对阶,使两数的小数点位置对齐;

(3) 尾数运算,两尾数按定点加减运算规则求和(差);

(4) 结果规格化,若运算后尾数不再是规格化形式,进行规格化处理;

(5) 舍入,为尽量避免精度损失,对尾数右移时移出的保护位进行舍入;

(6) 溢出判断,运算过程中对可能发生溢出出错的操作及时判溢出。

现设有两个浮点数 X 和 Y,分别表示为 $X = M_x \times R^E$,$Y = M_y \times R^E$,若求 $Z = X \pm Y$,则浮点加减运算的基本规则可用通式描述为:

$$Z = X \pm Y = \begin{cases} (M_x \pm M_y \times 2^{-(Ex-Ey)}) \times 2^{Ex}, & E_x \geqslant E_y \\ (M_x \times 2^{-(Ey-Ex)} \pm M_y) \times 2^{Ey}, & E_x < E_y \end{cases} \tag{5-70}$$

式中，$2^{-(E_x-E_y)}$ 和 $2^{-(E_y-E_x)}$ 称为移位因子，反映对阶时尾数右移的位数。

下面让我们详细讨论每一步运算的具体操作方法。

2. 浮点加减运算步骤

1）0 操作数检测

运算前先分别对两操作数 X、Y 进行判 0 操作

若 $X=0$，则令 $X+Y=Y$；$X-Y=-Y$；运算结束；

若 $Y=0$，则令 $X+Y=X-Y=X$；运算结束。

2）对阶

对阶的目的是使两操作数的小数点对齐，即使得两数的阶码相等。对阶前，先要进行阶码比较，确定两数的阶码是否一致。由于运算器中通常不设比较电路，因此阶码的比较是通过"求阶差"操作完成的。阶差可描述为

$$\Delta E = E_x - E_y \tag{5-71}$$

若 $\Delta E=0$，说明 $E_x = E_y$，尾数可直接进行加减；

若 $\Delta E \neq 0$，则意味着 $E_x \neq E_y$，需要先对阶，阶码对齐后才能进行运算。

求阶差时的减法运算采用何种算法与阶码所用的码制有关，若阶码用补码表示，则可使用定点整数补码加减法进行计算。即

$$[\Delta E]_{\dot{\textrm{补}}} = [E_x]_{\dot{\textrm{补}}} + [-E_y]_{\dot{\textrm{补}}} \tag{5-72}$$

其次要解决阶码按怎样的规则对齐的问题。若大阶向小阶看齐尾数需要左移，对规格化数来说会引起尾数溢出，显然不可取；而小阶向大阶看齐则需要尾数右移，虽然可能损失精度但对尾数的正确性没有大的影响，故规定对阶的规则为：小阶向大阶看齐。

对阶的操作过程一般采用逐步逼近的方式，小阶每+1，其尾数右移一位，$\Delta E+1$ 或 -1 向 0 趋近一步，反复进行到 $\Delta E=0$ 为止。为了尽量减少精度损失，对阶时尾数最低位移出的多余位可通过在运算器中设置保护位寄存器的方法，先把移出的前几位数值暂时保存起来，以便左规时再补入最低有效位，或供舍入判断之用。对阶过程具体描述如下：

$\Delta E>0$，$E_x>E_y$，E_y+1，$M_y\rightarrow 1$，$\Delta E-1$，重复到 $\Delta E=0$ 为止。此时 $E_z=E_x$；

$\Delta E<0$，$E_x<E_y$，E_x+1，$M_x\rightarrow 1$，$\Delta E+1$，重复到 $\Delta E=0$ 为止。此时 $E_z=E_y$。

3）尾数相加减

对阶完成后即可进行尾数运算，按定点小数加减运算规则求 $M_z=M_x\pm M_y$。

当尾数用补码表示时有：

$$[M_z]_{\dot{\textrm{补}}} = [M_x \pm M_y]_{\dot{\textrm{补}}} = \begin{cases} [M_x]_{\dot{\textrm{补}}} + [M_y]_{\dot{\textrm{补}}} & \text{求和} \\ [M_x]_{\dot{\textrm{补}}} + [-M_y]_{\dot{\textrm{补}}} & \text{求差} \end{cases}$$

4）结果规格化

采用规格化表示时，虽然参加运算的操作数都是浮点规格化形式，但运算后结果有可能超出规格化数的表示范围，此时应对结果进行规格化处理，将其变回到规格化形式。浮点加减运算结果可能发生两种非规格化情况：

（1）尾数发生溢出，此时只要右规一次，尾数右移 1 位，阶码+1 即可；

（2）尾数非 0，未发生溢出，也不满足规格化判断条件。此时需要左规，而且还有可能需要左规多位。左规时尾数每左移 1 位，阶码-1，重复进行到满足规格化条件为止。随着尾

数逐位左移,可以考虑将保护位逐位补入尾数的最低位。规格化处理的具体规则参见前面 5.5.3 节的详细介绍。

5) 舍入

对结果进行规格化处理后,可能还会剩余有若干保护位不能补充回正式的尾数位中,需要舍去。为了把结果的精度损失降为最低,通常采用特定的舍入规则对尾数进行舍入。常用的舍入方法在 5.3.3 节误差处理的讨论中作过介绍,运算时可根据具体情况选用。如无特殊要求我们在此约定:本节对浮点运算结果的舍入处理均采用"0 舍 1 入"法。

6) 溢出判断

规格化浮点数溢出的概念及其处理方法在讨论浮点数表示范围时曾作过介绍(见 5.5.3 节),一般以阶码是否溢出作为判断条件。浮点加减运算过程中有可能导致阶码上溢的操作是右规和舍入。由于右规过程中尾数右移一位时阶码加 1,若阶码已为最大值再加 1 就会上溢。而在采用"0 舍 1 入"法时,如果需要"入"则尾数末位加 1。若尾数已达最大值,加 1 后会使尾数溢出,引起右规……接下来的情形就和右规时发生阶码上溢的情形一样了。因此当这两步操作进行时,需要及时地判溢出。注意,溢出判断操作不是在浮点加减运算结束时完成,而是在运算过程中需要的步骤立即进行。

3. 浮点加减运算举例

【例 5.10】 设 $X=2^{-1010}\times(-0.1010\,1000)$,$Y=2^{-1000}\times(+0.1110\,1101)$,并设阶符 2 位,阶值 4 位,数符 2 位,尾值 8 位,均采用补码表示,求 $X\pm Y$。

解:由

$$X=2^{-1010}\times(-0.1010\,1000),\quad Y=2^{-1000}\times(+0.1110\,1101)$$

得

$$[X]_{补}=11,0110;11.0101\,1000\neq0,\quad [Y]_{补}=11,1000;00.1110\,1101\neq0$$

(1) 对阶。

$$[\Delta E]_{补}=[E_x]_{补}-[E_y]_{补}=11,0110+00,1000=11,1110$$

$\Delta E=-2,E_x<E_y$,则 $[X]_{补}$ 的尾数右移 2 位,阶码加 2,使 $E_x=E_y$,即

$$[X]'_{补}=11,1000;11.11010110$$

(2) 尾数相加减。

$$[M_x]'_{补}+[M_y]_{补}=11.11010110=00.11000011$$
$$\begin{array}{r} +00.11101101 \\ \hline 00.11000011 \end{array}$$

$$[M_x]'_{补}+[-M_y]_{补}=11.11010110=10.11101001$$
$$\begin{array}{r} +11.00010011 \\ \hline 10.11101001 \end{array}$$

即

$$[X+Y]_{补}=11,1000;00.1100\,0011——已是规格化数$$

$$[X-Y]_{补}=11,1000;10.1110\,1001——数符位=10,尾数溢出需右规$$

(3) 结果规格化。

右规后:

$$[X-Y]_{补}=11,1001;11.0111\,0100(1)$$

移出一位保护位,阶符=11,未溢出。

(4) 舍入处理。

采用"0 舍 1 入"法,按照负数补码舍入规则,应舍,则

$$[X-Y]_{补} = 11,1001;11.0111\ 0100$$

(5) 溢出判断。

本题在阶码可能发生溢出的(3)、(4)两步均未溢出,结果正确。

最后得 $[X+Y]_{补} = 1,1000;0.1100\ 0011$

$[X-Y]_{补} = 1,1001;1.0111\ 0100$

对应的真值为 $X+Y = 2^{-1000} \times (+0.1100\ 0011)$

$X-Y = 2^{-0111} \times (-0.1000\ 1100)$

此例中浮点数的阶码和尾数都采用了补码表示,因此对阶和加减运算使用定点补码加减算法即可。若阶码用移码表示,则对阶时求阶差需要用到移码加减算法。移码加减运算规则将在讨论浮点乘除运算时介绍。

5.5.6 规格化浮点乘除运算

与浮点加减运算不同,浮点乘除运算时不要求操作数的小数点对齐,阶码和尾数两部分可分别进行运算,运算过程中两者不发生关系。若两个浮点数相乘,阶码相加,尾数相乘;两个浮点数相除,阶码相减,尾数相除。当然也需要考虑算后的结果规格化、舍入、判溢出,以及算前的判 0 等操作。因此,浮点乘除运算步骤一般需要考虑以下几步:

(1) 0 检测,判断操作数是否为 0。

(2) 阶码运算,阶码相加(减),求乘积或商的阶码。

(3) 尾数运算,尾数相乘(除),求乘积或商的尾数。

(4) 结果规格化。

(5) 舍入。

(6) 溢出判断。

其中,(4)、(5)、(6)三步操作方法同浮点加减运算。

1. 移码加减运算

两个浮点数乘除的过程中,阶码需要进行加减运算。如果阶码用补码表示,则可按定点整数补码加减规则进行,这在前面我们已经介绍过。但是目前许多机器中使用移码来表示阶码,如 IEEE 754 标准采用阶移尾原的浮点数格式。这就对移码加减算法的探讨提出了要求。现在我们关心的是,两移码相加减能否直接得到和或差的移码?下面针对这一问题进行算法分析。

1) 算法推导

设两个 k 位的二进制整数 E_x 和 E_y,其移码可定义为

$$[E_x]_{移} = 2^k + E_x \qquad -2^k \leqslant E_x < 2^k$$

$$[E_y]_{移} = 2^k + E_y \qquad -2^k \leqslant E_y < 2^k$$

则

$$[E_x]_{移} + [E_y]_{移} = (2^k + E_x) + (2^k + E_y) = 2^k + [2^k + (E_x + E_y)]$$

$$= [E_x + E_y]_{移} + 2^k \tag{5-73}$$

$$[E_x]_{移} - [E_y]_{移} = (2^k + E_x) - (2^k + E_y) = [2^k + (E_x - E_y)] - 2^k$$

$$= [E_x - E_y]_{移} - 2^k \tag{5-74}$$

可见直接用移码进行相加,得到的结果并非移码,而是比和(差)的移码增加(减少)了 2^k,需要对运算结果进行 $+2^k(-2^k)$ 修正才能得到正确的移码。由于偏置常数 2^k 正好是移码符号位的位权,因此修正的方法很简单,无论 $+2^k$ 还是 -2^k,都只需要将结果的符号位变反即可。尽管如此,仍然希望能有更加简便的算法可供使用。一种常用的改进算法是利用补码与移码符号位相反的简单转换关系,通过加减补码来实现移码加减运算。算法推导如下。

设同样位数的补码为:
$$[E_y]_\text{补} = 2^{k+1} + E_y \quad (\text{Mod } 2^{k+1})$$

则
$$\begin{aligned}
[E_x]_\text{移} + [E_y]_\text{补} &= 2^k + E_x + 2^{k+1} + E_y = 2^{k+1} + 2^k + E_x + E_y \\
&= 2^k + E_x + E_y \quad (\text{Mod } 2^{k+1}) \\
&= [E_x + E_y]_\text{移}
\end{aligned} \tag{5-75}$$

$$\begin{aligned}
[E_x]_\text{移} - [E_y]_\text{补} &= [E_x]_\text{移} + [-E_y]_\text{补} = 2^k + E_x + (2^{k+1} - E_y) \\
&= 2^{k+1} + 2^k + E_x - E_y = 2^k + (E_x - E_y) \quad (\text{Mod } 2^{k+1}) \\
&= [E_x - E_y]_\text{移}
\end{aligned} \tag{5-76}$$

由上述推导结果可知,和或差的移码可通过移码与补码相加减直接获得。而运算前把移码转换为补码时,只要将其符号位变反即可。

2) 溢出判断

与补码加减运算一样,两个移码相加减结果也存在溢出出错的可能。那么移码运算又如何判断溢出呢?一种常用的方法是采用双符号位移码进行运算,但移码最高符号位的意义与变形补码的真符位有所不同。在此规定,无论正负移码的最高符号位(E_{s1})初始时均为 0,而第二符号位(E_{s2})才表示移码的正负。因此运算开始前,移码两个符号位的组合含义为:

$E_{s1}E_{s2} = 00$——表示负数;$E_{s1}E_{s2} = 01$——表示正数。

运算完成后,对 E_{s1} 的取值进行判断,若 E_{s1} 仍然为 0,表示无溢出,两符号位的组合含义不变;若 E_{s1} 为 1,则表示发生了溢出。进一步可以根据两个符号位的组合值来确定溢出的方向,此时若用移码表示阶码则有:

- 若 $E_{s1}E_{s2} = 10$,阶码正溢出(上溢),E_{s2} 由 1 破坏成 0,溢出出错;
- 若 $E_{s1}E_{s2} = 11$,阶码负溢出(下溢),E_{s2} 由 0 破坏成 1,看作机器 0。

移码采用双符号位参加运算时,对应的补码也要用双符号位参加运算。

2. 浮点乘除基本规则

设两浮点数 $X = Mx \times RE$,$Y = My \times RE$,若求 $Zp = X \times Y$ 和 $Zq = X \div Y$,则浮点乘除运算的基本规则可描述为

$$Z_p = X \times Y = (M_x \times M_y) \times R^{E_x + E_y} \tag{5-77}$$

$$Z_q = X \div Y = (M_x \div M_y) \times R^{E_x - E_y} \tag{5-78}$$

3. 浮点乘除运算步骤

现在,让我们进一步讨论浮点乘除运算每一步的具体操作方法。

1) 0 操作数检测

运算前首先检测是否 $X = 0$? $Y = 0$?

若 $X = 0$,则令 $Z_p = 0$(乘法);或 $Z_q = 0$(除法),运算结束;

若 $Y=0$，则令 $Z_p=0$（乘法）；或 $Z_q=\pm\infty$（除法），此时也可视为运算异常，转非法除数处理，运算结束。

若 X、Y 均不为 0，则可继续进行下一步运算。

2）阶码相加减

若求 $X\times Y$，$\qquad\qquad\qquad E_p=E_x+E_y$

若求 $X\div Y$，$\qquad\qquad\qquad E_q=E_x-E_y$

如果阶码用补码表示，就按定点整数补码加减算法及溢出判断规则进行运算；若阶码用移码表示，则按移码加减算法和溢出判断规则进行运算。注意，阶码加减运算的结果有可能发生溢出，需要及时判断并转溢出处理。

3）尾数相乘除

若求 $X\times Y$，$\qquad\qquad\qquad M_p=M_x\times M_y$

若求 $X\div Y$，$\qquad\qquad\qquad M_q=M_x\div M_y$

如果尾数用补码表示，按定点小数补码乘除算法进行运算；如果尾数用原码表示，则要按定点小数原码乘除规则进行运算。有关算法（如加减交替除法）曾经在讨论定点乘除运算时介绍过（见 5.3.4 节、5.3.5 节）。注意按照定点乘法算法求出的乘积是双倍长度的，超长部分应先予以保留，以备接下来的左规或舍入操作使用。由于接下来会对结果进行规格化处理，因此除法过程可不必先判溢出。为了提高商的精度，可多上几位商用作保护位。

4）结果规格化

由于尾数是纯小数，相乘后结果不可能溢出，故不需右规。但乘积有可能变为非规格化数，此时需要左规。除法开始前若尾数满足 $M_x^* < M_y^*$（M_x^*、M_y^* 表示尾数的绝对值）的条件，结果不需右规，但可能需要左规；如果不满足 $M_x^* < M_y^*$ 的条件，则尾数会发生溢出，左右规都有可能需要进行。

5）舍入处理

不论乘法还是除法，在规格化操作完成后，都需要对尾数剩余的保护位进行舍入处理。按照本教材的约定，舍入操作均采用 0 舍 1 入法实现。

6）判断溢出

浮点乘除运算时溢出出错主要可能发生在阶码运算、结果规格化以及舍入处理等步骤，必须及时进行溢出判断，以免造成更大的错误。溢出判断方法与浮点加减运算相同，在此不再赘述。

4. 浮点乘除运算举例

为了使大家加深对浮点乘除算法的理解，下面举例说明其运算过程。

【例 5.11】 已知 $X=2^{-1001}\times(-0.1010\ 1001)$，$Y=2^{+0101}\times(+0.1001\ 1111)$，假设浮点数采用阶移尾补格式，阶值 4 位，尾值 8 位，求 $Z=X\times Y$。

解：$[X]_{阶移尾补}=0,0111;1.0101\ 0111\neq 0$

$\qquad[Y]_{阶移尾补}=1,0101;0.1001\ 1111\neq 0$

（1）阶码相加。

由于阶码用移码表示，因此采用移码加法较为方便。

$[E_z]_移=[E_x]_移+[E_y]_补=00,\quad 0111=00,1100,\quad E_{s1}=0,\quad$ 无溢出

$$\frac{+00,0101}{00,1100}$$

（2）尾数相乘。

原则上讲可选任意一种定点补码乘法算法进行尾数运算,但为了加快运算速度,本题采用补码两位乘比较法。机器运算步骤同定点运算过程故省略。

$$[M_z]_{补} = 111.1001\ 0111\ 0000\ 1001\ 000$$

$$[Z]_{阶移尾补} = 00,1100;\ 111.1001\ 0111\ 0000\ 1001\ 000$$

（3）结果规格化。

$$M_s \oplus M_{MSB} = 1 \oplus 1 = 0,$$

需要左规,即

$$[Z]_{阶移尾补} = 00,1011;\ 111.0010\ 1110\ 0001\ 0010\ 00$$

（4）舍入处理。

取结果字长与原始操作数 X、Y 相同(单倍字长),采用 0 舍 1 入法,按负数补码的舍入规则,保护位的最高位为 0,应"舍",故

$$[Z]_{阶移尾补} = 00,1011;\ 111.0010\ 11\underbrace{10\ 0001\ 0010\ 00}_{保护位}$$

$$= 00,1011;\ 111.0010\ 1110$$

（5）溢出判断。

本题在阶码可能发生溢出的(1)、(4)两步均未溢出,结果正确。

最终结果为 $\quad [Z]_{阶移尾补} = 0,1011;\ 1.0010\ 1110$

$$Z = X \times Y = 2^{-0101} \times (-0.1101\ 0010)$$

【例 5.12】 用浮点除法计算 $\left[2^9 \times \left(-\dfrac{19}{32}\right)\right] \div \left[2^{-5} \times \left(+\dfrac{21}{32}\right)\right]$,假设浮点数采用阶移尾补格式,阶值 4 位,尾值 5 位,求 $Z = X \div Y$。

解:这道题需要先把十进制操作数转换为规格化二进制真值形式,再进一步转换为阶移尾补的浮点规格化机器数格式,然后才可进行机器运算。

$$X = \left[2^9 \times \left(-\frac{19}{32}\right)\right]_{10} = [2^{+1001} \times (-0.10011)]_2 \neq 0$$

$$Y = \left[2^{-5} \times \left(+\frac{21}{32}\right)\right]_{10} = [2^{-0101} \times (+0.10101)]_2 \neq 0$$

$$[X]_{阶移尾补} = 1,1001,1.01101,\quad [Y]_{阶移尾补} = 0,1011,0.10101$$

（1）阶码相减。

采用移码减法进行运算

$$[E_z]_{移} = [E_x]_{移} + [-E_y]_{补} = 01,1001 = 01,1110, E_{s1} = 0,无溢出$$

$$\frac{+00,0101}{01,1110}$$

（2）尾数相除。

采用补码加减交替除法,机器运算步骤同定点计算过程故省略。

$$[M_z]_{补} = 11.00011$$

$$[Z]_{阶移尾补} = 01,1110;\ 11.00011$$

（3）结果规格化。

商的双符号位为 11，尾数无溢出，不需右规；$M_s \oplus M_{\text{MSB}} = 1 \oplus 0 = 1$，已是规格化数，不需左规。

（4）舍入处理。

商的字长已与原始操作数 X、Y 相同，无保护位，不需舍入。

（5）溢出判断。

本题在阶码可能发生溢出的（1）、（4）两步均未溢出，结果正确。

最终结果为

$$[Z]_{\text{阶移尾补}} = 1,1110 ; 1.00011$$

$$Z = X \div Y = [2^{+1110} \times (-0.11101)]_2 = \left[2^{14} \times \left(-\frac{29}{32} \right) \right]_{10}$$

5.5.7 浮点运算的实现

1. 浮点运算器的基本配置

分析浮点四则运算算法可以发现，浮点运算分阶码运算和尾数运算两部分进行，阶码只需要加减运算，尾数则需要加、减、乘、除四则运算。由此可知浮点运算器可由两个定点运算部件组成，一个是阶码部件，用来完成阶码加、减以及对阶时求阶差、尾数右移次数的控制，规格化时阶码的调整等操作。另一个是尾数部件，用来完成尾数的四则运算以及舍入、结果规格化判断和溢出判断等操作。一个基本的浮点运算器框图如图 5-51 所示。

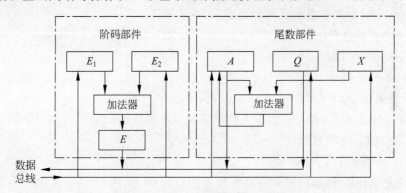

图 5-51　浮点运算器基本结构框图

图 5-51 示意出了由定点加减运算器配上阶差计数器 E 组成的阶码部件和由定点四则运算器实现的尾数部件，通过总线松散连接构成完整浮点运算部件的方式。虽然简单但基本上体现了浮点运算器的结构特点。

2. 具有高速乘除法器的浮点运算器

为了进一步提高乘除法运算速度，目前的浮点运算器中还经常设置阵列式的高速乘除法器，如图 5-52 所示。

图 5-52 示意的浮点运算器除了寄存器配置之外，阶码运算部分仍然由一个定点加减法器实现，而尾数运算部分则由一个定点加减法器和一个高速的定点乘除法器共同构成。这个浮点运算器的内部也采用了双总线连接方式，两条总线之间的传送则需要通过添加总线连接器来实现。

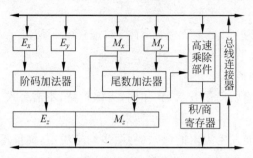

图 5-52　设置有高速乘除法器的浮点运算器框图

思考题与习题

1. 用十六进制写出大写字母"F"、小写字母"a"和星号" ＊ "的 ASCII 码。当最高位用作偶校验位时,写出它们的 ASCII 机内码字节。

2. 汉字"大"和"小"的国标区位码分别为 2083 和 4801,要求:

(1) 分别写出这两个字对应的国标码;

(2) 若采用汉字两个字节的最高位均设为"1"的机内表示方案,分别写出这两个字的机内码形式。

3. 用向量表示法,在 32 位字长的存储器中,用 ASCII 码分别按左→右(大端方式)和右→左(小端方式)的顺序表示下列字符串:

(1) WHAT IS THIS?

(2) THIS IS A DISK.

4. 用以下形式表示十进制数 5862。

(1) 二进制数;(2) 8421 码;(3) 余 3 码;(4) 2421 码。

5. 用前分隔数字串表示法、后嵌入数字串表示法和压缩的十进制数串表示法表示下列十进制数,设存储器按字节编址。

$$+1980; \quad -76543; \quad +254; \quad -1992$$

6. 有两位 NBCD 码编码的十进制整数置于寄存器 A 中,可以通过一个加法器网络将其直接转换成二进制整数。试用半加器、全加器电路画出该加法器网络。

7. 设 X 为整数,$[X]_{补}=1,X_1X_2X_3X_4X_5$,若要求 $X<-16$,试问 $X_1 \sim X_5$ 应取何值?

8. 已知数的补码表示,求数的原码与真值。

$$[X_1]_补=0001\ 1010 \qquad [X_2]_补=1001\ 1010 \qquad [X_3]_补=1111\ 0001$$

9. 讨论若 $[X]_补>[Y]_补$,是否有 $X>Y$?

10. 设 $[X]_补=a_0.a_1a_2a_3a_4a_5a_6$,其中 a_i 取 0 或 1,若要 $X>-0.5$,求 $a_0,a_1,a_2,\cdots,a_6$ 的取值。

11. 当十六进制数 9AH、80H 和 FFH 分别表示原码、补码、反码、移码和无符号数时,对应的十进制真值各为多少(设机器数采用一位符号位)?

12. 设机器数字长为 16 位,写出下列各种情况下它能表示的数的范围。机器数采用一位符号位,答案均用十进制 2 的幂形式表示。

（1）无符号整数；

（2）原码表示的定点小数；

（3）补码表示的定点小数；

（4）原码表示的定点整数；

（5）补码表示的定点整数。

13. 设机器字长为 8 位(含 1 位符号位)，分整数和小数两种情况讨论真值 X 为何值时，$[X]_{补}=[X]_{原}$ 成立。

14. 设机器数字长为 8 位(含 1 位符号位)，对下列各机器数算术左移一位、两位，算术右移一位、两位，并讨论结果是否正确。

$$[X_1]_{原}=0.001\ 1010；\quad [X_2]_{原}=1.110\ 1000$$

$$[Y_1]_{补}=0.101\ 0100；\quad [Y_2]_{补}=1.110\ 1000$$

$$[Z_1]_{反}=1.010\ 1111；\quad [Z_2]_{反}=1.110\ 1000$$

15. 设有符号数 $[Y]_{原}=[Y]_{反}=[Y]_{补}=1,011\ 0010$，分别对这个 8 位字长的机器数进行算术左移 1 位、2 位，算术右移 1 位、2 位，逻辑左移 1 位、2 位，逻辑右移 1 位、2 位的操作，比较两种移位运算的区别，并分析结果的真值变化、误差及溢出情况。

16. 设 $X_1=0.011\ 1000\ 010, Y_1=-0.011\ 1000\ 010；X_2=0.011\ 1001\ 100, Y_2=-0.011\ 1001\ 100$。

分别用原码和补码表示，如果只要求 8 位字长，请采用截断法、恒置 1 法和 0 舍 1 入法对每一个操作数进行舍入，并对舍入结果进行比较。

17. 设机器数字长为 8 位(含 1 位符号位)，用补码加减运算规则计算下列各题，并指出是否溢出。

（1）$X=-17/32, Y=19/64$，求 $X-Y$；

（2）$X=-21/32, Y=-67/128$，求 $X+Y$；

（3）$X=97, Y=-54$，求 $X-Y$；

（4）$X=118, Y=-36$，求 $X+Y$。

18. 用原码一位乘法和补码一位乘比较法、两位乘比较法计算 $X\times Y$。

（1）$X=0.110\ 111, Y=-0.101\ 110$

（2）$X=-0.010\ 111, Y=-0.010\ 101$

19. 用原码加减交替除法和补码加减交替除法计算 $X\div Y$。

（1）$X=-0.10101, Y=0.11011$

（2）$X=13/32, Y=-27/32$

20. 设机器字长为 16 位(含 1 位符号位)，若一次移位需 $1\mu s$，一次加法需 $1\mu s$，试问原码一位乘法、补码一位乘法、原码加减交替除法和补码加减交替除法最多各需多少时间？

21. 分别用 8421 码加法和余 3 码加法求 $57+48=?$ $316+258$，要求列出竖式计算过程。

22. 用预加 6 方案设计一位 8421 码加法单元，并以设计好的加法单元为模块。进一步设计一个 4 位的 8421 码加法器。

23.（1）设计一个一位的余 3 码加法器，并分析其修正规律；

（2）用 8 位并行二进制加法器实现 2 位余 3 码加法，试提出你的方案。

24. 有下列 16 位字长的逻辑数(八进制表示):
$$A = 000\ 377;\ B = 123\ 456;\ C = 054\ 321$$
试计算:$X_1 = (B \oplus C) \cdot A$;$X_2 = /(/B \cdot /C) + A$;$X_3 = (A \oplus B) + /(A \cdot C)$

25. 设 4 位二进制加法器进位信号为 $C_4 C_3 C_2 C_1$,最低位进位输入为 C_0;输入数据为 $A_3 A_2 A_1 A_0$ 和 $B_3 B_2 B_1 B_0$;进位生成函数为 $g_3 g_2 g_1 g_0$,进位传递函数为 $p_3 p_2 p_1 p_0$;请分别按下述两种方式写出 $C_4 C_3 C_2 C_1$ 的逻辑表达式:

(1) 串行进位方式;(2) 并行进位方式。

26. 设机器字长为 32 位,用与非门和或非门设计一个并行加法器(假设与非门的延迟时间为 10ns,与或非门的延迟时间为 15ns),要求完成 32 位加法时间不得超过 $0.2\mu s$。画出进位线路逻辑框图及加法器逻辑框图。

27. 设机器字长为 16 位,分别按 4、4、4、4 和 3、5、3、5 分组后:

(1) 画出两种分组方案的成组先行-级联进位线路框图,并比较哪种方案运算速度快。

(2) 画出两种分组方案的二级先行进位线路框图,并对这两种方案的速度进行比较。

(3) 用 74181 和 74182 画出成组先行-级联进位和二级先行进位的并行进位线路框图。

28. 假设某机字长为 32 位,加法器的输入数据为 a_i、b_i,第 1 级进位函数为 g_i、p_i,第 2 级进位函数为 G_i、P_i,第 3 级进位函数为 G_i^*、P_i^*,进位信号为 C_i,其中 $i = 0, 1, 2, \cdots$,从低位到高位递增。

(1) 请写出 g_i、p_i 的原理性逻辑表达式;

(2) 假设第 1 级为 4 位分组,加法器采用二级先行-级联进位方案,请写出 C_4、G_0、P_0 的原理性逻辑表达式。

(3) 请用 74181 和 74182 为该机设计一个并行加法器。

29. 浮点数的格式为:阶码 6 位(含 1 位阶符),尾数 10 位(含 1 位数符)。按下列要求分别写出正数和负数的表示范围,答案均用 2 的幂形式的十进制真值表示。

(1) 阶原尾原非规格化数;

(2) 阶移尾补规格化数;

(3) 按照(2)的格式,写出 $-27/1024$ 和 7.375 的浮点机器数。

30. (1) 将十进制数 138.75 转换成 32 位的 IEEE 754 短浮点数格式,并用十六进制缩写表示。

(2) 将 IEEE 754 短浮点数 C1B7 0000H 转换成对应的十进制真值。

31. 设浮点数字长为 32 位,欲表示 -6 万~6 万的十进制数,在保证数的最大精度条件下,除阶符、数符各取一位外,阶码和尾数各取几位? 按这样分配,该浮点数溢出的条件是什么?

32. 对于尾数为 40 位的浮点数(不包括符号位在内),若采用不同的机器数表示,试问当尾数左规或右规时,最多移位次数各为多少?

33. 按机器补码浮点运算步骤计算 $[X \pm Y]_补$。

(1) $X = 2^{-011} \times 0.101\ 100$,$Y = 2^{-010} \times (-0.011\ 100)$。

(2) $X = 2^{101} \times (-0.100\ 101)$,$Y = 2^{100} \times (-0.001\ 111)$。

34. 设浮点数阶码取 3 位,尾数取 6 位(均不包括符号位),要求阶码用移码运算,尾数用原码运算,计算 $X\times Y$ 和 $X\div Y$,结果保留 1 倍字长。

(1) $X=2^{100}\times 0.100\ 111, Y=2^{011}\times(-0.101\ 011)$

(2) $X=2^{101}\times(-0.101\ 101), Y=2^{001}\times(-0.111\ 100)$

35. 设数的阶码 3 位,尾数 6 位,均不含符号位;阶码用移码表示,尾数用补码表示;阶的基为 2。用浮点算法计算 $X+Y$、$X-Y$、$X\times Y$、$X\div Y$,结果要求为规格化数。已知:$X=2^{-2}\times 11/16$;$Y=2^3\times(-15/16)$。

36. 假定在一个 8 位字长的计算机中,定点整数用单字长表示,其中带符号整数用补码表示(1 位符号位);浮点数用双字长表示,阶码为 8 位移码(包括 1 位符号位),尾数用 8 位原码(包括 1 位符号位)。运行如下类 C 程序段:

```
int   x1 = -124;
int   x2 = 116;
unsigned int y1 = x1;
float  f1 = x1;
int   z1 = x1 + x2;
int   z2 = x1 - x2;
```

(1) 执行上述程序段后,所有变量的值在该计算机内的数据表示形式各是多少? 所有变量的值对应的十进制形式各是多少?

(2) 在该计算机中,无符号整数、有符号整数和规格化浮点数的表示范围各是什么?(要求:用十进制 2 的幂形式表示)

(3) 执行上述程序段后,哪些运算语句的执行结果发生了溢出?

第6章　中央处理器

本章从介绍 CPU 的功能和内部结构入手,通过分析计算机执行一条指令的全过程,详细讨论构建 CPU 数据通路的各种方法。此外,讨论 CPU 如何对中断技术提供支持,以及流水 CPU 设计的基本原理。下一章将重点讨论控制器的设计方法,控制单元作为中央处理器的核心部件,本章讨论中先把它看作一个黑匣子,只关注其需要哪些输入信号、能输出哪些控制信号以及每个控制信号对数据通路操作的作用。

6.1　CPU 的功能和组成

中央处理器(Centre Processor Unit,CPU)是一台计算机的处理中心。CPU 包括冯·诺依曼计算机五个主要功能部件中的两个——运算器和控制器,其主要职责是数据加工和操作控制。另外三个功能部件是存储器、输入设备和输出设备。当程序在计算机中运行时,它的可执行代码以及数据都存放在主存储器中。计算机利用输入/输出子系统与外部世界交互,例如输入数据和打印结果。图 6-1 给出了单总线结构计算机的组成以及 CPU 内部也采用总线方式互连的基本组成框图。

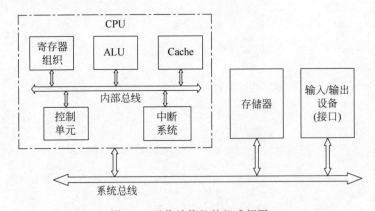

图 6-1　现代计算机的组成框图

除了存储程序计算机这一个基本概念之外,冯·诺依曼计算机结构还引出了另一个重要概念——串行单顺序计算机。在任一时刻,一台串行单顺序计算机通常执行单个串行程序;或者,采用分时或时间重叠方式,同一时间间隔内在单处理机上执行多道程序。从控制的观点来看,在 CPU 中执行一道程序意味着包含一个单一的指令流,它串行地执行单一的基本指令周期序列。每一个基本指令周期经过一系列步骤完成一条指令,如指令读、指令译码、数据读取、操作执行、结果存入以及确定下一条指令地址。CPU 执行程序时，一条指令接着一条指令地重复这样的基本指令周期，直到获得最终结果为止。传统的串行单顺序计算机在同一时刻只能执行一条指令（即只有一个控制流）、处理一个数据（即只有一个数据流），因此被称为单指令流单数据流（Single Instruction Single Data，SISD）计算机。本章首先针对相对比较简单的 SISD 模型介绍各种 CPU 数据通路的设计，最后一节介绍流水 CPU 结构，它属于一种采用时间重复技术的 SISD 模型。

在当前的计算机系统中，为了处理异常事件以及输入/输出操作，CPU 中设有专门的中断处理机构（也称为中断系统），以解决各种中断的共性问题。CPU 一旦接收到任一中断请求后，便可能暂停现行程序的执行，将控制转向中断服务程序为中断源提供服务。

早期的 CPU 由运算器和控制器两大部分组成。但是随着 VLSI 技术的发展，早期放在 CPU 芯片外部的一些逻辑部件，如浮点运算器、Cache 以及总线仲裁器等纷纷移入 CPU 内部，使得 CPU 的内部组织越来越复杂。这样，CPU 的基本物理结构由运算器、Cache 和控制器三大部分组成。但从逻辑结构上来说，Cache 并不属于 CPU 而是属于存储系统的一部分。本章将围绕 CPU 逻辑结构展开讨论，主要针对 CPU 的基本功能组成，所以后面的讨论中将不涉及 Cache。

6.1.1　CPU 的功能

当前，计算机的应用非常广泛和普及，可以说计算机已经渗透到人类生产和生活的方方面面。但就其本质来说，计算机能做的事情无非只有一个——执行程序，并且执行程序的任务是由 CPU 来承担的。存储器和 I/O 设备的作用就是为 CPU 在执行程序前后提供相关的支持。CPU 作为执行程序的主体，其功能就是对程序中指令执行顺序和每条指令中操作顺序的控制，以及对数据进行加工处理，此外还要对程序执行过程中出现的异常（中断）进行处理。

具体来说，CPU 的功能主要表现在以下五个方面：

（1）数据加工。按照指令的功能要求对数据进行各种运算和处理，算术/逻辑运算单元（ALU）是数据加工的主要执行者。

（2）顺序控制。对程序中指令的执行顺序加以控制，因为相同指令集的不同执行顺序将会产生不同的结果，所以程序必须严格按照其设计者要求的顺序执行。

（3）操作控制。通常一条指令的功能由一系列操作（称为微操作）完成，这些操作可能由 CPU 内部或外部的不同部件具体实施，向相应的操作部件发出操作控制信号是控制单元的职责。

（4）时间控制。CPU 能够自动地、有条不紊地执行程序，主要是因为其中具有一个完善的定时系统，它能够对各种操作的执行过程进行严格定时，以及对不同操作之间进行时间协调。

（5）中断控制。CPU 对程序中断能进行开、关设置，并具有检测和响应中断请求的能力。

实际上，数据加工是计算机的主要功能目标，而其他功能都是为了达到该目标所采取的具体措施或保障。

6.1.2 CPU 的基本结构

CPU 由五个基本功能部件组成,包括 ALU、寄存器组、内部总线、中断逻辑和控制单元。前四个部件可以组合起来统称为数据通路(Datapath),相对于控制单元所具有的控制功能来说,数据通路是 CPU 中全部执行部件的组合。当一道程序在 CPU 中执行时,数据便沿着数据通路传送,并按照程序的要求被寄存器、ALU 和其他各种部件进行加工处理。这里,我们把控制器作为 CPU 的一部分。实际上,当代计算机是一个非常复杂的系统,集中式控制方式并不适合当代计算机系统,而分布式控制能够较好地满足计算机各种功能部件的不同控制需要。由于指令级控制的主要功能集中在 CPU,所以通常控制器仅仅是 CPU 执行程序的控制部件,对于存储器和输入/输出子系统的控制部件分别位于存储器和各个 I/O 设备中。

这样,可以将 CPU 分为两个互相关联的部分:数据通路(Data path)和控制单元(Control Unit,CU),如图 6-2 所示。数据通路对数据以机器字为单位进行操作,包含了寄存器、ALU 和多路选择器等部件。主存储器虽然不位于 CPU 中,但是由于 CPU 在执行程序过程中要不断地访问主存以获取指令和数据,所以在设计 CPU 数据通路时往往也要对主存加以考虑。但是,CPU 和主存间数据通路以机器字或者字节为单位传送数据。控制单元从数据通路接收并分析当前指令,然后控制数据通路如何执行这条指令。控制单元往往通过产生多路选择器选择、寄存器使能、存储器写入等信号来控制数据通路的操作。

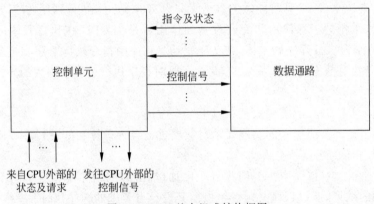

图 6-2　CPU 基本组成结构框图

数据通路是指令执行的基础,然而,信息如何在数据通路各部件中处理以及如何在部件间流动呢? 也就是说,信息从数据通路的哪个地方开始,中间经过什么部件处理,最后传送到哪个部件,这个过程需要在控制器的作用下才能完成。所以,控制器的作用是向计算机系统中的每个部件(包括控制器本身)提供它们协调运行所需要的控制信号。计算机最核心的功能是提供连续执行指令的能力,而每条指令往往需要分成几个执行步骤才能得以完成。也可以说,控制器的基本功能是依据当前正在执行的指令和它所处的执行步骤,形成并提供在这一时刻整机各部件需要的控制信号。

控制单元是 CPU 中的核心部件,也是计算机的核心部件。它是全机的指挥系统,由它决定全机在什么时间、根据什么条件、应该做什么事情,即产生计算机运行所需要的全部控制命令。

计算机中的操作是具有层次性的,即一个较大的操作可以被分解成若干个较小的操作,如此分层直到不可分解为止。所谓微操作就是指计算机中最基本的不可再分解的操作,比如逻辑电路中的开/关设置、寄存器数据打入和 ALU 基本运算等。这些微操作的执行需要控制单元给出相应的控制命令,即微命令。在微命令的作用下,某个微操作在某个确定的时刻、由某个确定的部件完成。微命令是微操作控制命令的简称,也称为微操作控制信号。

6.2　CPU 的设计方法

CPU 设计是计算机硬件系统设计中最复杂的设计过程。本节首先阐述 CPU 设计的基本过程和方法,然后简单介绍在 CPU 设计中广泛使用的寄存器传输语言。因为寄存器传输语言可以方便、简捷地描述指令的执行过程。

6.2.1　CPU 设计过程

中央处理器设计的基础是指令系统结构,即首先必须清晰地表述一个指令系统,然后对 CPU 组织加以设计和实现。CPU 组织通过两个层面的设计来实现指令系统,即系统设计层和逻辑设计层。系统设计包含两个平行的部分:数据通路设计和控制器设计,如图 6-3 所示。两者之间相互关联,故它们的设计过程必须交叉进行,这样才能获得一个最佳的设计方案。在数据通路和控制器设计完成后,便可以通过数字逻辑设计实现中央处理器。

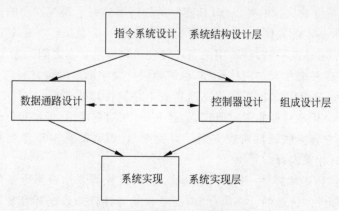

图 6-3　计算机设计过程多层结构

对于数据通路的设计,首先应该在非流水线结构和流水线结构之间进行选择,这取决于对 CPU 速度的要求。在此基础上,控制器的设计将进一步在组合逻辑控制和微程序控制之间选择,以求在 CPU 运行速度(组合逻辑控制最佳)和设计灵活性(微程序控制最佳)之间进行权衡。

在数据通路和控制器的设计完成之后,就可以通过数字逻辑设计来实现 CPU,这个阶段有相当多的技术支持。目前比较先进的技术是采用"系统级芯片"(SoC)或"应用系统专用集成电路芯片"(ASIC)来实现。若希望使用价格较低的通用集成电路芯片,则可以选用常规的或复杂的可编程器件(PLD 或 CPLD),或者选用现场可编程门阵列(FPGA)。

本章主要讨论数据通路的设计方法,下一章再展开讨论控制单元的设计。

6.2.2 寄存器传输语言

由于计算机系统非常复杂,可以利用分层模型来简化描述。一般来说,模型提供一种抽象化的方法来表达系统的主要特性,而忽略其无关的细节部分。计算机硬件的主要特性是其逻辑结构。在 CPU 设计中,重点要描述三方面的内容:①数据通路的构建方法;②在数据通路上指令执行的微操作序列;③完成微操作所需要的时序控制信号及其产生方法。这样,所采用的模型应有助于描述 CPU 操作过程及其设计方法。即应满足下列要求:

(1) 能够准确地描述数据通路的逻辑结构及其内含功能部件的逻辑函数。

(2) 提供一个简单的方法来描述在时序信号作用下的微操作序列。

(3) 易于转换成硬件实现方案和控制信号。

RTL(Register Transfer Level)模型代表"寄存器传送级",它是计算机设计的一个特定级别。这一模型既有图形形式,也有文字形式。用图可以来表示数据通路的逻辑结构,用RTL 语言可以描述控制过程。这种寄存器传输语言适合于描述功能部件级的数字系统,既能表示寄存器之间的传输操作,又能使系统要求与硬件电路之间建立对应的关系。也就是说,它能简明、精确地描述系统内信息的传送和处理。在 RTL 语言中,寄存器是基本的逻辑单元,但这里的"寄存器"是一个广义的定义,寄存器不仅包括普通的暂存信息的寄存器,还应包括具有特定功能的寄存器,如移位寄存器、计数器、存储器等。

用 RTL 语句可以描述数字系统所处的状态,一个 RTL 语句描述系统的一个状态。RTL 的操作指明系统要执行的微操作,其控制函数指明控制子系统发出的命令。微操作是寄存器传输中的最基本的操作,每个基本语句通常指定一个微操作。在 RTL 中,也可以用条件转移语句表示时序图中的判断,用无条件转移语句表示状态之间的无条件转移等。

为了描述 CPU 控制单元的时序操作,也需要一种文字形式的硬件描述语言(Hardware Description Language,HDL)。虽然超高速集成电路硬件描述语言(VHDL)是一种严密而标准的 HDL,而 RTL 是一种非正式语言,但是 RTL 相对更简单,能够很好地表示微操作序列,并且方便地将它转换成硬件实现方案。有关 RTL 语言的基本操作及其基本语句请参考《数字逻辑》教材相关内容。

为了在寄存器传送级描述 CPU 执行指令过程,首先需要知道指令是怎样在各部件中处理以及如何在部件间传送的。在执行前,程序和参与计算的数据都存放在存储器中。当程序被执行时,这些指令以串行方式从存储器中读到 CPU。CPU 对每一条指令进行译码,从存储器或寄存器中读出数据,执行一个操作,并将结果存入寄存器或存储器中。因此,冯·诺依曼计算机是将 CPU 组织成一个数据通路和一个控制部件的典型。在寄存器传送级,数据通路抽象化为一组携带信息的数据寄存器,信息则在寄存器之间的传送过程中经过信息变换单元而得到加工。控制单元来控制在各个数据通路部件中执行微操作的时序。

图 6-4 是一个简单 CPU 的 RTL 模型的例子。数据通路的核心部件是一个算术/逻辑单元(ALU),它对从寄存器读出的数据执行各种算术/逻辑操作。这些操作的结果可被送往除指令寄存器(IR)以外的任何寄存器中。寄存器按其功能分为以下三组。

(1) 运算器组。主要包括通用寄存器组(General-Purpose Register Set,GPRS),是可用作数据寄存器或地址寄存器的一组寄存器,其规模是 32 个 32 位的寄存器。还有一个临时寄存器(Temp),可用作工作寄存器存放临时数据。

（2）控制器组。主要包括程序计数器（PC）和指令寄存器（IR）。PC 用于存放即将从存储器读出的下一条指令的地址。每一次从存储器读出一条新的指令时，PC 的内容（前一地址）立即被更新（通常 PC 具有自增功能，所以称为程序计数器），使它指向下一条指令。新的指令被读入指令寄存器 IR，并且在该指令执行期间一直保留在 IR 中。除此之外，通常还包含程序状态寄存器（Program Status Register，PSR），用于存放 CPU 的一些运行状态，其内容称为程序状态字（Program Status Word，PSW）。

（3）存储器组。包括存储器地址寄存器（MAR）和存储器数据寄存器（MDR）。MAR 从 ALU 接收地址，并经过存储器总线向存储模块发送地址。根据 MAR 中的地址，存储器便可执行读写操作，利用存储器数据寄存器 MDR 从或向存储器读出或写入数据。

图 6-4 仅给出了一个 CPU 的基本数据通路，它描述了 CPU 的组成结构。也就是说，它只给出了 CPU 的静态特征。除此之外，还必须描述 CPU 的动态特征，在控制单元的时序操作控制信号作用下，数据通路中各部件如何有序地执行相关操作？

下面将使用 RTL 语言来描述图 6-4 给出 CPU 的微操作序列。

首先，描述一个基本指令周期的第一步，即读取指令。它包括下列微操作序列：

（1）将需要读取的指令地址从程序计数器 PC 发送到存储器地址寄存器 MAR。

（2）向存储模块发送"读存储器"命令，并且等待，直到指令出现在存储器数据寄存器 MDR 中。

（3）PC 的内容加 1，使其变成下一条指令的地址。

（4）将存储器数据寄存器 MDR 中的新指令送入指令寄存器 IR。

（5）撤销"读存储器"命令。

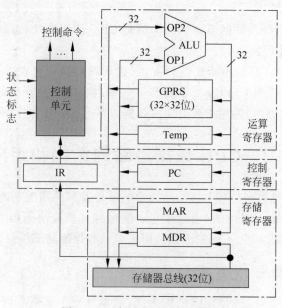

图 6-4　一个 CPU 的 RTL 模型

图 6-4 中控制单元的一组输入是机器的状态标志，比如，CPU 内部 ALU 运算结果为 0 标志，以及来自存储器的就绪信号（Ready）等。由于这组信号来源很广泛，所以在图中没有具体标示出来。

然后,用 RTL 语言描述上述微操作序列如下:

```
MAR←PC              //利用 ALU"OP1 直送"操作传送
MemRd←1             //发出存储器读命令
PC←PC + 1           //利用 ALU"OP1 + 1"操作
wait until ready=1  //存储器数据读出至存储器总线后,存储器
                    //发出 Ready 信号
IR←M[MAR]           //提供一条从存储器总线到 IR 的专用路径
                    //M[MAR]表示以 MAR 内容为地址的存储
                    //器单元内容
MemRd←0             //取消存储器读命令
```

在上述描述中,将微操作和微命令混在一起了。为了体现数据通路设计和控制器的分别设计,这里需要将微操作和微命令加以区分。本章主要描述微操作,可以将执行某个微操作需要的微命令信号列在微操作之后,并用分号隔开。为了简化描述,这里假定指令读写周期和主时钟是同步的,则在上述时序中存储器等待命令就可以省略,并且寄存器打入脉冲由主时钟信号提供。

另外,为了表达清楚并避免意义上的不明确性,把寄存器号和寄存器内容区分开来。例如,上述序列中的第一个微操作 MAR←PC,将会写成 MAR←(PC),即利用圆括号表示一个寄存器的内容。

这样,上述微操作序列可以描述为:

```
MAR←(PC);
PC←(PC) + 1;
IR←M[MAR]; MemRd
```

从上述例子可以看出,数据通路图刻画的是 CPU 的组成结构,而通过 RTL 语言就可以刻画出 CPU 的操作行为。

本章主要讲述 CPU 数据通路的设计方法,控制器的设计将在下一章阐述。为了讲解数据通路上信息流动的细节,以及使本章和下一章内容之间具有较好的衔接,本章将采用 RTL 语言的基本描述方法,描述指令周期内数据通路上的微操作序列。

6.3 CPU 数据通路的结构和组成

所谓数据通路就是数据处理和传输所需要的部件及部件间的互连方式。这些部件统称为数据通路部件。这样,CPU 数据通路中包含哪些部件就取决于指令系统的功能。当然,对于单指令流的计算机来说,不同指令执行所需要的数据通路部件可以共享。

6.3.1 数据通路操作分析

首先以基于通用寄存器的 CPU 结构为例,简单分析一下指令周期每个阶段的微操作序列,以及完成这些微操作所需要的基本部件,包括那些不包含在指令集中(用户不可见的)但 CPU 又确实需要的寄存器。

指令周期就是从取指令开始到指令执行结束所经历的全部时间。指令周期操作可以分为以下几个步骤。

1. 取指令

取指令阶段的主要任务就是将要执行的一条指令从内存单元取出送至CPU。由于指令按照执行顺序依次存放在存储单元中,所以通常在CPU中设置一个程序计数器(Program Counter,PC),或者称为指令指针(Instruction Pointer,IP),该指针通常指向将要执行的下一条指令在主存中的位置。由于指令中的信息在其整个指令周期中都可能用到,所以指令读出后可能需要存放在指令寄存器(Instruction Register,IR)中,然后修正PC的值使其指向下一条指令在主存中的位置。对于PC的修正,用RTL通常描述为"PC←PC+1",实际上这是一种原理性的描述,具体如何修正取决于指令字长和存储器的编址方式。例如,若指令字长为32位,存储器按字节编址,那么应该做"PC←PC+4"的修正。所以,数据通路中需要设置加法器。

2. 译码指令

指令译码就是分析指令的操作码以及寻址方式码,以确定指令功能、操作数类型以及寻址方式等。所以,CPU中需要设置一个或者多个译码器(Instruction Decoder,ID)。

3. 读取数据

对于RS型指令集结构,指令的源操作数可以来自于CPU中的通用寄存器或者存储器单元;对于RR型指令集结构,除了load指令,其他指令的源操作数均来自于通用寄存器。在第3章中讲到,CPU中设置了两个专门用于存储器访问的寄存器:存储器数据寄存器(Memory Data Register,MDR)和存储器地址寄存器(Memory Address Register,MAR)。当CPU访问存储器时,将存储单元的地址送至MAR,从存储器读出或者向存储器写入的数据存放在MDR。对于复杂的数据寻址方式,为了实现操作数有效地址计算也需要设置加法器。

4. 执行操作

由于指令的功能不同,不同指令所要执行的操作也就各不相同。比如,算术/逻辑运算指令要求CPU中设置ALU。通常,ALU具有多种算术/逻辑运算功能,一般包括定点数和浮点数加、减、乘、除运算,以及逻辑非、与、或、异或等。为了支持移位指令还需要设置移位寄存器。对于跳转类指令,也需要修改PC的值。

5. 存放结果

与读数据类似,对于RS型指令集结构,指令的目的操作数可以是CPU中的通用寄存器或者存储器单元;对于RR型指令集结构,除了store指令,其他指令的目的操作数均是通用寄存器。

从上面分析可以看出,一个指令周期的不同阶段可能会多次用到同一种或同一类部件。例如,取指令、数据读取和存放结果阶段都可能访问存储器;修正PC值、有效地址计算、算术/逻辑操作都需要加法器来完成。在数据通路设计时可以采用部件冗余和部件共享两种方式处理上述情况。

1) 部件冗余

通过设置多个同种或者同类部件分别支持指令周期的不同阶段。比如,数据通路中设置一个指令存储器和一个数据存储器。指令存储器用于存放指令,并在取指令阶段被访问;数据存储器用于存放数据,在读取数据和存放结果阶段被访问。类似地,设置一个多功能的ALU和一个或者多个加法器,用于实现算术/逻辑运算以及PC修正、地址计算等。由于不同部件可以在同一个时间段内被顺序访问(或操作),所以采用这种方式可以实现单周期数据通路。

2) 部件共享(或复用)

同类部件仅设置一个,使指令周期中不同阶段分时共享这个部件。比如,指令和数据存放在同一个存储器(冯·诺依曼计算机结构);用一个多功能 ALU 完成 PC 修正、有效地址计算以及算术/逻辑操作等。这种方式适合于构建多周期数据通路。

6.3.2 数据通路基本部件

CPU 中的部件可以分为两大类:组合逻辑部件和时序逻辑部件。组合逻辑部件的特点是输出状态只取决于输入状态,而不需要时钟信号的控制。当输入端信号的状态改变后,经过一定的逻辑门延迟时间,输出端的状态就会发生变化,并且一直维持到输入端的状态再次发生改变。时序逻辑部件也称为存储部件或者状态单元,例如寄存器、计数器、存储器等,它们的特点是在时钟信号的作用下,能将输入端的状态存储起来,直到下一个时序控制信号的到来。

从整体上看,CPU 是一个由时钟信号驱动的同步时序电路。CPU 中有一个主时钟信号(Clock,CLK)提供一个基准定时信号。主时钟信号是时序逻辑的基础,用于决定逻辑单元中的状态何时更新。这样,可以把 CPU 看作一个大的有限状态自动机,或者由若干简单而相互交互的有限状态自动机的组合。

假定时钟同步采用边沿触发方式,那么时序逻辑部件中存储的状态仅在时钟脉冲的上升边沿改变。也就是说,存储部件只在一个时钟周期的上升边沿改变其存储内容。只有时序逻辑部件能够存储状态,组合逻辑部件通常从存储部件接收输入状态,并将其输出状态写入存储部件。所以,组合逻辑部件的输入是之前某个时钟周期写入时序逻辑部件的数据,其输出又存储于时序逻辑部件,可供之后某个时钟周期使用。

控制单元的功能就是在确定时刻向数据通路部件发出控制信号。数据通路中需要控制信号加以控制的部件有以下三类。

(1) 具有多种操作功能的部件。比如存储器的读/写、多功能 ALU 的操作选择。随机存储器(RAM)需要两个控制信号,即 Read(R)和 Write(W),分别控制对存储器的读操作和写操作;多功能 ALU 的具体操作取决于指令操作码,可以通过操作码译码信号作为 ALU 功能选择的控制信号。

(2) 传输路径选择部件。比如,多路选择器需要通路选择控制信号。

(3) 寄存器。由于寄存器的写操作会改变寄存器原来的值,写操作需要两个输入信号:写入数据和写入脉冲。写入脉冲信号就是控制单元定时发出的控制信号。若寄存器在每个时钟周期都要更新值,那么写入脉冲信号就可以由时钟脉冲信号替代了;否则,也可以增加另一个写入控制信号,以控制数据的写入时机。

设计复杂系统时,一个好的方法是从包含状态单元(包括存储器、寄存器和程序计数器)的硬件结构开始,然后在这些存储组件之间加入组合逻辑。组合逻辑的作用是从当前状态计算下一个状态。

为了说明控制信号的具体作用,我们首先给出一些基本数据通路部件,并描述所需要的控制信号及其基本操作。

1) 程序计数器 PC

一般寄存器符号如图 6-5(a)所示。其操作包括寄存器读和寄存器写。寄存器数据可以直接从 Q 端读出；寄存器写操作需要在时钟脉冲信号 CP 的作用下将 D 端数据写入。图 6-5(b)是具有写入控制的寄存器符号。当 W 端有效时，在时钟脉冲的触发下才能将 D 端数据写入。图 6-5(c)是具有输出使能控制的寄存器符号。当 OE 有效时，方能从 Q 端读出寄存器值；当 OE 无效时，Q 端输出为高阻态。

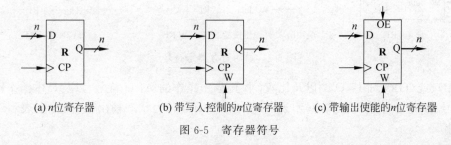

(a) n位寄存器　　　　(b) 带写入控制的n位寄存器　　　　(c) 带输出使能的n位寄存器

图 6-5　寄存器符号

当某个状态单元在每个时钟周期都要更新时，就不需要写入控制信号了。相反，若某个状态单元不是每个时钟周期都进行更新，就需要写控制信号对它进行控制。写控制信号和时钟信号都是控制信号，并且仅当写控制信号有效且时钟上升边沿到来时，状态单元的状态才能发生改变。图 6-6 是写入可控的寄存器写操作时序。

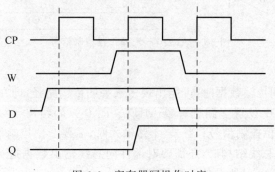

图 6-6　寄存器写操作时序

　　2）通用寄存器组

　　在基于通用寄存器的 CPU 结构中，通用寄存器是一种主要的数据通路部件。通用寄存器由一组寄存器组成，所以称为通用寄存器组（GPRS）或者寄存器堆（Register File，RF）。一般情况下，通用寄存器组中每一个寄存器的角色和作用是相同的，通过寄存器号对这些寄存器进行读/写操作。因为读寄存器不会改变其内容，故只需提供寄存器号就可以读出该寄存器的内容。而写寄存器操作需要三个输入量：寄存器号、写入数据以及时钟脉冲。图 6-7(a)给出了基本的 n 位通用寄存器组符号。图 6-7(b)给出了具有一个读数据端口和一个写数据端口的 n 位通用寄存器组符号，只要寄存器不冲突，这种 RF 可以同时进行一个寄存器读和一个寄存器写。图 6-7(c)给出了具有两个读数据端口和一个写数据端口的 n 位通用寄存器组符号，若寄存器不冲突，这种 RF 可以同时进行两个寄存器读和一个寄存器写。其中 m 是寄存器编号的位数，它由寄存器组中所包含的寄存器个数决定，比如寄存器组中包含 32 个 n 位寄存器时 $m=5$。

　　3）ALU

　　ALU 可以完成多种算术/逻辑操作，但每次只能完成其中一种操作，所以需要操作控制信号告诉 ALU 具体完成哪一种操作。图 6-8 给出了具有算术加（ADD）、减（SUB）和逻辑

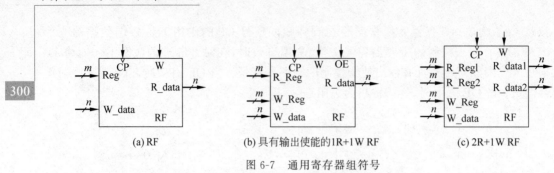

(a) RF　　(b) 具有输出使能的1R+1W RF　　(c) 2R+1W RF

图 6-7　通用寄存器组符号

与(AND)、或(OR)、非(NOT)以及比较(小于置1)操作的 ALU 符号,以及具体操作对应的控制信号 M(m=3)编码。其中,Z(zero)和 O(overflow)为状态输出信号,分别表示结果为 0 和溢出。

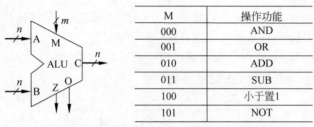

M	操作功能
000	AND
001	OR
010	ADD
011	SUB
100	小于置1
101	NOT

图 6-8　ALU 符号、操作及控制信号

4) 传输路径选择

在数据通路部件间传输数据时,可能出现多选一的传输路径,即在多路输入中选择其中一路,就要在数据通路中设置多路选择器 MUX。图 6-9(a)给出了多路选择器的符号图。当2路输入时,需要1位控制信号;当3~4路输入时,需要2位控制信号,等等。

当 CPU 内部采用总线结构时,还需要对部件向总线输出数据进行互斥控制,所以数据通路中需要设置如图 6-9(b)所示的三态控制部件。

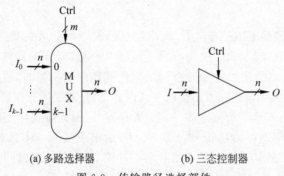

(a) 多路选择器　　(b) 三态控制器

图 6-9　传输路径选择部件

5) 存储器

虽然存储器不属于 CPU 中的部件,但它是与 CPU 联系最为紧密的部件。因为 CPU 执行程序过程中要不断地从存储器中取出指令和读写数据。现代计算机为了加快程序的执行速度,在 CPU 中也集成了一定容量的高速缓冲存储器(Cache)。这样,可以认为 Cache 是 CPU 数据通路部件。若将指令 Cache 和数据 Cache 分别设计成两个独立的组件。指令

Cache 在程序加载后,它的操作类似于只读存储器,可以将它视为一个组合逻辑单元,即任意时刻的输出都反映了输入地址所指单元的内容。数据 Cache 在程序执行过程中,既可以进行读操作也可进行写操作,所以它需要一个读控制端 R 和一个写控制端 W。存储器的具体操作以及逻辑符号在第 3 章中已经给出,如图 6-10 所示。这里为了简化没有示意出片选信号。

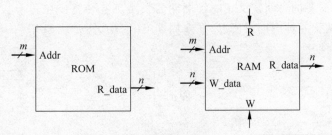

图 6-10　存储器符号

6.3.3　CPU 结构分类

在 CPU 设计中,时钟周期与指令周期的关系如何确定,将直接影响数据通路的结构。按照 CPU 指令周期的同步方式,可以有几种具体的实现方案。

1. 单周期 CPU

所有指令周期都仅包含一个时钟周期,即指令周期等于时钟周期。这样,时钟周期长度就取决于在数据通路上经历路径最长的指令所需要的时间。单周期 CPU 的控制单元逻辑简单,数据通路中不需要设置其他用户不可见存储组件(即汇编语言或机器语言程序员可见的 PC、寄存器和存储器)。

单周期 CPU 的工作模式可以用图 6-11 来描述。组合逻辑部件的输入来自状态单元,组合逻辑部件的输出也反馈到同一个状态单元。这样,在一个时钟周期内先读出状态单元的值,经过组合逻辑的操作延迟后,最后将结果写入状态单元。指令周期 T 等于时钟周期 T_c。

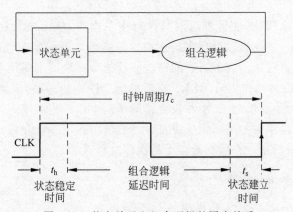

图 6-11　状态单元和组合逻辑的同步关系

2. 多周期 CPU

一个指令周期包含多个较短的时钟周期。这样,操作简单的指令,其指令周期时间也较短,而且可以通过采用部件复用技术降低硬件的复杂性。但是,多周期 CPU 数据通路中需要增设一些用户不可见寄存器以保存中间结果。多周期 CPU 在任意时刻仅执行一条指令,但是每条指令需要多个时钟周期才能完成。

图 6-12 给出了多周期 CPU 数据通路的基本组成,其中一个组合逻辑模块与两个状态单元相连。信号在一个时钟周期内从前一个状态单元经组合逻辑到达后一个状态单元。即信号从前一个状态单元输出到组合逻辑,经过组合逻辑变换后在后一个状态单元中建立新的状态,该过程所需要的时间定义了时钟周期的长度。若要完成在两个状态单元中依次建立状态至少需要两个时钟周期。所以,在多周期 CPU 中,指令周期 $T = kT_c$,k 是状态单元个数,T_c 是时钟周期。

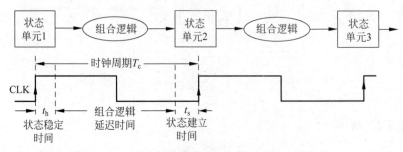

图 6-12　多周期状态单元和组合逻辑的同步关系

数据通路部件之间的连接方式也影响着 CPU 的结构和控制方式。部件间互连方式分为两大类:分散互连和总线互连。由于早期 CPU 结构比较简单,指令系统相应也不复杂,所以部件间普遍采用分散互连方式。随着 CPU 功能的不断加强,其结构越来越复杂,若继续采用分散互连方式,不仅 CPU 结构不够清晰,也给设计带来很多不便,所以逐渐采用结构规整的总线互连方式。单周期 CPU 通常采用分散互连结构,而多周期 CPU 可以采用分散互连结构,也可以采用总线结构。

多周期 CPU 的控制方式又分为:同步控制、异步控制和联合控制。有关具体控制方式将在下一章中讲解,本章在构建数据通路时以同步控制方式为例讲解。

3. 流水线 CPU

将单周期结构流水线化,使得可以同时执行多条指令,从而显著地提高 CPU 吞吐率。流水线结构必须增加一些逻辑以处理多条正在执行指令之间的相关性。同时,也需要增加用户不可见的流水线寄存器。当前所有的商业高性能微处理器都使用了流水线结构。

流水线 CPU 的控制方式也分为同步控制和异步控制两种,对应地称为同步流水线和异步流水线。同样,为了简单起见,本章仅介绍同步流水线数据通路。

时序产生器和控制单元的逻辑组成以及设计方法将在下一章介绍。本章重点介绍数据通路的设计方法,并分析指令在数据通路上的执行过程。

6.3.4　目标指令集假设

本章将以实现 MIPS 32 指令集中的 10 条指令为例,讲解数据通路的构建方法。表 6-1 给出了所选择的 10 条 MIPS 32 指令及其功能描述。为了清晰地区别不同指令的功能,在指令功能描述中把指令周期分成取指令和执行指令两个阶段分别描述。每条指令在取指令阶段所执行的微操作序列是相同的,区别仅在于执行指令阶段。对于指令功能描述虽然采用了 RTL 语言,但描述得相对比较粗,忽略了指令执行过程中的具体细节。值得注意的是,取指令阶段分两步完成,第一步从内存中读出指令送到 CPU;第二步修正 PC 的值获得下一条指令的地址。但是,在不同数据通路实现中,对于取出的指令是否存放在寄存器(指令寄存器 IR)中的处理是不同的。另外,为了描述方便,把取数和存数指令的执行阶段分成两步,第一步计算存储单元地址,第二步完成取数或存数。

表 6-1 10 条 MIPS 32 指令描述

指令类型	指令	指令格式类型	指令功能描述	
			取指令阶段	执行指令阶段
存储器访问指令	lw Rt,Imm16(Rs)	I-型	(1) M[PC]或者 IR←M[PC] (2) PC←(PC)+4	(3) addr←(Rs)+SigExt(Imm16) (4) Rt←(M)[addr]
	sw Rt,Imm16(Rs)			(3) addr←(Rs)+SigExt(Imm16) (4) M[addr]←(Rt)
算术/逻辑运算指令	add Rd,Rs,Rt	R-型		(3) Rd←(Rs)+(Rt),判溢出
	sub Rd,Rs,Rt			(3) Rd←(Rs)-(Rt),判溢出
	addu Rd,Rs,Rt			(3) Rd←(Rs)+(Rt)
	and Rd,Rs,Rt			(3) Rd←(Rs)∧(Rt)
	or Rd,Rs,Rt			(3) Rd←(Rs)∨(Rt)

	slt Rd,Rs,Rt			(3) if(Rs)<(Rt)
				    Rd←1
				else
				    Rd←0

程序转移指令	beq Rs,Rt,Addr16	I-型		(3) if(Rs)==(Rt) PC←(PC)+SigExt(Addr16)×4
	j Addr26	J-型		PC←PC[31～28]‖(Addr26)×4

注:① M[PC]表示以 PC 内容作为存储器地址来读取存储单元内容;

② addr 表示存储器地址;

③ Rs、Rt、Rd 分别表示 2 个源寄存器和 1 个目的寄存器,(Rs)、(Rd)、(Rt)分别表示对应寄存器的内容;

④ SigExt(Imm16)表示对指令中的立即数 Imm16 进行 32 位符号扩展;

⑤ ‖ 表示拼接。

MIPS 32 指令格式如图 6-13 所示。

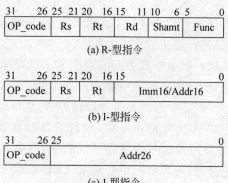

31 26	25 21	20 16	15 11	10 6	5 0
OP_code	Rs	Rt	Rd	Shamt	Func

(a) R-型指令

31 26	25 21	20 16	15 0
OP_code	Rs	Rt	Imm16/Addr16

(b) I-型指令

31 26	25 0
OP_code	Addr26

(c) J-型指令

注:
①OP_code:基本操作码;Shamt:移位量;Func:函数码,与OP_code配合使用;
②Rs:第一个源操作数寄存器;Rt:第二个源操作数寄存器;Rd:目的操作数寄存器;
③Imm16:16位立即数;Addr16:16位地址;Addr26:26位地址。

图 6-13 MIPS 32 指令格式

中央处理器

6.4 中断系统

中断是指计算机在执行程序的过程中,当出现某种异常情况或特殊请求时,CPU暂时停止现行程序的运行,转去处理这些异常情况或特殊请求,处理结束后再返回到原程序的间断处继续执行。在第4章中已经讲解过中断的相关内容,但是第4章主要集中在如何通过中断技术解决I/O控制问题。其实,中断在现代计算机系统中发挥着重要的作用,它是计算机能够更合理、更有效地发挥其效能的一个重要技术。实现这种功能需要软硬配合下共同完成。通常,把实现中断的软硬件称为中断系统。本章在简单介绍中断系统的基础上,重点讲述中断系统中CPU的功能和作用,然后以较为简单的CPU内部中断为例,介绍支持中断技术的数据通路结构。

6.4.1 中断源分类

我们把引起中断的原因或者能够发出中断请求信号的来源统称为中断源。这样,中断源可以分为以下几种。

1) 人为设置的中断

这种中断也称为自愿中断,它是在程序中人为放置的一类中断指令。一旦机器执行这类指令,便自愿停止现行程序的运行而转入中断处理。这类指令被称为访管指令、特权指令或者陷阱指令,它的功能是将CPU的执行过程从用户现行程序转移到操作系统程序。Intel IA-32中的软中断指令INT就属于自愿中断,它完成系统功能调用。

2) 程序性异常

CPU执行程序中出现的诸如运算溢出、除数为零、未定义指令等,都属于由于程序设计不周而引起的中断。

3) I/O设备

以程序中断方式工作的I/O接口,一旦I/O设备准备就绪,便向CPU发出中断请求,CPU通过响应I/O中断请求来处理I/O操作。

4) 硬件故障

硬件故障类型很多,如当出现插件接触不良、通风不良、磁表面损坏、电源掉电等情况时,可以通过中断请求告知CPU进行相应处理。

除了自愿中断以外,上述其他各类中断源引起的中断请求都是随机出现的。自愿中断和程序性异常由CPU内部引起,所以称这两类中断为内部中断。相对应地,称I/O中断和硬件故障中断为外部中断。另外,按照中断源是否可以被屏蔽,也可以将中断源分为可屏蔽中断和不可屏蔽中断两类。例如,两类外部中断中,硬件故障通常属于不可屏蔽中断,而I/O中断属于可屏蔽中断。程序员可以通过设置中断屏蔽字,决定是否响应某个可屏蔽中断源的中断请求。像电源掉电这样的不可屏蔽中断请求,CPU必须及时响应。

许多文献中并不区分中断和异常,通常用中断概括这两种事件。但MIPS中将中断和异常明显地区分开来。异常是指控制流中任何意外的改变,而无论其产生原因是来自CPU内部还是外部;中断则只用于由CPU外部引起的事件。

中断系统由硬件和软件两部分组成。中断系统软件和其他软件一样由CPU执行,它主要包含两个部分：中断初始化程序和中断服务程序。中断初始化程序完成与中断系统相关的设置，比如开/关中断、中断优先级、中断屏蔽字设置等。中断服务程序包括保护现场、中断处理和恢复现场，中断处理主要用于完成某个中断源要求的具体任务，例如 I/O 处理、异常处理等。

中断系统硬件逻辑可以集中在 CPU 中，也可以分布在产生中断的部件和设备接口中。在现代计算机系统中，为了简化 CPU 设计以及支持更方便灵活的中断技术，通常把支持外部中断的硬件逻辑从 CPU 和外部设备接口中分离出来，由专门的中断管理/控制器承担，如 Intel 8259 中断控制器芯片等。中断控制器的主要功能包括接收外部设备的中断请求，并进行中断优先级判别，接收并保存 CPU 发来的中断屏蔽字；将未被屏蔽的最高优先级中断请求送至 CPU；当 CPU 响应此中断请求后，将中断服务程序入口地址相关信息送给 CPU。这样，对于外部中断来说，CPU 对中断的支持主要体现在接收中断请求和响应中断请求。内部中断的硬件逻辑当然在 CPU 内部实现。

为了让读者理解 CPU 对中断技术的支持，同时简化讲解的内容，本章仅实现程序性异常中的两种异常：未定义指令和算术溢出。

检测异常条件并进行异常处理，这些操作经常处于 CPU 数据通路的关键时间路径上，这条路径决定了时钟周期的长度，即直接影响着机器的性能。如果在 CPU 设计中没有对异常进行充分考虑，那么在复杂实例中增加对异常的支持可能导致系统性能的明显下降，并且也难以保证系统设计的正确性。

6.4.2　中断响应

在 6.1.1 节阐述 CPU 功能时讲到，CPU 应具有中断控制功能。其中，最主要的功能就是检测和响应中断请求。这里以内部中断为例介绍 CPU 如何实现该功能。

除了自愿中断以外，其他各类中断源引起的中断请求都是随机出现的。外部中断请求由中断控制器通过中断请求信号线提交给 CPU。CPU 内部中断请求由 CPU 进行相关条件判断（异常检测）后自己产生。下面讨论与中断响应有关的几个问题。这些问题在第 4 章中已经有所介绍，这里从 CPU 的视角进行归纳总结。

1. 响应中断的条件

中断系统中需要设置一个中断允许触发器 EINT(Enable Interrupt)，可以通过开、关中断指令对 EINT 进行置位和复位。当 EINT=1 时，表示开放中断，即允许 CPU 响应中断请求；当 EINT=0 时，表示关闭中断，即不允许 CPU 响应中断请求。所以，CPU 响应中断请求的必要条件是：EINT=1，且有中断请求。

2. 响应中断的时间

中断请求是随机产生的，但 CPU 只有在当前指令执行周期结束后，才能响应中断源的中断请求。通常，CPU 在指令执行周期结束时刻向所有中断源发出中断查询信号，获知是否有中断请求。若有中断请求，CPU 就进入中断周期完成中断响应和中断处理。

CPU 响应中断的主要任务是保护程序断点和现场。因为在一条指令执行结束时现行程序的现场是最简单和最稳定的，所以将 CPU 响应中断的时间设计在指令周期末是最合理、最高效的。对于这个问题的理解，可以通过 6.6 节中多周期 CPU 指令周期操作时序进一步加深。

3. 中断源识别

CPU 响应中断请求时,要根据不同的中断源进入不同的中断服务程序,那么必须区分提出中断请求的是哪一个中断源,即中断源识别。外部中断源的识别由中断控制器完成;内部中断源的识别由 CPU 通过不同的条件判断逻辑实现。

例如,对于未定义指令的异常检测方法是判断指令操作码是否是未定义的编码;对于算术溢出的异常检测方法是 ALU 提供一个溢出信号输出端"V",当该输出为'1'时表示算术运算出现溢出。当然,有些算术运算指令并不要求判断溢出,比如 addu 和 slt 指令。

在 MIPS 处理器中,使用一个原因寄存器(Cause)专门来记录中断的原因。表 6-2 给出不同中断原因对应的 Cause 寄存器的值。CPU 根据 Cause 寄存器的值来决定中断服务程序的入口地址。

表 6-2　中断原因寄存器值

中 断 类 型	寄 存 器 值
硬件中断	0x00000000
系统调用	0x00000020
断点/除数为 0	0x00000024
未定义指令	0x00000028
算术溢出	0x00000030

4. 中断判优

在 CPU 允许响应中断的情况下,CPU 在每条指令周期末就会检查是否有中断请求。一旦有中断请求,首先进行中断判优,选择中断请求中优先级最高的中断源予以响应。

中断判优的方法有:软件法和硬件法。

软件判优由 CPU 执行一段程序查询实现,如图 6-14 所示。其中,A、B 和 C 为优先级由高到低的三个中断源。

在 CPU 内部实现的硬件判优通常采用并行判

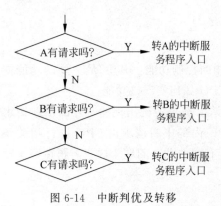

图 6-14　中断判优及转移

优逻辑,如第 4 章图 4-51 所示。外部中断源之间的判优由中断控制器完成。

5. 中断响应

在允许 CPU 响应中断请求的情况下,当每条指令执行周期结束后,CPU 就要进行中断检查。若有中断请求,首先进行中断识别和判优,在所有提出中断请求的中断源中,选择一个优先级最高的中断源予以响应。

CPU 在响应中断的过程中要自动完成以下三个操作。

(1) 关中断:清除中断允许标志,保证中断响应过程不会被其他中断请求所干扰。

(2) 保护程序断点。为了使中断处理完毕后,CPU 能返回原来的程序继续执行,必须把程序断点保存起来。由于通常 CPU 在执行两条指令之间响应中断,所以程序断点一般是指中断响应后 CPU 要执行的指令地址。但是,在 MIPS 中设置一个异常程序计数器(EPC)用来保存出错指令的地址。

（3）获得中断服务程序入口地址。为 PC 赋予新的值,使 CPU 实现程序转移。

获得中断服务程序入口地址有两种方法:软件查询法和硬件向量法。

当中断判优采用软件法时,那么对应地,获得中断服务程序入口地址也采用软件查询法。例如,在 MIPS 中,当异常发生时在异常程序计数器(EPC)中保存出错指令的地址,并把控制权转交给特定地址(0x8000 0180)处的操作系统程序。操作系统程序读取 Cause 寄存器的值,识别中断源后设置新的 PC 值,使 CPU 转移到异常处理程序对异常采取适当的行动。异常处理程序为用户程序提供一些服务,比如进行事先定义的操作,或者终止程序的执行并报告错误。在完成异常处理所需要的动作后,操作系统可以终止原来的程序;也可以继续执行原来的程序,此时由 EPC 决定重新开始执行的地方。

向量法利用硬件逻辑产生中断向量(或向量地址),再由中断向量获得中断服务程序的入口地址,称为向量中断。在 MIPS 中若采用向量中断,那么程序将转移到由异常原因 Cause 寄存器值决定的地址处(该地址由硬件逻辑产生)。例如,设置未定义指令异常向量地址为 0xc000 0000,算术溢出异常向量地址为 0xc000 0020。向量地址所指内存单元存放中断服务程序的入口地址,如第 4 章图 4-52 所示。

6.5　单周期 CPU 数据通路

当代处理器几乎都采用流水线方式执行指令。多周期数据通路很难实现指令的流水执行,特别是总线结构的多周期数据通路。而单周期数据通路所采用的部件冗余技术为指令流水执行提供了基本保障。所以本节首先对单周期 CPU 数据通路设计展开讨论,本章 6.7 节将在本节基础上讨论如何对单周期数据通路进行扩展形成指令流水数据通路。

为了讲解方便,在单周期 CPU 数据通路描述过程中,所用到的全部微操作控制信号的名称及其含义在表 6-3 中给出。

表 6-3　单周期 CPU 控制信号

信 号 名 称	含　义	信 号 名 称	含　义
CLK	时钟信号	MemtoReg	存储器至寄存器选择
RegWr	寄存器写	RegDst	目的寄存器选择
MemRd	存储器读	ALUOp	ALU 操作类型
MemWr	存储器写	ALUctrl	ALU 操作控制
ALUSrc	ALU 数据源选择	Jump	无条件转移
PCSrc	PC 数据源选择	Branch	条件转移
		CPUInt	CPU 内部中断

6.5.1　数据通路

我们先来分析一下,为了执行 6.3.4 节给出的 10 条 MIPS 32 指令,数据通路中应该具有哪些基本部件。除了 PC、ALU 及寄存器堆 RF 外,还需要对 PC 进行修正的部件以及存储器。无论程序是顺序执行还是跳跃执行,对 PC 值修正都可以由加法器来实现。由于单周期 CPU 要在一个时钟周期内完成指令的读取及执行,并且时钟周期是 CPU 内可控的最小时间单位,所以控制器在一个时钟周期内只能发出一组控制信号。对于数据通路部件来说,一个部件在一个时钟周期内只能完成一个操作,所以单周期 CPU 数据通路必须采用部件冗余技术来构建。这样,单周期 CPU 数据通路中需要配置一个指令存储器(Instruction Memory,IM)专门存放指令,IM 在执行程序过程中仅读取指令,即只进行读操作;另外要配置一个数据存储器(Data Memory,DM)专门存放数据,它在程序执行过程中执行读数据和写数据的操作。还需要配置两个加法器分别完成程序顺序执行时和跳跃执行时 PC 值的修正。

图 6-15 给出了实现 10 条 MIPS 32 指令集的单周期 CPU 数据通路的基本框架。图中重点示意出了不同功能单元以及它们之间的连接方式。由于指令存储器在程序执行期间相当于只读存储器,为了简化描述省略了其读写控制信号。

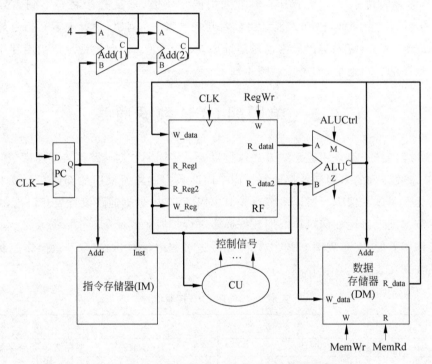

图 6-15 实现 10 条 MIPS 32 指令子集的数据通路框架

下面我们简单分析一下图 6-15 数据通路可以实现的基本操作。

(1) 将程序计数器(PC)的值作为地址,读取指令存储器 IM 获得指令字,然后通加法器(Add1)实现程序顺序执行时 PC 值的修正。

(2) 由控制单元 CU 根据指令操作码字段(OP)和功能字段(funct)区分指令类型和操作类型。

(3) 根据指令中的地址码字段访问寄存器堆 RF。

(4) ALU 执行算术、逻辑及比较运算,并将 ALU 运算结果存入寄存器堆。

(5) ALU 运算结果可以作为访问数据存储器(DM)的地址,将 DM 单元内容读出送入寄存器堆,或者将寄存器堆内容写入数据存储器单元中。

（6）加法器（Add2）完成 PC 与指令中地址偏移量相加。

接下来我们分析一下图 6-16 所示数据通路在一个时钟周期内的操作流程。以连续执行两条指令 I1 和 I2 为例，分析指令周期中的操作时序。假设指令 I1 在时钟周期 T1 执行，指令 I2 在时钟周期 T2 执行。这样，指令 I2 在指令存储器中的地址是在指令 I1 取出（顺序执行）或执行（跳跃执行）之后形成的。对于单周期 CPU 来说，将指令 I2 的地址打入 PC 是在时钟周期 T2 的上升沿完成的。并且，若指令 I1 的执行结果要存入寄存器堆 RF，也是在时钟周期 T2 的上升沿完成，如图 6-16 所示。

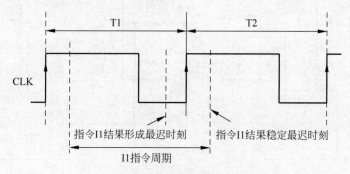

图 6-16 单周期数据通路时序分析

虽然图 6-15 给出了完成 10 条 MIPS 32 指令集所需要的主要数据通路，但是图中没有体现指令执行过程中的几个重要细节。

（1）某些功能单元的数据来自两个不同的源头。例如，写入 PC 的值可能来自两个加法器中的任一个；写入寄存器堆 RF 的数据可能来源于 ALU 或者数据存储器（DM）。然而，这些不同来源的数据线不可能简单地拼接在一起，必须增加多路选择器（MUX）用来从多个数据源中选择其中一个传输给目的单元。

（2）I 型指令的立即数为 16 位，而 ALU 是 32 位运算单元，所以来自指令的 16 位立即数需要经过符号扩展后输入到 ALU 的一端。因此需要增加符号扩展单元（SigExt16/32）。

（3）J 型指令形成转移地址时需要进行左移 2 位的操作，所以需要增加移位器（SHL2）。

图 6-17 是增加了多路选择器（MUX）、符号扩展单元（SigExt16/32）和移位器（SHL2）后的单周期 CPU 数据通路。

但是，在图 6-17 中还缺少一些多路选择器和其他功能部件。比如，R 型指令中第 15～11 位是目的寄存器号（Rd）；而取数指令中第 20～16 位为目的寄存器号（Rt），这样，在指令存储器 IM 和寄存器堆 RF 间就要设置一个二路选择器，在指令第 15～11 位和第 20～16 位之间选择一路作为写入寄存器。

对于下一条指令地址的计算方法分为三种情况，即 PC 值有三种修正方法：

（1）对于非转移类指令，由取指令阶段实现 PC＋4。

（2）对于分支指令（beq），条件满足时，将 PC＋4 与 addr 16 符号扩展再左移 2 位的值相加形成转移地址；条件不满足时，保持 PC＋4 的值。

（3）对于转移指令（j），将 addr 26 左移 2 位与 PC＋4 的高 4 位拼接后形成 32 位转移地址。

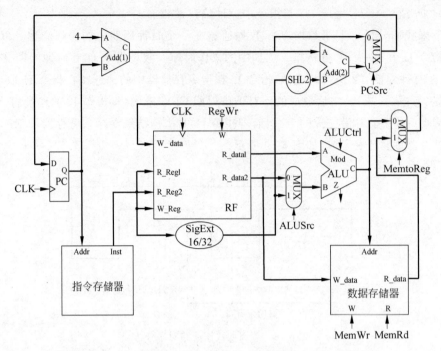

图 6-17   包含必需的多路选择器的 MIPS 指令子集的基本实现

对这三路 PC 修正值的选择可以用两个二路选择器或者一个四路选择器实现。

另外,对于 ALU 的功能选择控制可以从主控制单元中分离出来,采用分散式控制器设计方案,即将控制单元分为两部分:主控制单元(MCU)和 ALU 控制单元(ALUCU),如图 6-18 所示。主控制单元 MCU 的输入包括指令操作码(OP_code)和主时钟信号(CLK),输出包括输入到 ALUCU 的 ALU 操作命令(ALUOp)。ALUCU 再根据该操作命令和 R-型指令中的"Func"字段产生 ALU 功能选择控制信号。

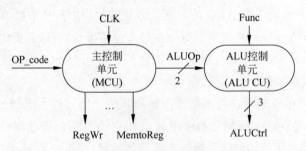

图 6-18   分散式控制单元结构

值得注意的是,分支指令 beq 分两种情况执行:条件成立和条件不成立,其差异是写入不同的 PC 值。所以,执行 beq 指令时,主控制单元首先产生一个专门的控制信号 Branch,而是否实现转移取决于 ALU 的 Z(Zero)输出端状态。当 Z=1(条件成立)时,将转移地址写入 PC;当 Z=0(条件不成立)时,将 PC+4 写入 PC。

综上所述,完成 10 条 MIPS 32 指令集的完整数据通路如图 6-19 所示。其中,"Inst[]"代表一个指令字,例如,"Inst[31-26]"代表指令字中的第 31 位到 26 位,"Inst[25-0]"代表指令字中的第 25 位到 0 位,等等。另外,信号线的连接上有两种标示,"实心圆"表示普通的信号连接,"空心圆"表示信号拼接,即信号线数增加。

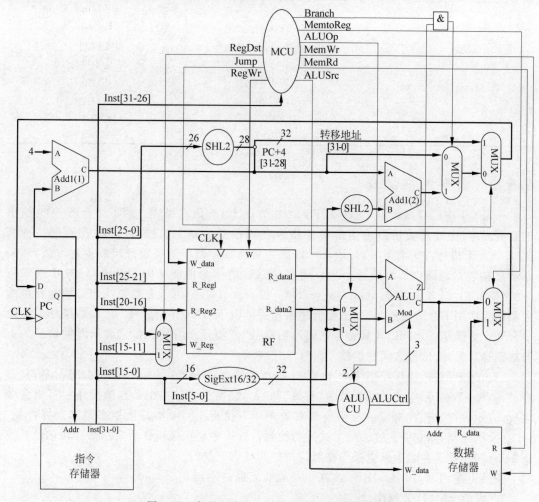

图 6-19　实现 MIPS 32 指令子集的完整数据通路

主控制单元 MCU 和 ALU 控制单元 ALUCU 的真值表见表 6-4 和表 6-5。在表 6-4 中,用"1"表示发出对应的控制信号(即控制信号有效);用"0"表示不发出对应的控制信号(即控制信号无效)。用"X"表示对应的控制信号状态无关。在表 6-5 中给出了 3 位 ALU 控制信号(ALUCtrl)编码,也称为 ALU 的操作方式编码。

表 6-4　主控制单元真值表

指令	OP_code	RegDst	RegW	ALUSrc	MemR	MemW	MemtoReg	Branch	Jump	ALUOp
R-类型	000000	1	1	0	0	0	0	0	0	10
1w	100011	0	1	1	1	0	1	0	0	00
sw	101011	X	0	1	0	1	X	0	0	00
beq	000100	X	0	0	0	0	X	1	0	01
j	000010	X	0	X	0	0	X	0	1	XX

表 6-5   ALU 控制单元真值表

ALUOp	funct	ALUCtrl
00	X	100(add)
01	X	110(sub)
1X	100000	100(add)
1X	100001	101(addu)
1X	100010	110(sub)
1X	100100	000(and)
1X	100101	001(or)
1X	101010	011(slt)

6.5.2   指令周期流程

在表 6-1 中已经给出了 10 条 MIPS 32 指令的 RTL 语言描述。为了结合图 6-19 给出的数据通路,使读者更清晰地了解每条指令在该数据通路上的执行过程,我们用一种类 RTL 语言来描述。所谓类 RTL 语言可以认为是比寄存器传送级更低层的描述方法,即展示信息在数据通路中流动的每一步。例如,将 PC 值作为地址从指令存储器 IM 中读取指令,用类 RTL 语言描述为:addr(IM)←(PC)和 read(IM)。由于有些微操作必须在相应的控制信号作用下才能完成,所以也要描述出相关微命令信号,并用分号";"将微操作和微命令分开。而微操作之间以及微命令之间均用逗号","隔开。用"CLK↑"表示时钟信号的上升沿到达。另外,信号之间的拼接用符号"||"表示。

应该注意的是,操作控制命令有两类:一类是诸如存储器读/写(MemRd/MemWr)、寄存器写(RegWr)等,它们的状态分为"有效"和"无效"两种。描述中若在微操作后写出命令名称,表示该微操作在对应的控制信号有效作用下执行。另一类是诸如多路器选择控制、ALU 操作控制等,它们通过编码方式进行控制。描述中要在微操作后写出命令名称及其控制编码(控制状态),表示该微操作在对应的控制状态下执行。

按照上述约定,10 条 MIPS 32 指令单周期流程描述如下。

1. 取指令阶段(公操作)

(1) addr(IM) ← (PC);

(2) read(IM);

(3) Add1_B ← (PC),(PC) + 4;

2. 算术/逻辑指令执行阶段

R-型指令(例如 add $t1, $t2, $t3)

(1) R_Reg1(RF) ← Inst [25-21],ALU_A ← (R_data1);

   R_Reg2(RF) ← Inst [20-16],ALU_B ←(R_data2);ALUSrc=0

   W_Reg(RF) ← Inst [15-11];RegDst=1

(2) ALU 操作;

   add: ALUOp=10,ALUCtrl=100

   addu: ALUOp=10,ALUCtrl=101

   sub: ALUOp=10,ALUCtrl=110

   and: ALUOp=10,ALUCtrl=000

or：　　ALUOp＝10,ALUCtrl＝001

slt：　　ALUOp＝10,ALUCtrl＝011

（3）W_data(RF)←ALU_C,PC←(PC)＋4；MemtoReg＝0,RegWr,Branch＝0,Jump＝0,CLK↑。

3. 存数/取数指令执行阶段

1）取字指令（例如 lw ＄t1,offset(＄t2)）)

（1）R_Reg1(RF)←Inst [25-21],ALU_A←(R_data1)；

（2）W_Reg(RF)←Inst [20-16]；RegDst＝0

SigExt16/32←Inst [15-0]，ALU_B←SigExt16/32；ALUSrc＝1

（3）ALU 操作(add)；　　ALUOp＝00,ALUCtrl＝100

（4）Addr(DM)←ALU_C；MemRd

（5）W_data(RF)←R_data(DM),PC←(PC)＋4；MemtoReg＝1,RegWr,Branch＝0,Jump＝0,CLK↑

2）存字指令（例如 sw ＄t1,offset(＄t2)）)

（1）R_Reg1(RF)←Inst [25-21],ALU_A←(R_data1)；

（2）R_Reg2(RF)←Inst[20-16],W_data(DM)←(R_data2)；

SigExt16/32←Inst [15-0]，ALU_B←SigExt16/32；ALUSrc＝1

（3）ALU 操作(add)；　　ALUOp＝00,ALUCtrl＝100

（4）Addr(DM)←ALU_C,PC←(PC)＋4；MemWr, Branch＝0,Jump＝0,CLK↑

4. 程序转移指令执行阶段

1）分支指令（beq ＄t1, ＄t2,offset)

（1）R_Reg1(RF)←Inst [25-21],ALU_A←(R_data1)；

R_Reg2(RF)←Inst [20-16],ALU_B←(R_data2)；ALUSrc＝0

（2）ALU 操作(sub)；　　ALUOp＝01,ALUCtrl＝110

（3）if ALU_Z＝＝1 then SigExt16/32←Inst [15-0]，SHL2←SigExt16/32；Add2_B←SHL2, PC←Add2_C；Branch＝1,Jump＝0,CLK↑

（4）else PC←(PC)＋4；Branch＝1,Jump＝0,CLK↑

2）转移指令（j lab)

PC←(((PC)＋4)[31-28])||(SHL2←Inst [25-0])；Jump＝1,CLK↑

注意,在上述描述过程中,我们忽略了加法和减法指令的溢出判断,这个问题可以结合内部中断一起考虑。

6.5.3　指令周期与 CPU 性能

指令周期是对指令执行时间的描述,通常包括从读指令开始到指令执行结束所需要的全部时间。指令周期长短直接影响着程序的执行速度,所以它是衡量 CPU 性能的一个重要指标。

1. 如何确定时钟周期

从指令周期流程分析可以看出,单周期 CPU 采用定长指令周期,其指令周期长度由执行时间最长的指令所需要的时间来决定。表 6-6 给出了单周期 CPU 数据通路中主要操作的延迟时间参数。

表 6-6　数据通路部件操作延迟时间参数

部 件 操 作	表示符号	部 件 操 作	表示符号
寄存器数据建立时间	t_{setup}	多路开关延迟时间	t_{mux}
寄存器数据读出时间	t_{cpq}	寄存器堆数据读出时间	t_{RFread}
存储器读写时间	t_{mem}	寄存器堆数据建立时间	$t_{RFsetup}$
ALU 运算延迟时间	t_{ALU}	左移 2 位延迟时间	t_{left}
符号扩展延迟时间	t_{sext}		

注意：寄存器(寄存器堆)数据建立时间指在时钟上升沿到来之前寄存器(寄存器堆)输入端数据需稳定保持的最短时间。寄存器(寄存器堆)数据读出时间指从时钟上升沿到寄存器(寄存器堆)输出端数据稳定的最长时间。

对于前面列举的 10 条 MIPS 32 指令来说,取数指令执行过程中在数据通路中经历的路径最长,如图 6-20 所示。所以,执行取数指令所需要的时间最长。那么,单周期 CPU 的指令周期(时钟周期)就以取数指令周期时间为基准来确定。虽然其他指令执行中所经历的路径相对较短,但是采用同步时序逻辑设计 CPU 时,时钟周期必须是常数,而且应能满足最慢指令的要求。

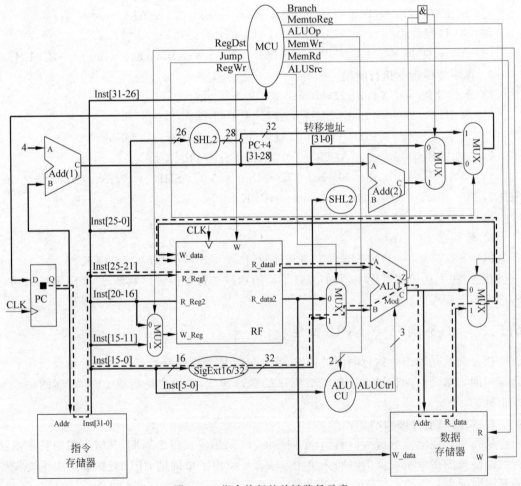

图 6-20　指令执行的关键路径示意

下面通过分析 lw 指令的执行路径,分析一下如何确定单周期 CPU 的指令周期。图 6-20 给出了 lw 指令在数据通路上执行的关键路径以及经历的每个部件(图中没有示意出 PC 修正的路径,因为 PC 修正与读指令存储器的过程并行进行,不额外占用数据通路时间)。这样,时钟周期 T_c 就可以通过下面公式计算得到。

$$T_c = t_{\text{cpq-PC}} + t_{\text{mem-IM}} + \max(t_{\text{RFread}}, t_{\text{sext}} + t_{\text{mux}}) + t_{\text{ALU}} + t_{\text{mem-DM}} + t_{\text{mux}} + t_{\text{RFsetup}}$$

在绝大多数数据通路实现中,ALU、存储器、寄存器堆的操作速度都比其他部件慢,若假设指令存储器 IM 和数据存储器 DM 的读写时间相同,那么,时钟周期可以简化为:

$$T_c = t_{\text{cpq-PC}} + 2t_{\text{mem}} + t_{\text{RFread}} + t_{\text{ALU}} + t_{\text{mux}} + t_{\text{RFsetup}} \tag{6-1}$$

从图 6-20 可以分析出不同指令在数据通路上执行的关键路径,以及经历各类部件的延迟时间,图 6-21 分别给出了 10 条 MIPS 32 指令在数据通路中经历的关键路径延迟。

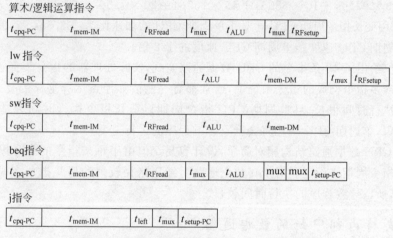

图 6-21　指令在周期通路中的关键路径延迟时间

2. CPU 性能分析

下面首先通过一个例子,分析一下指令周期对程序执行速度的影响。

【例 6.1】　若在 65nm 的 CMOS 工艺上实现了单周期 MIPS 处理器,所选用逻辑组件的延迟时间参数见表 6-7。请分析包含 100 条指令的程序的执行时间。

表 6-7　数据通路部件操作延迟时间

参数	延迟时间/ps	参数	延迟时间/ps
t_{cpq}	30	t_{mux}	25
t_{setup}	20	t_{RFread}	150
t_{mem}	250	t_{RFsetup}	20
t_{ALU}	200	t_{left}	20
t_{sext}	20		

注:ps(picosecond)

解:根据式(6-1),单周期 CPU 的时钟周期为 $T_c = 30 + 2 \times 250 + 150 + 200 + 25 + 20 = 925$(ps)。那么,100 条指令的程序执行时间为 $T_{\text{total}} = 100 \times T_c = 92\,500\text{ps} = 92.5\text{ns}$。

为了提高程序的执行速度,可以对 CPU 进行重新设计。最理想的设计是,每条指令的指令周期按照其在数据通路中实际需要的时间来设定,即采用变长指令周期。

若 T_{ALU} 表示算术/逻辑运算指令实际执行时间；用 T_{load} 表示 load 指令实际执行时间；用 T_{store} 表示 store 指令实际执行时间；用 T_{beq} 表示 beq 指令实际执行时间；用 T_{jump} 表示 jump 指令实际执行时间。则按照表 6-7 的参数值可以计算得到：

$$T_{ALU} = t_{cpq\text{-}PC} + t_{mem} + t_{RFread} + t_{ALU} + 2t_{mux} + t_{RFsetup} = 700ps$$

$$T_{load} = t_{cpq\text{-}PC} + 2t_{mem} + t_{RFread} + t_{ALU} + t_{mux} + t_{RFsetup} = 925ps$$

$$T_{store} = t_{cpq\text{-}PC} + 2t_{mem} + t_{RFread} + t_{ALU} = 880ps$$

$$T_{beq} = t_{cpq\text{-}PC} + t_{mem} + t_{RFread} + t_{ALU} + 3t_{mux} + t_{setup\text{-}PC} = 725ps$$

$$T_{jump} = t_{cpq\text{-}PC} + t_{mem} + t_{left} + t_{mux} + t_{setup\text{-}PC} = 345ps$$

假设一个程序由 100 条指令构成，其中 25 条 load 指令，10 条 store 指令，45 条算逻运算类指令，20 条分支转移类指令。那么，该程序的执行总时间为：

$$T_{total} = 25 \times 925ps + 10 \times 880ps + 45 \times 700ps + 20 \times 725ps = 77\,925ps = 77.925ns$$

这样，采用变长指令周期 CPU 相对于单周期 CPU 的加速比为：92.5ns/77.925ns≈1.2，即变长指令周期 CPU 速度是单周期 CPU 速度的 1.2 倍。

我们仅仅给出了 10 条指令的 CPU 数据通路实现，实际处理器的指令集都远远多于 10 条指令。在众多指令构成的指令系统中，通常都有一些诸如浮点运算这样的复杂指令。由于复杂指令执行时间很长，且单周期 CPU 指令周期以最长指令执行时间为基准来设置。我们可以想象，单周期 CPU 结构将会严重影响程序的运行速度。

单周期 CPU 数据通路结构相对简单，设计容易。但由于每条指令的指令周期都相同，且按照最长指令周期来设定。对于在数据通路上经历路径较短的那些指令来说，就会有部分时间浪费，所以导致程序的执行时间较长。

6.5.4 支持内部中断的数据通路

为了让读者理解 CPU 对中断技术的支持，本节以"未定义指令"和"算术溢出"这两个 CPU 异常（内部中断）为例，讲解如何在单周期 CPU 数据通路上增加相关部件，来实现支持内部中断的单周期 CPU 数据通路。

首先，需要增加两个寄存器：异常原因寄存器（Cause）和异常程序计数器（EPC）。同时，主控制单元 CU 要额外提供两个控制信号：异常标识（CPUInt）和异常原因（IntCause）。CPUInt 信号对 Cause 和 EPC 的写入操作进行控制，IntCause 信号对 Cause 的写入值进行选择控制，如图 6-22 所示。

另外，CPU 在进行异常处理前需要将异常处理程序的入口地址写入 PC，比如在 MIPS 中该地址为 0x80000180（MIPS 的 SPIM 模拟器中使用 0x80000080）。这样，PC 的来源由原来的三路选择变成了四路选择，那么可以将图 6-19 中的两个二路选择器中的一个改用四路选择器，其中一路输入恒为 0x80000180。四路选择器由 Jump 和 CPUInt 信号控制，当为 Jump 为 0 且 CPUInt 为 1 时，就将 0x80000180 写入 PC。

按照表 6-2，当识别出一条未定义指令时，IntCause=0，在 CPUInt 信号的作用下，将 0x00000028 置入 Cause；当算术运算溢出（ALU 的 V 标志位为 1）时，IntCause=1，在 CPUInt 信号的作用下，将 0x00000030 置入 Cause。

异常处理程序可以采用软件法识别中断源，即读取 Cause 的值并进行分析，决定具体采取的异常处理操作。

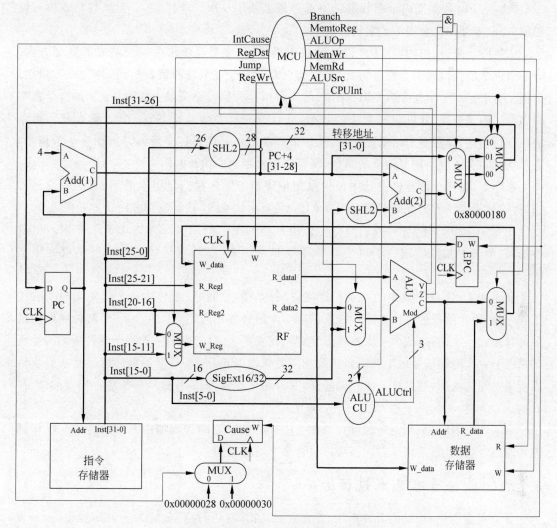

图 6-22 支持内部中断的单周期数据通路

值得注意的是,图 6-22 中并没有画出异常原因 Cause 和 EPC 的输出通路。若要完善异常原因识别和异常恢复等功能,必须补充相关数据通路。

6.6 多周期数据通路

指令集非常小的 CPU 可以使用单周期数据通路设计方案,早期计算机也的确使用了这种技术。但是,若要实现包含复杂指令的庞大指令系统,这样的单周期方案根本无法胜任。因为单周期 CPU 实现方案存在以下两个主要问题。

(1) 违反了加速常用操作的关键性设计原则。通常,常用指令往往是一些基本指令,这些基本指令的操作并不复杂,其执行时间相对较短;而较少使用的复杂指令执行时间相对比较长。然而,单周期 CPU 设计方案是以少数复杂指令执行时间为基准,导致简单指令的执行时间被延长。

(2) 一个时钟周期内每个数据通路部件只能使用一次。这样,必须为某些功能单元设置副本,由于部件冗余增加了实现的成本。

从性价比来说,单周期 CPU 设计的效率很低,这主要源于指令执行结果的提交方式。即不同指令的执行时间有长有短,但是它们只能在一个规定好的最长时间间隔(时钟周期)后提交结果。对于单指令流 CPU 来说,前一条指令的执行结果没有提交,下一条指令就不能启动。为了提高 CPU 执行程序的效率,可以改变这种结果提交的方式。即在复杂指令的执行时间内,设置多个结果提交点,前一条指令的执行结果提交后便可启动下一条指令,通过从时间上适应不同复杂度的指令,便可以缩短程序的执行时间。

实际上,在当今计算机设计中很少采用单周期方案。我们介绍单周期 CPU 的设计方法,目的是帮助读者更好地理解多周期 CPU 和流水线 CPU 数据通路的设计。

在 6.5.3 节的例子中,我们看到变长指令周期比单周期实现方案快了 1.2 倍。但遗憾的是,为每种指令实现一个可变时钟周期非常困难,而且所导致的额外开销可能得不偿失。

多周期 CPU 数据通路的基本思想是,把每条指令的执行划分成多个时间间隔大致相等的阶段,每个阶段的微操作序列被安排在一个时钟周期内完成;通常,一个时钟周期内最多可以完成一次访存,或者一次寄存器读/写,或者一次 ALU 操作;前一个时钟周期的执行结果由下一个时钟信号的上升沿打入到相应的状态单元;时钟周期的宽度以最复杂操作阶段所用时间为基准,通常按一次存储器读/写时间来设置,即时钟周期等于主存储器的读/写周期。

多周期 CPU 是采用更短时钟周期的 CPU 实现技术,时钟周期由基本功能单元操作延迟时间决定,并且每条指令周期都可以包含多个时钟周期。

6.6.1 数据通路基本设计方法

要确定多周期 CPU 的时钟周期,首先需要将指令执行过程分解为一系列步骤,每一步安排在一个时钟周期内完成。这样,一个功能单元可以在一条指令的执行过程中多次被使用,只要不在同一个时钟周期内使用就可以仅设置一个部件,即部件共享。允许不同指令周期包含不同时钟周期数,且功能单元可在一条指令执行过程中共享,这是多周期 CPU 设计的主要特点。

类似于程序执行过程,前面指令产生的数据必须存放在一个程序员可见的状态单元中(寄存器、存储单元),才能被后继指令所使用。一个时钟周期结束时,若其处理过的数据后续时钟周期中将要用到,那么这些数据就必须存储在状态单元中。也就是说,在同一条指令的后续时钟周期中要用到的数据(包括指令)必须存入临时寄存器中。所以在多周期数据通路设计中,若在一个时钟周期内最多只能完成下列操作之一:一次访存、一次寄存堆访问(两次读或一次写)或者一个 ALU 操作,那么三个功能部件的任何一个(存储器、寄存器堆或者 ALU)产生的数据(或指令)必须存放在一个临时寄存器中,以供在后面的时钟周期中使用。如果数据(或指令)没有被缓存,则可能出现周期竞争,引起不正确的数据使用,导致指令执行结果错误。

我们先来分析一下哪些部件可以共享以及需要增加哪些临时寄存器。

(1) 指令和数据使用同一个存储器单元。因为在第一个时钟周期中从存储器中取出指令,而在后续时钟周期中从存储器中读出或向存储器写入数据。

(2) 只需要设置一个 ALU,不需要设置另外两个加法器。ALU 既可以实现算术/逻辑运算,也可以完成 PC 值修正,而且这些操作不在同一个时钟周期内进行。

(3) 每个主要功能部件后增加一个或多个临时寄存器。临时寄存器暂存主要功能部件的输出以便在后面的时钟周期中使用。

在单周期 CPU 数据通路设计中,以最复杂指令的操作时间设定为一个时钟周期,将所有指令都安排在一个时钟周期内完成。所以,在单周期处理器上,程序执行时间直接取决于时钟周期的长度。由于单周期设计方案中忽略了不同指令操作复杂性的差异,所以造成了处理器时间的浪费。多周期处理器设计中,考虑到不同指令操作的复杂度不同,将指令周期划分成若干个时钟周期,不同指令的指令周期包含的时钟周期数可以不同。这样,程序执行速度主要取决于各种指令所包含的时钟周期个数,当然时钟周期长度也直接影响着程序执行速度。对于同步控制的多周期处理器来说,时钟周期长度的设定取决于数据通路中操作速度最慢的部件。

6.6.2 分散互连结构

1. 数据通路

在上一节给出的单周期数据通路的基础上,通过合并冗余的处理单元,并且增加处理单元之间的临时寄存器(用户不可见寄存器),便可构造出分散互连的多周期数据通路。即将指令存储器和数据存储器合成一个存储器,将加法器和 ALU 合并成一个 ALU。需要增加的临时寄存器包括以下几种。

(1) 指令寄存器(IR)用于在一个指令周期内暂存从存储器读出的指令。存储器数据寄存器(MDR)用于暂存从存储器读出的数据。使用两个独立的寄存器是因为可能在同一个时钟周期中两者的值都要用到。

(2) 临时寄存器 A 和 B 用于暂存从寄存器堆中读出的操作数。

(3) 临时寄存器 ALUOut 用于暂存从 ALU 输出的数据。

同样,我们将在多周期数据通路上实现前面列出的 10 条 MIPS 32 指令。首先要把指令周期操作分解成一系列步骤,每步操作规定在一个时钟周期内完成,所以每步操作时间应该基本相当。假如规定每步最多只能包含一次 ALU 操作、一次寄存器堆访问或者一次存储器访问。这样,时钟周期应当大于这些操作中最长操作所花费的时间。每个时钟周期结束时,后面周期要用到的所有数据必须存入一个状态单元,可以是一个主状态单元(例如PC)或者是一个临时寄存器(如 IR、MDR、A、B 或 ALUOut)。

分散互连的多周期 CPU 数据通路基本组成如图 6-23 所示。

从上一节分析 10 条 MIPS 32 指令的执行过程可知,在多周期数据通路上完成这 10 条指令最多需要 5 步。也就是说,最长指令周期中包含 5 个时钟周期,每个时钟周期执行的操作大致如下。

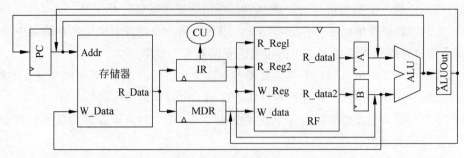

图 6-23　分散互连的多周期数据通路基本组成

第一个时钟周期：用 PC 值作为地址读取存储器，取得指令码存入指令寄存器 IR；同时，通过 ALU 对 PC 值进行修正，并将结果存入 PC。

第二个时钟周期：读取寄存器堆的数据，将结果存入临时寄存器 A、B。

第三个时钟周期：ALU 执行某种运算操作，并将结果存入 ALUOut。

第四个时钟周期：将 ALUOut 的值写入寄存器堆，或者将 ALUOut 的值写入存储器，或者读取存储器单元内容放入 MDR。

第五个时钟周期：将 MDR 的值存入寄存器堆。

由于一些功能单元要为不同目的所共享，所以还需要添加多路选择器，并扩展已有的多路选择器。比如，由于一个存储器既用于存储指令也用于存储数据，就需要一个多路选择器来选择存储器的地址来源，即存储器地址是来自 PC(用于读取指令)还是来自 ALUOut(用于存取数据)。

用一个 ALU 代替单周期数据通路中的一个 ALU 和两个加法器，意味着这一个 ALU 必须能够接收原来这三个部件的所有输入。所以，在 ALU 的第一个输入端(A 端)需添加一个二路选择器，实现在临时寄存器 A 和 PC 之间选择其一。在 ALU 的第二个输入端(B 端)需将二路选择器改为四路选择器，增加的两路输入为常数 4(用于 PC 增量)和符号扩展及移位后的偏移量(用于计算转移地址)。

前面主要讨论了在单周期数据通路上增加哪些部件来构建多周期数据通路，但是增加了这些部件以后相应的控制信号也需要增加。下面主要分析需要增加哪些控制信号以及这些控制信号的作用。

程序可见的状态单元(PC、存储器和寄存器)需要写控制信号，由于这些状态单元并非每个时钟周期都要更新其值。存储器还需要一个读控制信号 MemRd，以控制存储器的读/写操作。另外，二路选择器需要一位控制信号，四路选择器需要两位控制信号。ALU 控制单元与单周期 CPU 相同。

除指令寄存器(IR)以外，增加的其他临时寄存器都只在相邻两个时钟周期之间暂存数据，并且每个时钟周期的上升边沿都进行数据写入，所以由时钟信号 CLK 触发数据写入操作，不需要专门的写控制信号。由于指令一旦取出并存入指令寄存器 IR 后，需要一直保存直到指令执行结束，在一个指令周期内不能由时钟信号触发改变 IR 的内容，所以 IR 需要一个写控制信号 IRWr。

类似地，PC 的写入操作也不是每个时钟周期都要完成的，所以 PC 的写入也需要专门的控制信号。由于不同指令修正 PC 的时间以及条件的不同,所以需要安排两个独立的 PC 写控制信号,分别为 PCWr 和 PCWrCond 来控制 PC 值的写入。表 6-8 列出了多周期分散互连 CPU 控制信号的名称及其含义。

表 6-8　多周期分散互连 CPU 控制信号

信号名称	含　义	信号名称	含　义
CLK	时钟信号	IRWr	IR 写
RegWr	寄存器写	IorD	指令和数据地址选择
MemRd	存储器读	PCWr	PC 写
MemWr	存储器写	PCWrCond	PC 写条件
PCSrc	PC 源选择	ALUSrcA	ALU 端 A 数据源选择
RegDst	目的寄存器选择	ALUSrcB	ALU 端 B 数据源选择
MemtoReg	存储器至寄存器选择	EPCWr	EPC 寄存器写
ALUOp	ALU 操作	IntCause	CPU 内部中断原因
ALUctrl	ALU 操作控制	CauseWr	Cause 寄存器写

　　图 6-24 给出了完整的分散互连多周期 CPU 数据通路。为了简便起见,图中仅给出了控制信号而没有画出控制单元。这些控制信号的作用以及何时起作用可以通过指令周期分析来具体了解。图中"OP_code"表示指令操作码,它作为控制单元的输入进行指令译码。

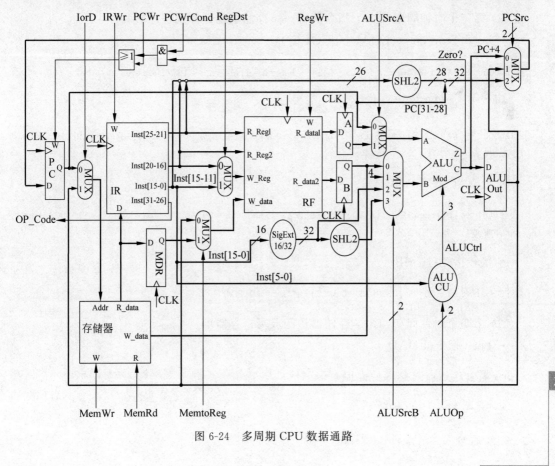

图 6-24　多周期 CPU 数据通路

中央处理器

2. 指令周期流程

现在我们来分析一下,各条指令在每个时钟周期内执行的微操作序列,同时给出执行微操作所需的控制信号及相应设置。同时,可以得到不同指令周期所包含的时钟周期个数。有些时钟周期可以完成多个微操作,这些微操作可能是并行的也可能是串行的。然而,一个时钟周期最多完成一次 ALU 操作、一次存储器访问或者一次寄存器堆访问的限制,也就限定了一个时钟周期长度。

注意,下面用 RTL 语言描述指令周期流程过程中,省掉了时钟信号的描述。其中,RF1[ ] 表示寄存器堆读端口 1,RF2[ ] 表示寄存器堆读端口 2,"SigExt( )"表示进行 16 位到 32 位的符号扩展,"<<2"表示左移 2 位,"OP"表示某种算术/逻辑运算操作。

(1) 第一个时钟周期(T0): 取指令(FETCH)。

```
IR ← M[PC];     IorD = 0,MemRd,IRWr
PC ← (PC) + 4; ALUSrcA = 0,ALUSrcB = 01,ALUOp = 00,ALUCtrl = 100,PCSrc = 00,PCWr
```

(2) 第二个时钟周期(T1): 指令译码和读取寄存器(DECODE)。

```
A ← (RF1[IR[25 - 21]]);
B ← (RF2[IR[20 - 16]]);
ALUOut ← (PC) + (SigExt(IR[15 - 0])<< 2); ALUSrcA = 0,ALUSrcB = 11,ALUOp = 00,ALUCtrl = 100
```

(3) 第三个时钟周期(T2): 指令执行——存储地址计算或程序转移。

- Load/Store 指令(LOAD$_1$/STORE$_1$):

```
ALUOut ← (A) + (SigExt (IR[15 - 0])); ALUSrcA = 1,ALUSrcB = 10,ALUOp = 00,ALUCtrl = 100
```

- 算术/逻辑指令(R 型)(ALU$_1$):

```
ALUOut ← (A) OP (B); ALUSrcA = 1,ALUSrcB = 00,ALUOp = 10,ALUCtrl = xxx(由 ALUOp 和 IR[5 - 0]决
```
定,见表 6 - 5)

- 分支指令(BRANCH):

```
If((A) == (B))then PC ← (ALUOut); ALUSrcA = 1,ALUSrcB = 00,ALUOp = 01,ALUCtrl = 110,PCSrc = 01,
PCWrCond
```

- 跳转指令(JUMP):

```
PC ← (PC[31 - 28]) || (IR[25 - 0]<< 2); PCSrc = 10,PCWr
```

(4) 第四个时钟周期(T3): 存储器访问或写寄存器堆。

- Load 指令(LOAD$_2$):

```
MDR ← M[ALUOut]; IorD = 1,MemRd
```

- Store 指令(STORE$_2$):

```
M[ALUOut] ← (B); IorD = 1,MemWr
```

• 算术/逻辑指令(R 型)(ALU$_2$)：

RF[IR[15 - 11]] ← (ALUOut); MemtoReg = 0,RegDst = 1,RegWr

(5) 第五个时钟周期(T4)：写寄存器堆。
Load 指令(LOAD$_3$)：

RF[IR[20 - 16]] ← (MDR); MemtoReg = 1,RegDst = 0,RegWr

指令周期流程框图如图 6-25 所示。该图对指令周期操作描述比较简单,其实只要将各时钟周期微操作的 RTL 描述代入图中对应方框内,就能得到每条指令具体的指令周期流程图。

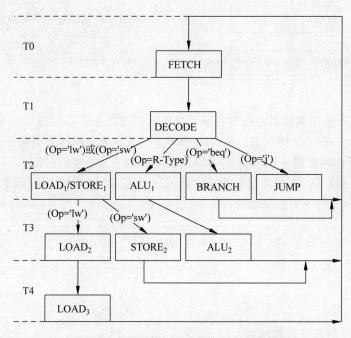

图 6-25　多周期数据通路指令周期流程框图

从图 6-25 可知,beq 和 j 指令需要 3 个时钟周期,sw 和 R-型 ALU 指令需要 4 个时钟周期,而 lw 指令需要 5 个时钟周期。

值得注意的是,在多周期 CPU 中,不同指令的指令周期所包含的时钟周期个数不同,那么 CPU 如何知道某个指令周期在哪个时钟周期后会结束呢? 也就是说,何时进入下一个指令周期的问题。这个问题将在第 7 章控制器设计中采用状态转换图来解决。

【例 6.2】　请用指令周期流程图描述 and rd,rs,rt 指令从取指令开始到执行结束的操作过程,并标明完成具体操作所需要的微操作控制信号。

解：指令周期流程图是描述指令操作序列的图形化手段,也是数据通路设计中的常用方法。图中用方框表示一个时钟周期内的微操作序列,方框外标出完成具体微操作所需要的微操作控制信号。用"⌣"表示一个指令周期结束时"公操作"常用符号。

中央处理器

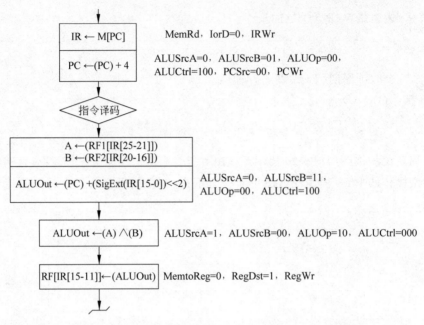

【例 6.3】 若多周期数据通路中各部件操作延迟时间见表 6-7,假设一个程序由 100 条指令构成,其中 25 条 load 指令,10 条 store 指令,45 条算术逻辑运算类指令,20 条分支转移类指令。计算该程序在图 6-24 所示的多周期数据通路上的总执行时间。

解:由于存储器读/写时间最长为 250ps,那么多周期 CPU 的时钟周期 $T_c = 250\text{ps}$,10 条 MIPS 32 指令的指令周期分别为:

$$T_{ALU} = 4T_c = 1000\text{ps}$$
$$T_{load} = 5T_c = 1250\text{ps}$$
$$T_{store} = 4T_c = 1000\text{ps}$$
$$T_{beq} = 3T_c = 750\text{ps}$$
$$T_{jump} = 3T_c = 750\text{ps}$$

那么,该程序的总执行时间为:

$$T_{total\text{-}m} = 25 \times 1250 + 10 \times 1000 + 45 \times 1000 + 20 \times 750 = 101.25(\text{ns})$$

请读者思考一下,为什么采用了多周期 CPU 设计方案,程序执行的总时间比例 6.1 采用单周期方案更长了?

3. 支持内部中断的数据通路

与 6.5.4 节一样,这里我们仅给出支持"未定义指令"和"算术溢出"这两个 CPU 异常的多周期数据通路。如图 6-26 所示。其中,"V"是算术溢出标志,这个状态信号作为控制单元 CU 的输入,用来判断溢出异常。同样,"OP_code"也作为控制单元 CU 的输入,用来判断未定义指令异常。图中并没有画出异常原因 Cause 和 EPC 的输出通路,若要完善异常原因识别和异常恢复等功能,必须补充相关数据通路。

到此就不难理解,为什么将 CPU 对中断请求的响应时间安排在指令周期的结束处了。若在指令周期中间也可以响应中断请求,比如在每个时钟周期结束处响应中断,这样需要保存的程序现场就不仅仅是用户可见的寄存器,临时寄存器的值也必须加以保护。然而,保护现场的工作是由编制中断服务程序的程序员完成的。但遗憾的是,程序员无法访问临时寄存器。

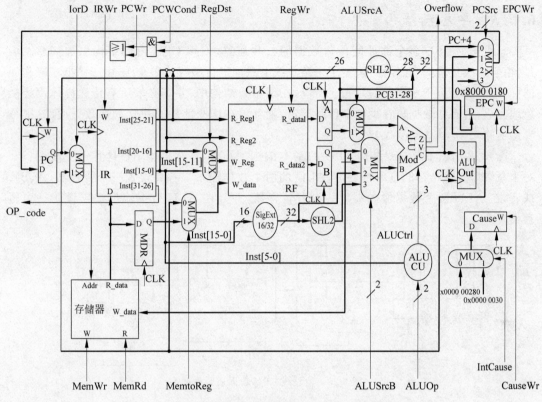

图 6-26　支持内部中断的多周期数据通路（EPC 保存了 PC＋4）

　　支持内部中断的多周期 CPU 指令周期流程如图 6-27 所示。其中，当控制单元 CU 判断发生了未定义指令异常时进入"IntCause"中断周期；当控制单元 CU 判断发生了算术溢出异常时也进入"IntCause"中断周期。在中断周期，对 Cause 的值和 EPC 的值进行设置。

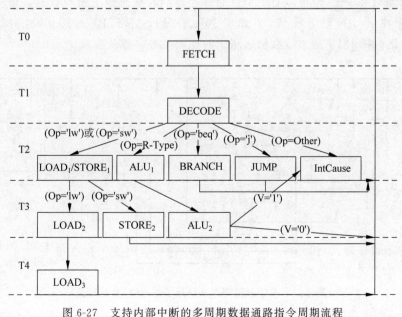

图 6-27　支持内部中断的多周期数据通路指令周期流程

6.6.3 单总线结构

总线作为 CPU 多个部件间传输数据的公共通路,使得 CPU 内部结构更加规整。但是,由于总线传输的"互斥性"决定了一条总线上只能进行串行传送操作,由于降低了操作间的并行性,而导致指令周期的延长。所以,在单总线结构中,并非必须所有传送操作都经由总线完成,若有些数据仅在少数部件间传送,就可以在这些部件间建立局部数据通路(或称专用通路)。

图 6-28 给出了单总线结构 CPU 的基本结构。其中,寄存器堆 RF 具有一个读端口和一个写端口。该结构的基本特点是,ALU 的两个数据输入端各要设置一个暂存器(A、B);或者,在 ALU 两个数据输入端之一设置暂存器,并且在 ALU 数据输出端再设置一个暂存器。

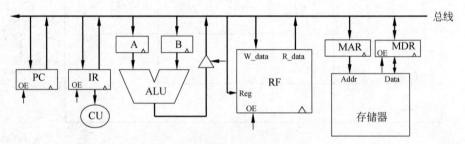

图 6-28 单总线 CPU 数据通路框图

图 6-29 给出了支持 10 条 MIPS 指令集的基于通用寄存器的单总线 CPU 数据通路。其中,控制信号 PCOe、ImmOe、ALUOe、RegOe 和 MDROe 分别作为 PC、SigExt、ALU、RF 及 MDR 向总线传送数据的输出使能控制信号。这些控制信号在一个 CPU 总线周期内只可能其中一个有效,确保部件间分时共享单个 CPU 总线。虽然在任一时刻,向总线传输数据的源寄存器只有一个,但可以有多个目的寄存器同时从总线上接收数据。寄存器接收数据在写入脉冲信号控制下完成,诸如 PCWr、IRWr、AWr、BWr、RegWr、MARWr 以及 MDRWr。表 6-9 列出了单总线数据通路中的控制信号名称及含义。

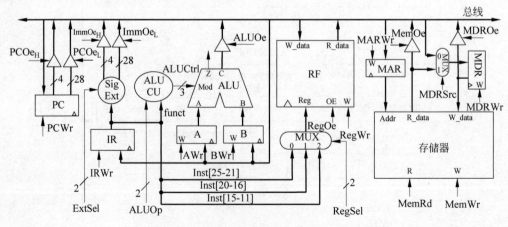

图 6-29 基于通用寄存器的单总线 CPU 数据通路

表 6-9 单总线 CPU 控制信号

信号名称	含　义	信号名称	含　义
CLK	时钟信号	ALUOe	ALU 输出总线
PCOe$_H$	PC 高 4 位输出总线	RegOe	通用寄存器输出总线
PCOe$_L$	PC 低 28 位输出总线	RegWr	通用寄存器写
PCWr	PC 写	RegSel	通用寄存器选择
IRWr	IR 写	MARWr	MAR 写
ImmOe$_H$	立即数高 4 位输出总线	MemRd	存储器读
ImmOe$_L$	立即数低 28 位输出总线	MemWr	存储器写
ExtSel	符号扩展方式选择	MDRSrc	MD 源选择
ALUOp	ALU 操作	MDROe	MDR 输出总线
ALUctrl	ALU 操作控制	MDRWr	MDR 写
AWr	A 暂存器写	MemOe	存储器输出总线
BWr	B 暂存器写		

在单总线数据通路中,增强了符号扩展部件的功能,它共有四种操作:①将 16 位立即数符号扩展为 32 位数;②将 16 位立即数符号扩展为 32 位数后再左移 2 位;③输出立即数 4;④将 26 位地址值左移 2 位。所以,该符号扩展部件需要一个 2 位的控制信号 ExtSel,该控制信号编码与操作的关系见表 6-10。

表 6-10 ExtSel 控制信号及符号扩展方式

ExtSel	00	01	10	11
扩展方式	SigExt(IR[15-0])	SigExt(IR[15-0])<<2	立即数 4	IR[25-0]<<2

由于转移指令(j)指令需要将 26 位地址左移 2 位的 28 位值与 PC 的高 4 位拼接形成 32 位的转移地址,所以须要将符号扩展部件的高 4 位和低 28 位分别控制输出到总线上,ImmOeH 和 ImmOeL 作为对应的控制信号。同样,PC 的高 4 位和低 28 位分别控制输出到总线上,PCOeH 和 PCOeL 作为对应的控制信号。

下面同样分析一下,在单总线数据通路上每条指令的指令周期操作序列,同时可以得到每种指令的指周令周期包含的时钟周期个数。

1. 取指令阶段

第一个时钟周期:送指令地址

MAR ← (PC); PCOe$_H$,PCOe$_L$,MARWr
A ← (PC); AWr

第二个时钟周期:取指令

IR ← M[MAR]; MemRd,MemOe,IRWr

第三个时钟周期:送 PC 修正量

B ← 4; ExtSel = 10,ImmOe$_H$,ImmOe$_L$,BWr

第四个时钟周期:修正 PC

PC ← (PC) + 4; ALUOp = 00,ALUCtrl = 100,ALUOe,PCWr

第五个时钟周期：指令译码和读寄存器

A ← (RF[IR[25 − 21]]); RegSel = 00, RegOe, AWr

2. 指令执行阶段

1) 取数指令(lw)

第六个时钟周期：计算存储器地址

B ← (SigExt(IR[15 − 0])); ExtSel = 00, ImmOe$_H$, ImmOe$_L$, BWr

第七个时钟周期：送存储器地址

MAR ← (A) + (B); ALUOp = 00, ALUCtrl = 100, ALUOe, MARWr

第八个时钟周期：读存储器

MDR ← M[MAR]; MemRd, MDRSrc = 1, MDRWr

第九个时钟周期：写寄存器

RF[IR[20 − 16] ← (MDR); MDROe, RegSel = 01, RegWr

2) 存数指令(sw)

第六个时钟周期：计算存储器地址

B ← (SigExt(IR[15 − 0])); ExtSel = 00, ImmOe$_H$, ImmOe$_L$, BWr

第七个时钟周期：送存储器地址

MAR ← (A) + (B); ALUOp = 00, ALUCtrl = 100, ALUOe, MARWr

第八个时钟周期：读寄存器

MDR ← (RF[IR[20 − 16]]; RegSel = 01, RegOe, MDRSrc = 0, MDRWr

第九个时钟周期：写存储器

M[MAR] ← (MDR); MemWr

3) 算术/逻辑运算指令：(R 型)

第六个时钟周期：读寄存器

B ← (RF[IR[20 − 16]]); RegSel = 01, RegOe, BWr

第七个时钟周期：运算并写寄存器

RF[IR[15 − 11]] ← (A) OP (B); ALUOp = 10, ALUCtrl = xxx, ALUOe, RegSel = 10, RegWr

4) 分支指令(beq)

第六个时钟周期：程序转移

B ← (RF[IR[20 − 16]]); RegSel = 01, RegOe, BWr

第七个时钟周期：送 PC

If Z == 0 then 指令周期结束; ALUOp = 01, ALUCtrl = 110
A ← (PC); PCOe$_H$, PCOe$_L$, AWr

第八个时钟周期：送 PC 修正量

$B \leftarrow (SigExt (IR[15-0]) \ll 2); ExtSel = 01, ImmOe_H, ImmOe_L, BWr$

第九个时钟周期：计算转移地址

$PC \leftarrow (A) + (B); ALUOp = 00, ALUCtrl = 100, ALUOe, PCWr$

5）跳转指令(j)

第六个时钟周期：转移

$PC \leftarrow (PC[31-28]) \parallel (IR[25-0] \ll 2); PCOe_H, ExtSel = 11, ImmOe_L, PCWr$

从分散互连和单总线的数据通路可以看出，单总线结构中部件间的逻辑连接更加清晰，数据通路设计也相对方便。但是，从指令周期时序流程分析可知，分散互连结构指令周期较短，有利于提高 CPU 工作效率。

6.6.4 双总线和三总线结构

将所有的寄存器连接到一个单总线上是一种极端情形。一方面，可能导致总线操作非常繁忙；另一方面，使得部件间并行操作的可能性降低。可以采取两种方法提高操作间的并行性：其一，在单总线数据通路中建立一条或者几条专用通路；其二，构造并行总线允许总线事务并行地完成。这就是双总线和三总线 CPU 结构的设计目的。

图 6-30 给出了基于通用寄存器的双总线数据通路的基本组成。在单总线结构中二元操作必须由三个时钟周期串行地完成。为此，把单总线分裂成总线 1 和总线 2，并且让 ALU 的两个操作数直接分别从两条总线上获得。这样，ALU 的两个输入操作数同时从两条总线分别加载，而无需将它们分时存放到两个暂存器中，故单总线结构中 ALU 两个输入端的暂存器 A、B 可以去掉。但是，由于两条总线都在提供源操作数，所以 ALU 运算结果必须存入暂存器 A 中。在下一个总线周期，ALU 结果才可以从暂存器输出到目的寄存器。这样，在双总线结构中二元操作仅需要两个时钟周期，同时减少了一个暂存器。

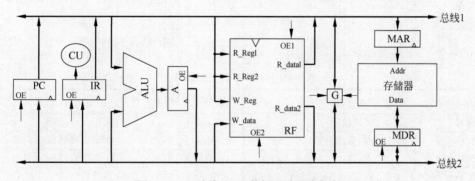

图 6-30　双总线 CPU 数据通路基本框架

在双总线 CPU 设计中，面临的一个具体问题就是怎样合理地将各个寄存器连接到两条总线上。从理论上来讲，可以把所有寄存器的输入端和输出端分别都连接到两条总线上，以便任意两个寄存器都可以在 ALU 上完成任一操作。虽然这是一种最为灵活的总线配置，但浪费硬件。因为三态元件的数目及其控制和寄存器写控制信号都将成倍地增加，继而增加控制单元的复杂性。因此，合理地在两条总线上挂接寄存器成为数据通路设计的一个必要步骤。首先要对指令系统进行分析，根据总线使用和 ALU 操作的情况，合理地将操作数分布到两条总线上。

图 6-30 中 G 是一个总线桥,作用是实现两条总线间的数据传输。总线桥逻辑如图 6-32 所示。

为了实现 6.3.4 节给出的 10 条 MIPS 32 指令,需要将图 6-30 进一步细化。图 6-31 给出了实现 10 条 MIPS 32 指令的一个基于通用寄存器的双总线数据通路。

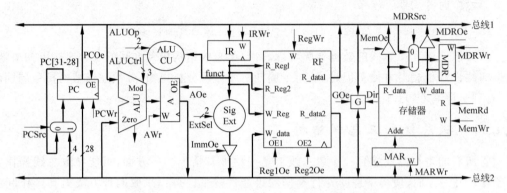

图 6-31　基于通用寄存器的双总线 CPU 数据通路

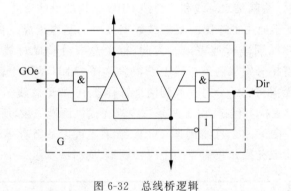

图 6-32　总线桥逻辑

在图 6-31 中的全部控制信号及其含义见表 6-11。

表 6-11　双总线 CPU 控制信号

信号名称	含　　义	信号名称	含　　义
CLK	时钟信号	RegWr	通用寄存器写
PCOe	PC 输出总线	Reg1Oe	通用寄存器输出总线 1
PCWr	PC 写	Reg2Oe	通用寄存器输出总线 2
PCSrc	PC 高 4 位源选择	GOe	总线桥使能
ALUOp	ALU 操作	Dir	总线传输方向选择
AWr	A 暂存器写	MDRSre	MDR 源选择
AOe	A 暂存器输出总线	MDROe	MDR 输出总线
ExtSel	符号扩展方式选择	MDRWr	MDR 写
ImmOe	立即数输出总线	MemRd	存储器读
IRWr	IR 写	MemWr	存储器写
MemOe	存储器输出总线	MARWr	MAR 写

下面分析一下,在双总线结构数据通路中,10 条 MIPS 32 指令的指令周期操作序列,同时可以得到每种指令的指令周期所包含的时钟周期数。

1. 取指令阶段

(1)第一个时钟周期:送指令地址。

MAR ← (PC); PCOe, GOe, Dir = 1, MARWr

(2)第二个时钟周期:读指令送 IR 并译码。

IR ← M[MAR]; MemRd, MemOe, IRWr

(3)第三个时钟周期:修改 PC。

A ← (PC) + 4; PCOe, ExtSel = 10, ImmOe, ALUOp = 00, ALUCtrl = 100, AWr

(4)第四个时钟周期:置 PC。

PC ← (A); AOe, PCWr, PCSrc = 1

2. 指令执行阶段

1)取数指令(lw)

(1)第五个时钟周期:计算存储器地址。

A ← (RF1[IR[25 − 21]]) + (SigExt (IR[15 − 0])); Reg1Oe, ExtSel = 00, ImmOe, ALUOp = 00, ALUCtrl = 100, AWr

(2)第六个时钟周期:送地址。

MAR ← A; AOe, MARWr

(3)第七个时钟周期:读存储器。

MDR ← M[MAR]; MemRd, MDRSrc = 1, MDRWr

(4)第八个时钟周期:写寄存器。

RF[IR[20 − 16] ← (MDR); MDROe, GOe, Dir = 1, RegWr

2)存数指令(sw)

(1)第五个时钟周期:计算存储器地址。

A ← (RF1[IR[25 − 21]]) + (SigExt (IR[15 − 0])); Reg1Oe, ExtSel = 00, ImmOe, ALUOp = 00, ALUCtrl = 100, AWr

(2)第六个时钟周期:送地址。

MAR ← (A); AOe, MARWr

(3)第七个时钟周期:读寄存器。

MDR ← (RF[IR[20 − 16]]); Reg2Oe, GOe, Dir = 0, MDRSrc = 0,   MDRWr

(4)第八个时钟周期:写存储器。

M[MAR] ← (MDR); MemWr

3)算术/逻辑运算指令:(R 型)

(1)第五个时钟周期:读寄存器并运算。

A ← (RF1[IR[25 - 21]]) OP (RF2[IR[20 - 16]]); Reg1Oe, Reg2Oe, ALUOp = 10, ALUCtrl = xxx, AWr

(2)第六个时钟周期:写寄存器。

RF[IR[15 - 10]] ← (A); AOe, RegWr

4)分支指令(beq)

(1)第五个时钟周期:判断转移条件。

If (F1[IR[25 - 21]]) != (RF2[IR[20 - 16]]) then 指令周期结束; Reg1Oe, Reg2Oe, ALUOp = 01, ALUOp = 110

(2)第六个时钟周期:计算转移地址。

A ← (PC) + (SigExt (IR[15 - 0])<< 2); PCOe, ExtSel = 01, ImmOe, ALUOp = 00, ALUCtrl = 100, AWr

(3)第七个时钟周期:送 PC 修正量。

PC ← (A); AOe, PCSrc = 1, PCWr

5)跳转指令(j)

第五个时钟周期:转移

PC ← (PC[31 - 28]) || (IR[25 - 0]<< 2); ExtSel = 11, ImmOe, PCSrc = 0, PCWr

类似地,可以通过在 CPU 中设置三条总线,使得 ALU 的两个输入端及输出端分别连接在不同的总线上。这样,前面分析过的 ALU 二元操作过程中,从寄存器输入源操作数和输出结果到目的寄存器的操作可以并行地分别通过三条总线完成。图 6-33 是一个基于通用寄存器的三总线 CPU 数据通路结构。图中没有示意出总线之间的直接传送通路,可以假定 ALU 具有直传功能。

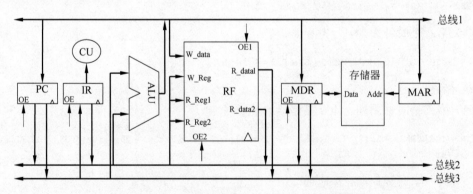

图 6-33 基于通用寄存器的三总线 CPU 数据通路

CPU 数据通路中采用多总线结构的主要目的是缩短指令周期,但增加了硬件复杂性和成本。

6.6.5 指令周期及机器性能

多周期 CPU 中不同类型指令的指令周期不同,每条指令的指令周期由该条指令的整个执行通路决定。指令周期中所包含的时钟周期数(Cycle Per Instruction,CPI)可以衡量指令周期的大小。而指令系统的平均 CPI 可以作为衡量 CPU 速度的一个指标。

一个程序平均 CPI 计算公式如下:

$$\text{CPI} = \frac{\text{CPU 时钟周期数}}{\text{指令数}} = \frac{\sum(\text{指令数}_i \times \text{CPI}_i)}{\text{指令数}} = \sum \frac{\text{指令数}_i}{\text{指令数}} \times \text{CPI}_i \qquad (6\text{-}2)$$

式中,指令数$_i$为第 i 类指令在程序中出现的总条数;$\dfrac{\text{指令数}_i}{\text{指令数}}$为第 i 类指令在程序中出现的频度;CPI_i为第 i 类指令的 CPI。

在前面给出的 10 条 MIPS 32 指令中,按照 CPI 可以将它们分为 5 类:取数指令、存数指令、算术/逻辑指令、分支指令和跳转指令。假设这 5 类指令在程序中出现的频度依次为:30%、10%、40%、10% 和 10%,那么由不同多周期结构实现的该指令集的平均 CPI 见表 6-12。

表 6-12 不同多周期结构中各类指令的 CPI

指令类型 / 通路结构	load		store		算术/逻辑指令(R 型)		branch		jump		平均 CPI
	CPI	频度	CPI	频度	CPI	频度	CPI	频度	CPI	频度	
分散互连结构	5	30%	4	10%	4	40%	3	10%	3	10%	4.1
单总线结构	9		9		7		9		6		7.9
双总线结构	8		8		6		7		5		6.8

CPU 执行一个程序的时间可以由下面公式计算:

$$\text{CPU 时间} = \text{程序中指令条数} \times \text{平均 CPI} \times \text{时钟周期} \qquad (6\text{-}3)$$

比较单周期和多周期数据通路可知,单周期 CPU 的 CPI 小,即 CPI=1,但时钟周期长;多周期 CPU 的时钟周期短,但 CPI 大。

6.7 指令流水处理器

流水线是另一种 CPU 实现技术,流水线 CPU 数据通路可以采用类似于单周期 CPU 数据通路。但是,通过重叠执行多条指令来提高硬件的利用率,从而使 CPU 获得更高的效率。

提高程序执行性能是 CPU 设计中最重要的目标,通常可以采用以下三种措施:

(1) 选用高性能的器件,减少指令周期每步操作的延迟时间,缩短指令周期。

(2) 合理地设计数据通路,减少指令在通路中的延迟时间,缩短指令周期。

(3) 开发指令间操作的并行性,提高 CPU 执行程序的吞吐率。

前面我们介绍的 CPU 属于传统的单指令流处理模式。也就是说,CPU 在一段时间内仅执行一条指令,数据通路中的部件以分时的方式进行处理。在连续指令周期之间的操作完全是串行的。但是,从数据通路及指令周期操作流程分析可以看到,在指令执行过程中,不同阶段的操作通常是由不同的部件完成。那么,我们可以想象,将程序执行过程的控制采用与工厂生产线类似的方法来实现。即将一条指令的执行过程分成若干个阶段,每个阶段由不同的部件进行加工处理。对于某个部件来说,前一条指令的一个阶段处理完后就可以顺序处理下一条指令的相同阶段,连续多条指令就可以在数据通路上重叠地执行。这种处理方式称为流水线,以流水线方式执行指令的 CPU 就称为流水 CPU。流水 CPU 虽然在同一个时间段内重叠执行多条指令,但是指令间仍然以顺序的方式执行,所以同样属于 SISD 模型。

流水线(Pipelining)是一种计算机实现技术,它使多个同类事件按照重叠方式处理。流水线功能繁杂,种类也非常多。按照处理的级别来分,可以分为操作部件级流水线、指令级流水线和处理机级流水线;按照可以完成的操作数量来分,又可以分为单功能流水线和多功能流水线;按照内部功能部件的连接方式来分,则有线性流水线和非线性流水线;按照可处理的对象来分,还可以有标量流水线和向量流水线。

流水线是实现并行性的一种方法,即时间并行性。开发并行性的另一种方法是空间并行性。时间并行性强调多个操作在同一个时间段内的重叠执行——时间重叠;而空间并行性强调多个操作在不同部件上的同时执行——资源重复。把时间并行与空间并行结合起来,将会获得更高的并行性,即所谓超标量(Superscalar)技术。它是通过内置多条流水线来同时处理多个操作,其实质是以空间换取时间。

本节首先介绍指令级流水线的基本原理,然后介绍按照流水线方式组织的 CPU(简称流水 CPU)数据通路的设计方法。超标量处理机属于高性能计算机体系结构的研究范畴,在本教材中不进行讨论。

6.7.1 指令流水原理

1. 指令流水概述

从前面几节对指令周期流程的分析可知,影响程序执行时间的因素很多。但是,指令处理模式是影响 CPU 效率的重要因素。在单指令流 CPU 中,一条指令独占 CPU 数据通路,即当前一条指令执行完成后才启动下一条指令的执行。实际上,一条指令的执行过程通常可以分为几个阶段,每个阶段由 CPU 数据通路中不同操作部件完成。这样,为了加快程序的执行速度,就可以把指令执行过程安排成像制造厂的装配流水线一样,在第一条指令的第一阶段操作完成交付第二个阶段后,便可启动第二条指令;同样,也可以启动第三条指令,依此类推。按照这种方式执行程序后,对于每条指令来说指令周期长度并未发生改变,但是对于整个程序来说,指令的吞吐率明显提高了。

我们可以用 6.5 节中单周期 CPU 数据通路为例,分析一下指令流水后程序执行速度的变化。从前面几节对 MIPS 32 指令分析可知,一条指令可以包含以下 5 个处理阶段。

(1) 取指令(Fetch Instruction,FI):从指令存储器中读取指令。

(2) 指令译码(Instruction Decode,ID):分析当前指令,同时读取寄存器。

(3) 执行指令(Execute,EX):执行指令操作或计算地址。

(4) 存储器访问(Memory Access,MA):对数据存储器进行读/写操作。

(5) 数据写回(Write Back,WB):将操作结果写回寄存器。

如果简单地假定这 5 个阶段操作所用时间相同,用符号 t° 表示,并用符号 T 表示单周期 CPU 的指令周期。这样,从图 6-34 可以直观地看到,非流水线指令的执行过程和流水线指令的执行过程。

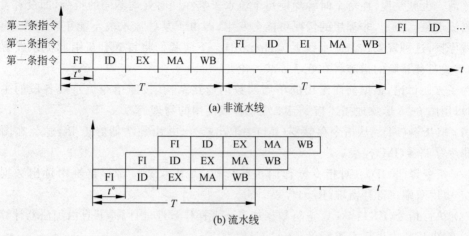

(b) 流水线

图 6-34　指令执行过程

从图 6-34 可知，采用非流水线执行 3 条指令的时间为 $3T = 3 \times 5t° = 15t°$，而采用流水线执行 3 条指令的时间为 $1T + 2t° = 7t°$。

指令流水线可以明显地加速程序的执行，并且加速的程度与流水线的级数（或称流水段）有关。在执行多条指令构成的程序时，若指令流水级数为 m，那么在理想的情况下，在第一条指令完成后，每隔 $t°$ 时间就输出一条指令。而非流水线 CPU 每隔 $T = m \cdot t°$ 时间才能输出一条指令。所以，在理想的情况下，相对于非流水线 CPU，流水线 CPU 执行程序的速度可以提高 m 倍。

前面我们假设每级操作需要相同的时间，然而这个假设并非一定成立。也就是说，有可能不同流水段操作所需要的时间是不同的。但是，在后面的讨论中将会看到，在流水 CPU 设计中，为每级操作安排一个时钟周期的时间。这样，当各流水段操作时间不相同时，时钟周期必须设计得足够长，以满足最慢速流水段操作所需要的时间。这样，前面所说到的，采用流水线后程序执行速度比非流水线提高 m 倍，这个结论的前提之一是流水线各级操作时间相同。当各级操作时间不相同时，流水与非流水 CPU 的加速比将会下降。

【例 6.4】　若指令系统中各类指令的执行时间如下表所示。

指令类型	取指令	读寄存器	ALU 计算	访问数据	写回寄存器	总时间
lw	200ps	100ps	200ps	200ps	100ps	800ps
sw	200ps	100ps	200ps	200ps		700ps
R 型	200ps	100ps	200ps		100ps	600ps
beq	200ps	100ps	200ps			500ps
j	200ps		200ps			400ps

请问分别采用单周期和流水线结构时，CPU 的时钟周期各是多少？

解：在单周期 CPU 中，时钟周期按照最慢指令周期来设计，所以时钟周期为 800ps。而流水 CPU 中，时钟周期按照最慢部件的操作时间来设计，所以时钟周期为 200ps。

2. 影响指令流水的因素

在理想情况下，指令流水线被大量的指令所充满，各流水段都处于工作状态，即流水线连续流动。也就是说,在每个时钟周期每个流水段都在同时处理不同的指令,即没有发生流水线断流现象。但是,非理想的情况可能会发生,即由于某些流水段不能正常工作,而引起流水线停顿,这种现象称为流水线冒险(hazard)。下面我们将首先分析引起流水线冒险的原因,有关避免冒险的措施将在 6.7.3 节讨论。

为了方便讨论,根据前面给出的单周期数据通路结构,按照指令流水线各段的主要操作,可以用图 6-35 形象地描述指令流水线中各级使用的物理资源。

(1)取指令(FI):从指令存储器(IM)中取出指令,并由加法器修正 PC 值。在图 6-35 中用指令存储器(IM)代表。

(2)指令译码(ID):对指令操作码进行译码,并从双端口寄存器堆中读出数据。在图 6-35 中用双端口寄存器堆(Reg)代表。

(3)执行指令(EX):ALU 进行数据加工或者操作数地址计算,并且由加法器计算转移地址。在图 6-35 中用算术逻辑单元(ALU)代表。

(4)存储器访问(MA):从数据存储器中读取数据,或者向数据存储器中写入数据。在图 6-35 中用数据存储器(DM)代表。

(5)数据写回(WB):将数据写入寄存器堆。在图 6-35 中用寄存器堆(Reg)代表。

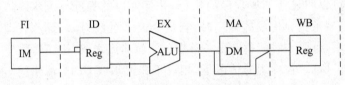

图 6-35　指令流水线的图形表示

为了描述具体指令在流水线上的具体操作,可以在图 6-35 上通过添加阴影表示该资源被指令所使用。同时,为了区别寄存器堆的读操作和写操作,以及存储器的读操作和写操作,可以分别用左半边和右半边的阴影来表示,即右半边阴影表示读操作,左半边阴影表示写操作,如图 6-36 所示。

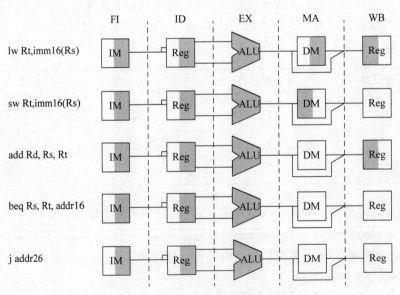

图 6-36　典型指令的流水线图形表示

引起流水线冒险的原因主要是以下三个方面。

1）结构冒险（或结构相关）

当硬件不支持多条指令在同一个时钟周期内同时执行时，所引起的流水线冒险称为结构冒险。结构冒险是由于指令间竞争硬件资源而引发的，所以解决结构冒险的方法就是采用资源重复的方法。

前面我们以单周期 CPU 为例讨论了指令流水的过程。读者也可以思考一下，若基于分散互连的多周期 CPU 结构来实现指令流水，由于指令和数据共用一个存储器，所以第一条指令在第四段（MA）读写数据操作可能与第四条指令在第一段（FI）取指令操作发生访存冲突。类似地，由于加法器和 ALU 进行了功能合并，所以，若第一条指令是相对转移指令时，该指令在第三阶段（EX）计算地址将与第三条指令第一段（FI）取出指令后修正 PC 值，在使用 ALU 上发生了冲突。同样，若第一条指令是运算类指令，它在第三阶段（EX）执行运算操作将与第三条指令第一段（FI）取指令后修正 PC，也发生了争用 ALU 现象。同样，对于寄存器堆的访问，若寄存器堆的读端口和写端口不是独立设置，不同指令对寄存器读和写也可能发生冲突。

单周期 CPU 数据通路避免了结构冒险，所以流水 CPU 数据通路可以通过改进单周期 CPU 数据通路得以实现。

2）数据冒险（或数据相关）

指令流水相对于指令串行执行来说，可能会改变不同指令操作间的先后顺序，当一个操作必须等待另一个操作完成后才能进行时，将引发流水线停顿现象。这种现象发生的场合往往是：生产数据的源指令和消费数据的目的指令重叠执行时，不能满足程序所要求的指令间数据处理的先后关系。所以，这种流水线冒险称为数据冒险。数据冒险都是由于前面指令写结果之前后面的指令就需要读取而造成的，这种数据冒险称为写后读（Read After Write，RAW）数据冒险。

对于本章给出的 10 条 MIPS 指令来说，数据冒险就是寄存器写后读（RAW）数据冒险。因为生产者在第五段产生数据存入寄存器，而消费者在第二段读取寄存器数据，所以这两条指令即使不连续，只要它们之间的间距不大于 3 条指令都会发生数据冒险。下面我们列出可能的数据冒险指令组合，当连续执行每组中的两条指令时，对于寄存器 t0 就会发生 RAW 数据冒险。

（1）R-型指令间数据相关，例如：

```
add $ t0, $ s1, $ s2
sub $ s0, $ t0, $ t1
```

（2）R-型和 I-型指令间数据相关，例如：

- add $ t0, $ s1, $ s2
  beq $ t0, $ t1,addr16
- add $ t0, $ s1, $ s2
  lw/sw $ t1,offset($ t0)
- add $ t0, $ s1, $ s2
  sw $ t0,offset($ t1)

（3）I-型和 R-型指令间数据相关，例如：

```
lw $ t0,offset( $ t1)
add $ s0, $ t0, $ s2
```

(4) I-型和 I-型指令间数据相关,例如:

- lw $ t0, offset($ t1)
  sw $ t0,offset($ s0)
- lw $ t0, offset($ t1)
  beq $ s0, $ t0,addr16

图 6-37 以 R-型指令间数据相关为例,示意出了两条指令对数据的读-写依赖关系。add 指令在第五段向寄存器 t0 写入数据(生产者),sub 指令在第三段从寄存器 t0 读取数据(消费者),所以产生了数据冒险。

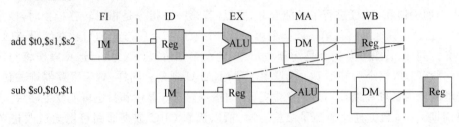

图 6-37　指令间数据读-写依赖关系

若数据相关不被消除,将会引起程序执行结果违背程序设计者的意图。例如图 6-37 的例子中,sub 指令执行结果将会产生错误。

3) 控制冒险(或控制相关)

一般的指令系统中都包含条件转移类指令(分支指令),这类指令通过判断某种条件是否成立来决定程序是否转移。在指令流水线中,条件转移指令做出决定之前,其后续指令已经出现在流水线中。这时,如果决定的结果与已经进入流水线的指令序列不同,在条件转移指令之后进入流水线的指令执行就是无效的。这种由于指令间执行顺序的约束关系引起的流水线冒险称为控制冒险。

我们可以通过图 6-38 的例子,分析一下控制冒险带来的具体问题。图中假定分支指令 beq 的地址为 100H,条件满足时转移的目标地址为 1000H。按照前面 5 段流水线的例子,beq 指令在第三段(EX)完成条件判断所需要的比较操作,以及转移目的地址计算。在第四段(MA)根据 ALU 零标志位(ZF)和控制信号 Branch 确定是否实现转移(参见图 6-44)。若转移条件成立,则在第四个时钟周期将 PC 的值更新为转移目标地址(1000H)。若不采取措施,在转移目标确定前该指令后续的 3 条指令已经进入流水线。这时,若转移条件成立,这 3 条指令的执行就是无效的。

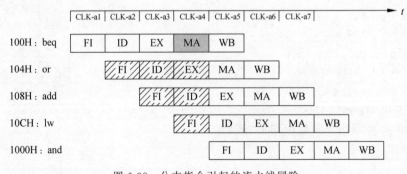

图 6-38　分支指令引起的流水线冒险

无条件转移指令(转移指令)也会引起流水线冒险,如图 6-39 所示。若 j 指令在 100H 单元,其转移目标地址是 1000H,这时 104H 单元的指令按顺序被取出。一旦 j 指令译码后便可采取措施而停止后续指令的取出。

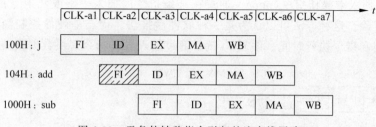

图 6-39　无条件转移指令引起的流水线冒险

上面我们讨论了引起流水线冒险的三种原因。总体上来说,流水线冒险会引起两问题:降低流水线效率;可能改变了机器的状态,导致程序运行结果错误。所以,解决流水线冒险问题是流水 CPU 设计中的核心问题,我们将在 6.7.3 节数据通路设计中讨论解决冒险的具体措施。

3. 指令系统和编译器对指令流水的支持

1) 指令系统结构对指令流水的支持

下面我们以 MIPS 32 和 IA-32 指令系统为例说明指令系统结构对指令流水的支持。MIPS 32 就是专为指令流水线化设计的,相比较而言,IA-32 实现指令级流水就要困难得多。其原因如下:

(1) MIPS 32 指令系统采用定长指令字结构。这一特性将简化流水线的第一级取指令(FI)与第二级指令译码(ID)的过程。而 IA-32 指令系统采用变长指令字结构,指令字长从 1 字节到 16 字节不等,这将会给流水线的执行带来相当大的挑战性。所以,目前对 IA-32 体系结构的所有实现实际上都是将 IA-32 指令翻译为简单的微操作,这些微操作与 MIPS 32 指令非常类似。然后将各个微操作进行流水线处理,而不是原始的 IA-32 指令。

(2) MIPS 32 指令格式种类少,并且每条指令中的源寄存器字段都固定不变。这种指令结构意味着在流水线的第二级(ID)中,也就是在指令译码的同时,就可以开始读取寄存器。如果 MIPS 32 指令格式是非对称的,就需要将第二级(ID)一分为二,而流水线级数也就相应增加为 6,即使指令周期增加了一个时钟周期。

(3) MIPS 32 中只有存数/取数指令访问存储器。这一特点意味着可以在第三级——指令执行级(EX)计算内存地址,在第四级访问内存(MA)。而对于 IA-32 来说,由于允许操作数可以来自于存储器,那么第三级(EX)与第四级(MA)将被扩展为地址计算、存储器访问和执行三个阶段,即需要增加流水线级数。

(4) 在 MIPS 32 系统结构中,存储器操作数采用边界对准方式存放。这样,一条访存类指令仅需要一次数据传送操作,所以可以在单个流水线步骤内完成数据传送。IA-32 可以采用边界不对准方式,一条访存类指令可能需要进行二次数据传送操作,这样就要增加一个流水线级数。

2) 编译技术对流水线的支持

现代编译器都采用优化技术,其中包括:①优化寄存器的分配和使用,减少访存次数,提高指令执行效率；②减少局部变量和工作变量的中间传递；③调整指令的执行次序，减少机器的空等时间，即重排指令顺序避免数据相关和控制相关。

下面以上述③编译优化技术为例，说明编译技术对流水线的支持。

方法一：插入空操作指令（nop）。通过在某条指令后插入一条或几条空指令（nop），来避免流水线冒险。这种方法可以认为是一种软件后推法。优点是硬件控制简单，但浪费指令存储器空间和指令执行时间。图 6-40 就是通过插入 nop 指令解决数据相关问题。

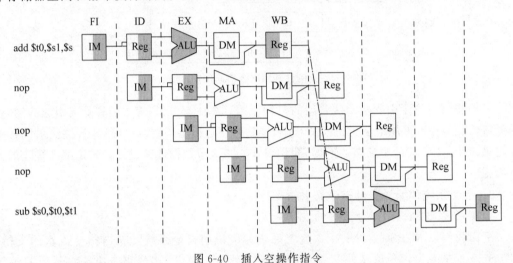

图 6-40　插入空操作指令

方法二：调整指令顺序。当编译到转移指令时，由编译器（或者汇编器）调整指令顺序，使转移指令的后面紧跟一条（或几条）不受分支影响的指令，这条指令总被执行，而在这条指令之后再开始执行分支，这样在分支转移条件出现前进入流水线的指令总是有效的。

但是，编译器不能完全解决流水线断流问题，还需要其他辅助的硬件机制来进一步支持（参见 6.7.3 节）。

6.7.2　指令流水线性能

通常，流水线的性能用吞吐率、加速比和效率三项指标来衡量。

1. 吞吐率（Throughput Rate）

在指令流水线中，吞吐率是指单位时间内流水线所完成指令或输出结果的数量。吞吐率又有最大吞吐率和实际吞吐率之分。

最大吞吐率是指流水线在连续流动达到稳定状态（流水线中各段都处于工作状态）后所获得的吞吐率。对于 m 段的指令流水线而言，若各段的时间均为 t^0，则最大吞吐率为：

$$\mathrm{TP}_{\max} = \frac{1}{t^0} \tag{6-4}$$

流水线仅在连续流动时才可能达到最大吞吐率。实际上，由于流水线在开始时有一段建立时间或称为加载时间（第一条指令输入后到其完成的时间），结束时有一段排空时间（最后一条指令输入后到其完成的时间），以及由于各种冒险引起的流水线阻塞。因此，实际吞吐率总是小于最大吞吐率。

实际吞吐率是指流水线完成 n 条指令的实际吞吐率。对于 m 段的指令流水线来说，若

各段时间均为 t^0，连续处理 n 条指令，除第一条指令需要的时间为 mt^0；若流水线不被阻塞，其余 $(n-1)$ 条指令，每隔 t^0 就有一个结果输出，即总共需要的时间为 $mt^0 + (n-1)t^0$。则理想的吞吐率为：

$$\mathrm{TP_p} = \frac{n}{mt^0 + (n-1)t^0} = \frac{n}{t^0(n+m-1)} = \frac{n}{n+m-1}\mathrm{TP_{max}} \qquad (6\text{-}5)$$

若考虑流水线阻塞时间为 kt^0，则共需要的时间为 $mt^0 + (n-1)t^0 + kt^0$，故实际吞吐率为：

$$\mathrm{TP_a} = \frac{n}{mt^0 + (n-1)t^0 + kt^0} = \frac{n}{t^0(n+m+k-1)} = \frac{n}{n+m+k-1}\mathrm{TP_{max}} \qquad (6\text{-}6)$$

仅当 $n \gg m+k$ 时，才会有 $\mathrm{TP_a} \approx \mathrm{TP_{max}}$。

2. 加速比（Speedup Ratio）

流水线的加速比是指某程序以流水线执行的速度与等功能的非流水线执行的速度之比。同样，也可以以程序执行时间之比来度量。这里的等功能是指由程序员所看到的功能相同。

如果流水线各段时间均为 t^0，则 n 条指令在 m 段流水线上无阻塞执行需要的时间为 $mt^0 + (n-1)t^0$。同样，这 n 条指令在等功能非流水线上执行所需要的时间为 nmt^0。所以，加速比 S 为：

$$S = \frac{nmt^0}{mt^0 + (n-1)t^0} = \frac{nm}{m+n-1} = \frac{m}{1+(m-1)/n} \qquad (6\text{-}7)$$

可以看出，在 $n \gg m$ 时，$S_{max} \approx m$。即当流水线各段时间相等时，其最大加速比等于流水线的段数。

若流水线各段所需时间不完全相同时，由于流水线设计时按照最长时间段安排时钟周期，所以在这种情况下流水线的加速比将会降低。同样，在流水线执行程序过程中，若出现流水线阻塞时，也会降低加速比。这里，加速比计算是参照单周期非流水线 CPU，即非流水线结构中指令周期最长的情况。

3. 效率（Efficiency）

效率是指流水线中各功能段部件的利用率。由于流水线有建立时间和排空时间，因此各功能段的部件不可能一直处于工作状态，总有一段空闲时间。流水线的效率包含有时间和空间两方面的因素，可以通过时空图来计算。通常，用流水线各段处于工作时间的时空区与流水线中各段总的时空区之比来衡量流水线的效率。

图 6-41 是 n 条指令在 5 段（$m=5$）流水线的时空图，各段时间相等均为 t^0。流水线的效率为 n 条指令所占用的时空区与 m 个功能段总的时空区之比。从图 6-41 可知，n 条指令在 m 段流水线上执行实际占用的时空区为 mnt^0，而 m 段流水线完成 n 条指令总的时空区为 $m(n+m-1)t^0$。所以，m 段流水线连续执行 n 条指令的效率为：

$$E = \frac{mnt^0}{m(m+n-1)t^0} = \frac{n}{m+n-1} = \frac{1}{m}S = \mathrm{TP_p} \cdot t^0 \qquad (6\text{-}8)$$

6.7.3 流水 CPU 数据通路

流水 CPU 由于引入了指令的重叠执行，可以加快程序的执行速度。但是，在很多情况下都可能出现流水线冒险问题。我们可以想象，流水 CPU 数据通路一定比非流水 CPU 数

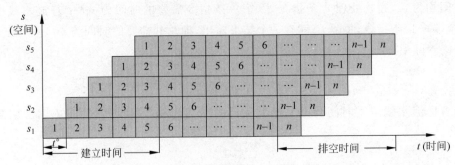

图 6-41　n 条指令在 5 段流水线上执行的时空图

据通路复杂。流水 CPU 数据通路设计可以分为两个阶段:第一阶段以功能性设计为主,即完成正常指令流水数据通路设计;第二阶段以性能设计为主,即添加解决流水线冒险问题的相关通路。所以,我们从分析流水线数据通路的一般结构入手,逐步给出支持 10 条MIPS 32 指令流水的数据通路。

1. 同步流水线一般结构

在同步流水线中所有各级都与一个共同的中央时钟信号同步地操作。从前面分析可知,单周期数据通路所采用的部件冗余技术可以避免流水线的结构冒险,所以从单周期数据通路着手改进比较容易过渡到流水线数据通路。图 6-42 是对图 6-17 重画后的单周期数据通路基本结构,从图 6-42 来分析流水线各阶段的功能、对应的执行部件以及它们之间的关系,为流水线数据通路设计做准备。

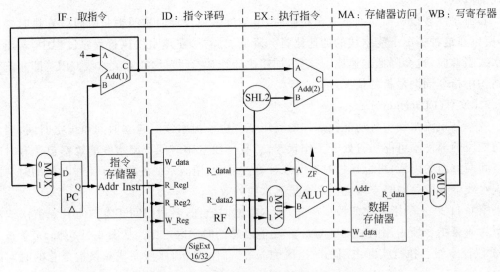

图 6-42　单周期数据通路操作阶段分析

首先,同样把一个指令周期的执行过程分成五个阶段,再次分析一下在单周期 CPU 中每个阶段的基本操作。

第一阶段:取指令(FI)。先从指令存储器中取出指令,再由加法器 1 修正 PC 值(PC+4)。

第二阶段:指令译码(ID)。由控制器对指令操作码进行译码确定指令类型,并且从寄存器堆读出数据。

第三阶段：执行指令（EX）。由 ALU 对数据进行加工或者计算操作数地址，并且由加法器 2 计算转移地址。

第四阶段：存储器访问（MA）。从数据存储器读取数据，或者向数据存储器写入数据。

第五阶段：写寄存器（WB）。将数据写入寄存器堆。

从图 6-41 示意的流水线时空图可以看到，指令流水后有多条指令的不同阶段在同一个时钟周期内并行执行，即多条指令执行过程中要共享同一个数据通路。若仍然采用单周期数据通路就出现了周期竞争问题，导致程序执行结果错误。例如，第一条指令在第一个时钟周期取出指令码，为了在第二个时钟周期正确地进行指令译码，该指令码就必须保持在数据通路上。但是，在第二个时钟周期又取出了第二条指令码，这期间就会发生两条指令在使用数据通路上的冲突。其他阶段也有同样的问题。所以，必须在两个阶段之间设置缓存（或称为级间寄存器），保证流水线正确处理指令。为了使多条指令共享流水线数据通路，每一个级间寄存器都要保存当前阶段和以后各阶段所需要的部分指令信息。在同步流水线中，这些级间寄存器在统一的时钟信号作用下工作。同步流水线一般结构如图 6-43 所示。

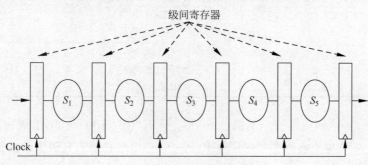

图 6-43　同步流水线框图

注：作为选件，可以在流水线的开始放一个输入寄存器和（或）在流水线的末尾放一个输出寄存器。

对于同步指令流水线，若流水线分为 m 级 $S_l \sim S_m$，每一级操作都必须在一个时钟周期内完成。因此，所有各级的延迟时间 $t_i (1 \leqslant i \leqslant m)$ 中的最大值 $t_{\max}$ 加上一个级间寄存器的延迟时间 t_d，不能超过时钟周期时间 T，即

$$\mathrm{Max}(t_1, t_2, \cdots, t_m) + t_d = t_{\max} + t_d \leqslant T = t^0$$

于是，同步流水线的最大吞吐率等于它的时钟频率。而等待时间，即在流水线上完成单条指令的时间，等于时钟周期乘以级数。

2. 流水 CPU 基本数据通路

若采用流水线实现表 6-1 中的 10 条 MIPS 32 指令，我们分析一下各级间需要设置哪些寄存器。设置级间寄存器的基本原则是要为后续流水级的操作提供指令和数据的缓存。

（1）FI/ID 级间：设置指令寄存器（IR）和顺序程序计数器（NPC1）。IR 为整个指令周期提供指令码；NPC1 缓存程序按顺序执行时的指令地址。

（2）ID/EX 级间：设置 IR、NPC1、源寄存器 1（Rs）、源寄存器 2（Rt），以及 16 位立即数符号扩展后的 32 位立即数寄存器（Imm-32）。

（3）EX/MA 级间：设置 IR、源寄存器 2（Rt）、分支地址寄存器（NPC2）、转移地址寄存器（NPC3）、ALU 结果寄存器（ALU-Out）用于缓存第 4 段（MA）写入数据存储器的数据、状

态标志寄存器(Flag)用于缓存 ALU 运算结果标志。

(4) MA/WB 级间：设置 IR、ALU-Out、数据存储器读出数据寄存器(MEM-Out)用于缓存第 5 段(WB)写入寄存器的数据。

将各类指令映射到流水线上后,各流水段的操作序列见表 6-13。

表 6-13　单周期 CPU 指令周期流程的流水线映射

指令类型 ＼ 流水线	FI 级	ID 级	EX 级	MA 级	WB 级
lw	IR←IM(PC) NPC1←(PC)+4 PC←(NPC1)│ (NPC2)│(NPC3)	Rs← (RF(IF[25-21])) Rt← (RF(IF[20-16])) Imm-32←SigExt (IR[15-0])	ALU-Out← (Rs)+(Imm-32)	MEM-Out← (DM(ALU-Out))	BF(IF[20-16]) ←(MEM-Out)
sw				DM(ALU-Out) (Rt)	
算术/逻辑指令 (R 型)			ALU-Out← (Rs)OP(Rt)]		BF(IR[15-11]) ←(ALU-Out)
beq			Flag←(Rs)-(Rt) NPC2←(NPC1)+ (Imm-32<<2)		
j			NPC3← NPC1[31-28]‖ (IR[25-0]<<2)		

注：IR[25-21]表示机器指令的第 20～16 位代码,RF(IR[20-16])出现在箭头左边表示由指令第 25～21 位指定的寄存器,(RF(IR[20-16]))出现在箭头右边表示由指令第 25～21 位指定的寄存器的内容。

综上分析,我们可以在图 6-19 给出的单周期 CPU 数据通路的基础上,通过添加上述级间可以得到如图 6-44 所示的支持 10 条 MIPS 32 指令的流水线基本数据通路。

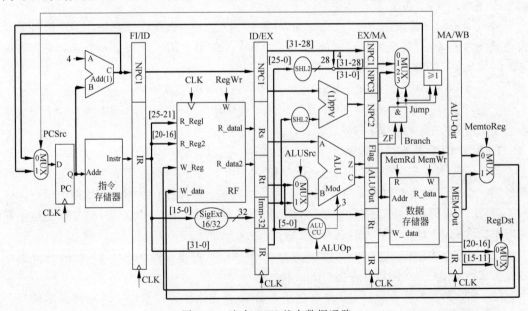

图 6-44　流水 CPU 基本数据通路

在后续章节中,为了方便对级间寄存器进行文字描述,用 FI/ID_IR 表示图中 FI/ID 级间寄存器 IR,用 ID/EX_IR_Rt 表示图中 ID/EX 级间指令寄存器 IR 中 Rt 域,等等。

3. 避免流水线冒险的数据通路

首先针对 6.7.1 节列举的造成流水线冒险的原因,分别讨论有哪些解决流水线冒险的方法,最后给出避免冒险的流水 CPU 数据通路。

1) 结构冒险

结构相关问题可以通过资源重复或者称为部件冗余的方法得到解决。就像单周期 CPU 数据通路一样,分别设置指令存储器和数据存储器,并且将加法器和 ALU 的功能分离。

解决结构冒险的策略包含两个方面:①在流水线功能段划分时,要保证一个部件在一个指令周期只能使用一次,且只能在特定的时钟周期中使用,这样可以避免一部分结构冒险。②通过设置多个独立部件来避免硬件资源冲突。

2) 数据冒险

避免数据冒险可以采取的措施有后退法和设置专用数据通路。

(1) 后推法。

造成数据冒险的原因是数据的引用先于数据的产生。所谓后推法就是将数据引用操作推后执行,也称为流水线阻塞(Pipeline Stall)或气泡(Bubble),即为了解决冒险而引起的流水线停顿。如何将气泡插入流水线呢?

例如,在图 6-37 中,sub 指令在第一段(FI)和第二段(ID)完成了取指令和译码后,若控制器检测到了数据冒险,它便将后面三个段(EX、MA、WB)的所有控制信号置无效,使该指令的后面三个流水段暂停执行;同时,控制 PC 不更新并且 FI/ID 级间寄存器不加载(FI/ID.RegWr 命令无效,见图 6-48),使新的指令不能加载到流水线。这种状态维持 3 个时钟周期,直到 add 指令执行结束。这样,在 add 指令向寄存器 t0 写入数据后,sub 指令才从寄存器 t0 读取数据,避免了这两条指令间对寄存器 t0 的数据相关。

后推法相当于在相关指令之间插入一条或多条空指令(nop),如图 6-45 所示。这将引起流水线停顿一个或多个时钟周期。这种方法虽然能够保证程序执行的正确性,但是降低了程序的执行效率。

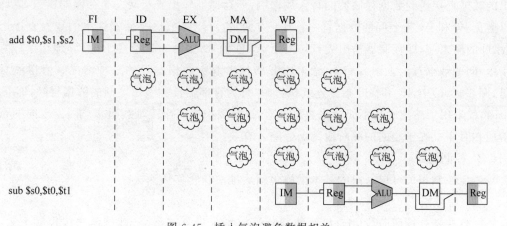

图 6-45　插入气泡避免数据相关

（2）设置专用数据通路。

这种方法通过适当增加硬件使后面指令可以从内部资源中提前获得需要的操作数。这种技术也称为数据定向、数据旁路或者先行转发。具体地说,就是使用内部数据缓存向后续指令直接提供所需的数据,而不必等待该数据到达程序员可见的寄存器或者存储器才去使用它。

图 6-46 示意出了带有旁路技术的 ALU 部件,即 ALU 输出端增加了一个暂存器,ALU 输入端增加了从暂存器获取数据的通路,即将 ALU 的输出先行转发至 ALU 的输入。例如,对于图 6-37 中 add 指令和 sub 指令引起的数据相关问题,采用旁路技术后,add 指令在第三段(EX)将结果存入暂存器,sub 指令在第三阶段(EX)经过多路选择器直接从暂存器中获取 ALU 的操作数。这样,这两条指令之间的流水就可以顺利地完成,且保证了执行结果的正确性。

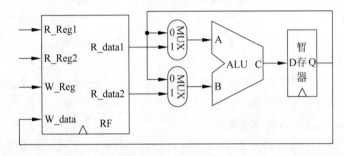

图 6-46　带旁路技术的 ALU

这种 ALU 输出先行转发至 ALU 输入的专用通道,可以消除的数据冒险情况是,当前指令是 R-型,后续指令 R-型或者 I-型,且当前指令的目的寄存器(Rd)是后续指令的源寄存器(Rs/Rt,I-型指令中的 Rs)。但值得注意的是,后续指令是 I-型中的 sw 指令时情况有些特殊,即后续 sw 指令的 Rt 与前面 R-型指令的 Rd 相同时,也会产生数据冒险,但是 ALU 输出先行转发至 ALU 输入的专用通道无法消除这种数据冒险。

类似地,也可以在数据存储器的输出端增设暂存器。这样,一方面可以将数据存储器读出的数据直接送到数据存储器的写入数据端,即存储器输出先行转发至存储器输入,因此可以避免 lw 和 sw 指令间的数据冒险;另一方面,也可以将数据存储器读出的数据直接送到 ALU 的输入端,即存储器输出先行转发至 ALU 输入,因此可以避免 lw 和其他指令(非 sw 指令)间的数据冒险。图 6-47 示意采用旁路技术避免数据冒险的三种情况。值得注意的是,图 6-47(c)中,lw 和 add 指令连续执行时(称为存储器读和引用之间的数据冒险,即 load-use),仅采用旁路技术还不能消除数据冒险,还需要引入一次流水线阻塞。因为定向的目标阶段在时序上晚于定向的源阶段数据旁路才有效。

3）控制冒险

避免控制相关可以采取的基本措施包括后推法和转移预测法。

（1）后推法。

一旦在指令译码阶段(ID)启始处判断当前指令为分支指令,就把流水线停顿下来,直到完成比较操作和转移地址计算为止。

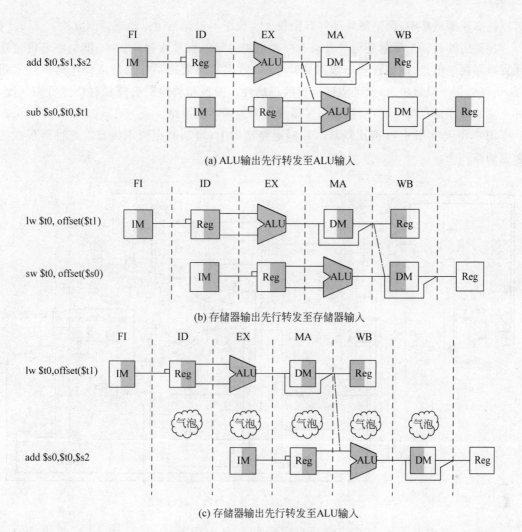

(a) ALU输出先行转发至ALU输入

(b) 存储器输出先行转发至存储器输入

(c) 存储器输出先行转发至ALU输入

图 6-47　旁路技术避免数据冒险

（2）分支预测法。

有多种分支预测的方法，一种简单的预测方法就是预测分支转移条件不成立，即流水线按指令顺序读取下一条指令。只要分支转移条件成立（预测失败），就必须清洗流水线，即去掉预先读取的指令，并消除由于它们的执行所造成的数据通路状态的改变。从图 6-38 可知，按照这种预测方法，当预测失败时，beq 指令后的 3 条指令已经被错误地取出并在流水线上被执行，但是在 beq 指令的第四段（MA）控制器检测到预测失败时，这 3 条指令仅执行了前三个流水段，并未进行寄存器写或者存储器的写操作，即没有破坏程序的现场。这样所谓清除流水线，就只需要在接下来的 4 个时钟周期使这 3 条指令同样不能进行寄存器写和存储器写，便能保证已进入流水线的 3 条指令不会改变程序执行结果。

上述简单的预测方法与指令执行历史无关，因此，它是一种静态预测方式。其特点是无须增加额外硬件，但是效率较低。动态分支预测是根据程序运行时相关信息进行分支预测，可以提高预测成功率,但是额外硬件开销较大。这里不再详细讨论动态预测方法。

预测法的目标是尽量避免或者减少控制相关引起的流水线冒险,并不能彻底解决流水线冒险问题。但是,控制冒险与数据冒险不同,数据冒险处理不好会造成程序运行结果错误,所以必须予以解决,以保证程序运行的正确性。而控制冒险只会降低程序运行的速度,并不影响程序运行的正确性,所以应采取尽力而为的解决策略。

图 6-48 是在图 6-44 流水线基本数据通路基础上,增加避免流水线冒险部件后形成的数据通路。

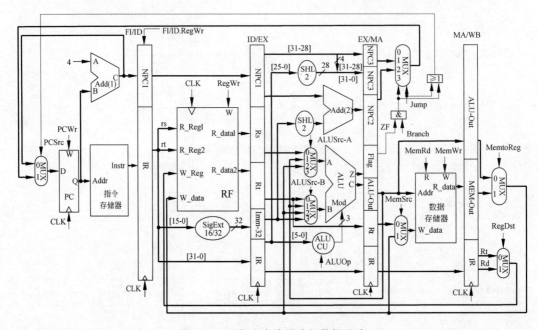

图 6-48　避免流水线冒险的数据通路

在图 6-48 中主要示意了消除数据冒险的三条专用数据通路,即 ALU 输出寄存器(ALU-Out)到 ALU 两个输入端的通路;数据存储器读出数据寄存器(MEM-Out)到数据存储器的写入数据端的通路;数据存储器读出数据寄存器(MEM-Out)到 ALU 两个输入端的通路。采用静态预测方式避免控制冒险在数据通路上基本不增加部件,主要由控制器发出不同控制信号实现。

思考题与习题

1. 请分析 CPU 内部采用分散互连结构和单总线以及多总线结构的优缺点。

2. 设数据总线上接有 A、B、C、D 四个寄存器,要求选用合适的逻辑器件,完成下列数据通路设计,要求标出所需要的时序信号和控制信号,并给出时序信号的波形。

(1) 设计一个电路,在同一时间实现 D→A、D→B 和 D→C 寄存器间的传送;

(2) 设计一个电路,实现下列操作:

T0 时间完成 D→总线；

T1 时间完成总线→A；

T2 时间完成 A→总线；

T3 时间完成总线→B。

3. 若某 CPU 的数据通路结构如下图所示，其中有一个累加寄存器 AC，一个状态条件寄存器和其他四个寄存器，各部分之间连接线的箭头表示信息传送方向。要求：

(1) 写出图中 a、b、c、d 四个寄存器的名称；

(2) 用寄存器传输语言描述指令从主存取到控制器的操作过程；

(3) 设计一条加法指令，并用寄存器传输语言描述加法指令执行阶段的操作过程。

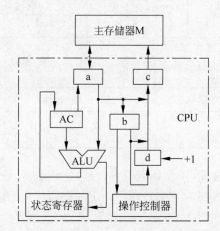

4. 欲在 6.3.4 节给出的目标指令集中增加一条立即数加法指令 addi Rt，Rs，Imm16，若 CPU 采用单周期数据通路设计方案，请问在 6.5.1 节中给出的图 6-19 数据通路能否支持该指令的执行？若不能，请问如何修改？并用 RTL 语言描述该指令周期流程。

5. 在 6.6.2 节中给出的图 6-24 多周期数据通路中，是否可以不要指令寄存器 IR，而直接对存储器数据寄存器 MDR 中的信息进行译码？为什么？

6. 下图所示的 CPU 逻辑框图中，有两条独立的总线和两个独立的存储器。已知指令存储器 IM 最大容量为 16 384 字（字长 18 位），数据存储器 DM 最大容量是 65 536 字（字长 16 位）。各寄存器均有"打入"(Rin) 和"送出"(Rout) 控制命令，但图中未标出。

(1) 指出下列各寄存器的位数。程序计数器 PC、指令寄存器 IR、累加器 AC_0 和 AC_1、通用寄存器 $R_0 \sim R_3$、指令存储器地址寄存器 IAR、指令存储器数据寄存器 IDR、数据存储器地址寄存器 DAR、数据存储器数据寄存器 DDR；

(2) 若该 CPU 的指令格式为：

17	12	11	10	9	0
OP-Code		R_i		X	

加法指令的汇编格式为：ADD $X(R_i)$，其功能是 $(AC_0)+((R_i)+X)\to AC_1$，其中 $((R_i)+X)$ 部分通过寻址方式指向数据存储器，请用指令周期流程描述 ADD 指令从取指令开始到执行结束的操作过程，并标明完成具体操作所需要的微操作控制信号。

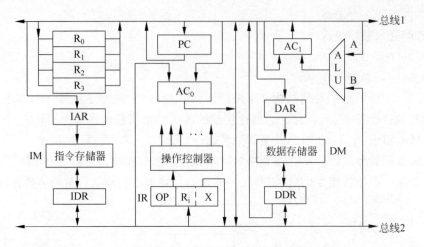

7. 某 CPU 的主频为 4MHz,各类指令的平均执行时间和使用频度如下表所示。

指 令 类 别	存取	加、减、比较、转移	乘除	其他
平均指令执行时间	$0.6\mu s$	$0.8\mu s$	$10\mu s$	$1.4\mu s$
使用频度	35%	50%	5%	10%

(1) 试计算该 CPU 的速度(单位用 MIPS 表示);

(2) 若上述 CPU 主频提高为 6MHz,则该 CPU 的速度又为多少?

8. 欲在 6.6.1 节给出的图 6-24 多周期数据通路上执行一条类似 IA-32 的加法指令 "ADD AX,BX(100)",该指令的功能是将 BX 内容加上 100 的值作为地址读取存储器,再将 AX 的内容与存储器单元内容相加,结果送 AX。要求:

(1) 按照 MIPS 32 指令格式,设计该加法指令的格式;

(2) 为了实现该加法指令,请说明如何修改图 6-24 给出数据通路;

(3) 用指令周期流程图描述该加法指令的完整执行过程。

9. 欲给本章描述的单周期数据通路加入 JR Rs 指令(其功能是按照寄存器 Rs 内容转移。指令格式属于 R-型,其中 Func 字段为"001000"),请在图 6-19 给出的单周期数据通路加入必要的数据通路和控制信号。

10. 考虑一个恒 0 错误(某个控制信号的值始终保持为 0),对图 6-19 的单周期数据通路的影响。分别考虑当 RegWr、ALUOp、Branch、MemRd 和 MemWr 信号发生恒 0 错误时,在 6.3.4 节给出的目标指令中,哪些指令仍能正常工作? 为什么?

11. 若想在 6.3.4 节中给出的目标指令集中增加一条 lw 指令的变形指令:l_inc,该指令的功能相当于下面两条 MIPS 32 指令,即从存储器读取数据后,将存储单元地址自增 1。请在图 6-19 的单周期数据通路加入必要的数据通路和控制信号。

```
lw    Rt,  l(Rs)
addi  Rs,  Rs,  1
```

12. 若想在 6.3.4 节中给出的目标指令集中增加一条 ERET 指令(异常返回指令),该指令的主要功能是将发生异常时的指令地址重新存入 PC。请说明如何修改图 6-22 给出的数据通路使其支持该指令。

13. 在 MIPS 系统中,操作系统如何识别异常中断的原因以及如何转入中断服务程序? 请针对图 6-22 给出的数据通路讨论。

14. 在 MIPS 系统中,若采用硬件向量中断,如何修改图 6-22 给出的数据通路实现异常中断原因识别和转入中断服务程序?

15. 某计算机 CPU 中有如下部件:ALU(具有加法＋、减法－、逻辑非～等功能),移位器(具有左移 L、右移 R、直送 V 等功能),主存储体 M,主存数据寄存器 MDR,主存地址寄存器 MAR,指令寄存器 IR,程序计数器 PC(具有自增＋1 功能),通用寄存器 R0～R3,暂存器 C(连 ALU 左输入端)、D(连 ALU 右输入端)。

(1) 若上述逻辑部件按单总线结构组成 CPU 数据通路,请画出 CPU 数据通路图;

(2) 请画出指令"SUB (R0),R3"的指令周期流程图,该指令的含义为:源操作数的有效地址在寄存器 R0 中,目的操作数在 R3 中,目的操作数减去源操作数后结果送到目的操作数的有效地址中;(注:减法时,要求被减数送 ALU 的左输入端,减数送 ALU 的右输入端)

(3) 若用类似 MDRo 的方式表示寄存器输出类微命令,类似 MDRi 的方式表示寄存器输入类微命令,MemRd 表示主存读命令,MemWr 表示主存写命令,MDR、MAR 与主存储体 M 之间,暂存器 C、D 与 ALU 输入端之间是直通的,不需要微命令控制。请写出对应该指令周期流程图所需的全部微操作命令序列。

16. 请分析恒 1 错误(某个控制信号的值始终保持为 1)对 MIPS 32 多周期数据通路的影响。针对图 6-24 多周期数据通路以及表 6-1 给出的 10 条指令,分别考虑下列信号: RegWr、MemRd、MemWr、IRWr、PCWr 和 PCWrCond。

17. 在图 6-24 多周期数据通路的基础上,通过添加适当的通路和控制信号,实现取立即数指令 lui Rt,imm16(I-型指令格式,其功能是将立即数读入寄存器高 16 位)。请用 RTL 描述该指令周期流程。

18. 若将多周期 CPU 实现中的寄存器堆(RF)改为只有一个读端口,用图描述此修改所带来的数据通路的其他必要修改,并分析对指令周期的影响。

19. 由于指令周期＝CPI? 时钟周期,所以主频和 CPI 是影响 CPU 性能的两个重要参数。但是,同时降低这两个参数往往是不可能的,在设计过程中始终存在这两个参数的权衡。具体方法如下:

(1) 以提高 CPI 为代价,提高处理器的主频;

(2) 降低主频换取较小的 CPI。

请分析 MIPS 多周期数据通路,分别说明这两种方法实现的具体措施。

20. 有三台计算机 M1、M2 和 M3,CPU 主频分别为:3.2GHz、2.8GHz、1GHz。假设这三台机器可以运行同一个指令系统,该指令系统由三类指令构成,各类指令在程序中的使用频度以及在三个 CPU 中实现的 CPI 如下表所示。则每台计算机的运行速度分别是多少?

指令类型	使用频度	CPI		
		M1	M2	M3
存数/取数	50%	5	4	3
运算	35%	4	3	3
其他	15%	3	3	3

21. 按照例 6.4 中给出的各类指令执行时间,请回答下列问题:

(1) 若 ALU 操作速度可以提升 25%,那么流水线的加速比会受到何种影响? 为什么?

(2) 若访问数据存储器速度降低 25%,那么流水线的加速比又会受到何种影响? 为什么?

22. 找出下列代码中的所有数据相关。其中,哪些相关可以通过先行转发来解决? 哪些相关可以导致阻塞的数据冒险?

```
add  $3, $4, $2
sub  $5, $3, $1
lw   $6, 200($3)
add  $7, $3, $6
```

23. 若在图 6-44 所示的流水线数据通路中执行以下代码。请问在第五个时钟周期末,哪些寄存器被读取? 哪些寄存器被写入?

```
add $2, $3, $1
sub $4, $3, $5
add $3, $3, $7
add $7, $6, $1
add $8, $2, $6
```

24. 在某计算机系统中,int 型数据为 32 位,short 型数据为 16 位。下表给出了指令系统中部分指令格式,其中 Rs、Rd 表示寄存器,mem 表示存储器,(X)表示寄存器 X 或存储单元 X 的内容。

名　　称	指令的汇编格式	指　令　含　义
加法指令	ADD Rs,Rd	(Rs)+(Rd)—>Rd
算术/逻辑左移指令	SHL Rd	2 * (Rd)—>Rd
算术右移指令	SHR Rd	(Rd)/2—>Rd
取数指令	LOAD Rd,mem	(mem)—>Rd
存数指令	STORE Rs,mem	(Rs)—>mem

采用 5 段流水方式执行指令,各流水段分别是取指令(IF)、译码/读寄存器(ID)、执行/计算有效地址(EX)、访问寄存器(M)和结果写回寄存器(WB),指令发射按照"按序发射、按序完成"方式,没有采用转发技术处理数据相关,并且同一寄存器的读写操作不能在同一个时钟周期内进行。请回答下列问题:

(1) short 型变量的值为 −513,存放在寄存器 R1 中,则执行"SHL R1"后,R1 的内容是多少?(用十六进制表示)

(2) 在某个时间段中,有连续的 4 条指令进入流水线,在其执行过程中没有发生指令段阻塞,则执行这 4 条指令所需要的是中周期数是多少?

(3) 高级语言程序中某赋值语句为 x=a+b,x、a 和 b 均为 int 型变量,它们的存储单元地址分别表示为[x]、[a]和[b]。该语句对应的指令序列如下:

```
I1: LOAD  R1, [a]
I2: LOAD  R2, [b]
```

```
I3: ADD    R1, R2
I4: STORE  R2, [x]
```

指令流中的执行过程如下图所示。请问 I3 的 ID 段被阻塞、I4 的 IF 段的阻塞的原因各是什么?

	时间单元													
	1	2	3	4	5	6	7	8	9	10	11	12	13	14
I1	IF	ID	EX	M	WB									
I2		IF	ID	EX	M	WB								
I3			IF				ID	EX	M	WB				
I4							IF				ID	EX	M	WB

(4) 若要计算 x=x*2+a,请模仿上述例子,给出相应的指令序列,并画出流水序列过程示意图,并计算执行上述指令共需要多少个时钟周期。

(2012 年全国硕士研究生入学考试计算机统考试题)

353

第7章　　控 制 器

在第 6 章中我们讲到了中央处理器由数据通路和控制器两个互相关联的部分组成,并且重点介绍了数据通路的设计方法,也分析了指令在数据通路上的执行过程。指令的每步操作都需要在相应控制信号的作用下完成,计算机运行所需要的全部控制信号都由控制器产生。本章将介绍控制器的组成以及控制信号的产生方法。

7.1　控制器基本结构和设计方法

7.1.1　控制器的功能

计算机是一个由大量的多种类型部件组成的复杂系统,为了使计算机系统中各部件能够相互协调、有条不紊且高效地完成预期的任务,必须设置一个中央控制机构,即控制器(Controller)。控制器在计算机中的作用就好像作战部队中的指挥中心。在具体战役中,指挥中心根据作战任务及实时战况,进行调兵遣将并发号施令。换句话说,作为组成计算机硬件的五大功能部件之一,控制器的作用就是向计算机中的每个部件(包括控制器本身)提供它们协调运行所需要的控制信号。

计算机系统的任务就是执行程序,程序又是由一系列指令组成的。通过上一章的学习我们知道,指令的执行过程又可以分为若干个步骤,每一步都包含一个或者多个微操作。这样,控制器的功能就体现在如何在适当的时间向某个部件发出具体的微操作控制命令。也就是说,控制器的基本功能就是依据当前正在执行的指令和它所处的执行步骤,形成并提供在这一时刻计算机各部件所需要的控制信号。

为了减轻 CPU 的负担,现代计算机的控制部分通常并不设计为一个集中式的部件,而是采用分散式控制将部分控制职能下放到某些功能部件上。比如,输入/输出系统和存储器都有它们自己的局部控制逻辑,它们由此变成了自主控制的功能部件。但是,它们并非完全脱离中央控制器的控制,可以看作是分层控制结构。

计算机中的所有操作均具有两个特性,即时间性和空间性。所谓时间性是指任何操作都具有其时效性,即某个操作何时被启动、何时操作结束都需要约定好,即对所有操作都需要进行定时。所谓空间性是指每个操作都是由特定部件完成的,即对所有操作都需要进行定位。相应地,操作控制信号也就具有时间性和空间性,即控制器必须在恰当时刻向特定部件发出具体的操作控制信号。控制器所发出的操作控制信号,就好像作战指挥中心发出的作战命令,我们可以想象,作战命令起码要包括作战任务、作战时间和作战地点等信息。

下面,看看控制器如何为微操作进行定时和定位。首先,分析操作定位的依据是什么。

实际上，从第 6 章的介绍已经知道，在确定的 CPU 数据通路下，每条指令所包含的微操作序列是确定的。也就是说，控制器通过对指令操作码的分析，就可以确定在该指令周期中要依次向哪些部件发出操作控制信号。即控制信号的定位由指令操作码的译码信号来决定。

接下来，看看如何为操作进行定时。其实，处理日常生活中的每件事情几乎都需要进行定时，即时间约定。这种定时使得我们能很好地应对人际交往，且在相互协作下完成日常生活中的各种繁杂事务。仔细想想，我们之所以能够游刃有余地协调好各种事务，首先归功于人类共同采用了一套设计周密的时序系统。在日常生活中，这个时序系统的基准时间由钟表提供。除此之外，还配以年、月、日等时间单位。计算机系统定时的基准是主时钟信号(或称中央时钟信号)。当然，不同计算机可以采用不同频率的主时钟信号，主时钟频率将对操作定时的精准度有着直接的影响。与人类采用的时序系统类似，计算机的时序系统除了主时钟信号以外，还需要其他时序信号的配合，以便更有效地对各类操作实施精确控制。

为了使指令执行的效率更高，可以采用更为细致的时序体制，即细粒度控制方案。就像我们大学本科教育阶段的时间安排一样，一般本科教育完整的时间为 4 年。通常，我们把 4 年本科阶段分为 8 个学期，每个学期大致分为 20 周，每周分为 5 个上课日，每天可以安排 8 节课。学校按照专业划分为每届新生制订了一套完整的培养方案，该方案中详细地规划本科四年每学期以至每节课的教学内容(校历、课表及教学进度表等)。这样，如果我们每位师生都能遵守这个时序体制，大学生活才会既丰富多彩又有条不紊，每位学生最终可以达到专业培养目标的要求。每学期的课表列出了本学期开设的课程、上课时间和地点。

计算机系统中的时序信号就好像计算机中的"作息时间"。计算机系统之所以能够准确、迅速、有条不紊地工作，正是因为在中央处理器中有一个时序信号产生器。时序信号产生器产生计算机运行所需要的全部时序信号。时序信号作用于控制器，使得控制器能够根据机器的当前任务和状态，在适当的时间向某个部件发出确定的控制信号。

综上所述，控制器应具有以下功能：

(1) 产生一组定时信号。定时信号作为指令执行过程中对操作进行同步控制的时间基准。其中，主时钟信号是最基本的定时信号。除此之外，根据需要可能对主时钟信号进行分频处理，产生其他不同层次的定时信号。

(2) 产生执行每条指令所需要的全部控制信号。指令周期被划分为多个执行阶段，每个阶段通过执行一个微操作序列完成不同功能。例如，读取指令、指令译码、地址计算、操作数读取、处理数据和保存结果等。为此，控制器应在指令周期的不同阶段向执行部件发出完成相应操作所需要的控制信号。

(3) 对中断请求进行响应。中断是计算机中处理各种非预期事件的一种技术，这种非预期事件可以由各种硬件或者软件引起。CPU 对中断请求的响应，就是暂停现行程序的执行并保存程序现场，然后将控制转移到相应的中断处理程序执行。中断处理结束后，必须恢复执行被中断的程序。中断响应、处理和返回的过程中也需要由控制器实施相关控制。

7.1.2　控制器的组成和设计方法

从功能角度以及部件间的关联度上，可以认为控制器由三个基本部分构成。

(1) 控制寄存器和译码器，包括 PC、IR 和指令译码器(Instruction Decoder，ID)。

（2）时序信号产生器。

（3）控制单元(CU)。控制单元是控制器的核心，它发出整机运行所需要的全部控制信号。

356

图 7-1 给出了控制器的组成框图。从图中可以看出，CU 的输入包括指令译码信号、时序信号、数据通路的状态信号以及来自系统总线的请求和状态信号；CU 的输出就是全机运行所需要的全部控制信号。将控制信号发送到相应的执行部件，便可以控制各部件在规定时刻执行指定的操作。

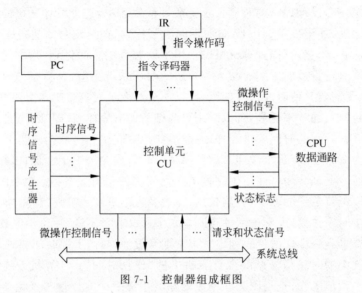

图 7-1　控制器组成框图

控制器设计的核心是对控制单元的设计。控制单元的设计方法主要有三种，它们的区别在于如何产生微操作控制信号。

第一种是组合逻辑设计方法，或者称为硬布线设计方法。采用该方法设计的控制单元被称为组合逻辑控制单元，或者硬布线控制单元。组合逻辑控制单元就是一个组合逻辑网络，该网络直接产生全机运行所需要的全部控制信号。组合逻辑设计方法的特点是设计简单，在早期计算机设计中普遍使用。但是，由于其设计过程非常烦琐，且一旦设计实现后就难以修改，特别是随着 CISC 计算机指令系统的不断庞大，该设计方法逐步被微程序设计方法所替代。

第二种是微程序设计方法，或者称为存储逻辑设计方法。采用该方法设计的控制单元被称为微程序控制单元，其组成核心是微程序存储器(也称为控制存储器，简称控存)。微程序控制单元由微程序解释执行机器指令，产生指令运行所需要的全部控制信号。虽然微程序设计方法是一种设计复杂控制单元的技术，但是微程序控制单元的硬件结构非常简单。微程序设计方法的缺点是控制信号形成的速度慢，随着 VLSI 技术的发展，组合逻辑设计方法又重新受到重视，特别是在 RISC 计算机中普遍采用。

第三种是组合逻辑与微程序混合设计方法。这种方法用于传统的 CISC 计算机中：一方面，为了改善组合逻辑控制单元硬件的复杂性；另一方面，为了克服微程序控制单元执行速度慢的缺陷。通常将两种方法结合的具体思路是，简单指令用组合逻辑实现，复杂指令用微程序实现。由于简单指令通常是常用指令，这样可以通过加速常用操作提高程序的执行速度;同时,复杂指令用微程序实现可以在很大程度上降低控制单元设计的复杂性。

7.2　计算机的控制方式

在处理日常事务中,若一个事务可以被划分成依次处理的多个子事务且由多个人参与完成时,为了有序且高效地完成该事务,通常我们会采取两种方式对该事务的处理时间进行安排。其一,启动事务前根据每个子事务需要占用的时间,为每个子事务划分好处理时间段(时间表);启动事务后相关人员按照时间表完成各自的子事务,各子事务间按照时间表自动衔接起来。其二,事先并不对子事务的处理时间进行划分,而是启动事务后由相应人员处理各自的子事务,每个子事务完成后告知下一子事务的处理人员,启动下一个子事务,以此类推。

从第 6 章对指令周期流程分析可以看出,一条指令由若干个微操作共同完成。这样,控制器如何在时间上协调这些微操作就是这里要讨论的控制方式。即把控制不同微操作序列之间时间协调的方法,称为控制器的控制方式。类似于日常事务处理方式,基本的控制方式包括同步控制和异步控制。同步控制的基本特征是控制器为每个微操作设定好操作时间,微操作之间自动衔接完成指令功能。而异步控制的基本特征是按照微操作实际需要时间来分配,微操作之间通过应答信号来相互衔接。这样,同步控制需要较为复杂的时序信号,而异步控制所需要的时序信号相对比较简单。

7.2.1　计算机中的时序系统

前面讲到,计算机运行过程中需要进行时间控制,那么首先需要一个定时系统,这个定时系统由一组作为时间基准的信号组成,即时序信号。下面我们就来了解一下时序信号的基本体制和作用。

计算机中的主要器件是寄存器类的器件(状态单元),这类器件的特性决定了时序信号最基本的体制是电位—脉冲制。这种体制最简单的例子就是当实现寄存器之间的数据传送时,数据送到每个触发器的电位输入端(比如 D 型触发器的数据输入端 D),而打入数据的控制信号送到触发器的时钟脉冲输入端 CP。电位的高低表示数据是 1 还是 0,而且要求在打入数据的控制信号到来之前,电位信号必须已经稳定。这是因为只有电位信号先建立,打入到寄存器中的数据才是可靠的。当然,计算机中有些部件(组合逻辑)只用电位信号就可以工作了,例如算术逻辑运算单元(ALU)。但是尽管如此,运算结果还是要送到寄存器的,所以最终还是需要脉冲信号来配合。

从第 6 章的讲解大家也可以明白,计算机中的所有操作都可以看作是数据通路上的"传送"操作,而传送的"目的"往往是寄存器类部件。为了在寄存器传送级控制指令的执行,需要两种类型的控制信号——电位型和脉冲型。电位型控制信号通过电位的高或低控制数据通路的开启或关闭,通常控制为寄存器的输入端提供数据;脉冲型控制信号作用于寄存器的时钟脉冲输入端,提供接收和存储输入端数据的打入控制信号。因此,电位型时序信号的有效时间应包含一次完整数据通路传送操作所需要的时间;而脉冲型时序信号通常作用于电位型时序信号的后沿,在数据通路上的信息全部稳定后,控制将数据打入目标寄存器。如

图 7-2 给出的时序信号波形图中,T 为电位型时序信号,其有效时间为一个时钟周期,通常

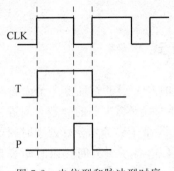

图 7-2　电位型和脉冲型时序
信号的关系

用于产生寄存器的输出使能控制信号、存储器读写控制信号、ALU 操作选择控制信号以及多路开关开启等控制信号;P 为脉冲型时序信号,它作用于 T 的后沿,通常用于产生寄存器的打入脉冲控制信号。

　　在传统的时序系统中,时序信号往往采用主状态周期—节拍电位—节拍脉冲三级体制。通常,指令执行可以由几个相互较为独立的步骤(或阶段)来完成,把每一步所需要的时间称为一个主状态周期,或机器周期,或 CPU 工作周期(简称 CPU 周期),它表示了一个较大的时间单位。在一个机器周期内还可以执行多个相互独立的传送操作,所以又可以将机器周期划分为若干个节拍电位。每个节

拍完成一个传送操作,一个节拍宽度对应一个时钟周期,用来控制产生电位型操作控制信号。在一个节拍电位中可以包含多个节拍脉冲,用于产生脉冲型操作控制信号,作为寄存器或触发器同步打入、置位、复位的控制信号。

　　在早期计算机中,由于存储器访问速度相对于 CPU 内部操作来说慢得多,通常机器周期由存储器的读写周期来确定。限定一个机器周期只能完成一次存储器访问,即机器周期基本上等于存储器的读/写周期。早期硬布线控制器设计中常采用三级时序体制。但是,随着器件性能的不断提高,控制器相应采用比较简单的时序系统,比如采用节拍电位—节拍脉冲二级系统。可以认为把机器周期和节拍电位合二为一了,把一个指令周期划分为多个节拍电位,在节拍电位中又包含一个或者多个节拍脉冲。通常节拍宽度等于时钟周期,而节拍脉冲把一个 CPU 周期划分成较小的时间间隔。根据具体设计需要,这些时间间隔可以相等,也可以不相等。

　　现代计算机更多采用 RISC 体系结构,三级时序系统已经不再使用,机器周期的概念也逐步消失。整个数据通路的定时信号只有时钟信号,一个时钟周期就是一个节拍宽度,时钟的上升沿或者下降沿作为脉冲信号触发寄存器的写入。例如,在第 6 章介绍的数据通路中仅有主时钟信号,不再需要其他层次的时序信号,这也有利于简化控制器的设计。

7.2.2　控 制 方 式

　　在第 6 章对指令周期操作序列的分析都是基于同步控制的概念,即各种操作所需要的时间都是预先确定的。这样,连续操作之间的衔接就是自动的,即前一个操作时间结束后下一个操作便自动被启动。实际上,同步控制理念在简化控制过程的同时减弱了系统的性能。其原因在于为不同操作预先分配时间时,通常按照最慢速操作所需要的时间为基准。

　　对于指令系统中的每条指令来说,它们的操作复杂程度各不相同,即不同指令周期中的操作序列不同,所需要的时间也就不同。就不同微操作来说,由于操作性质不同,它们所需要的时间也不同。

　　计算机硬件实际上是组合逻辑和时序逻辑电路构成,指令执行过程中的每一步实质上就是线路状态的一次转换,状态转换的结果存放于寄存器。所以,计算机的运行过程可以抽象为一个有限状态机(FSM),线路状态的不同组合值对应于有限个状态,而触发线路状态

改变的各种操作对应于状态转换的控制。同步控制要求状态转换与主时钟同步发生。也就是说，主时钟提供定时信号触发从一个状态改变到另一个状态。否则，如果在状态转换过程中，每一个状态由其前一个状态结束而触发，无须主时钟介入，这种控制方式便是异步控制。

同步控制方式中控制器发出与主时钟同步的控制信号，使得一条指令或一个复杂的算术操作的执行按一个预定的时间顺序进行。而异步控制方式下状态之间的转换由握手机制来实现，控制器通过获得部件运行的相关状态或请求信号，才能确定是否发出状态转换的控制信号，即采用请求—应答的控制模式。因此，这些状态转换的控制与主时钟无关，能够较好反映各种部件的实际运行速度。

常用的有同步控制、异步控制和联合控制三种方式，其实质反映了操作序列的定时方式。

1) 同步控制方式

需要一个统一的时钟信号作为时间基准信号为所有操作进行定时。在任何情况下，指令执行时所需要的机器周期数、时钟周期数都是固定不变的，称为同步控制方式。比如，以较为复杂的 IA-32 指令系统为例，若按照三级时序体制，可以将一个指令周期划分为取指令、读存储器和执行指令三个基本机器周期。每个机器周期又可以分为三个节拍，每个节拍对应一个脉冲。根据具体设计需要，同步控制方式的具体实现可采取以下三种方案。

(1) 采用完全统一的机器周期和节拍。这意味着所有机器周期具有相同的节拍电位数和相同的节拍脉冲数。但是，不同指令周期可以包含不同数量的机器周期。例如，某个指令周期中不一定包含读存储器周期。显然，节拍电位必须依照最复杂指令和最慢操作来设置，对于简单的操作来说，将造成时间浪费。

(2) 采用不定长机器周期。将大多数操作安排在一个较短的机器周期内完成，但对某些较复杂的或较慢速的操作，采用延长机器周期的办法来解决。比如，由于执行指令周期微操作数量较多，可以相对于其他机器周期延长 1~2 个节拍。

(3) 中央控制与局部控制相结合。将大部分指令安排在固定的机器周期完成，称为中央控制；对少数复杂指令(乘、除、浮点运算)采用另外的时序进行定时，称为局部控制。

同步控制的基本特征是任何指令的指令周期均是预先设定好的。虽然，前述三种不同实现方案都可以使不同操作复杂度的指令安排不同长度的指令周期，但对于每条指令来说，其指令周期依然是设计好的常量。这种确定性就意味着人为安排，并非实际需要！人为安排时往往更强调共性，而忽略差异。但是，往往差异更能反映个性，发挥个性的作用才能充分挖掘出系统的性能。

就好比大学里的上课安排，通常把每天的课程分成三个时间段，即上午、下午和晚上。若上午、下午和晚上各安排 4 节课，每节课 1 小时，且每门课程占用 2 节课，这就相当于同步控制方案(1)。若上午、下午各安排 4 节课，晚上安排 2 节课，每节课 1 小时，且每门课程占用 2 节课，这就相当于同步控制方案(2)。若上午、下午和晚上各安排 4 节课，每节课 1 小时，大多数课程都占用 2 节课，而个别课程占用 3 节课，这就相当于同步控制方案(3)。

传统三级时序系统所采用的三种方案都基于机器周期级，即围绕机器周期的可变长而设计，并且机器周期级是为了实现 CPU 和比它慢几倍的存储器之间的同步而设置的。然而，随着存储器技术的发展，存储周期已经接近数据通路的执行速度(例如在表 6-7 给出的数据通路部件操作延迟时间中，存储器速度与 ALU 速度接近)，因此可以将机器周期级与节拍级进行合并,即存储器可以和时钟周期同步,所以三级时序也就可以变成了电位、脉冲二级时序。

在第6章介绍的单周期和多周期CPU数据通路中,它们的控制方式都是同步控制。但是,它们属于同步控制方式下的两种不同的实现方案。因为它们的共同特点是每条指令的执行时间是预先规划好的,即每条指令的指令周期是确定的。不同的是单周期CPU中所有指令周期相等,而多周期CPU中每类指令周期包含不同数量的时钟周期。在第6章给出的10条MIPS指令中,它们在多周期数据通路中执行的CPI分别是3、4和5。

2) 异步控制方式

这种控制方式不需要统一的时钟信号作为基准定时信号。它允许每条指令、每个操作需要多少时间就占用多少时间。当控制器发出某一操作控制命令后,等待执行部件完成操作后送回"完成"信号,才能发出下一个操作控制命令。显然,用这种方式形成的操作控制序列没有固定的CPU周期和节拍,也不需要时钟周期(节拍脉冲)与之同步。操作之间采用"应答"方式进行衔接,即由控制器先启动一个操作,该操作完成后由执行部件自动发出"完成"信号,作为控制器启动下一个操作的依据。

同样以大学里上课时间安排为例,若所有课程的上课时间和时长都不固定,而是由教务处、教师及学生之间协商后决定,这就是典型的异步控制方式。

异步控制方式可充分发挥各部件的运行速度,时间利用率高。这是因为并不人为地为每个微操作设定其操作时间,而是按其具体需要的时间来决定。但是,异步控制方式的控制信号复杂,技术上不易实现。当然,在指令功能确定、数据通路及其部件都确定的前提下,采用异步控制时指令周期的长短也是确定的。

3) 联合控制方式

这是一种同步控制和异步控制相结合的方式。大部分操作序列安排在固定的机器周期中,对某些时间难以确定的操作则以执行部件的"应答"信号作为本次操作的结束。例如,CPU以异步方式访问主存时,依赖主存反馈的"Ready"信号作为读/写周期的结束。

采用联合控制方式的计算机,根据其倾向性,可以分为同步计算机和异步计算机。以同步控制为主,以异步控制为辅,称为同步计算机。以异步控制为主,以同步控制为辅,称为异步计算机。实际上,"纯"同步或"纯"异步的计算机是无法实现的,前者太过古板,后者太过灵活。

通常,在一台计算机中,CPU内部常采用同步控制方式。主机和I/O之间常采用异步控制方式。CPU和内存之间可以采用同步(同步机)或异步(异步机)控制方式。

7.2.3 时序信号产生器

CPU中的时序产生器为全机提供所需要的全部时序信号。图7-3给出了传统的三级时序产生器的组成框图。其中,时钟源通常是由石英晶体振荡器和与非门组成的正反馈振荡电路,它提供频率稳定且电平匹配的方波时钟脉冲信号clock。

启动计算机是其使用者的随机行为,同样停机也是随机的。但是,当计算机启动时,一定要从取指令阶段开始工作;而在停机时,一定要在执行阶段的最后一个节拍脉冲结束后,才能停止时序信号。只有这样,才能保障指令执行的完整性。启/停控制逻辑按照完整指令时序要求产生主时钟信号CLK。

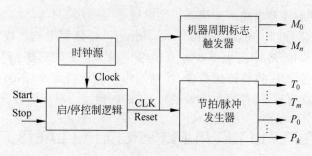

图 7-3　时序信号产生器框图

在时序系统实现时,通过设置机器周期标志触发器用以产生主状态周期信号。比如,在多周期 CPU 中,若将一个指令周期划分为取指周期、译码周期、执行周期、访存周期、写回周期和中断周期 6 个 CPU 工作周期。那么,可以在 CPU 内设置 6 个标志触发器,分别标志 CPU 所处的 6 种工作周期。每个触发器在主时钟 CLK 的作用下实现状态改变,其电位输入端分别来自控制单元的机器周期变化控制信号,如图 7-4 所示。

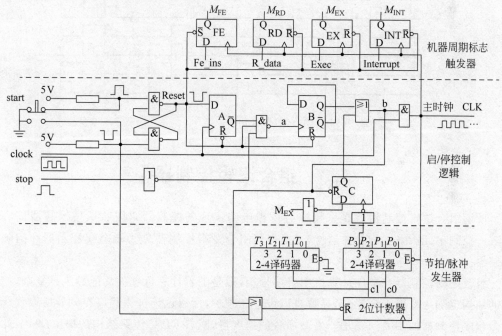

图 7-4　一个时序产生器逻辑

节拍电位信号和工作脉冲信号由节拍/脉冲发生器产生,它可以由循环移位寄存器或节拍计数器和节拍译码器组成。

例如,若一个指令周期最多包含 3 个机器周期,分别是取指令周期(FI)、读数周期(RD)和执行周期(EX)。另外,中断请求可能引发一个中断周期(INT)。假设每个机器周期包含 4 个节拍(T_0、T_1、T_2、T_3),每个节拍包含一个节拍脉冲,对应于节拍电位信号分别为(P_0、P_1、P_2、P_3)。图 7-4 给出了该时序产生器的逻辑图。

计算机一旦加电,石英振荡器便产生时钟信号(Clock)。但只有当启动按钮按下后,由单稳态电路产生启动信号(Start),随后才产生主时钟信号(CLK)。在主时钟信号 CLK 的

361

第 7 章

控制器

作用下,由机器周期触发器电路产生机器周期时序信号(M_{FI}、M_{RD}、M_{EX}、M_{INT})。其中,4个触发器的 D 端输入信号(Fe_ins、R_data、Exec、Interrupt)分别为来自控制单元的机器周期变化控制信号。由节拍/脉冲发生器产生节拍电位和节拍脉冲时序信号(T_0、T_1、T_2、T_3,P_0、P_1、P_2、P_3)。当 CPU 执行停机指令,控制器将发出停机命令(Stop)。但是,只有当该条指令的时序完全结束后,才停止主时钟信号 CLK 的输出。时序信号波形如图 7-5 所示。

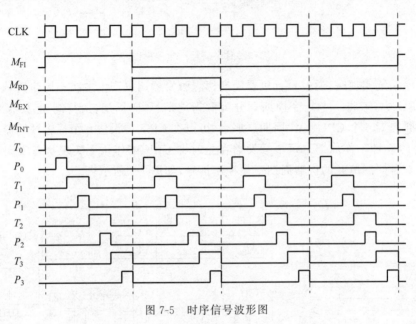

图 7-5 时序信号波形图

7.3 组合逻辑控制器

所谓组合逻辑控制器就是采用组合逻辑电路实现的控制器。按照实现控制器核心部件——控制单元所采用的具体器件,又可以将组合逻辑控制器分为硬布线控制器和门阵列控制器。

组合逻辑控制器在早期计算机中普遍采用,但是随着计算机硬件功能越来越复杂,控制器的结构也随之变得十分复杂,导致难以设计和维护,所以逐渐被微程序控制器所取代。然而微程序控制器的主要问题是产生微命令的速度慢,随着 RISC 体系结构的提出及 VLSI 技术的发展,组合逻辑设计思想又重新得到了重视。

7.3.1 硬布线控制器

硬布线控制器是组合逻辑控制器早期使用的一种方法。这种方法是把控制单元 CU 看作专门产生固定时序控制信号的逻辑电路,这种逻辑电路是一种由门电路构成的复杂树形网络,它是以使用最少元件和取得最高操作速度为设计目标。一旦控制单元构成后,除非重新设计和物理上对它重新布线,否则要想增加新的控制功能是不可能的,故称之为硬布线控制器。

硬布线控制器是计算机中最复杂的逻辑部件之一。当执行不同的机器指令时,通过激活一系列彼此不相同的控制信号来实现对指令的解释,其结果使得控制器往往很少有明确的结构而变得杂乱无章。这种结构上的缺陷使得硬布线控制器的设计和调试非常复杂。

1. 设计方法和步骤

对于硬布线控制器的设计可以分为三个步骤。第一步,对系统进行总体设计,主要包括确定指令系统、数据通路和控制方式。第二步,设计控制器结构和时序系统。第三步,设计控制单元。

图 7-6 示出了硬布线控制器的结构框图。控制单元的输入信号来源有三个:①来自指令操作码译码器的输出信号 I_m;②来自执行部件的反馈信号 B_j;③来自时序产生器的时序信号,比如包括机器周期(M_l)、节拍(T_k)和脉冲(P_n)。

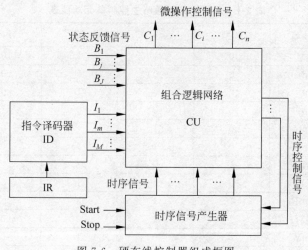

图 7-6　硬布线控制器组成框图

控制单元的设计步骤如下:

(1) 在数据通路上排出每条指令的指令周期流程,并把流程中的每一步操作分解成微操作序列,列出执行每个微操作所需要的微命令信号。

(2) 为每一个微操作分配时间,列出微操作对应的微命令作用时间表。

(3) 写出微命令的最简逻辑表达式。通常,在采用三级时序系统的组合逻辑控制器中,$C_i = f(I_m, B_j, M_l, T_k, P_n)$,即微命令信号是指令译码信号($I_m$)、机器状态($B_j$)、机器周期($M_l$)、节拍($T_k$)和脉冲($P_n$)的逻辑函数。

(4) 画出产生全部微命令的逻辑电路图。

(5) 用电路实现控制单元。

2. 单周期控制单元设计实例

在第 6 章为 10 条 MIPS 32 指令集设计了单周期数据通路,并给出了每条指令的指令周期操作流程。在给出每条指令的微操作序列时,同时给出了完成每个微操作所需要的微命令。

单周期 CPU 设计方法是典型的同步控制方式,主时钟信号是唯一的时序信号。将主时钟信号直接作用于 PC 和寄存器堆,完成 PC 修正和寄存器堆的写入操作。当一条指令从指令存储器中取出送入控制器后,根据指令类型产生该指令执行所需要的全部中央控制信号,然后产生 ALU 控制信号。在下一条指令被取出前,所有控制信号的状态保持不变。也就是说,在单周期 CPU 中,控制信号的状态随着指令操作码的变化而变化,前一条指令从指令存储器取出,到后一条指令从指令存储器取出,其时间间隔为一个时钟周期,故控制信号有效时间也是一个时钟周期。

基于第 6 章图 6-19 给出的单周期数据通路,表 7-1 示出了主控制单元(MCU)的输入信号及输出信号的关系。其中,输入信号是 6 位操作码编码($Op_5\,Op_4\,Op_3\,Op_2\,Op_1\,Op_0$),输出信号是微操作控制信号。表中输出信号有三种状态:0、1 和 X。其中,0 表示该控制信号无效,1 表示该控制信号有效,X 表示该控制信号的状态任意。实际上,有些命令信号是以编码的方式实施控制的,例如,对多路选择器和 ALU 操作的控制信号,其控制状态为'0'时也同样进行有效的控制。

表 7-1　单周期数据通路主控制单元功能表

输入/输出	信号名	R 型	lw	sw	beq	j
输入	Op_5	0	1	1	0	0
	Op_4	0	0	0	0	0
	Op_3	0	0	1	0	0
	Op_2	0	0	0	1	0
	Op_1	0	1	1	0	1
	Op_0	0	1	1	0	0
输出	RegDst	1	0	X	X	X
	ALUSrt	0	1	1	0	X
	MemtoReg	0	1	X	X	X
	RegWr	1	1	0	0	0
	MemWr	0	0	1	0	0
	MemRd	0	1	0	0	0
	Branch	0	0	0	1	0
	Jump	0	0	0	0	1
	ALUOp1	1	0	0	0	X
	ALUOp0	0	0	0	1	X

按照表 7-1 可以写出主控制单元输出的各个控制信号的逻辑表达式如下:

$RegDst = \overline{Op_0} \cdot \overline{Op_1} \cdot \overline{Op_2} \cdot \overline{Op_3} \cdot \overline{Op_4} \cdot \overline{Op_5}$

$ALUScr = Op_0 \cdot Op_1 \cdot \overline{Op_2} \cdot \overline{Op_3} \cdot \overline{Op_4} \cdot Op_5 + Op_0 \cdot Op_1 \cdot \overline{Op_2} \cdot Op_3 \cdot \overline{Op_4} \cdot Op_5$

$MemtoReg = Op_0 \cdot Op_1 \cdot \overline{Op_2} \cdot \overline{Op_3} \cdot \overline{Op_4} \cdot Op_5$

$RegWr = \overline{Op_0} \cdot \overline{Op_1} \cdot \overline{Op_2} \cdot \overline{Op_3} \cdot \overline{Op_4} \cdot \overline{Op_5} + Op_0 \cdot Op_1 \cdot \overline{Op_2} \cdot \overline{Op_3} \cdot \overline{Op_4} \cdot Op_5$

$MemWr = Op_0 \cdot Op_1 \cdot \overline{Op_2} \cdot Op_3 \cdot \overline{Op_4} \cdot Op_5$

$MemRd = Op_0 \cdot Op_1 \cdot \overline{Op_2} \cdot \overline{Op_3} \cdot \overline{Op_4} \cdot Op_5$

$Branch = \overline{Op_0} \cdot \overline{Op_1} \cdot Op_2 \cdot \overline{Op_3} \cdot \overline{Op_4} \cdot \overline{Op_5}$

$Jump = \overline{Op_0} \cdot Op_1 \cdot \overline{Op_2} \cdot \overline{Op_3} \cdot \overline{Op_4} \cdot \overline{Op_5}$

$ALUOp_1 = \overline{Op_0} \cdot \overline{Op_1} \cdot \overline{Op_2} \cdot \overline{Op_3} \cdot \overline{Op_4} \cdot \overline{Op_5}$

$ALUOp_0 = \overline{Op_0} \cdot \overline{Op_1} \cdot Op_2 \cdot \overline{Op_3} \cdot \overline{Op_4} \cdot \overline{Op_5}$

用组合逻辑实现该主控制单元的逻辑如图 7-7 所示。

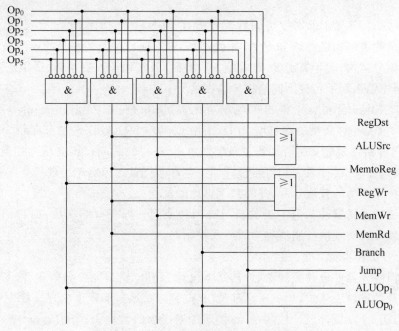

图 7-7　组合逻辑控制单元的实现逻辑

在图 7-7 中，RegDst 和 ALUOp1 的逻辑完全相同，并且 Branch 和 ALUOp0 的逻辑也完全相同。在实际的控制单元设计中，当然要避免这种控制信号冗余的情况。由于上面给出的设计实例仅仅是实现一个很小的指令集，这种情况会随着指令集的扩大而消失。

7.3.2　门阵列控制器

用普通逻辑器件(如 74 系列)实现硬布线控制单元的优点是控制信号产生速度快。但随着 CPU 功能越来越复杂，其控制单元使用器件数量越来越多，造成电路复杂、体积大、耗电大、成本高，且可靠性差、电路不易调试和修改等弊端。

20 世纪 70 年代中期出现了可编程逻辑阵列(Programmable Logic Array，PLA)器件，它由可编程与阵列和可编程或阵列组成。相对于熔丝编程的 PROM(由固定的与阵列和可编程的或阵列组成)，其阵列规模大为减少，提高了芯片的利用率。但由于与阵列和或阵列都可编程，软件算法复杂，编程后器件运行速度慢，只能在小规模逻辑电路上应用，因而没有得到广泛应用。

20 世纪 70 年代末美国 MMI 公司率先推出了可编程阵列逻辑(Programmable Array Logic，PAL)器件，它由可编程与阵列和固定或阵列组成，采用熔丝编程方式、双极型工艺制造，器件的工作速度很高。由于它的输出结构种类很多，设计很灵活，因而成为第一个被普遍应用的可编程逻辑器件(Programmable Logic Device，PLD)。

20 世纪 80 年代初 Lattice 公司发明了通用阵列逻辑(Generic Array Logic，GAL)器件，它在 PAL 的基础上进一步改进，采用了输出逻辑宏单元(OLMC)形式和 E^2CMOS 工艺结构，因而具有可擦除、可重复编程、数据可长期保存和可重新组合结构等优点。GAL 比

PAL 使用更加灵活,它可以取代大部分 SSI、MSI 和 PAL 器件,所以在 20 世纪 80 年代得到了广泛应用。

PAL 和 GAL 都属于低密度可编程逻辑器件 PLD,其结构简单、设计灵活,但规模小,难以实现复杂的逻辑功能。20 世纪 80 年代末,随着集成电路工艺水平的不断提高,PLD 突破了传统的单一结构,向着高密度、高速度、低功耗以及结构体系更灵活、适用范围更宽的方向发展,因而相继出现了各种不同结构的高密度 PLD。

1985 年,Xilinx 公司首家推出了现场可编程逻辑(Field Programmable Gate Array,FPGA)器件,它是一种新型的高密度 PLD,采用 CMOS-SRAM 工艺制作,其结构与阵列型PLD 不同,内部由许多独立的可编程逻辑模块组成,逻辑块之间可以灵活地相互连接,具有密度高、编程速度快、设计灵活和可再设计能力等许多优点。FPGA 出现后立即受到世界范围内电子设计工程师的普遍欢迎,并得到了迅速的发展。

通用可编程逻辑器件都由大量的与门阵列和或门阵列等电路构成,简称门阵列器件。由门阵列器件设计实现的控制器称为门阵列控制器。

1. 设计方法和步骤

当采用门阵列器件设计控制器时,其基本设计思想与硬布线控制器一样。首先写出每个微命令信号的逻辑表达式,然后采用某种门阵列芯片,通过编程来实现这些表达式。

例如,当用 PLA 器件设计控制单元时,通常把指令的操作码、节拍电位、节拍脉冲和状态条件作为 PLA 的输入,按照一定的"与—或"关系编排后形成逻辑阵列输出,便产生了所需要的微操作控制信号。显然,PLA 控制器也是一种组合逻辑控制器,但与早期的硬布线控制器不同的是它是可编程的,而不是把一系列门电路靠硬连线连接来实现。因此,从一定意义上讲,门阵列控制器是组合逻辑技术和存储逻辑技术相结合的产物。

2. 多周期同步控制单元设计实例

多周期分散互连 CPU 控制单元可以用一个有限状态机(Finite State Machine,FSM)描述。其中,控制信号的不同组合值对应于有限个状态,分别用数字编号表示。触发状态改变的激励因素是主时钟信号 CLK,即每个状态的有效时间为一个时钟周期。同时,当某个状态之后存在多个后继状态可以选择时,指令操码作为选择下一个状态的依据。

第 6 章图 6-24 给出了实现 10 条 MIPS 32 的多周期 CPU 数据通路,并描述了每条指令在每个时钟周期的微操作序列。在给出微操作序列时,也给出了完成每个微操作所需要的微命令。

对于 10 条 MIPS 32 指令,按照同步控制方式执行过程中的状态转换关系,图 7-8 给出了状态转换图,图中每个状态对应于图 6-25 中的时钟周期。

接下来,设计多周期 CPU 控制单元就是对图 7-8 给出的有限状态机进行逻辑设计。这样,控制器主要由一个组合逻辑模块和一个保存当前状态的寄存器(SR)组成。图 7-9 给出了基于有限状态机的多周期 CPU 控制器的基本组成框图。$S_3 S_2 S_1 S_0$ 表示状态输入,$NS_3 NS_2 NS_1 NS_0$ 表示状态输出。

图 7-9 中的控制单元 CU 可以用 PLA 或者 PROM 实现。用 PLA 实现的逻辑如图 7-10所示。例如,从图 7-8 可知,在状态 0 中,MemRd=1、IRWr=1、ALUSrcB0=1 和 PCWr=1。从图 7-10 可以看到,当 $S_3 S_2 S_1 S_0 = 0000$ 时,MemRd、IRWr、ALUSrcB0 和 PCWr 的输出为1。同样,从图 7-8 可知,从状态 1 转换到状态 9 的选择条件是当前指令是转移指令(j),即操作

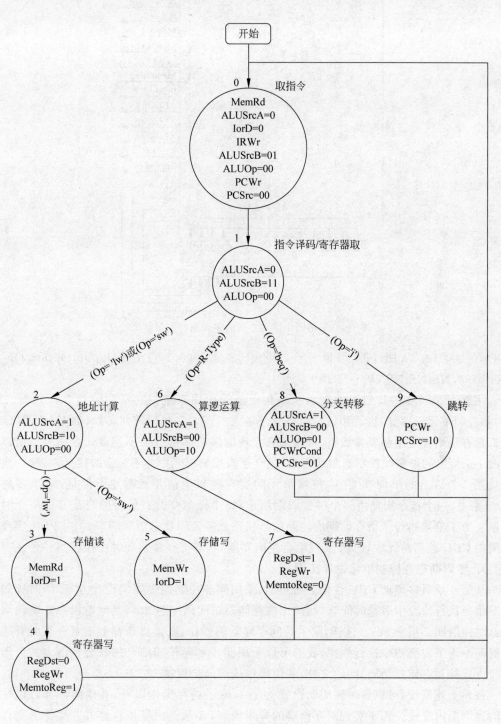

开始

0　取指令

MemRd
ALUSrcA=0
IorD=0
IRWr
ALUSrcB=01
ALUOp=00
PCWr
PCSrc=00

1　指令译码/寄存器取

ALUSrcA=0
ALUSrcB=11
ALUOp=00

(Op='lw')或(Op='sw')　(Op=R-Type)　(Op=beq)　(Op='j')

2　地址计算

ALUSrcA=1
ALUSrcB=10
ALUOp=00

6　算逻运算

ALUSrcA=1
ALUSrcB=00
ALUOp=10

8　分支转移

ALUSrcA=1
ALUSrcB=00
ALUOp=01
PCWrCond
PCSrc=01

9　跳转

PCWr
PCSrc=10

(Op='lw')　(Op='sw')

3　存储读

MemRd
IorD=1

5　存储写

MemWr
IorD=1

7　寄存器写

RegDst=1
RegWr
MemtoReg=0

4　寄存器写

RegDst=0
RegWr
MemtoReg=1

图 7-8　目标指令集的多周期同步控制状态转换图

367

第 7 章

控 制 器

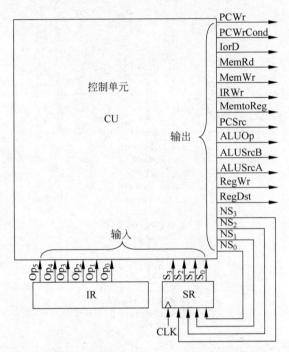

图 7-9 采用同步控制方式的多周期控制器框图

码 $Op = 000010$。从图 7-10 可以看到,当 $S_3 S_2 S_1 S_0 = 0001$ 且 $Op_5 Op_4 Op_3 Op_2 Op_1 Op_0 = 000010$ 时,$NS_3 NS_2 NS_1 NS_0 = 1001$。

注意,在图 7-1 中我们把控制器从结构上分为时序系统、指令部件(指令译码器、PC、IR)和控制单元三部分,设计和讨论时是分开考虑的。大多数门阵列芯片(如 GAL、FPGA)中都含有可编程通用触发器线路,可以用来实现时序控制部分而不是微命令信号。所以按照图 7-6 给出的硬布线控制器组成框图,组合逻辑控制单元中并不包含时序元件,这一点可以从图 7-7 给出的单周期 CPU 控制单元的实现逻辑中清楚地看出。但是,对于多周期 CPU 来说,一个指令周期由多个时钟周期组成,每个微命令的有效时间只是其中一个时钟周期。为了要描述每个指令周期的控制信号状态就需要用状态图。图 7-10 用 PLA 实现的多周期 CPU 控制单元中,PLA 实现组合逻辑功能,状态寄存器实现时序控制。

3. 多周期联合控制单元设计实例

从第 6 章对多周期 CPU 性能分析可知,采用同步控制的多周期设计方案时,时钟周期按照指令执行阶段中最长时间来设置,比如存储器访问周期为 2ns,其他阶段操作时间均为 1ns,时钟周期必须取 2ns。这样,除了访问存储器的操作,其他操作都会浪费一半时钟周期的时间。为了提高指令执行效率,我们可以采用同步和异步相结合的联合控制方式。即以异步方式控制存储器访问,除此之外,其他操作按照同步控制方式执行。

按照上述假设,可以将时钟周期设置为 1ns,除了访存操作以外,其他操作都可以在一个时钟周期内完成。为了实现对存储器的异步控制,必须选用异步存储器芯片作为主存储器。异步存储器芯片应提供有一个状态输出信号 Ready,Ready = 0 表示存储器操作未完成,Ready = 1 表示存储器操作已完成。CPU 要访问存储器时,首先由控制器发出存储器读命令 MemRd 或者存储器写命令 MemWr,然后反复检测 Ready 信号的状态。

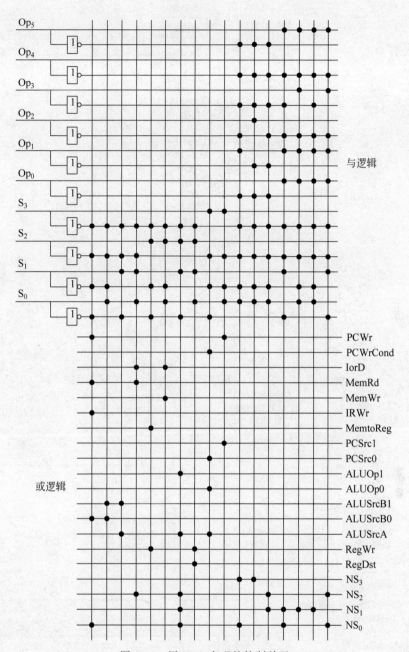

与逻辑

或逻辑

PCWr
PCWrCond
IorD
MemRd
MemWr
IRWr
MemtoReg
PCSrc1
PCSrc0
ALUOp1
ALUOp0
ALUSrcB1
ALUSrcB0
ALUSrcA
RegWr
RegDst
NS$_3$
NS$_2$
NS$_1$
NS$_0$

图 7-10　用 PLA 实现的控制单元

　　通过对图 7-8 中的存储器访问方式进行修改,可以得到如图 7-11 所示的联合控制方式
状态转换图。其实,在这个例子中对存储器的控制并不是纯粹的异步方式,因为即使存储器
操作完成(Ready=1),状态并非立刻转换到其后续操作。还必须在下一个时钟周期到来时
才能实现状态转换,也就是说,存储器的操作仍然与主时钟同步。但是在这种控制方式中体
现了存储器操作与其后续操作的异步性,即通过“应答”过程实现微操作之间的衔接。从
图 7-11 可以看出,状态 0、3 和 5 需要访问存储器,那么这几个状态转换到其下一个状态的
条件是:Ready=1,且时钟信号 CLK 的上升沿到来。

第 7 章

控制器

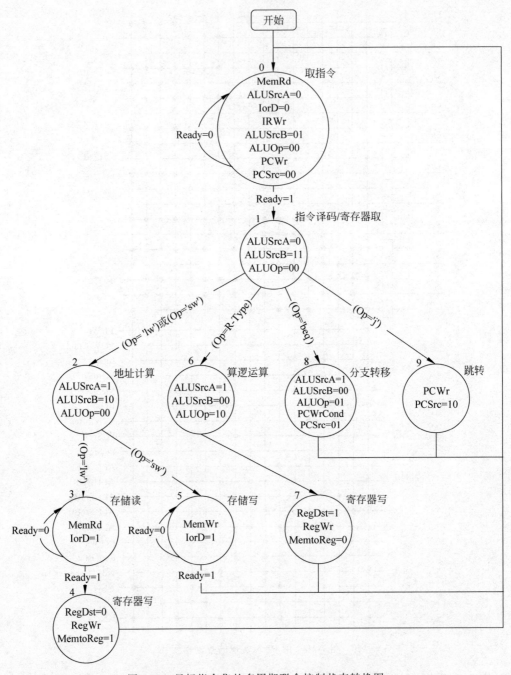

图 7-11　目标指令集的多周期联合控制状态转换图

　　要实现图 7-11 描述的有限状态机,就要将存储器的状态标志 Ready 输入到控制逻辑,如图 7-12 给出了基于有限状态机的多周期 CPU 联合控制器的组成框图。

　　Pentium CPU 采用三级时序体系的联合控制方式。一个机器周期(也称为总线周期)至少包含两个时钟周期(T1 和 T2)。主存储器或 I/O 设备向 CPU 发送状态信号 $\overline{\text{BRDY}}$(猝发就绪)。$\overline{\text{BRDY}}$ 低电平有效,表示数据准备好,高电平表示 CPU 要插入等待周期 T_w(宽

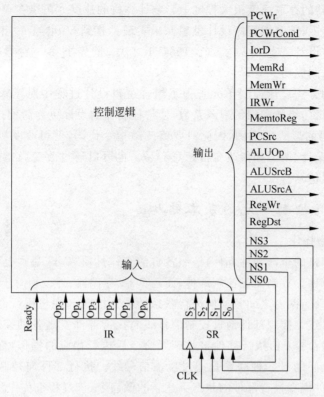

图 7-12　采用联合控制方式的多周期控制器框图

度等于时钟周期）。根据存储器或者 I/O 模块的工作速度不同,机器周期中可能需要插入数量不等的等待周期 T_w。在 T1 周期 CPU 发送地址信号以及 W/$\overline{R}$（读/写）、M/$\overline{IO}$（存储器访问/IO 访问）等信号,在 T2 周期期间,若存储器或 I/O 操作不能完成,存储器或 I/O 接口的控制逻辑就将 $\overline{BRDY}$ 信号保持为高电平,CPU 判断 $\overline{BRDY}$ 信号无效就在 T2 之后插入一个或多个等待周期 T_w,直到 $\overline{BRDY}$ 有效,该机器周期才结束。

7.4　微程序控制器

7.4.1　微程序控制器设计思想

微程序设计思想是由英国剑桥大学教授 M. V. Wilkes 在 1951 年首先提出来的。为了克服组合逻辑控制单元线路庞杂的缺点,他大胆设想采用与存储程序相类似的方法来产生微操作命令序列。其基本思想:将一条机器指令编写成一个微程序,每一个微程序包含若干条微指令,每一条微指令对应一个或几个微操作命令。然后把这些微程序存储到一个控制存储器(简称控存)中,用类似寻找用户程序机器指令的方法来寻找每个微程序中的微指令。由于这些微指令是以二进制代码形式表示的,每位代表一个控制信号(若该位为"1",表示控制信号有效;若该位为"0",表示控制信号无效)。因此,逐条执行微指令,也就相应地产生了完成一条机器指令所需要的全部微命令。可见,微程序控制单元的核心部件是控制存储器。由于一条机器指令由多条微指令组成,执行一条机器指令必须多次访问控制存储器，因此控制存储器的存取速度很大程度上影响计算机的速度。可惜在 Wilkes 那个年代电子器件生产水平有限，因此微程序设计思想并未实现。直到 20 世纪 60 年代出现了半导体存储器，才使这个设计思想得以实现。1964 年 4 月，世界上第一台微程序设计的计算机——IBM 360 研制成功。

采用微程序的方法设计控制单元省去了组合逻辑设计过程中对逻辑表达式的化简步骤，也无须考虑逻辑门级数和门的扇入系数，使得控制器的设计更为简便；而且由于控制信号是以二进制代码的形式出现的，因此只要修改微指令代码，就可改变机器指令的操作内容，使得控制器的设计、调试和修改变得相对容易。也可以通过改变微指令来增加、删除机器指令实现计算机仿真。

7.4.2　微程序控制单元的基本结构

1. 微命令和微操作

一台数字计算机的全部硬件部件，按照各自的工作性质来分，基本上可以分为两大类：控制部件和执行部件。控制器是控制部件，而运算器、存储器、外设相对于控制器来说，它们都是执行部件。那么，两者之间是如何进行联系的呢？控制部件与执行部件之间的一种联系是通过控制信号线。控制部件通过控制信号线向执行部件发出各种控制命令，通常把这种控制命令叫作微命令；而执行部件接收到微命令后执行相应的操作，称为微操作。控制部件与执行部件之间的另一种联系是通过反馈信号线。执行部件向控制部件反馈操作状态，以便使控制部件根据执行部件的状态下达新的微命令，该过程也称作状态测试。微操作是执行部件执行的最基本的操作。

根据数据通路的结构，不同微操作间的关系可分为相容性和互斥性两种。所谓相容性的微操作是指在同时或同一个 CPU 周期内可以并行执行的微操作。所谓互斥性的微操作是指不能同时或不能在同一个 CPU 周期内并行执行的微操作。相容性微操作所对应的微命令之间的关系也是相容的，互斥性微操作所对应的微命令之间也是互斥的。

例如，MIPS 多周期数据通路中，读存储器和修正 PC 这两个微操作都是在取指令 CPU 周期中执行，所以它们是相容的。对应的存储器读（MemRd）、指令寄存器 IR 写（IRWr）、ALU 加法（add）和 PC 写（PCWr）等微命令也就是相容的。而对于同一个存储器来说，在一个时钟周期内只能进行一次读操作或者一次写操作，那么存储器读操作和写操作就是互斥的，对应的存储器读命令（MemRd）和存储器写命令（MemWr）也是互斥的。

2. 微指令和微程序

对于一个 CPU 周期来说，将一组实现一定操作功能的微命令组合起来，就构成了一条微指令。图 7-13 给出了微指令的基本结构，它由微操作控制字段（微命令字段）和顺序控制字段组成。

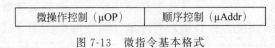

| 微操作控制（μOP） | 顺序控制（μAddr） |

图 7-13　微指令基本格式

微操作控制字段用来发出微命令信号。图 7-14 直观地给出了一个具体微指令格式的例子，其中微操作控制字段共 16 位，每一位表示一个微命令。当微操作控制字段中某一位信息为"1"时，表示发出对应的微命令；而某一位信息为"0"时，表示不发出对应的微命令。

每个微命令的有效时间小于一个微指令周期(类似于指令周期的概念,即包括从控存中取一条微指令到该条微指令执行结束所用的全部时间)。

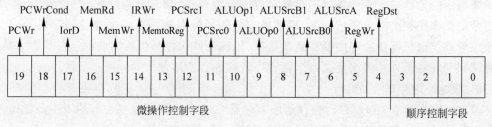

图 7-14   微指令格式举例

顺序控制字段用来产生下一条微指令在控存中的地址(后继微地址)。一条机器指令的功能是通过许多条微指令组成的序列来实现的,这个微指令序列通常称作微程序。既然微程序是由微指令组成的,那么当执行当前一条微指令时,必须指出后继微指令的地址,以便当前一条微指令执行完毕后,能从控存中取出下一条微指令。

3. 微程序控制单元基本组成

微程序控制单元主要由控制存储器、微指令寄存器和微地址选择逻辑三大部分组成,如图 7-15 所示。微程序级也就是控制单元部分,时序系统在机器级。

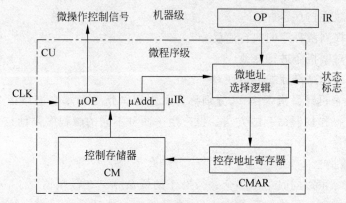

图 7-15   微程序控制单元组成框图

1) 控制存储器

控制存储器(Control Memory,CM),也称为微程序存储器 μPM。用来存放实现一台计算机全部指令系统的微程序。控存与主存一样也是按地址访问的,控存地址寄存器 CMAR (或称为微地址寄存器 μAR)用来缓存控存单元地址。通常,控存是一种只读型存储器(ROM),一旦微程序被固化,机器运行时只读不写。在串行方式(参见 7.4.5 节)的微程序控制器中,微指令周期(简称微周期)主要取决于只读存储器的工作周期。控制存储器的字长就是微指令字长,其存储容量视机器指令系统的规模而定,即取决于微指令的数量。计算机对控制存储器的性能要求是速度快,即读出时间要短。

2) 微指令寄存器 μIR

微指令寄存器 μIR 用来存放从控制存储器中读出的一条微指令。微指令寄存器 μIR 的位数等于微指令字长,即一条微指令中所包含的二进制位数。

374

3) 微地址选择逻辑

为了保证微指令按照规定的序列自动连续地执行,微地址选择逻辑的任务就是形成下一条微指令的地址。由于一条机器指令对应一个微程序,那么微程序的入口地址通常与机器指令的操作码相关。一般情况下,后继微指令的地址由微指令的顺序控制字段给出。微程序也可以类似机器指令程序那样跳跃执行,转移条件往往与机器当前的运行状态有关,通过测试判别转移条件是否满足来产生微程序转移的目的地址。

4) 微地址寄存器 μAR

微地址寄存器 μAR,也称为控存地址寄存器 CMAR。暂存将要访问的下一条微指令在控存中的地址。控存地址寄存器 CMAR 的位数取决于控存的容量。

7.4.3 微指令格式设计

微程序控制单元设计主要包括三方面的工作:①设计微指令格式及相应的逻辑结构;②设计控制存储器的结构;③编制微程序。在这三个方面的设计中,控存结构设计可以采用存储技术完成,微程序编制可以采用程序设计技术完成。因此,微程序控制单元的设计技术中主要需要解决微指令结构的设计问题,即微程序设计技术。

微指令结构设计遵循的基本原则包括以下几方面:

(1) 有利于缩短微指令长度。

(2) 有利于减小控存容量。

(3) 有利于提高微程序的执行速度。

(4) 有利于对微指令进行修改。

(5) 有利于微程序设计的灵活性。

有两个途径来设计微指令格式,分别称为水平型微指令和垂直型微指令。它们的区别在于微指令指定操作控制命令的方法。也产生了两种不同的微程序设计技术:水平型微程序和垂直型微程序。

1. 水平型微指令

水平型微指令可以同时给出多个并行操作的微命令。在极端情况下,每一个微命令需要由微指令操作控制字段中的一位来指出,而且微指令中还设置后继微地址字段来进行微程序的顺序控制,例如图 7-14 给出了一个典型的水平型微指令格式。对于微指令中的每一个操作控制位,若编程时设定该位为“1”,则由该位指定的微操作将被执行;否则,该微操作将被禁止。按照这种方式,所有的微操作都可以被独立指定。如果不同微操作在数据通路中经历不同的路径,那么它们就可以并行地执行。所以,并行性使得水平微型微指令在设计高速计算机时具有优越性。但是,水平型微指令格式要求较长的微指令字长,一般高达数百位之多。然而,并不是所有的微操作都是可以并行执行的。

为了压缩微指令字的长度,可以对微操作控制字段采用编码的方式表示,按照编码方式的不同,水平型微指令又可分为:全水平型和半水平型。

水平型微指令的另一关键问题是如何支持微程序的多路分支。对于一个两路分支转移的微程序来说,可以在一条微指令中显式地指定两个后继微地址,并根据分支条件选择其中一个。但是这个方法很不经济,不能推广到多路分支。一个较巧妙的分支机构设计将在稍后的微地址的形成方法(断定方式)中讲述,它在微指令中仅给出一个后继微地址字段,而允许指定分支条件通过一个地址转移逻辑去修改后继微地址,从而获得任何一个多路分支微地址。

在后面各节中,我们将利用水平型微程序来设计简单计算机的微程序控制单元。

2. 垂直型微指令

垂直型微指令格式类似于普通的机器指令格式,只能同时给出1~2个微命令。微操作控制字段采用微命令编码法,由编码规定微指令的功能,并且设置一个或者多个微操作字段。每条微指令仅选择控制执行1~2个特定的微操作,不支持微操作的并行性。一个微程序计数器 μPC 控制各条微指令正常地按串行顺序执行。当微程序需要转移(无条件转移或条件转移)时,就使用一条转移微指令在其微地址字段指定一个目标微地址。

表7-2给出了一种垂直型微指令的格式。其中,微操作码3位,共有6类微操作;地址码字段共10位,对不同的操作有不同的含义;其他字段3位,可协助本条微指令完成其他控制功能。从这个例子可以看出,采用垂直型微指令设计微程序时更注重功能性,比水平型要容易,因为不需要了解每个微命令具体安排。但是,垂直型微指令需要译码后才能产生相应的微命令,所以产生微命令速度慢。

表7-2 一种垂直型微指令格式

微操作码	地址码		其他	微指令类型及功能
0~2	3~7	8~12	13~15	
0 0 0	源寄存器	目的寄存器	其他控制	传送型微指令
0 0 1	ALU 左输入	ALU 右输入	ALU	运算控制型微指令 按 ALU 字段所规定的功能执行,其结果送暂存器
0 1 0	寄存器	移位次数	移位方式	移位控制型微指 按移位方式对寄存器中的数据移位
0 1 1	寄存器	存储器	读写	其他	访存微指令 完成存储器和寄存器之间的传送
1 0 0	D		S	无条件转移微指令 D为微指令的目的地址
1 0 1	D		测试条件	条件转移微指令 最低3位为测试条件
1 1 0 1 1 1				可定义 I/O 或其他操作 第3~15位可根据需要定义各种微命令

3. 微指令格式比较

(1)水平型微指令比垂直型微指令并行操作能力强、效率高、灵活性强。

(2)水平型微指令执行一条机器指令所需的微指令数目少,因此速度比垂直型微指令的速度快。

(3)垂直型微指令字长较短,但用以解释机器指令的微程序较长;相反,水平型微指令字长较长,但用以解释机器指令的微程序较短。

(4)垂直型微指令与机器指令相似,所以垂直型微程序设计较容易;水平型微指令与机器指令差别较大,水平型微程序设计较困难。

通过比较可知,水平型微指令格式更为实用。

4. 微指令格式设计

下面以水平型微指令格式为例,分别阐述微指令格式设计中所涉及的微命令编码技术和微地址形成方法两个方面。

1) 微命令的编码方式

微命令的编码方式主要解决微指令操作控制字段的格式安排。

(1) 直接编码。

直接编码方式的主要思想是,用微操作控制字段的每一位分别表示一个微命令,该位为'0'表示对应的微命令无效(即控制单元不发出该微命令),该位为'1'表示对应的微命令有效(即控制单元发出该微命令)。直接编码方式的微指令格式如图 7-16 所示。

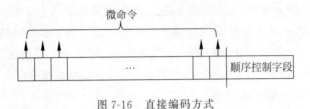

图 7-16　直接编码方式

这种编码方式的特点是微指令结构简单直观,微指令执行速度快,但微指令字长较长,适用于结构比较简单的机器。

(2) 字段直接编码方式。

字段直接编码方式的基本思想是利用微命令之间的相容和互斥关系,将微操作控制字段分为若干小字段,把一组互斥微命令组织在一起,用一个小字段编码表示,将相容的微命令安排在不同字段内。在执行微指令时,每个小字段通过译码产生一条微命令,不同字段可以发出多条微命令。从图 7-17 可以看出,采用这种编码方式的微指令不能直接产生微命令,而是通过对小字段进行译码后才能产生微命令。

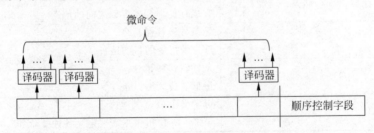

图 7-17　字段直接编码方式

字段直接编码方式的特点是可以有效地压缩微指令字长,但是译码过程影响微指令的执行速度。

值得注意是,为每个字段分配编码时,应考虑无操作的情况,即 n 位通常仅能安排 $2^n - 1$ 个微命令,通常把全"0"编码保留给"无操作"。

(3) 字段间接编码。

在字段直接编码方式的基础上,若规定一个字段的某些微命令,要兼由另一个字段中的某些微命令来解释,则称为字段间接编码方式。图 7-18 示意了字段间接编码方式下微命令产生方法。

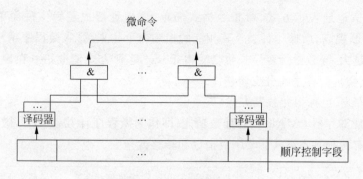

图 7-18 字段间接编码方式

该编码方式的特点是可以进一步缩短微指令的长度,但是,由于字段之间的关联可能消减微指令的并行控制能力,且微命令译码级数增加。通常仅作为直接编码法的一种辅助手段。

（4）混合编码。

当分段编码方式(直接或间接)中某些小字段的位数少到只有 1 位时,就可认为是直接编码和分段编码相结合的混合编码方式。这种编码方式可改善分段编码方式的灵活性和执行速度。

（5）设置常数字段。

为进一步增加微指令格式的灵活性,可以在微指令中附设一个常数字段,用来给需要的部件设置常数,例如计数器初值、操作数等,类似于机器指令中的立即数。

前面给出的微命令的编码方式中,采用直接编码方式设计的是典型的全水平型微指令,采用其他编码方式可认为设计的是半水平型微指令。

2）微地址的形成方法

在微程序控制器中,微程序是用来解释执行机器指令的。机器加电后执行的第一个操作就是从主存中取出一条机器指令。通常,取指令由一个专门的微程序来实现,即取指令微程序。该微程序是一个公共微程序,每条机器指令执行时都要调用它。机器加电后由硬件电路产生取指令微程序的入口微地址置入控存地址寄存器。机器指令取出后,完成每条机器指令的执行也由一段微程序实现,只是不同机器指令对应不同的微程序。通常,不同微程序入口的微地址(也称为微入口)由指令操作码产生。把根据指令操作码选择不同微入口的过程称为功能转移。

与程序设计类似,在微程序设计中除了顺序执行微程序外,还存在微程序转移、微子程序、微循环程序等,即微程序也可以跳跃执行。微程序的执行方式将影响微地址的形成方法。

在微程序执行的不同阶段获得下一条微指令地址(后继微地址)的方法不同。主要方法有以下几种。

（1）直接表示方式。

这种方式是由每条微指令的顺序控制字段直接给出后继微地址。微指令格式如下:

微操作控制字段	下地址字段

采用这种微地址表示方式,微指令格式简单,微地址形成逻辑实现简单。但是,随着CPU 功能的不断提高,微操作种类及其相应的控制命令越来越多,微程序越来越大,控存的容量相应越来越大,导致微指令字长将会变得很长。这种方式使微指令在控存可以不按顺序存放,但不能实现微程序的分支转移。

(2) 增量方式(也称为计数器方式)。

若控存地址寄存器 CMAR 具有计数功能,即作为微程序计数器 μPC,微指令可以类似于机器指令具有两种基本格式:顺序微指令和转移微指令。

微操作控制字段

微序型微指令

微操作控制字段	条件选择字段	转移地址字段

微序型微指令

顺序型微指令类似于指令的顺序寻址方式,由(CMAR)+1→CMA(相当于(μPC)+1→μPC)获得后继微地址。所以,微指令中仅有微操作控制字段,没有顺序控制字段。当微程序需要转移时,通过设置专门的转移型微指令实现。转移微指令可以实现无条件或者有条件的转移。转移型微指令的顺序控制字段又分成两个小字段:条件选择字段和转移地址字段。条件转移时由条件选择字段给出测试判断条件,转移条件满足时,后继微地址=转移地址;转移条件不满足时,(CMAR)+1→CMAR。

顺序微指令字长较短,所以采用这种方式有利于压缩控存容量。但是微指令中要专门留出一位来区分两种指令类型。

转移型微指令中的条件选择字段可以按编码或者按位给出测试条件。采用编码方式时,条件选择字段较短,但需要译码后确定具体测试条件。可以给出一个特殊编码表示无条件转移,比如全"0"编码。按位给出确定的测试条件时,每一位指定一个判断条件,某位为"1"说明该微指令执行时测试该位对应的条件是否满足,这样转移型微指令的条件选择制字段必须有一位且只能由一位为"1"。无条件转移时仍然使用转移型微指令,条件选择字段设置为全"0"。这种条件选择字段的安排适用于水平型微指令格式中。

(3) 增量与下址字段相结合方式。

这种方式的微指令格式类似于增量方式中的转移型微指令,即微指令的顺序控制字段分为两个小字段:条件选择字段和转移地址字段。CMAR 仍保留计数功能,即可作为 μPC使用。转移条件满足时,后继微地址=转移地址;转移条件不满足时,(CMAR)+1→CMAR。

微操作控制字段	条件选择字段	转移地址字段

这种方式的特点是微指令格式统一,每条微指令都具有转移功能,但仅能实现两路分支转移。

条件选择字段可以按照编码的方式给出测试条件,但必须留出两个特殊的编码,一个表示无条件转移,比如全"0"编码;另一个表示顺序执行,比如全"1"。这样,条件选择字段较短,但需要译码后确定具体测试条件。也可以按位给出确定的测试条件,每一位指定一个判断条件,某位为"1"说明该微指令执行时测试该位对应的条件是否满足,这样转移型微指令的条件选择制字段必须有一位且只能有一位为"1"。无条件转移时条件选择字段设置为全

"1"；顺序执行时条件选择字段设置为全"0"。

增量方式和增量与下址字段相结合方式只能实现微程序顺序执行和两路分支转移。但是，微程序设计中需要根据多种机器状态的组合测试结果决定微程序的执行轨迹。例如，两种状态就有四种组合情况，每种情况转移到一个目标微地址，就可能影响到微地址的两位，实现四路分支转移。要实现多路分支转移必须外加相应硬件逻辑，实现多路分支转移的具体方法有：硬件查表法和转移地址产生逻辑。

所谓查表法，就是把转移目的微地址组织成表存放在只读存储器（或者 PLA）中，该只读存储器的地址来自指令操作码（功能转移）或者测试条件组合编码（条件转移），那么对应的只读存储器单元的值就是要转移的目的微地址。采用查表法微指令格式中的转移地址字段就可以省略。

转移地址产生逻辑的功能就是在测试条件满足时，产生后继微地址的部分位（比如低位微地址），与微指令中的转移地址进行"位或"产生完整的后继微地址。当然，也可以由该逻辑产生完整的后继微地址，这时微指令格式中的转移地址字段就可以省略。

（4）断定方式。

所谓断定方式，就是后继微地址只能由微指令的顺序控制字段产生，每一条微指令都具有转移能力，所以不需要 μPC。通常，微指令中给出后继微地址的部分位，其余位由机器运行状态来断定。微指令格式和后继微地址的形成如图 7-19 所示。

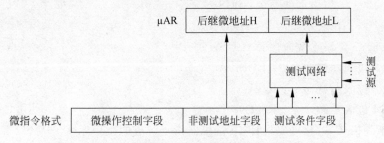

图 7-19　通过测试网络实现多路分支转移

非测试地址由编制微程序时直接给定，通常是后继微地址的高位部分。测试条件由编制微程序时指出要测试的机器状态，微指令执行时由测试逻辑根据机器的实际状态，产生后继微地址的低位部分。

该方式可以非常灵活地实现微程序的多路分支转移，转移路数由被断定的后继微地址的低位部分位数决定。例如，后继微地址低位为 1 位可以实现 2 路分支转移；后继微地址低位为 2 位可以实现 4 路分支转移，等等。

7.4.4　微指令格式和微程序设计实例

一条机器指令是由若干条微指令组成的序列来实现的。因此，一条机器指令对应着一个微程序，而微程序的总和便可实现整个指令系统。采用微程序设计方法设计控制单元过程中，其主要任务之一就是编写每一条机器指令的微程序，它是按执行每条机器指令所需的微命令的先后顺序而编写的。

MIPS 采用硬布线逻辑实现控制单元的设计，但是从教学目的出发，由于 MIPS 指令集和数据通路都比较简单，所以这里我们以 MIPS 多周期控制单元设计为例，讲解微指令格式和微程序的基本设计方法。

水平型微指令格式设计相对简单,我们就以水平型微指令设计为例。对于微指令格式的设计,微命令的编码方式采用直接编码,微地址形成方法采用直接表示法。这样,根据第 6 章图 6-24 的数据通路可知,控制单元总共需要发出 16 个控制信号,所以微操作控制字段需要 16 位,每位对应于一个微命令。顺序控制字段长度与微指令条数有关。若把一个时钟周期内控制单元要发出的微命令组织成一条微指令,从第 6 章图 6-25 的指令周期流程图可知,一共需要 10 条微指令。这样,后继微地址就需要 4 位。微指令格式及微操作控制位定义如下:

```
19  18  17  16          ...           5  4  3  2  1  0
┌──────────────────────────────────┬──────────────────┐
│          微操作控制字段            │    下地址字段     │
└──────────────────────────────────┴──────────────────┘
```

其中,第 19 位表示微命令:PCWr

第 18 位表示微命令:PCWrCond

第 17 位表示微命令:IoRd

第 16 位表示微命令:MemRd

第 15 位表示微命令:MemWr

第 14 位表示微命令:IRWr

第 13 位表示微命令:MemtoReg

第 12～11 位表示微命令:PCSrc

第 10～9 位表示微命令:ALUOp

第 8～7 位表示微命令:ALUSrcB

第 6 位表示微命令:ALUSrcA

第 5 位表示微命令:RegWr

第 4 位表示微命令:RegDst

确定微指令格式后,就可以设计 10 条机器指令对应的微程序了。表 7-3 给出了设计结果,全部微程序由 10 条微指令组成。

表 7-3 MIPS 指令子集的微指令码点(一)

微指令名称	微指令地址(二进制)	微指令(二进制代码) 操作控制															顺序控制			
		19	18	17	16	15	14	13	12	11	10	9	8	7	6	5	4	3	2	1	0
Fetch1	0000	1	0	0	1	0	1	0	0	0	0	0	0	1	0	0	0	0	0	0	1
Fetch2	0001	0	0	0	0	0	0	0	0	0	0	0	1	1	0	0	0	X	X	X	X
LW/SW	0010	0	0	0	0	0	0	0	0	0	0	0	1	0	1	0	0	Y	Y	Y	Y
LW1	0011	0	0	1	1	0	0	0	0	0	0	0	0	0	0	0	0	0	1	0	0
LW2	0100	0	0	0	0	0	0	1	0	0	0	0	0	0	0	1	0	0	0	0	0
SW	0101	0	0	1	0	1	0	0	0	0	0	0	0	0	0	0	0	0	0	0	0
R-type1	0110	0	0	0	0	0	0	0	0	0	0	0	0	0	1	0	0	0	1	1	1
R-type2	0111	0	0	0	0	0	0	0	0	0	0	0	0	0	1	1	0	0	0	0	0
BEQ	1000	0	1	0	0	0	0	0	0	1	0	1	0	0	1	0	0	0	0	0	0
JUMP	1001	1	0	0	0	0	0	0	1	0	0	0	0	0	0	0	0	0	0	0	0

在表 7-3 中,微指令 Fech2 和 LW/SW 的顺序控制字段分别设置为"XXXX"和"YYYY",表示这两条微指令的后继微地址编制微程序时不确定,当执行微指令时由具体机器指令的操作码决定,即实现功能转移。如何实现功能转移呢?其实这就是微地址选择逻辑要实现的功能之一。通常,可以将微入口与操作码(或操作码部分位)对应起来,这样有利于简化微地址选择逻辑的设计。这里,由于我们仅选择了 10 条 MIPS 32 指令,微指令也仅有 10 条,所以微入口没有与操作码进行对应设计,简单地通过二级查表法实现功能转移。即将微指令 LW/SW、R-type1、BEQ 和 JUMP 的微地址 0010、0110、1000、1001 存放在 ROM1 中,将微指令 LW1 和 SW 的微地址 0011 和 0101 存放在 ROM2 中。ROM1 和 ROM2 的地址为 6 位操作码,这样就可以根据操作码实现微程序的转移。

从表 7-3 中也可以看到,除了功能转移以外,其他微指令的后继微地址分两种情况:一种是顺序执行时由当前微指令地址加 1 得到;另一种是直接转移到 0 号微地址单元,即转移到取指令微程序。加上两个功能转移,后继微地址产生共分 4 种情况。为了压缩微指令长度,我们可以用 2 位编码表示这 4 种情况(00 表示转移到 0 号单元;01 表示第一种功能转移;10 表示第二种功能转移;11 表示顺序执行),然后由微地址选择逻辑产生 4 位微地址。

为了进一步压缩微指令字长,可以考虑微命令编码是否可以采用字段直接编码法或者混合编码法,也就是说寻找是否有互斥微命令存在。从表 7-3 就可以发现第 15～10 位和第 8 位、第 4 位对于 10 条微指令均只发出一个微命令。也就是说,这 8 位对应的微命令是互斥的,但是第 8 位和第 7 位以及第 10 位和第 9 位共同控制一个多路器。这样,就可以用 3 位编码通过微命令译码器产生其余 6 种微命令。这 3 位安排在第 10～8 位,000:无命令,001:RegDst,010:PCSrc0,011:PCSrc1,100:MemtoReg,101:MemWr,110:IRWr,111:无定义。

这样,重新设计的微指令格式如下:

14 13 12	⋯	4 3 2	1 0
微操作控制			顺序控制

同样需要 10 条微指令,每条微指令码点如表 7-4 所示。

表 7-4　MIPS 指令子集的微指令码点(二)

微指令名称	微指令地址(二进制)	微指令(二进制代码) 操作控制													顺序控制	
		14	13	12	11	10	9	8	7	6	5	4	3	2	1	0
Fetch1	0000	1	0	0	1	1	1	0	0	0	0	1	0	0	1	1
Fetch2	0001	0	0	0	0	0	0	0	0	0	1	1	0	0	0	1
LW/SW	0010	0	0	0	0	0	0	0	0	0	0	1	0	0	1	0
LW1	0011	0	0	1	1	0	0	0	0	0	0	0	0	0	1	1
LW2	0100	0	0	0	0	1	0	0	0	0	0	0	1	0	0	0
SW	0101	0	0	0	0	1	0	1	0	0	0	0	0	0	0	0
R-type1	0110	0	0	0	0	0	0	0	0	0	0	0	1	0	1	1
R-type2	0111	0	0	0	0	0	0	1	0	0	0	0	1	0	0	0
BEQ	1000	0	1	0	0	0	0	0	0	0	0	0	0	0	0	0
JUMP	1001	1	0	0	0	0	0	1	0	0	0	0	0	0	0	0

根据微指令格式设计的微程序控制单元框图如图 7-20 所示。其中，控制存储器可以用 ROM 实现，存放了 10 条微指令，每个单元 15 位，地址编码分别是 0～9。另外两个只读存储器 ROM1 和 ROM2 用于实现功能转移时存放微地址表。μIR 作为微指令寄存器暂存一条微指令。微指令最低 2 位 Caddr 作为后继微地址的选择条件。微指令的其他微要么直接产生微命令，要么通过译码后产生微命令。

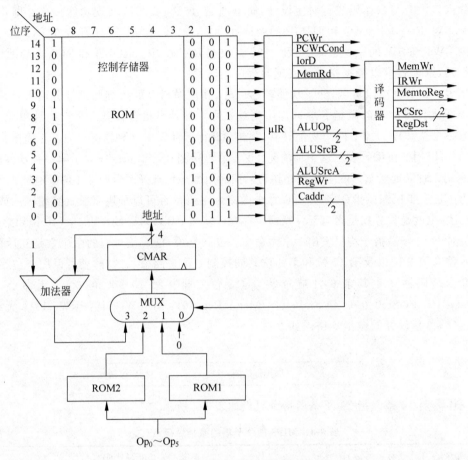

图 7-20 微程序控制单元框图

按照表 7-4 中微指令在控制存储器的存放顺序，图 7-20 中 ROM1 和 ROM2 设置的表格内容分别如表 7-5 和表 7-6 所示。其中，操作码作为 ROM 的地址，ROM 单元存放的是后继微地址。

表 7-5 实现功能转移的表格设置（ROM1）

指令操作码（$Op_5 \sim Op_0$）	指 令 名 称	微入口地址
000000	R-type	0110
000010	jump	1001
000100	beq	1000
000011	lw	0010
101011	sw	0010

表 7-6　实现功能转移的表格设置(ROM2)

指令操作码($Op_5 \sim Op_0$)	指 令 名 称	微入口地址
100011	lw	0011
101011	sw	0101

前面用微程序实现的 MIPS 多周期控制单元采用了同步控制的方式,为了进一步提高微程序控制单元的速度,可以采用异步控制方式。在 10 条微指令中,只有 fetch1、lw1 和 sw 三条微指令访问主存。可以仿照前面硬布线异步控制方式,实现异步控制的微程序控制单元。

微指令格式可以按照如下设计:

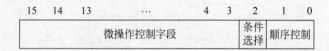

因为仅测试主存操作状态(Ready),所以"条件选择"字段仅设置 1 位。若"条件选择"字段值为"1"表示要测试"Ready"的状态,并且当 Ready=1 时,后继微地址取决于"顺序控制"字段,规则同前;Ready=0 时,后继微地址=当前微指令地址。若"条件选择"字段值为"0"表示不测试任何状态,后继微地址取决于"顺序控制"字段。同样需要 10 条微指令,每条微指令码点如表 7-7 所示。

表 7-7　MIPS 指令子集的微指令码点(三)

微指令名称	微指令地址(二进制)	微指令(二进制代码) 微操作码													条件	下地址	
		15	14	13	12	11	10	9	8	7	6	5	4	3	2	1	0
Fetch1	0000	1	0	0	1	1	1	0	0	0	0	1	0	0	1	1	1
Fetch2	0001	0	0	0	0	0	0	0	0	1	1	0	0	0	0	0	1
LW/SW	0010	0	0	0	0	0	0	0	0	1	0	1	0	0	1	0	0
LW1	0011	0	0	0	0	0	0	0	0	0	0	0	0	0	1	1	1
LW2	0100	0	0	0	1	0	0	0	0	0	0	0	1	0	0	0	0
SW	0101	0	0	0	1	0	1	0	0	0	0	0	0	1	0	0	0
R-type1	0110	0	0	0	0	0	0	1	0	0	0	0	1	0	0	1	1
R-type2	0111	0	0	0	0	0	0	0	0	0	0	1	0	0	0	0	0
BEQ	1000	0	1	0	0	0	0	0	1	0	0	0	0	0	0	0	0
JUMP	1001	1	0	0	0	0	0	1	1	0	0	0	0	0	0	0	0

异步控制的微程序控制单元如图 7-21 所示。

【例 7.1】　图 7-21 给出了某微程序控制计算机的部分微指令序列,图中每一框代表一条微指令。分支点 a 由指令寄存器 IR 的第 5、6 两位决定,分支点 b 由条件码 C_0 决定。已知微指令地址寄存器长度为 8 位。请采用增量与下址字段相结合方式实现微程序的顺序控制。具体要求如下:

(1) 设计实现该微指令序列的微指令顺序控制字段格式;

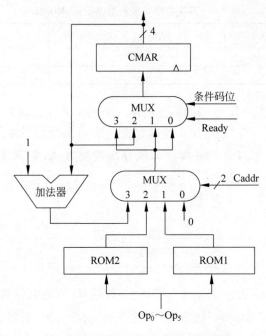

图 7-21　异步控制的微地址选择逻辑

（2）给出每条微指令的二进制编码地址；

（3）设计微地址转移逻辑，并画出后继微地址形成的逻辑框图。

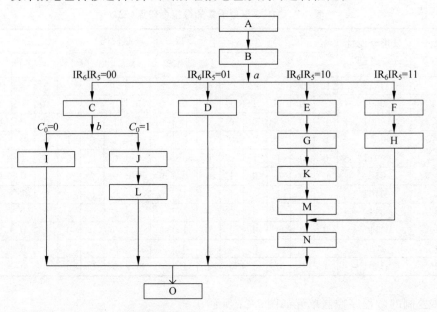

解：（1）该微指令顺序控制字段格式如下：

		P_1 P_0	μA_7 μA_6 $\cdots$ μA_0
微命令编码	测试条件	转移地址	

由于微指令地址寄存器长度为 8 位，所以微指令顺序控制字段中的转移地址字段需要

8 位,用 $\mu A_7 \sim \mu A_0$ 表示;由于该微指令序列中有两处分支转移,则可确定测试字段至少需 2 位,分别用 P_1、P_0 表示分支 a 和分支 b 的测试条件。所以,该微指令顺序控制字段共需 10 位。$P_1 P_0 = 00$,表示顺序执行;$P_1 P_0 = 01$,表示对 C_0 进行测试,$C_0 = 0$,顺序执行,$C_0 = 1$, 按转移地址跳转;$P_1 P_0 = 10$,表示按照机器指令码中 IR_5、IR_6 的值实现功能转移;$P_1 P_0 = 11$, 表示按照转移地址无条件转移。

(2) 由于本题给出的控存容量可达 256 字(2^8),而给出的微程序段只有十多条微指令, 因此微指令地址设计时发挥余地较大。微指令地址编码的原则是为每一条微指令分配一个 唯一的地址编码,不能重码。设计时要考虑微程序转移时转移地址实现的方便性。符合题 意的微指令二进制编码地址分配方案有许多种,其中一种方案如下:

微指令	微指令地址	微指令编码										
		μOP	P_1	P_0	μA_7	μA_6	μA_5	μA_4	μA_3	μA_2	μA_1	μA_0
A	00000000	—	0	0	X	X	X	X	X	X	X	X
B	00000001	—	1	0	1	0	0	0	0	0	0	0
C	10000000	—	0	1	1	0	0	0	0	0	1	0
D	10100000	—	1	1	0	0	0	0	0	0	1	1
E	11000000	—	0	0	X	X	X	X	X	X	X	X
F	11100000	—	0	0	X	X	X	X	X	X	X	X
G	11000001	—	0	0	X	X	X	X	X	X	X	X
H	11100001	—	1	1	1	1	0	0	0	1	0	0
I	10000000	—	1	1	0	0	0	0	0	0	1	0
J	10000010	—	0	0	X	X	X	X	X	X	X	X
K	11000010	—	0	0	X	X	X	X	X	X	X	X
L	10000011	—	1	1	0	0	0	0	0	0	1	1
M	11000011	—	0	0	X	X	X	X	X	X	X	X
N	11000100	—	1	1	0	0	0	0	0	0	1	1
O	00000011	—	—				—					

注:"—"表示不是该题目要求设计的内容。"X"表示其值任意的 1 位二进制代码。

(3) 后继微地址设计方案。分支 a 处是功能转移,需要由微指令顺序控制字段中给出 的转移地址和转移逻辑共同产生后继微地址。一种可能的实现方案是,采用指令操作码相 应位 IR_6、IR_5 直接作为后继微地址位 μAR_6、μAR_5 的取值。则分支 a 处的地址转移逻辑表 达式为:

$$\mu AR_6 = P_1 \cdot \overline{P_0} \cdot IR_6 \cdot T_i$$
$$\mu AR_5 = P_1 \cdot \overline{P_0} \cdot IR_5 \cdot T_i \qquad T_i \text{ 为时钟脉冲信号}$$

分支 b 处是两路分支转移,$C_0 = 0$ 时顺序执行,$C_0 = 1$ 时由转移地址字段直接给出后继 微地址。

顺序执行时,后继微地址由 $\mu AR + 1 (\mu PC + 1)$ 产生。

后继微地址形成逻辑框图如下:

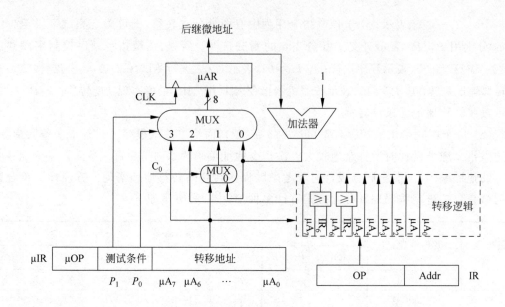

7.4.5 微程序控制单元运行实例

微程序控制单元通过运行微程序解释执行机器指令。也就是说，通过逐条取出并执行微指令产生相应的微命令，来控制机器指令的执行过程。为了让读者理解微指令和机器指令之间的关系，继而理解微程序控制单元的工作机制。下面结合表 7-4 给出的微指令和图 7-20 给出的微程序控制单元，分析用户程序执行过程中微程序控制单元的工作过程。

假设有一个用户程序如下所示，它存于以 2000H 为首地址的主存空间内。当然，在执行该程序前通过汇编、链接过程，已将其转换为机器指令代码。这里为了读者理解方便仍以汇编指令的形式给出。

```
lw    $t0, 100($t1)
lw    $s0, 200($s1)
add   $t2, $t0, $s0
sw    $t2, 0($t0)
…
```

执行该程序前，首先将用户程序的首地址送至 PC（这个过程通常由操作系统程序完成），然后进入取指令阶段。

1. 取指令阶段

（1）获得取指令微程序首地址。将取指令微程序第一条微指令 Fetch1 的地址送入 CMAR，即 CMAR←0000；

（2）取微指令。将控存中第一条微指令 Fetch1 读到微指令寄存器，即 μIR←100111000010011；

（3）产生微命令。第一条微指令 Fetch1 的操作控制字段为"1"的各位发出控制信号，包括 PCWr，MemRd，IRWr，ALUSrcB＝01；

（4）形成下一条微指令的地址。第一条微指令的顺序控制字段为 11，顺序执行下一条微指令 Fetch2，即 CMAR←0001；

（5）取下一条微指令。将控存中第二条微指令 Fetch2 读到微指令寄存器，即 μIR←000000000110001；

（6）产生微命令。第二条微指令 Fetch2 的操作控制字段为"1"的各位发出控制信号，包括 ALUSrcB＝11；

到此，已将取数指令"lw ＄t0，100（＄t1）"取出并存至指令寄存器 IR 中。

2. 执行阶段

（1）获得取数指令微程序首地址。当取数指令存入 IR 后，其操作码 OP_code 作为只读存储器（ROM1）的地址进行查表，获得取数指令微程序第一条微指令 LW/SW 的地址，即 CMAR←0010；

（2）取微指令。将控存中第三条微指令 LW/SW 读到微指令寄存器，即 μIR←000000000101010；

（3）产生微命令。第三条微指令 LW/SW 的操作控制字段为"1"的各位发出控制信号，包括 ALUSrcA＝1，ALUSrcB＝10，控制存储器地址计算；

（4）形成下一条微指令的地址。将指令操作码 OP_code 作为只读存储器（ROM2）的地址进行查表，获得取数指令微程序第二条微指令 LW1 的地址，即 CMAR←0011；

（5）取微指令。将控存中第四条微指令 LW1 读到微指令寄存器，即 μIR←001100000000011；

（6）产生微命令。第四条微指令 LW1 的操作控制字段为"1"的各位发出控制信号，包括 IoRd＝1，MemRd，控制存储器读操作；

（7）形成下一条微指令的地址。第四条微指令的顺序控制字段为 11，顺序执行下一条微指令，即 CMAR←0100；

（8）取微指令。将控存中第五条微指令 LW2 读到微指令寄存器，即 μIR←000010000000100；

（9）产生微命令。第五条微指令 LW2 的操作控制字段为"1"的各位发出控制信号，包括 MemtoReg＝1，RegWr，控制寄存器写操作。

到此，已将取数指令"lw ＄t0，100（＄t1）"执行完毕。

接下来，重复上述的取指令阶段将取出第二条取数指令"lw ＄s0，200（＄s1）"，然后进入第二条取数指令的执行阶段。

依此类推，将取出并执行加法指令"add ＄t2，＄t0，＄s0"和存数指令"sw ＄t2，0（＄t0）"。直到用户程序结束。

由此可见，对于微程序控制单元来说，CPU 执行机器指令的过程，就是通过执行微指令来发出微命令，再由微命令控制执行部件完成具体操作的过程，即微程序解释执行机器指令。

7.4.6　微程序控制单元的操作定时

执行一条微指令的过程基本上分为两步：第一步将微指令从控存中取出，并对微指令的操作控制字段进行译码，由于译码时间相对比较短，所以称该步为取微指令；第二步执行微指令所规定的各个微操作，称为执行微指令。取微指令时间和执行微指令时间共同构成了一个微指令周期，简称微周期。

与指令执行方式类似,按照取微指令和执行微指令是串行的还是并行的,微指令执行方式分为串行和并行两种。它们的时空关系如图 7-22 所示。

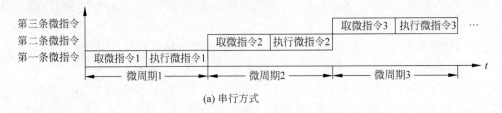

(a) 串行方式

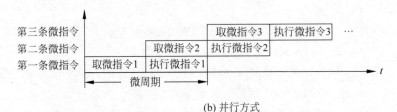

(b) 并行方式

图 7-22　两种微指令执行方式基本时序

1. 串行方式

每条微指令的执行都按照先取微指令再执行微指令的顺序进行,并且前一条微指令执行结束后再取下一条微指令。这种微指令的执行方式就是串行的,一个微周期等于一个时钟周期。

在串行方式下,微周期的安排及时序如图 7-23 所示。

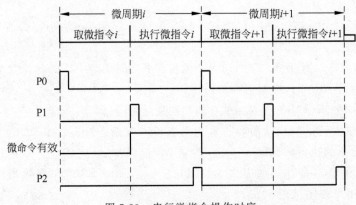

图 7-23　串行微指令操作时序

从图 7-23 可以看出,一个微周期中包含三个不同相位但频率相同的时钟脉冲(P0、P1、P2),也称为三相脉冲工作方式。这是微程序控制单元时序系统的基本特点。在一个微周期内,第一相脉冲 P0 的作用是将微地址置于控存地址寄存器 CMAR,并且启动控存读操作(微程序级操作)。第二相脉冲 P1 的作用是将取出的微指令打入微指令寄存器 μIR(微程序级操作),然后发出微命令;第三相脉冲 P2 的作用是将数据通路执行结果打入目标寄存器(机器级操作),微命令自动撤销。

2. 并行方式

为了提高微程序的执行速度,可以采用类似于指令重叠执行的方法,将执行本条微指令与取下一条微指令在时间上重叠起来。假如取微指令所需时间与执行微指令时间不相等，两条微指令的并行时间以较长的时间为基准。一般执行微指令所需时间长一些，设置为时钟周期。这样，在并行执行方式下，虽然每条微指令周期并没有缩短，但在理想情况下，微程序运行的效果是微指令周期缩短为与执行微指令时间相同。在并行方式下微周期的操作时序如图 7-24 所示。

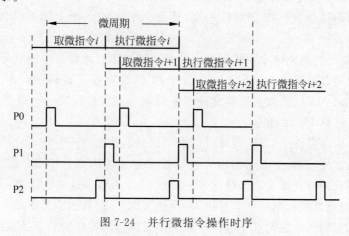

图 7-24 并行微指令操作时序

由图 7-24 可以看出，尽管微周期长度没有改变，一个微周期中的三个脉冲 P0、P1、P2 之间的相位关系也没有改变，但由于微周期之间的时间重叠，时钟周期缩短到执行微指令所需的时间长度。这样，微程序级的运行速度加快了将近一倍。

7.4.7 动态微程序设计

通常，指令系统是由体系结构设计者设计好的，而对应每一条机器指令的微程序是控制器设计者事先编写好的，因此运行时微程序无须改变，这种微程序设计技术称为静态微程序设计，其控制存储器使用只读存储器（ROM）存放微程序。前面讲述的内容基本上属于这一类。

如果采用 EPROM 或 RAM 作为控制存储器，就意味着人们可以通过改变微指令和微程序来改变机器的指令系统，这种微程序设计技术称为动态微程序设计。动态微程序设计由于可以根据需要改变微指令和微程序，因此可以在一台机器上实现不同类型的指令系统，有利于仿真其他机器的指令系统，尤其适用于新机器的研制过程。但是，具有动态微程序控制的机器断电后控存 RAM 中的内容消失，所以开机后首先要将外存上存放的微程序调入控存，然后机器才能执行程序。通常，动态微程序控制单元无法独立存在和运行，具有动态微程序控制的机器除 RAM 控制单元外，还有一套完善的控制系统，动态微程序控制只是其附带的仿真平台，开机后的初始操作由固有的控制系统完成。

由于动态微程序设计要求用户对计算机的结构与组成非常熟悉，因此真正由用户自行编写微程序是很困难的，所以尽管设想很好，但实现起来很困难。

7.5 混合式控制器

混合式控制器采用组合逻辑与微程序相结合的设计方法，这里以对 IA-32 指令系统的支持为例说明混合控制的设计思路。与 MIPS 体系结构不同，IA-32 指令系统非常复杂，可能用到几十个甚至上百个时钟周期来执行。例如,串传送指令(MOVS)要求计算并修改两个不同的存储地址,并且存取一个字节串。IA-32 指令系统繁多且复杂的寻址方式会使得即使像 MIPS 一样简单的指令实现也变得相当复杂。幸运的是,多周期数据通路的结构可以适应 IA-32 指令多样性的特性。其原因是包括以下几个方面。

(1) 多周期数据通路允许指令周期占用不同数量的时钟周期。这样,对于简单的 IA-32 指令来说指令周期仅包含三四个时钟周期,而复杂的 IA-32 指令就可以包含几十个时钟周期。

(2) IA-32 指令的复杂性主要体现在指令涉及的操作以及要处理的数据均具有多样性,因此若要在单周期数据通路上实现 IA-32 指令系统,就需要设置数量众多的 ALU 和多个数据存储器等。由于多周期数据通路允许指令周期内多次使用同一个数据通路部件,所以比较容易支持复杂的 IA-32 指令。

实现 IA-32 指令系统的 CPU 设计可以采用多周期数据通路方案,但是控制单元设计采用哪种技术呢?首先,分析一下采用组合逻辑技术存在的困难。IA-32 指令的复杂性会给组合逻辑控制单元的设计带来巨大挑战:一方面,指令条数多且操作复杂,所以控制信号数量繁多,因此组合逻辑控制网络会非常庞大,设计周期长,且修改非常困难。那么,采用微程序设计方法又如何呢?挑战性在于微程序控制单元执行速度慢制约了计算机性能的提升。

实际上,一个 CPU 的高性能实现要求简单指令的快速执行,而复杂指令系统的负担主要由复杂的、不频繁使用的指令承担。为了达到这一目的,在 Intel 80486 之后的 IA-32 系统综合使用了组合逻辑和微程序相结合的控制器实现方法。其中,用组合逻辑控制简单指令的执行,用微程序控制复杂指令的执行。比如,那些在数据通路中可一遍执行完的指令——复杂程度类似于 MIPS 指令,由组合逻辑控制器生成控制信息,它们在数据通路中一次执行完成,只占用少量时钟周期。那些需多次数据通路执行的复杂指令由微程序控制器处理,占用更多时钟周期。这种方法的好处是使设计者可以以少量时钟周期完成简单指令,也不用为最复杂又常用的指令构建非常复杂的数据通路。

7.6 流水线控制器

控制器对流水线实施的控制,就是在每一个流水步骤中设定相应控制信号的值。流水 CPU 每个流水段的执行时间为一个时钟周期,每个控制信号有效时间也为一个时钟周期,这样每一条控制线仅与流水线中单级内的某个活动的器件相关,即每个控制信号仅控制特定流水段内部件的具体操作。

7.6.1 流水线控制器基本结构

为了读者比较容易理解流水线控制单元的设计,我们先针对第 6 章给出的流水 CPU 基本数据通路图 6-44,根据每个流水段的具体操作,分析每个流水段需要哪些控制信号。

(1) 取指令流水段(FI):该流水段执行读指令和修正 PC 的操作。读取指令存储器不需要控制信号,写 PC 需要确定 PC 值的来源。PC 来源有三种情况:①PC+4;②转移指令计算得到的转移地址;③分支指令计算得到的分支地址。由于在该段并不知道取出的是什么指令,所以只能按照顺序执行指令的默认方式设置 PC 值(PC+4)。这样,在取指令阶段控制单元不需要发出任何控制信号,每当时钟周期上升沿到来时,完成新 PC 值的写入。

(2) 指令译码流水段(ID):该段执行指令译码和读取寄存器堆的操作,这两个操作均不需要控制信号。

(3) 执行指令流水段(EX):该段完成指令执行和地址计算操作。需要控制的部件有 ALU 和多路器,所以需要设置的控制信号有 ALUOp 和 ALUSrc。ALUOp 指定 ALU 的具体操作,ALUSrc 选择 ALU 的数据源。

(4) 存储器访问流水段(MA):该段完成数据的读/写以及转移判断的操作。存储器读/写操作需要两个控制信号:MemRd、MemWr。分支判断用来确定程序是否转移,控制信号 Branch=1,表示分支指令。Branch 信号与 ALU 状态信号(比如 ZF)逻辑与操作后决定是否转移。Jump 信号也在该段起作用,它们共同作用后产生 PCSrc 信号,控制 PC 加载不同值(注意:Branch 和 Jump 控制信号由控制单元在指令译码后产生)。

(5) 数据写回流水段(WB):该段将数据写入寄存器。该段需要两个控制信号:MemtoReg、RegWr。其中,前者决定是将 ALU 运算结果还是将存储器数据传送到寄存器堆,后者控制寄存器堆的写入操作。

由于流水线方式的数据通路并不改变控制线的意义,因此我们可以使用与以前相同的控制值。与之不同的是需要将控制线按流水线步骤进行分组。从上面分析可知,五段流水线中第一(FI)和第二段(ID)不需要任何控制信号,所以分别将第三(EX)、第四(MA)、第五(WB)流水段需要的控制信号分成三组。实现流水线控制就是为每一条指令的每一步中的控制线设置相应的值。不同指令执行中这三组控制信号的取值如表 7-8 所示。

表 7-8　各种指令在不同流水段的控制信号

指令	EX 段控制信号			MA 段控制信号				WB 段控制信号		
	ALUOp1	ALUOp0	ALUSrc	Jump	Branch	MemRd	MemWr	RegDst	RegWr	MemtoReg
R 型	1	0	0	0	0	0	0	1	1	0
lw	0	0	1	0	0	1	0	0	1	1
sw	0	0	1	0	0	0	1	X	0	X
j	X	X	X	1	0	0	0	X	0	X
beq	0	1	0	0	1	0	0	X	0	X

由于指令流水是按照多周期的执行方式进行的,每个时钟周期对应一个流水段,并且每个时钟周期可能同时执行多条指令的不同流水段。为每条指令的每个流水段发出其执行该段操作所需要的控制信号,就是流水线控制单元的任务。不同于单周期控制单元的是三组控制信号要在三个流水段分别起作用;不同于多周期控制单元的是一个时钟周期同时使多组控制信号有效。

流水控制单元要为多条指令的多个流水段提供相应的控制信号,最简单的实现方法就是扩展流水线寄存器使之包含这些控制信息,并且按照流水线不同阶段依次传递。如图 7-25 所示,在流水线第二段(ID)控制单元根据指令操作码产生该指令执行所需要的全部控制信号,并暂存于 ID/EX 流水段寄存器。在流水线第三段(EX)将第一组控制信号连接于其内部的执行部件(ALUOp 作为 ALU 控制单元的输入,ALU 控制单元的输出连接于 ALU 控制输入端),并将第二组和第三组控制信号暂存于 ID/EX 流水段寄存器。在流水线第四段

(MA)将第二组控制信号连接于其内部的执行部件,并将第三组控制信号暂存于 MA/WB 流水段寄存器。在流水线第五段(WB)将第三组控制信号连接于其内部的执行部件。这样,流水线控制单元逻辑就可以完全采用单周期控制单元逻辑,通过对控制信号依次分组暂存,其结果就是分时输出给不同流水阶段,即分阶段控制不同执行部件。为了方便描述各级间控制寄存器中的控制信号,用 ID/EX.ALUSrc 表示 ID/EX 级间的控制信号 ALUSrc,用 EX/MA.MemWr 表示 EX/MA 级间的控制信号 MemWr,等等。

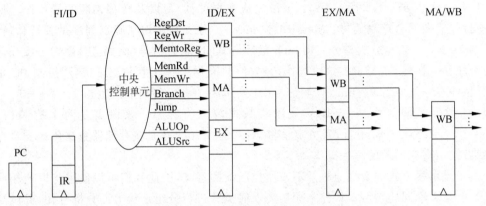

图 7-25   流水线中控制信号的存储与分发

在流水线数据通路中各段执行部件分别受控于不同组的控制信号。我们也可以通过几条指令,从时间上观察流水线不同阶段上执行部件操作的并行性。图 7-26 分别给出了几条指令在流水线上执行时每个阶段有效的控制信号。

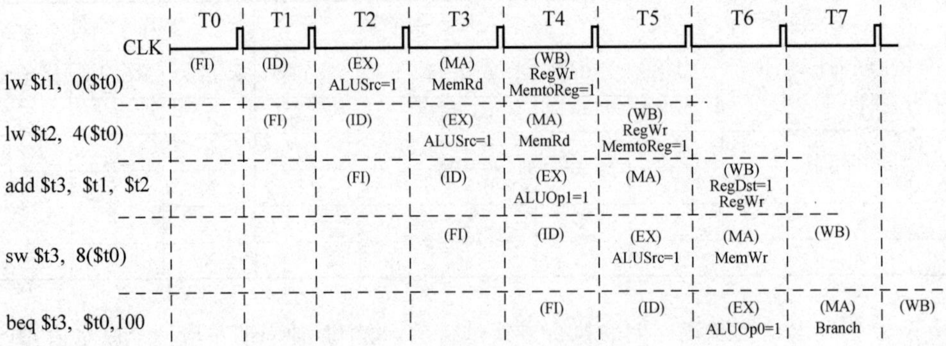

图 7-26   指令流水中的控制信号

7.6.2   避免冒险的流水线控制器

在第 6 章第 6.7.3 节讨论了几种避免流水线冒险的措施,并且给出了避免冒险的数据通路。本节以组合逻辑控制单元设计为例,讨论避免冒险的控制单元基本设计方法。

1. 控制专用数据通路

为了对避免流水线数据冒险而设置的专用数据通路的控制,控制器中可以设置一个转发控制单元。转发控制单元的功能是根据流水线状态进行数据转发检测,并产生转发控制信号。

1) 先行转发 ALU 输出至 ALU 输入

若本条指令和其后第一条指令都是 R-型。当本条指令执行完 EX 段,其后第一条指令执行完 ID 段时,若检测到本条指令的目的寄存器(Rd)是其后第一条指令的源寄存器(Rs/Rt),那么就要进行 ALU 输出至 ALU 输入的转发,即 ALUSrc−A=01(用 A_1 代表该组合),ALUSrc−B=01(用 B_1 表示该组合)。A_1 和 B_1 的逻辑表达式如下:

A₁ = EX/MA.RegWr ·(− EX/MA.MemtoReg)·(EX/MA_IR_Rd == ID/EX_IR_Rs)
B₁ = EX/MA.RegWr ·(− EX/MA.MemtoReg)·(EX/MA_IR_Rd == ID/EX_IR_Rt)

2) 先行转发存储器输出至存储器数据输入

若本条指令是 lw,其后第一条指令是 sw。当本条指令执行完 MA 段,其后第一条指令执行完 EX 段时,若检测到本条指令的目的操作数(Rt)是其后第一条指令的源操作数(Rt),那么就要进行存储器输出至存储器数据输入的转发,即 MemSrc=1。其逻辑表达式如下:

MemSrc = MA/WB.RegWr · EX/MA.MemWr ·(MA/WB_IR_Rt == EX/MA_IR_Rt)

3) 先行转发存储器输出至 ALU 输入

若本条指令是 lw,其后第二条指令不是 sw(R-型或者 beq)。当本条指令执行完 MA 段,其后第二条指令执行完 ID 段时,若检测到本条指令的目的寄存器(Rt)是其后第二条指令的源寄存器(Rs/Rt),那么就要进行存储器输出至 ALU 输入的转发,即 ALUSrc−A=10(用 A_2 表示该组合),ALUSrc−B=10(用 B_2 表示该组合)。A_2 和 B_2 的逻辑表达式如下:

A₂ = MA/WB. RegWr·(− ID/EX.MemWr)·(MA/WB_IR_Rt == ID/EX.IR_Rs)
B₂ = MA/WB. RegWr·(− ID/EX.MemWr)·(MA/WB_IR_Rt == ID/EX.IR_Rt)

图 7-27 示意了转发控制单元的外特性,即转发控制单元为第 6 章图 6-48 中 ALU 两个输入端和数据存储器写入数据端的三个多路选择器提供控制信号。其内部逻辑依据上述表达式实现。

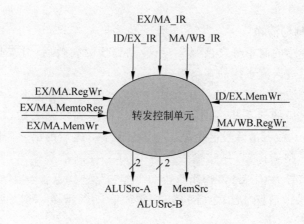

图 7-27　转发控制单元的输入和输出

2. 控制流水线停顿

6.7.3 节对几种流水线冒险进行了分析,并讨论了避免流水线冒险的几种技术。当检测到流水线冒险时,可以通过使流水线停顿下来以保证程序运行的正确性并提高效率。下面分三种情况分别说明如何控制流水线停顿。

1) load-use 检测与阻塞

第 6 章图 6-47(c)给出了 load-use 的情况。当检测到 load-use 发生时,首先要在流水线中插入一个气泡,然后再采用旁路技术,才能避免这种冒险问题。

load-use 检测方法是:

$$\text{ID/EX.MemRd} \cdot ((\text{ID/EX\_IR\_Rt} == \text{FI/ID\_IR\_Rs}) \mid$$
$$(\text{ID/EX\_IR\_Rt} == \text{FI/ID\_IR\_Rt})) == 1$$

插入一个气泡实际上就是将流水线停顿一个时钟周期,即在下一个时钟周期下一条指令停止在流水线上向前推进,并且流水线上不加载新指令。

由于 load-use 检测是在 EX 段,这时 load 指令在 ID/EX 级间,下一条指令已经进入 FI/ID 级间。要停止下一条指令向前推进,可以在 ID 段增加一个二路选择器,一路输入来自主控制单元的输出,另一路输入为全 0。二路选择器的控制信号为 Clear0,当 Clear0=1 时,二路选择器输出为全 0,即清除 EX、MA 和 WB 三级全部控制信号。当检测到 load-use 时,置 Clear0 为 1。

若要使流水线不加载新的指令,可以使 PCWr=0,且 FI/ID.RegWr=0。

2) 无条件转移检测与阻塞

第 6 章图 6-39 示意了无条件转移指令引起的流水线冒险情况。这种冒险的解决方法就是在检测到无条件转移指令时,首先将下一条指令从流水线上清除,并使流水线停顿直到转移地址计算出来。

无条件转移检测方法是:ID/EX.Jump==1。

由于无条件转移指令检测在 EX 段进行,这时 jump 指令在 ID/EX 级间,其下一条指令在 FI/ID 级间。要清除下一条指令,同样可以通过置 Clear0 信号实现。只要连续置 Clear0 为"1"连续 3 个时钟周期,转移目标指令就取出至 ID/EX 级间,覆盖掉了前面的无效指令。

3. 预测失败检测与清除

若采用第 6 章介绍的简单分支预测法,当检测到预测失败后(分支指令的第 MA 段),要清除分支指令之后进入流水线的三条指令。

预测失败检测方法是:(EX/MA.Branch)·(EX/MA_Flage_ZF==0)==1。

清除分支指令之后的三条指令的简单方法:当检测到预测失败,将 FI/ID、ID/EX 和 EX/MA 间寄存器清 0 或者清除控制信号。为了清除 beq 之后的第一条指令,可以在 EX 段增加一个增加一个二路选择器,一路输入来自 ID/EX 控制信号输出,另一路输入为全 0。二路选择器的控制信号为 Clear1,当 Clear1=1 时,二路选择器输出为全 0,即清除 MA 和 WB 级全部控制信号。清除 beq 之后的第二条和第三条指令,可以由 Clear0 和 FI/ID.RegWr 控制信号实现。

图 7-28 示意了冒险检测单元的外特性,它输出三个控制信号 PCWr、FI/ID.RegWr 和 Clear。其内部逻辑依据上述表达式实现。

图 7-29 示意了转发控制单元和冒险检测单元在流水线上的连接和作用。

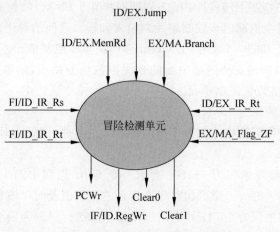

图 7-28   冒险检测单元的输入和输出

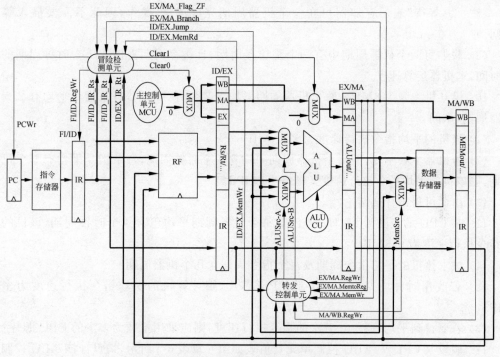

图 7-29   转发控制单元和冒险检测单元在流水线上的连接

思考题与习题

1. 什么是指令周期、机器周期和时钟周期？三者有何关系？能不能说机器的主频越快，机器的速度就越快？为什么？

2. 请分别分析用硬布线和门阵列两种组合逻辑控制单元设计技术设计控制器的特点。

3. 请比较单周期 CPU 数据通路和多周期 CPU 数据通路的主要特点。

4. 请简单比较组合逻辑控制器和微程序控制器的优缺点。

5. 请给出用 PLA 实现图 7-11 中的多周期同步异步相结合的控制单元逻辑,并以 load 指令为例,画出整个指令周期内该控制单元的输入和输出之间的时序状态变化图。

6. 请参考图 7-11 和图 7-12,用 PLA 设计多周期异步控制单元逻辑。

7. 针对图 6-26 给出的支持内部中断的多周期数据通路图,请画出对应的控制单元状态转换图,并用 PLA 实现该控制单元。

8. 假设主脉冲源频率为 10MHz,在此条件下:

(1) 要求一个 CPU 周期中产生 5 个等间隔的节拍脉冲,试画出时序产生器的逻辑图及时序波形图;

(2) 如果主脉冲源频率变为 5MHz,要求一个 CPU 周期中产生 3 个节拍脉冲,$T_1 = 200ns$,$T_2 = 400ns$,$T_3 = 200ns$,试画出时序产生器的逻辑图及时序波形图。

9. 设微处理器的主频为 16MHz,平均每条指令的执行时间为两个机器周期,每个机器周期由两个时钟脉冲组成,问:

(1) 存储器为"0 等待",求出机器运算速度;

(注:"0 等待"表示存储器可在一个机器周期完成读/写操作,因此不需要插入等待时间。)

(2) 假如每两个机器周期中有一个是访存周期,且访存周期需插入 1 个时钟周期的等待时间,求机器运算速度。

10. 设某机主频为 8MHz,每个机器周期平均含 2 个时钟周期,每条指令平均有 2.5 个机器周期,试问:

(1) 该机的平均指令执行速度为多少 MIPS?

(2) 若机器主频不变,但每个机器周期平均含 4 个时钟周期,每条指令平均有 5 个机器周期,则该机的平均指令执行速度又是多少 MIPS?

(3) 由此可得出什么结论?

11. 某 CPU 的主频为 8MHz,若已知每个机器周期平均包含 4 个时钟周期,该机的平均指令执行速度为 0.8MIPS:

(1) 试求该机的平均指令周期及每个指令周期含几个机器周期?

(2) 若改用时钟周期为 $0.4\mu s$ 的 CPU 芯片,则计算机的平均指令执行速度为多少 MIPS?

(3) 若要得到平均每秒 40 万次的指令执行速度,则应采用主频为多少的 CPU 芯片?

12. 假设某 CPU 中 ALU 控制单元真值表如第 6 章表 6-5 所示,请设计该 ALU 控制单元的实现逻辑。

13. 在微程序控制器中,微程序计数器 μPC 可以用具有加 1 功能的微地址寄存器 μMAR 来代替,试问程序计数器 PC 是否可以用具有加 1 功能的存储器地址寄存器 MAR 代替?为什么?

14. 针对图 6-29 单总线 CPU 数据通路,按照同步控制方式画出表 6-1 给出的 10 条 MIPS 32 指令在执行过程中的状态转换关系,分析微命令的互斥关系,并采用微命令的混合编码法设计微指令格式。

15. 某 32 位机共有微操作控制信号 52 个,构成 5 个相斥类的微命令组,各组分别包含 4 个、5 个、8 个、15 个和 20 个微命令。已知可判定的外部条件有 CY 和 ZF 两个,微指令字长 29 位。

（1）采用增量与下址字段相结合方式设计水平型微指令格式；

（2）可由微指令直接访问的控制存储器的容量应为多大？

16. 某微程序计算机具有 16 条指令 $M_1 \sim M_{16}$，每条微指令要产生的微命令信号如下表所示：

微指令	所包含的微命令
M_1	a、c、d、f、g、p
M_2	c、d、j
M_3	a、c、d、j、l
M_4	c
M_5	a、b、c、d、e、f
M_6	a、c、d
M_7	a、c、d、g、h、l
M_8	a、b、c、d
M_9	a、c、d、i、j、m
M_{10}	c、d
M_{11}	a、c、d、f、g、k
M_{12}	a、b、c、d、m
M_{13}	a、c、d、j、l、n
M_{14}	a、c
M_{15}	a、b、c、d、m、o
M_{16}	a、c、d、g

表中，a～p 分别对应 16 种不同的微命令，假设一条微指令长 20 位，其中顺序控制字段为 10 位，控存容量为 512×20 位。要求：

（1）采用"直接编码法"或"字段直接编码法"设计此机器的微指令操作控制字段格式，要求所设计的格式译码速度尽可能快；

（2）采用断定方式设计此机微指令的顺序控制字段格式，要求微程序可实现 8 路分支转移，并对 $T_0 \sim T_3$ 四种状态进行测试。其中，T_0 决定微地址最低位 μA_0；T_1 决定次低位 μA_1；T_2、T_3 共同决定 μA_2。

17. 下图给出 7 条微指令的微程序流程图，其中一个方框表示一条微指令，框内字母代表微命令码，为方便起见也用来代表对应的微指令。微指令地址采用增量与下址字段相结合方式，并规定用 7 位二进制数表示（用八进制写出），P_i 为测试标志，其值由微指令中测试字段给出，具体含义如下：

$P_0 = 1$，按指令寄存器 IR_7、IR_6、IR_5 修改微指令地址寄存器最低 3 位，并按新地址执行下一条微指令；

$P_1 = 1$：按进位标志 C 修改微指令地址寄存器最高位，并按新地址执行下一条微指令；

具体要求：

（1）以微指令 I 的微地址 000（八进制）为起始，标出全部微指令的微地址（标在方框右上角）；

（2）对 I、E、F、G、T 五条微指令，列表写出每条微指令在控存中的地址以及每条微指令的内容。

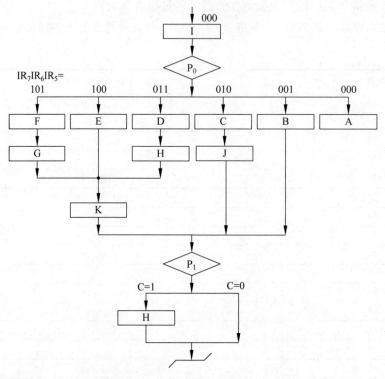

18. 设某计算机 CPU 的微指令格式如下：

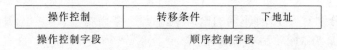

若采用水平型微指令格式，转移条件字段使用直接控制方式，控制微程序转移的条件共有 4 个，微程序可在整个控存空间实现转移。试回答：

（1）假设该机指令系统有 100 条指令，平均每条指令的执行阶段由 6 条微指令编制的微程序实现。另有 2 段微程序是所有指令公用的，其中取指令微程序段由 5 条微指令组成，中断隐指令微程序段由 8 条微指令组成。则控制存储器至少需要多少个存储单元？

（2）假设该机的微命令中分别有 1 个 16 互斥组、1 个 8 互斥组、1 个 7 互斥组、2 个 3 互斥组和 2 个 2 互斥组，还有 4 个微命令与其他微命令是相容的。当采用字段直接编码法设计时，操作控制字段中每个小字段各需多少位？操作控制字段共需要多少位？

（3）请进一步设计上述微指令格式中的顺序控制字段，其转移条件字段和下地址字段分别需要多少位？一个完整的微指令格式总共需要多少位？

19. 微指令操作控制字段有哪些常用的微命令编码方式？各有何特点？假设某机有 80 条指令，平均每条指令由 6 条微指令编制的微程序实现，其中有一条取指微指令是所有指令公用的。已知微指令长度为 32 位，则控制存储器容量至少需要多大？

参 考 文 献

[1] PATTERSON D A，HENNESSY L J. Computer organization and design：the hardware/software interface[M]. 3rd ed. Burlington：Morgan Kaufmamm，2004.

[2] STALLINGS W. Computer organization and architecture：designing for performance[M]. 7th ed. NewYork：Prentice Hall，2005.

[3] PATTERSON D A，HENNESSY L J. Computer organization and design：the hardware/software interface[M]. 4th ed. Burlington：Morgan Kaufmamm，2010.

[4] SWEETMAN D. See MIPS run[M]. 2nd ed. Burlington：Morgan Kaufmamm，2006.

[5] JIN L，HATFIELD B. Computer organization：principles，analysis，and design[M]. 北京：清华大学出版社，2004.

[6] 唐朔飞. 计算机组成原理[M]. 2 版. 北京：高等教育出版社，2008.

[7] 白中英. 计算机组成原理[M]. 4 版. 北京：科学出版社，2007.

[8] 蒋本珊. 计算机组成原理[M]. 2 版. 北京：清华大学出版社，2008.

[9] 袁春风. 计算机组成与结构[M]. 北京：清华大学出版社，2011.

[10] 郑纬民，汤志忠. 计算机系统结构[M]. 2 版. 北京：清华大学出版社，2007.

[11] 王爱英. 计算机组成与结构[M]. 4 版. 北京：清华大学出版社，2007.

[12] 王诚，刘卫东，宋佳兴. 计算机组成与设计[M]. 3 版. 北京：清华大学出版社，2008.

图书资源支持

感谢您一直以来对清华版图书的支持和爱护。为了配合本书的使用，本书提供配套的资源，有需求的读者请扫描下方的"书圈"微信公众号二维码，在图书专区下载，也可以拨打电话或发送电子邮件咨询。

如果您在使用本书的过程中遇到了什么问题，或者有相关图书出版计划，也请您发邮件告诉我们，以便我们更好地为您服务。

我们的联系方式：

地　　址：北京市海淀区双清路学研大厦 A 座 714

邮　　编：100084

电　　话：010-83470236　　010-83470237

客服邮箱：2301891038@qq.com

QQ：2301891038（请写明您的单位和姓名）

资源下载：关注公众号"书圈"下载配套资源。

资源下载、样书申请

书圈

获取最新书目

观看课程直播